変量効果の推定とBLUP法

```
ouble amat[NANIM][NANIM] ; //分子血縁係数行列
ouble atmp ;
nt sid[NANIM]={0,0,0,1,0,3,3,5,0} ; //個体の父IDの配
nt did[NANIM]={0,0,0,2,2,4,0,6,6} ; //個体の母IDの配
or (i=1;i<NANIM;i++)

 if((sid[i]>0)&&(did[i]>0))
   amat[i][i]=1.0+0.5*amat[sid[i]][did[i]] ; //両親既
 else
   amat[i][i]=1.0 ; //両親のいずれかが未知なら対角
 for (j=1;j<=i-1;j++)
 {
   atmp=0.0 ;     //非対角要素の初期化
   if(sid[i]>0)
  atmp+=0.5*amat[j][sid[i]] ; //個体iの父が既知の場
   if(did[i]>0)
  atmp+=0.5*amat[j][did[i]] ; //個体iの母が既知の場
  amat[j][i]=atmp ; //非対角要素への値の代入
  amat[i][j]=atmp ; //対称行列なので，aij=aji とする
```

佐々木義之
［編著］

京都大学学術出版会

はじめに

ある人が知能テストを受けて，その時のIQスコアが130であったとする．このスコアは同じ人であっても再度テスト受けると通常異なる値となる．それはテストを受けるときのコンディションや環境の影響を受けるからである．そうすると，受験時のコンディションや環境に影響されない，この人が潜在的にもっている真のIQ値はどれだけになるのだろうか．また，ブロイラー鶏の体重が1,350 gであったとすると，この場合も，IQスコアの場合と同様に，鶏の飼育時の条件や環境の影響を受けていると考えられる．それでは，この鶏の体重に関する潜在的能力の真の値はどれだけになるのだろうか．一方，ある薬剤の効果を確かめるために，マウスに薬剤を投与したグループと投与しなかったグループで反応量を調べたとしよう．反応量はいずれのグループでも個体ごとに違っている．この場合は，マウスの数を増やしていくと，それらの平均値がそれぞれのグループごとにある値に収束していく．収束していく先がそれぞれ薬剤を投与したグループと投与しなかったグループの真の反応量である．それら真の反応量はどのような値になるのだろうか．このように，実際に得られた観測値に基づいて，目で見ることも，直接測定することもできない真の値を知る必要に迫られる場面が多い．

そのような場面は，統計学的には，次の三つに大別される．一つ目は薬剤投与の例にあるように各クラス（この例ではグループ）の真の値が固定して存在する母数効果（fixed effect, 固定効果とも呼ばれる）の場合で，そのクラスの観測値を増やせばそれらの平均値が真の値に近づく．二つ目は人や鶏の例のように各クラス（これらの例では個体）の真の値が固定せず，確率分布する変量効果（random effect）の場合で，その分布の情報に基づいて真の値が推定される．三つ目は母数効果と変量効果の両方が関わっている場合である．

最初の母数効果の推定についての考え方や方法は多くの統計書に解説されている．一方，変量効果の推定の例としては，量的形質遺伝学の中心的概念である遺伝率（相加的遺伝分散の表現型分散に対する割合）を利用した個体の遺伝的能力の推定がある．たとえば，先のブロイラー鶏の場合，体重の遺伝率が 0.3，その集団平均値が 1,300 g であったとすると，その鶏の遺伝的能力は 0.3×(1,350−1,300)＝＋15 g だけ優れていると推定される．

ところが，最後の母数効果が関わっている場合の変量効果の推定についてはほとんどの統計書で述べられていない．しかし，遺伝的能力の優れた個体を選抜することによって改良を図る育種・改良，優秀な人材を選抜するために行う入学試験や入社試験，あるいは人の健康状態の把握のために行う健康診断など，多くの場面で，そのような真の値を推定することの必要性が生じる．このような場合の変量効果の推定法としてもっとも望ましい特性を備えているのが BLUP 法である．この方法は家畜育種の分野で芽生え，飛躍的な発展を遂げた．そして，いまや他の生物，魚類や植物などの育種に，また医学，社会科学などの分野に広く利用されるようになりつつある．

そこで，BLUP 法を日本に最初に導入した京都大学動物遺伝育種学研究室のスタッフおよび同研究室の卒業生を中心に，各分野で BLUP 法の研究を進めている研究者が加わって，本書の執筆に取り組んだ．執筆に当たっては，すでに BLUP 法に馴染んできているが，さらに詳しく理論的なあるいは歴史的な背景に興味を持つ読者から，BLUP 法とは一体どんな方法なのかを知りたいと初めて紐解く読者まで，いろいろな読者層の要望に応えられるような内容を目指した．そのため，読者によっては最初から最後までを通読するのは面白くないかもしれない．それぞれの読者の関心のあるところから紐解いて，必要に応じてその範囲を広げてもらいたい．

それらいろいろな読者のために，本書のそれぞれの章の狙いやポイントをまとめてみた．読者が本書を紐解く時の羅針盤となれば幸いである．まず最初に予備編で，BLUP 法を理解する上での予備的知識として，変量効果と母数効果の区別ならびにそれらの推定について概説した（第 1 章）．この章は統計学に詳しい読者には不要かと思われるが，読者に変量効果の推定について共通認識を持ってもらっておいた方が望ましいと考えて，この予備編を設けた．

つぎに基礎編で，BLUP 法が発見された頃の家畜育種学分野における歴史的状況ならびに研究者群像，さらに BLUP 法発見の理論的背景，そしてその後の普及

の歴史について (第2章)，ついでBLUP法の原理，BLUP法が有効となる前提条件，BLUP法がもつ種々の特性について (第3章) 解説した．ここでは，数値例も交えて分かりやすく，かつ理論面に関心のある読者向けに線形代数学的にもきちんと説明した．BLUP法は推定の対象となっている変量効果と推定に用いる観測値との関係がいろいろの場合に適用される．それら種々の場合のモデルについて数式とともに具体的な例で解説した (第4章)．行列に馴染みが薄く，観測値の記録と行列との関係が捉えにくい読者には，この点についてより詳しく説明を加えた4章2節1項を最初に一読することを勧める．

第5章ではBLUP法を適用していく上で非常に重要な分散成分の推定法について解説した．つぎに第6章では，BLUP法を利用するにはコンピュータによる計算が必須であるので，コンピュータプログラミングのアルゴリズムと計算例，利用可能なソフトウェアについて述べた．第7章では，BLUP法による変量効果の推定に用いる観測値は一般に生産現場や医療現場などのフィールドで得られるデータが多いので，それらのデータの取り扱い方および実際にそれらのデータを用いて変量効果を推定する手順について解説した．実際にBLUP法を利用しようとする読者のために，種々のコンピュータプログラムソースあるいは汎用プログラムの仕様マニュアルを付録として添付した．

これらの基礎編を踏まえて，つぎに展開編で，近年急速に進展しているDNA情報をBLUP法に取り込んで，育種価予測およびハプロタイプ効果推定の正確度や精度を向上させる方法の原理と応用について (第8章)，BLUP法を多形質選抜に利用する場合の理論と応用について (第9章)解説した．さらに，BLUP法を用いた育種価予測による選抜集団の近交度の増加と集団の有効な大きさの急激な減少など遺伝的多様性の喪失に関連する問題点について，集団遺伝学の見地から解説した (第10章)．この展開編はBLUP法の今後の展開に貴重な示唆を与えるものであり，本書の目玉となっている．

最後に応用編で，BLUP法を家畜の遺伝的改良に応用した場合の具体例とその成果を紹介した．また，魚類やトウモロコシ，林木など植物の育種への応用事例について述べた．さらに，近年育種以外の分野でBLUP法が利用されるようになっている事例として，医学分野および社会科学分野への応用について紹介した．これらそれぞれの応用事例で採択されているモデルや計算法の詳細については4

章を参照してもらいたい．これらの実際例を学ぶことによって，新たな分野でBLUP法の採用を検討する場合に，どのようなモデルを取りあげるべきかについての示唆を得ることができるものと期待している．

本書の中では，行列を表示する際，簡潔さを重んじて対称行列とくに数値の場合は，原則として対角要素および右上非対角要素のみを示した．また，変数記号は原則としてイタリック体とした．その内，行列・ベクトルについてはボールド体で示した．

本書の刊行に当たって，京都大学大学院農学研究科廣岡博之教授，大学院情報学研究科守屋和幸教授および京都産業大学工学部野村哲郎教授に深甚の謝意を表する．廣岡教授には京都大学学術出版会への出版についての働きかけに始まり，本の構成，執筆方針，執筆者選びなどについて陣頭指揮を取っていただいた．また，守屋教授および野村教授については，本の構成，編集方針，編集者選びについて，貴重なご指導・ご助言をいただいた．また，刊行に際して，出版助成をいただいた京都大学教育研究振興財団，ご指導・ご助言をいただいた京都大学学術出版会編集部鈴木哲也氏および難しい数式に至るまで綿密にご校正いただいた高垣重和氏に心から感謝する．最後に，原稿の入力を根気よく手伝ってくれた動物遺伝育種学分野事務小野純子さんならびに妻玲子に感謝する．

本書は編著者が30年余りにわたって一貫して取り組んできた種畜評価法に関する研究の根幹をなす部分を中心に纏めたものであり，定年退職を機に本書を出版できたことは学者冥利に尽きるというものである．さらに，本書が多くの読者に読まれ，BLUP法がいろいろな分野で活用されることを念じて止まない．

平成18年12月1日　　錦秋の湖畔にて

佐々木義之

目　次

展　開　編

8　DNA マーカー情報を利用した BLUP 法

9　BLUP 法による多形質選抜の実際

予　備　編

第1章
変量効果の推定

生物には個体ごとに変異がある．この変異には遺伝的変異と環境変異がある．遺伝的変異とは個体が親から受け継いだ遺伝情報の違いから生じる変異であり，これに対して環境変異とは同じ遺伝情報をもつ個体にも生じる変異，すなわち遺伝的変異以外の変異であり，これを引き起こす因子が環境である．このような個体変異は，量的形質の場合，通常観測値の変異として把えられる．

家畜や魚類，林木，作物などを遺伝的に改良しようとする育種家は，観測値にみられる変異のうち環境変異を除いた遺伝的変異に関心がある．言い換えれば，個体のもつ遺伝情報によって決まる真の遺伝的能力に関心があり，これを正確に推定して，より望ましい遺伝情報をもつ個体すなわち遺伝的能力の高い個体を選抜することによって，集団の遺伝的改良を図っている．

また，乳牛は子牛を分娩した後に泌乳するので，乳量の観測値が繰り返し得られる．ヒツジの場合も，毎年剪毛することによって羊毛が刈取られているので，産毛量の観測値が繰り返し得られる．このような場合，これらの観測値に変異を引き起こす環境には，当該個体に対して永続的に作用する環境と一時的に作用する環境とがある．前者の環境の例として，乳牛の育成期の栄養を挙げることができる．育成期の栄養がよくなくて，乳器が十分発達していない乳牛は，一般に乳量が少なく，1産目も2産目も少ない．このように育成期の栄養という環境は生涯の乳量に対して永続的に影響する．一方，後者の環境の例としては気温を挙げることができる．ある産次の気温はその産次の乳量には影響するが，他の産次の乳量に影響することはない．また，観測値の測定には大なり小なり測定誤差が伴うが，その測定誤差が測定器具のくるいにより生じている場合には永続的環境になるが，一般には後者の一時的環境とみなされる．このような場合，ある時点，たとえば乳牛が3産目の乳量の観測値が得られた時点で，さらにその乳牛に4産目を分娩させるかあるいはその時点で淘汰するかを決定する必要に迫られる．そこで，引き続き生産をさせた時，その乳牛が示すであろう最も確かな予測乳量（これを最確生産能力（most probable producing ability：MPPA）と呼んでいる）を，過去の観測値をも考慮しながら推定して，それに基づいて淘汰が行われる．この場合は遺伝的変異に加えて永続的環境変異も合わせたものとして，最確生産能力を推定する（Lush，1945；佐々木，1994）．

このような推定を，健康診断など繰り返しのある観測値に当てはめることを考えてみた．健康診断は健康状態を把握するために毎年実施され，同一の個人について繰り返し観測値が得られている．しかし，従来はその年の1回だけの観測値をもとに，各検査項目について，一定の正常範囲が定められていて，その範囲から逸脱していると要注意あるいは再検査となり，ここで終わっている．しかし，健康診断においては，異常値を把えるだけではなく，異常の予兆を把えることがより重要である．予兆はドラマチックな変化でなく微小な変化から始まる．その微小な変化をできる限り早い段階でキャッチすることが望まれる．そこで，それらの観測値に含まれる遺伝的変異，永続的環境変異，および一時的環境変異のうち，遺伝的変異と永続的環境変異とが合わさった真の健康値を個々人について正確に推定することが肝要である．

一方，入学試験や入社試験では人間の能力をテストにより評価して，入学者や新入社員が選抜される．入学試験においてしばしば問題になるのが，受験者に科目を選択させた場合の科目間調整である．たとえば，理科として生物，物理，化学および地学の問題を与え，それらの中から2科目を選択して解答させた際に，科目間の難易度に差が生じてしまうことがある．科目自体の難易度に差が生じると，受験生は科目選択の仕方で有利不利が生じ，受験生の能力を適切に比較することが難しい．この時，適切に科目間の難易度を調整して受験生の真の理科能力を推定することが重要である．理科と同様に選択科目のある社会科の場合も同様であるが，これらに限らず選択肢を課す場合には避けて通ることのできない問題である．

このように，個体についての観測値のデータを手掛かりとして，個体のもつ真の値（遺伝的能力，最確生産能力，健康値あるいは理科能力など）を推定する必要に迫られることが多い．個体に限らず，変量効果に分類される因子の各クラスの効果を推定することを，一般に変量効果の推定といい，いろいろな場面で求められている（11章参照，Robinson, 1991）．しかも，その真の値をいかに正確に推定するかが，育種の面でも，生産の面でも，あるいは入学試験や健康診断においても非常に重要である．

ここでは推定（estimation）という用語を用いたが，本書の他の部分では同様の意味で予測（prediction）という用語も使われている．従来，家畜育種の分野では，母数効果に対しては推定が，変量効果に対しては予測が用いられてきた．ここで，後者の予測が用いられた理由の一つは，変量効果として取り上げられた個体の遺伝的能力，すなわちどのような能力の子を生むか，を予測するのがねらいであったからである．しかし，すでに生まれている個体自体の遺伝的能力に関していえば推定でもよいと考えられる．そこで，本書では現存する個体を考える場合には推定を，将来に生まれてくる個体の意味あいが強い場合には予測を使うことにする．しかし，この区別は厳密なものではない．

1.1　変量効果と母数効果

前述したように生物には変異があり，その変異を引き起こすいろいろな因子がある．生物に限らず，観測値にはばらつきがあり，そのばらつきが生じるのにはいろいろな因子が影響している．たとえば，山地にある放牧場において，草量を100ヶ所で，夏場6ヶ月間にわたって調査したとしよう．草量は調査地点によってばらつきがあるし，また調査月によっても違いがある．言い換えれば，草量に対して調査地点，調査月，測定誤差などの因子が影響している．このように，観測値に対して影響を及ぼす因子には，変量効果（random effect）と母数効果（fixed effect，固定効果ともいう）とがある．

これら観測値に影響しているいろいろな因子が変量効果であるか，あるいは母数効果であるかを区別することは，統計処理を行う上で大変重要である．これらを区別する基準がいろいろな統計書で示されているが，ここでは図1-1のフローチャートに示す三つの質問に対する答えからの区別について述べる．この基準が本書で取り扱う変量効果の推定を考える上では妥当のようである（Robinson,

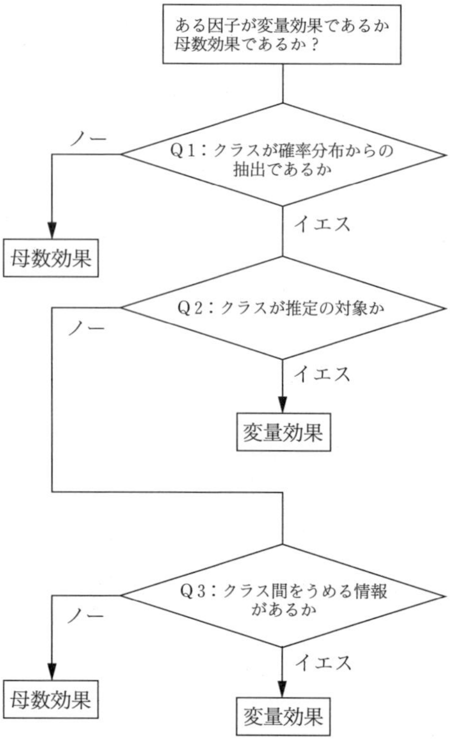

図 1-1　変量効果と母数効果とを区別するためのフローチャート

1991)．ここで，クラス (class) とはそれぞれの因子における一つの条件をいう．実験計画において実験条件を種々に変化させた場合，それぞれの条件がクラスに相当する．草量調査の例でいえば，調査地点の因子については 1 番から 100 番までそれぞれの地点が 1 番目のクラスから 100 番目のクラスということになる．乳牛における乳量の変異に対する個体の因子については，個々の個体がクラスに相当する．

まず，Q 1 に対して標本にみられるクラスが確率分布からの抽出でないならば，その因子は母数効果とみなされる．たとえば，先の例で草量に対する調査月の因子の場合は，クラスが夏場，すなわち晩春から夏を経て初秋にかけての期間における各月であって，確率分布からの抽出ではない．したがって，調査月は母数効果である．

一方，そのクラスが確率分布からの抽出である場合で，そのクラスの効果を推定しようとするならば，その効果は変量効果とみなされる．草量調査における調査地点の場合，無数にある地点のうちから 100 点を調査地点として抽出しているのであり，無数にある地点における草量は低い値から高い値まで確率分布すると考えられる．ここで，調査地点における草量を推定するのがねらいであれば調査地点の因子は変量効果となる．また，個体は集団の中で小さい効果のものから大きい効果のものまで確率分布（多くの場合正規分布）している．標本にある個体はそれらの中からの抽出である．しかも多くの場合，それらの因子が推定の対象になっているので，変量効果として扱われる．しかし，そのクラスの効果を推定するのがねらいでない場合にはＱ３に対する答えで二つに分かれる．すなわち，クラス間をうめる情報があるならば変量効果，その情報がないならば母数効果とみなされる．たとえば，前述の草量調査の目的が，放牧場や調査月の草量に対する影響を調べることにあって，調査地点の影響には関心がない場合である．このような場合，調査地点の高度や山の斜面の南面にあるか北面にあるかなどの記録があり，それらの因子が考慮されているならば調査地点の因子は変量効果とみなされる．一方，そのような情報がないならば母数効果とみなされる．

また，乳量に影響する因子として，父である雄牛と飼育している農家を考えてみよう．いま，雄牛の効果を推定する場合，集団における雄牛の乳量に対する効果は確率分布していると考えられる．そこで，雄牛の効果を推定しようとしているのだから，雄牛の因子は変量効果とみなされる．一方，農家の乳量に対する効果も確率分布すると考えられるが，この因子は雄牛の効果を推定する際の環境因子と考えられる．すなわち，推定の対象ではない．ここで，農家がどの雄牛を交配するかの選択と飼養方式の選択との間に関連がある場合，雄牛と飼養方式とが交絡することになり，雄牛の効果の推定を偏らせることになる．しかし，これら農家間の差に関する情報があれば，それを考慮することによって，偏りを取り除くことができる．この場合には農家の因子も変量効果とみなせるが，そのような情報がない場合は母数効果とみなさざるを得ない．年の効果についても同様である．

ここで，家畜育種の分野で個体の遺伝的能力を評価するのによく用いられる後代検定の場合を例に，変量効果と母数効果について考えてみよう．まずはじめに，

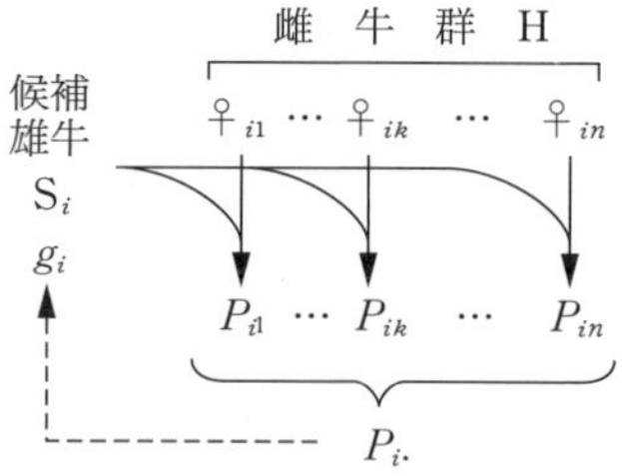

図 1-2　後代検定の模式図

S_i：i 番目の候補雄牛
g_i：i 番目の候補雄牛の遺伝的能力
P_{ik}：i 番目の候補雄牛の k 番目の後代牛の能力記録

後代検定について簡単にふれておく．図 1-2 に示すごとく候補雄牛（S_i）を何頭かの雌牛（図中では n 頭）に無作為交配し，生まれた後代牛について能力検定を行う．そこで，得られた能力記録（P_{ik}）に基づき，候補雄牛の遺伝的能力（g_i）を推定する．このように後代畜の情報に基づき親の遺伝的能力を推定する検定を後代検定（progeny test）という．このような後代検定は雄畜の泌乳性，肉畜の産肉性などの検定に利用される．何故なら，雄は乳を出さないので，雄自身の泌乳能力を直接測定することができない．また，肉畜の場合は屠殺しないと肉質や肉量を測定することができない．しかし，屠殺してしまうと選抜することができない．そこで，これら個体自身の能力記録が得られない場合に，それら後代の能力記録を用いての後代検定が必須となる．

後代検定モデルは交配手段の発達とともに，表 1-1 に示すごとく変化する．自然交配下では生産できる 1 雄当たりの後代の数は少なく，しかも移動できる範囲が狭い．このために，表 1-1 の上段に示すごとく一般に比較の対象となる雄牛のすべてが同一の牛群に後代牛をもつことになる．このような場合は，雄牛の因子は変量効果とみなされ，単純に雄牛の効果のみが比較されることになる．

ところが，人工授精が普及し，雄牛が複数の牛群にまたがって供用される（表 1-1 中段）ようになると，複数の牛群における能力記録が含まれることになり，各牛群の影響を取り除く必要が生じてくる．この場合，牛群の因子は牛群をうめる情報が考慮されるかどうかによって，変量効果か母数効果に分かれる．さらに，人工授精に加えて，精液の凍結保存法が確立・普及したことにより遺伝的改良が

表 1-1　交配手段の変化に伴う後代検定モデルの変遷

交配手段	後代検定モデル	雄牛グループ数	後代牛群数
自然交配	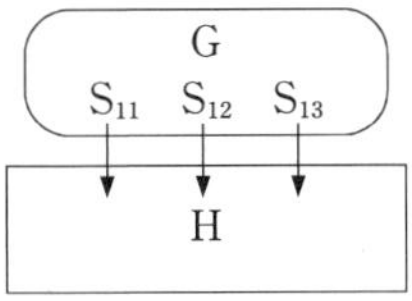	1	1
人工授精 (AI)	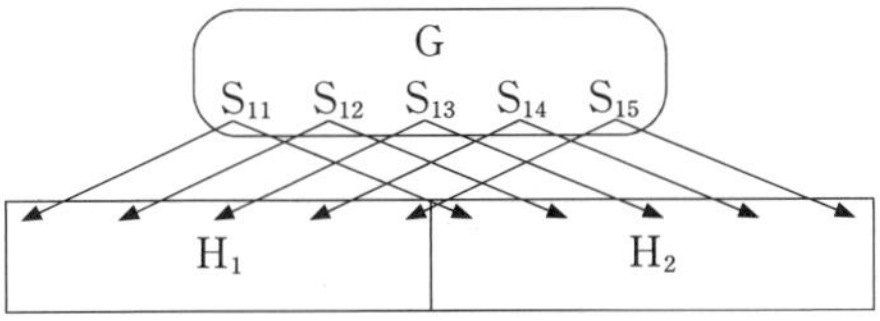	1	2
人工授精 ＋ 凍結保存	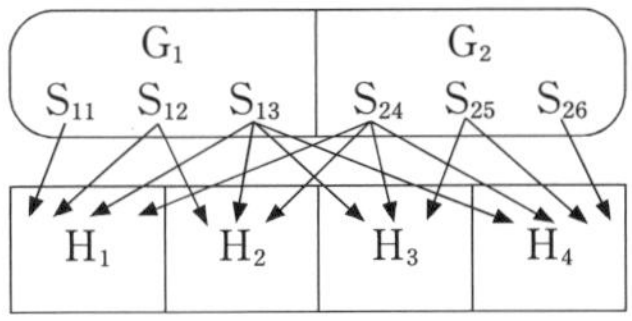	2	4

G_i：i 番目の雄牛グループ
S_{ij}：i 番目の雄牛グループの j 番目の候補雄牛
H_k：k 番目の後代牛群

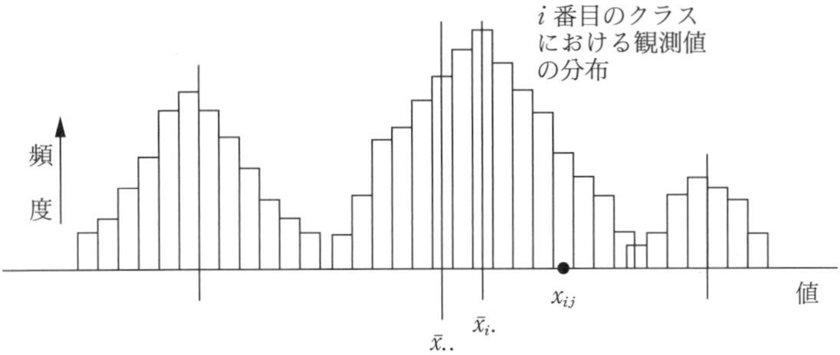

図 1-3　ある効果に関するクラスおよび観測値の分布

急速にすすんだ．このような状況のもとに凍結保存された精液が広い範囲に，あるいは長期にわたって供用されると，比較の対象となる雄牛が同一の集団に属するものに限らなくなってくる（表 1-1 下段）．この場合は牛群の効果以外に集団の効果も考慮して雄牛の効果を推定する必要が生じる．この場合，集団の効果は母数効果である．

1.2　線形関数と構造モデル

いま，ある標本の観測値がある因子のいくつかのクラスに属し，図 1-3 のように分布しているとする．これら観測値の全体平均値を $\bar{x}_{..}$，i 番目のクラス平均値を $\bar{x}_{i.}$，i 番目のクラスの中の j 番目の観測値を x_{ij} とすると，因子が変量効果であるか母数効果であるかの如何にかかわらず，次式 (1-1) が成り立つ．

$$x_{ij}-\bar{x}_{..}=(\bar{x}_{i.}-\bar{x}_{..})+(x_{ij}-\bar{x}_{i.}) \tag{1-1}$$

ここで，$\bar{x}_{..}$ を式 (1-1) の右辺に移すと，

$$x_{ij}=\bar{x}_{..}+(\bar{x}_{i.}-\bar{x}_{..})+(x_{ij}-\bar{x}_{i.}) \tag{1-2}$$

となり，個々の観測値 x_{ij} が全体平均値，i 番目のクラス平均値の全体平均値からの偏差，および i 番目のクラス内の j 番目の観測値の，i 番目のクラス平均値からの偏差の和からなることがわかる．

これは特定の標本についてのものであるが，無限数の標本について，真の全体平均値および i 番目のクラス平均値の全体平均値からの偏差をそれぞれ μ および α_i，さらに個々の観測値に特有なばらつき，すなわち残差を e_{ij} とすると，一般に個々の観測値 Y_{ij} は

$$Y_{ij}=\mu+\alpha_i+e_{ij} \tag{1-3}$$

のように線形関数 (mathematical model) で表すことができる．ここで，μ は全平均，α_i は i 番目のクラスの効果である．

このような線形関数において，μ は観測値が限りなく多くなった時の Y_{ij} の平均値すなわち $E(Y_{ij})$ であるのに対して，e_{ij} はその期待値 $E(e_{ij})$ が 0 である．ま

た，μ は定数（あるいは恒数ともいう）であるのに対して e_{ij} は分散 σ_e^2 を持つ確率変数である．したがって，μ は母数であり，e_{ij} は変量効果である．

そこで，取り上げられた因子が変量効果であるか，母数効果であるかによって，線形関数の構造モデルはそれぞれ変量モデルあるいは母数モデルに分類される．いま，当該因子が母数効果である場合は，i 番目の効果 α_i は固定的で，$E(\alpha_i)=\alpha_i$ である．この場合のように残差の項以外の取り上げるすべての因子が母数効果であるような構造モデルを母数モデル（fixed model）という．この場合，観測値 Y_{ij} の平均値および分散はそれぞれ $\mu+\alpha_i$ および σ_e^2 である．

一方，当該因子が変量効果である場合，i 番目の効果 α_i といっても標本ごとに異なり，$E(\alpha_i)=0$ で，しかも分散 σ_a^2 をもち，正規分布する確率変数とみなされる．このように，μ 以外の取り上げた因子が，すべて変量効果であるような構造モデルを，変量モデル（random model）という．この場合，観測値 Y_{ij} の平均値および分散はそれぞれ μ および $\sigma_a^2+\sigma_e^2$ である．

二つ以上の因子が関与している場合，因子と因子との間の関係により因子の効果は主効果（main efffect）と巣ごもり型効果（nested effect）とに分けられる．

要因実験のように一方の因子のすべてのクラスが他方の因子のあらゆるクラスに現れるように実験配置されて得られたデータを交叉型データ（cross classified data）と呼ぶ．このような場合，両因子はともに主効果であり，いま因子 A の i 番目の効果を α_i，因子 B の j 番目の効果を β_j とすると線形関数は式 (1-4) のごとくなる．

$$Y_{ijk}=\mu+\alpha_i+\beta_j+e_{ijk} \tag{1-4}$$

ところが，一方の因子 B のあるクラスが他方の因子 A のある特定のクラスのみに現れるように実験配置されて得られたデータは，巣ごもり型データ（nested data）と呼ばれる．枝分れ実験がこれに相当する．このような場合，因子 A は主効果として扱われるが，因子 B は因子 A 内への巣ごもり型効果となる．したがって，個々の観測値 Y_{ijk} の線形関数は

$$Y_{ijk}=\mu+\alpha_i+\beta_{ij}+e_{ijk} \tag{1-5}$$

となる．ただし，β_{ij} は因子 A の i 番目のクラス内の j 番目の効果である．

二つの因子が関与していて，それらがともに主効果である場合には両因子の組合せ効果すなわち交互作用の効果（interaction effect）を線形関数に取り込むことができる．この場合線形関数は

$$Y_{ijk}=\mu+\alpha_i+\beta_j+(\alpha\beta)_{ij}+e_{ijk} \qquad (1\text{-}6)$$

となり，$(\alpha\beta)_{ij}$ が因子 A の i 番目のクラスと因子 B の j 番目のクラスとの組合せ効果である．

二つ以上の因子が取り上げられ，それらの因子の中に母数効果と変量効果との両方が含まれる場合の構造モデルを混合モデル（mixed model）という．

1.3 母数効果の推定

母数効果に分類される一つの因子が観測値に影響している場合，各クラスの効果は当該クラスに属する観測値の平均値の全体平均値からの偏差として推定される．また，二つ以上の因子が関与している場合も，副次級（subclass，ある因子の一つのクラスと他の因子の一つのクラスとが組合わさったクラス）に属する観測値の数がすべて同じであれば，それぞれの因子について各クラスの効果は当該クラスに属するすべての観測値の平均値の全体平均値からの偏差として推定される．一般に，母数効果に分類される因子の各クラスの効果を推定することを母数効果の推定という．

しかし，表 1-2 に示すような二元配置のデータを考えた場合，副次級に属する観測値の数が異なるので単純にそれらの平均値としてそれぞれの因子の母数効果を推定することは妥当でない．このような場合の母数効果の推定法には次の四つの方法がある（Searle，1971）．

1.3.1 最小二乗法

まず，このような二元配置のデータの場合，個々の観測値は全体平均値，因子 A の効果，因子 B の効果および残差の四つの成分の和からなると仮定する．したがって，個々の観測値 Y_{jkl} は式（1-7）の線形関数により表される．

$$Y_{jkl}=\mu+\alpha_j+\beta_k+e_{jkl} \tag{1-7}$$

ただし，Y_{jkl}：各観測値，μ：全体平均値

α_j：因子Aの j 番目のクラスに共通な効果

β_k：因子Bの k 番目のクラスに共通な効果

e_{jkl}：因子Aの j 番目のクラスで，因子Bの k 番目のクラス内の l 番目の個体に特有な効果で，$NID\,(0, \sigma_e^2)$

表 1-2　二元配置データの例

因　子　A	因子B B₁	B₂	B₃
A₁	Y_{111} Y_{112}	Y_{121} Y_{122} Y_{123}	Y_{131}
A₂	Y_{211} Y_{212} Y_{213}	Y_{221} Y_{222}	Y_{231}

ここで，つぎのようなダミー変数 M，X_j，Z_k を考える．

(1)　常に $M=1$ である．

(2)　もし j が因子Aのクラス番号に等しいならば $X_j=1$，等しくないならば $X_j=0$ である．

(3)　もし k が因子Bのクラス番号に等しいならば $Z_k=1$，等しくないならば $Z_k=0$ である．

これらのダミー変数を用いることにより前述の式 (1-7) の線形関数をつぎのように書き換えることができる．

$$Y_{jkl}=\mu M+\alpha_1 X_1+\alpha_2 X_2+\beta_1 Z_1+\beta_2 Z_2+\beta_3 Z_3+e_{jkl}$$

たとえば表 1-2 における観測値 Y_{111} の場合，

$$Y_{111}=\mu\cdot 1+\alpha_1\cdot 1+\alpha_2\cdot 0+\beta_1\cdot 1+\beta_2\cdot 0+\beta_3\cdot 0+e_{111}$$
$$=\mu+\alpha_1+\beta_1+e_{111}\quad \{\text{式 (1-7) に対応する}\}$$

となり，さらに観測値 Y_{221} の場合

$$Y_{221} = \mu \cdot 1 + \alpha_1 \cdot 0 + \alpha_2 \cdot 1 + \beta_1 \cdot 0 + \beta_2 \cdot 1 + \beta_3 \cdot 0 + e_{221}$$
$$= \mu + \alpha_2 + \beta_2 + e_{221} \quad \{\text{式}\,(1\text{-}7)\,\text{に対応する}\}$$

となる．

そこで，最小二乗法により，残差平方和

$$R = \sum \hat{e}_{jkl}^2 = \sum \{ Y_{jkl} - (\hat{\mu} M + \hat{\alpha}_1 X_1 + \hat{\alpha}_2 X_2 + \hat{\beta}_1 Z_1 + \hat{\beta}_2 Z_2 + \hat{\beta}_3 Z_3)\}^2 \quad (1\text{-}8)$$

が最小になるように各母数の推定値 $\hat{\mu}$，$\hat{\alpha}_1$，$\hat{\alpha}_2$，$\hat{\beta}_1$，$\hat{\beta}_2$，$\hat{\beta}_3$ を求める．ここで Σ はすべての観測値について加算することを意味する．

まず残差平方和 R を各推定値について偏微分する．

$$\frac{\partial R}{\partial \hat{\mu}} = -2 \left[\sum \{ Y_{jkl} - (\hat{\mu} M + \hat{\alpha}_1 X_1 + \hat{\alpha}_2 X_2 + \hat{\beta}_1 Z_1 + \hat{\beta}_2 Z_2 + \hat{\beta}_3 Z_3)\} M \right]$$
$$\frac{\partial R}{\partial \hat{\alpha}_1} = -2 \left[\sum \{ Y_{jkl} - (\hat{\mu} M + \hat{\alpha}_1 X_1 + \hat{\alpha}_2 X_2 + \hat{\beta}_1 Z_1 + \hat{\beta}_2 Z_2 + \hat{\beta}_3 Z_3)\} X_1 \right]$$
$$\frac{\partial R}{\partial \hat{\alpha}_2} = -2 \left[\cdots \quad X_2 \right]$$
$$\frac{\partial R}{\partial \hat{\beta}_1} = -2 \left[\cdots \quad Z_1 \right]$$
$$\frac{\partial R}{\partial \hat{\beta}_2} = -2 \left[\cdots \quad Z_2 \right]$$
$$\frac{\partial R}{\partial \hat{\beta}_3} = -2 \left[\cdots \quad Z_3 \right]$$

ここで，式 (1-8) の R を最小にするための必要十分条件は

$$\frac{\partial R}{\partial \hat{\mu}} = 0$$
$$\frac{\partial R}{\partial \hat{\alpha}_1} = 0$$
$$\cdot$$
$$\cdot$$
$$\cdot$$
$$\frac{\partial R}{\partial \hat{\beta}_3} = 0$$

である.

したがって，この必要十分条件を満たすべく，すべての偏微分値を 0 とおき，Y_{jkl} の項を右辺に移すとつぎに示す連立方程式が得られる.

$$
\begin{aligned}
\sum\{(\hat{\mu}\, M+\hat{\alpha}_1 X_1+\hat{\alpha}_2 X_2+\hat{\beta}_1 Z_1+\hat{\beta}_2 Z_2+\hat{\beta}_3 Z_3)M\} &= \sum M Y_{jkl} \\
\sum\{(\hat{\mu}\, M+\hat{\alpha}_1 X_1+\hat{\alpha}_2 X_2+\hat{\beta}_1 Z_1+\hat{\beta}_2 Z_2+\hat{\beta}_3 Z_3)X_1\} &= \sum X_1 Y_{jkl} \\
\cdot \qquad &= \quad \cdot \\
\cdot \qquad &= \quad \cdot \\
\cdot \qquad &= \quad \cdot \\
\sum\{(\hat{\mu}\, M+\hat{\alpha}_1 X_1+\hat{\alpha}_2 X_2+\hat{\beta}_1 Z_1+\hat{\beta}_2 Z_2+\hat{\beta}_3 Z_3)Z_3\} &= \sum Z_3 Y_{jkl}
\end{aligned}
$$

さらにこれらの方程式を各推定値について整理すると,

$$
\begin{aligned}
\hat{\mu}\sum M^2+\hat{\alpha}_1\sum X_1 M+\hat{\alpha}_2\sum X_2 M+\hat{\beta}_1\sum Z_1 M+\hat{\beta}_2\sum Z_2 M+\hat{\beta}_3\sum Z_3 M &= \sum M Y_{jkl} \\
\hat{\mu}\sum X_1 M+\hat{\alpha}_1\sum X_1^2+\hat{\alpha}_2\sum X_1 X_2+\hat{\beta}_1\sum X_1 Z_1+\hat{\beta}_2\sum X_1 Z_2+\hat{\beta}_3\sum X_1 Z_3 &= \sum X_1 Y_{jkl} \\
\cdot \qquad &= \quad \cdot \\
\cdot \qquad &= \quad \cdot \\
\cdot \qquad &= \quad \cdot \\
\hat{\mu}\sum Z_3 M+\hat{\alpha}_1\sum Z_3 X_1+\hat{\alpha}_2\sum Z_3 X_2+\hat{\beta}_1\sum Z_3 Z_1+\hat{\beta}_2\sum Z_3 Z_2+\hat{\beta}_3\sum Z_3^2 &= \sum Z_3 Y_{jkl}
\end{aligned}
$$

となる. これを行列表示すると，式 (1-9) となる. 解のベクトルの左の行列は連立方程式の係数からなるので係数行列 (coefficient matrix) と呼ばれる.

$$
\begin{bmatrix}
\sum M^2 & \sum X_1 M & \sum X_2 M & \sum Z_1 M & \sum Z_2 M & \sum Z_3 M \\
\sum X_1 M & \sum X_1^2 & \sum X_1 X_2 & \sum X_1 Z_1 & \sum X_1 Z_2 & \sum X_1 Z_3 \\
 & & & \cdot & & \\
 & & & \cdot & & \\
 & & & \cdot & & \\
\sum Z_3 M & \sum Z_3 X_1 & \sum Z_3 X_2 & \sum Z_3 Z_1 & \sum Z_3 Z_2 & \sum Z_3^2
\end{bmatrix}
\begin{bmatrix}
\hat{\mu} \\ \hat{\alpha}_1 \\ \cdot \\ \cdot \\ \cdot \\ \hat{\beta}_3
\end{bmatrix}
=
\begin{bmatrix}
\sum M Y_{jkl} \\ \sum X_1 Y_{jkl} \\ \cdot \\ \cdot \\ \cdot \\ \sum Z_3 Y_{jkl}
\end{bmatrix}
\tag{1-9}
$$

この方程式 (1-9) が解を一意に持つためには係数行列における各行各列のベクト

ルならびに右辺ベクトルが互いに1次独立でなければならない．この条件が満たされる時，係数行列の逆行列が存在し，解が求められる．

一般に，観測値 $\boldsymbol{y}$ は式 (1-10) の線形関数で表される．

$$\boldsymbol{y}=\boldsymbol{X\beta}+\boldsymbol{e} \qquad (1\text{-}10)$$

ただし，$\boldsymbol{y}$ は観測値のベクトルで $E(\boldsymbol{y})=\boldsymbol{X}\beta$ と仮定され，$\boldsymbol{\beta}$ は母数効果のベクトル，$\boldsymbol{X}$ は観測値が母数効果のどのクラスに属するかを示すＩ画行列，$\boldsymbol{e}$ は残差で $E(\boldsymbol{e})=\boldsymbol{0}$，分散が $\boldsymbol{I}\sigma_e^2$ と仮定される．

この時，最小二乗法 (ordinary least squares) により，残差平方和 $(\boldsymbol{y}-\boldsymbol{X\beta})'(\boldsymbol{y}-\boldsymbol{X\beta})$ を最小にするように母数効果の推定量 $\hat{\boldsymbol{\beta}}$ が次のように導かれる．

残差平方和 $\boldsymbol{e'e}$ は

$$\boldsymbol{e'e}=(\boldsymbol{y}-\boldsymbol{X\beta})'(\boldsymbol{y}-\boldsymbol{X\beta})=\boldsymbol{\beta'X'X\beta}-2\boldsymbol{\beta'X'y}+\boldsymbol{y'y}$$

であり，これを $\boldsymbol{\beta}$ について偏微分すると，

$$\frac{\partial \boldsymbol{e'e}}{\partial \boldsymbol{\beta}}=2\boldsymbol{X'X\beta}-2\boldsymbol{X'y}$$

である．これを $\boldsymbol{0}$ とおくと，最小二乗方程式 (1-11)

$$\boldsymbol{X'X\hat{\beta}}=\boldsymbol{X'y} \qquad (1\text{-}11)$$

が導かれるので，母数効果の最小二乗推定量 (least squares estimator) が次のように求められる．

$$\hat{\boldsymbol{\beta}}=(\boldsymbol{X'X})^{-}\boldsymbol{X'y}$$

さらに，同様にして二つの因子が関与している場合の最小二乗方程式 (1-12) を導くことができる．

$$\begin{bmatrix} \boldsymbol{X'X} & \boldsymbol{X'Z} \\ \boldsymbol{Z'X} & \boldsymbol{Z'Z} \end{bmatrix}\begin{bmatrix} \hat{\boldsymbol{\alpha}} \\ \hat{\boldsymbol{\beta}} \end{bmatrix}=\begin{bmatrix} \boldsymbol{X'y} \\ \boldsymbol{Z'y} \end{bmatrix} \qquad (1\text{-}12)$$

これは，$\hat{\boldsymbol{\alpha}}'=[\hat{\mu}\ \ \hat{\alpha}_1\ \ \hat{\alpha}_2]$，$\hat{\boldsymbol{\beta}}'=[\hat{\beta}_1\ \ \hat{\beta}_2\ \ \hat{\beta}_3]$ とすれば，式 (1-9) を行列表示したもの

となっている．

1.3.2　一般化最小二乗法

一般に観測値（$\boldsymbol{y}$）の分散 $Var(\boldsymbol{y})=\boldsymbol{V}$ が仮定される場合には，母数効果 $\boldsymbol{\beta}$ は

$$\boldsymbol{e}'\boldsymbol{e}=(\boldsymbol{y}-\boldsymbol{X\beta})'\boldsymbol{V}^{-1}(\boldsymbol{y}-\boldsymbol{X\beta})$$

を最小にするように推定される．

$\boldsymbol{e}'\boldsymbol{e}$ を $\boldsymbol{\beta}$ について偏微分すると

$$\frac{\partial \boldsymbol{e}'\boldsymbol{e}}{\partial \boldsymbol{\beta}}=2\boldsymbol{X}'\boldsymbol{V}^{-1}\boldsymbol{X\beta}-2\boldsymbol{X}'\boldsymbol{V}^{-1}\boldsymbol{y}$$

であるので，これを $\boldsymbol{0}$ とおくと，一般化最小二乗方程式(1-13)

$$\boldsymbol{X}'\boldsymbol{V}^{-1}\boldsymbol{X\beta}^{\circ}=\boldsymbol{X}'\boldsymbol{V}^{-1}\boldsymbol{y} \tag{1-13}$$

が導かれ，母数効果 $\boldsymbol{\beta}$ の一般化最小二乗推定量（generalized least squares estimator）$\boldsymbol{\beta}^{\circ}$ は

$$\boldsymbol{\beta}^{\circ}=(\boldsymbol{X}'\boldsymbol{V}^{-1}\boldsymbol{X})^{-}\boldsymbol{X}'\boldsymbol{V}^{-1}\boldsymbol{y} \tag{1-14}$$

となる．もし，$\boldsymbol{V}=\boldsymbol{I}\sigma_e^2$ であれば，$\boldsymbol{\beta}^{\circ}=\hat{\boldsymbol{\beta}}$ である．

ただし，観測値 $\boldsymbol{y}$ が式(1-24)のように混合モデルの関数として表される場合，$Var(\boldsymbol{y})$ には残差分散だけでなく変量効果の分散も含まれ，

$$\begin{aligned}\boldsymbol{V}&=Var(\boldsymbol{y})\\&=Var(\boldsymbol{X\beta}+\boldsymbol{Zu}+\boldsymbol{e})\\&=\boldsymbol{ZGZ}'+\boldsymbol{R}\end{aligned}$$

となる．ここで，$\boldsymbol{R}$ は $\boldsymbol{I}\sigma_e^2$，$\boldsymbol{G}$ は変量効果の分散共分散行列，育種の分野では一般に遺伝分散共分散行列，$\boldsymbol{Z}$ は各観測値がどの変量効果のどのクラス（育種の分野ではどの個体）に属するかを示す計画行列である．

1.3.3　最尤法

これまでの方法では残差の分布についての仮定をおいていないが，残差の分布（多くの場合正規分布）を仮定する場合，尤度を最大にするように母数効果の推定量が導かれる．いま，残差 $\boldsymbol{e}$ について，平均値が $\mathbf{0}$ で，分散が $\boldsymbol{V}$ である．すなわち $\boldsymbol{e} \sim N(\mathbf{0}, \boldsymbol{V})$ とすると，尤度は，

$$L=(2\pi)^{-\frac{1}{2}n}|\boldsymbol{V}|^{-\frac{1}{2}}\exp\left\{-\frac{1}{2}(\boldsymbol{y}-\boldsymbol{X\beta})'\boldsymbol{V}^{-1}(\boldsymbol{y}-\boldsymbol{X\beta})\right\}$$

となり，L の自然対数を取ることで

$$\begin{aligned}\ln L&=\ln\left[(2\pi)^{-\frac{1}{2}n}|\boldsymbol{V}|^{-\frac{1}{2}}\exp\left\{-\frac{1}{2}(\boldsymbol{y}-\boldsymbol{X\beta})'\boldsymbol{V}^{-1}(\boldsymbol{y}-\boldsymbol{X\beta})\right\}\right]\\&=-\frac{1}{2}\left[n\ln(2\pi)+\ln|\boldsymbol{V}|+\boldsymbol{y}'\boldsymbol{V}^{-1}\boldsymbol{y}-\boldsymbol{y}'\boldsymbol{V}^{-1}\boldsymbol{X\beta}-\boldsymbol{\beta}'\boldsymbol{X}'\boldsymbol{V}^{-1}\boldsymbol{y}+\boldsymbol{\beta}'\boldsymbol{X}'\boldsymbol{V}^{-1}\boldsymbol{X\beta}\right]\end{aligned}$$

となる．ここで，$\boldsymbol{\beta}'\boldsymbol{X}'\boldsymbol{V}^{-1}\boldsymbol{y}=\boldsymbol{y}'\boldsymbol{V}^{-1}\boldsymbol{X\beta}$（これらはスカラー）であるので，

$$\ln L=-\frac{1}{2}[n\ln(2\pi)+\ln|\boldsymbol{V}|+\boldsymbol{y}'\boldsymbol{V}^{-1}\boldsymbol{y}-2\boldsymbol{y}'\boldsymbol{V}^{-1}\boldsymbol{X\beta}+\boldsymbol{\beta}'\boldsymbol{X}'\boldsymbol{V}^{-1}\boldsymbol{X\beta}]$$

これを $\boldsymbol{\beta}$ に関して偏微分すると，

$$\frac{\partial(\ln L)}{\partial\boldsymbol{\beta}}=-\frac{1}{2}(-2\boldsymbol{X}'\boldsymbol{V}^{-1}\boldsymbol{y}+2\boldsymbol{X}'\boldsymbol{V}^{-1}\boldsymbol{X\beta})$$

であるので，これを $\mathbf{0}$ とおくと，

$$\boldsymbol{X}'\boldsymbol{V}^{-1}\boldsymbol{X}\tilde{\boldsymbol{\beta}}=\boldsymbol{X}'\boldsymbol{V}^{-1}\boldsymbol{y} \tag{1-15}$$

が導かれる．ただし，n は観測値の数である．この式 (1-15) から求められる最尤推定量 (maximum likelihood estimator) は先の一般化最小二乗推定量 (1-14) に等しい．したがって，残差について $\boldsymbol{e} \sim \boldsymbol{N}(\mathbf{0}, \boldsymbol{I}\sigma^2)$ が仮定される場合にのみ，一般化最小二乗推定量が最尤推定量でもある．

1.3.4　最良線形不偏推定量

混合モデル方程式(2-7)の解 $\hat{\boldsymbol{\beta}}$ から得られる母数効果の推定量を最良線形不偏推定量(best linear unbiased estimator：BLUE)という．この推定量は，線形関数の中で，残差分散を最小にするという意味で最良であり，かつ偏りのない推定量である．BLUE は後述するように一般化最小二乗推定量に等しい(2.3 節参照)．

1.4　変量効果の推定

いま，一組の観測値のデータ

$$\boldsymbol{y}'=[y_1 \cdots y_n] \tag{1-16}$$

が得られているとする．たとえば，前述の草量，個体ごとの乳量，体重，産毛量，血糖値，テストの成績などである．これらのデータから，$\boldsymbol{y}$ と結合分布する未知の変量効果 $\boldsymbol{g}$ を推定することについて考えてみよう．たとえば，変量効果 $\boldsymbol{g}$ は，育種の分野では個体あるいは/およびその父，母などの真の遺伝的能力や個体の最確生産能力，育種以外の分野では健康値あるいは理科能力などの真の値である．

未知の変量効果 $\boldsymbol{g}$ を推定するにはその予測式が必要である．そこで，$\boldsymbol{g}$ の i 番目の要素 g_i の最良の予測式として $\boldsymbol{y}$ の関数 $f(\boldsymbol{y})$ を考える．$f(\boldsymbol{y})$ としてはいろいろな関数が考えられるが，平均平方誤差(mean square error)を最小にする予測式が最良であるとすると，最良予測量(best prediction, BP)は予測誤差分散 $E(\hat{g}_i-g_i)^2$ を最小にする関数である．このような最良予測量は $\boldsymbol{y}$ が(1-16)のように与えられた時の g_i の条件付き平均値(conditional mean, 1-17)である(Henderson, 1973)．

$$\hat{g}_i=E(g_i|\boldsymbol{y}) \tag{1-17}$$

この式(1-17)はつぎのように導かれる．g_i の予測値を $\hat{g}_i$ とすると，その予測誤差分散の期待値は

$$
\begin{aligned}
E(g_i-\hat{g}_i)^2 &= E(g_i-E(g_i|\boldsymbol{y})+E(g_i|\boldsymbol{y})-\hat{g}_i)^2 \\
&= E(g_i-E(g_i|\boldsymbol{y}))^2+E(E(g_i|\boldsymbol{y})-\hat{g}_i)^2 \\
&\quad +2E\{(g_i-E(g_i|\boldsymbol{y}))(E(g_i|\boldsymbol{y})-\hat{g}_i)\} \\
&= E(g_i-E(g_i|\boldsymbol{y}))^2+E(E(g_i|\boldsymbol{y})-\hat{g}_i)^2 \qquad (1\text{-}18)
\end{aligned}
$$

∵　条件付き期待値の定義から第３項は

$$2E\{(E(g_i|\boldsymbol{y})-\hat{g}_i)E(g_i-E(g_i|\boldsymbol{y})|\boldsymbol{y})\}=0$$

である．このことから，$\hat{g}_i=E(g_i|\boldsymbol{y})$ であるとき，$E(g_i-\hat{g}_i)^2$ は最小値 $E(g_i-E(g_i|\boldsymbol{y}))^2$ をとることがわかる (Rao, 1965)．

1.4.1　最良線形予測量

変量効果の最良予測量といっても，あらゆる種類の関数を考えてそれらの中で最良のものを選択するのは難しい．しかし，遺伝的効果，環境効果などが一般的に加算的であると考えられていることから，線形関数の中で最良の予測式を選択するのが妥当であると考えられる．

そこで，予測誤差分散を最小にする線形関数として

$$\hat{g}_i=\boldsymbol{b}'\boldsymbol{y}+a \qquad (1\text{-}19)$$

を仮定すると，変量効果の最良予測量を得るには $E(\hat{g}_i-g_i)^2=E(\boldsymbol{b}'\boldsymbol{y}+a-g_i)^2$ を最小にする a および $\boldsymbol{b}'$ を求めればよいことになる．予測誤差分散は

$$
\begin{aligned}
E(\boldsymbol{b}'\boldsymbol{y}+a-g_i)^2 &= \boldsymbol{b}'E(\boldsymbol{y}\boldsymbol{y}')\boldsymbol{b}+a^2+E(g_i^2) \\
&\quad +2\boldsymbol{b}'E(\boldsymbol{y})a-2\boldsymbol{b}'E(\boldsymbol{y},g_i)-2aE(g_i) \\
&= \boldsymbol{b}'(\boldsymbol{V}+\boldsymbol{\mu}_y\boldsymbol{\mu}_y')\boldsymbol{b}+a^2+Var(g)+\mu_g^2 \\
&\quad +2\boldsymbol{b}'\boldsymbol{\mu}_y a-2\boldsymbol{b}'\boldsymbol{C}_i-2\boldsymbol{b}'\boldsymbol{\mu}_y\mu_g-2a\mu_g \qquad (1\text{-}20)
\end{aligned}
$$

ただし，$E(\boldsymbol{y})=\boldsymbol{\mu}_y$，$E(g_i)=\mu_g$

$Cov(\boldsymbol{y},g_i)=\boldsymbol{C}_i$，$Var(\boldsymbol{y})=\boldsymbol{V}$

となる．この予測誤差分散を最小にするための必要十分条件は式 (1-20) を $\boldsymbol{b}$ および a について偏微分し，それらが $\boldsymbol{0}$ であることである．

$$2(\boldsymbol{V}+\boldsymbol{\mu}_y\boldsymbol{\mu}_y')\boldsymbol{b}+2\boldsymbol{\mu}_y a-2\boldsymbol{C}_i-2\boldsymbol{\mu}_y\mu_g=\boldsymbol{0}$$
$$2\boldsymbol{\mu}_y'\boldsymbol{b}+2a-2\mu_g=0$$

これらの式において $\boldsymbol{b}$ あるいは a を含まない項を右辺に移項し，それらを行列表示すると，

$$\begin{bmatrix} \boldsymbol{V}+\boldsymbol{\mu}_y\boldsymbol{\mu}_y' & \boldsymbol{\mu}_y \\ \boldsymbol{\mu}_y' & 1 \end{bmatrix}\begin{bmatrix} \boldsymbol{b} \\ a \end{bmatrix}=\begin{bmatrix} \boldsymbol{C}_i+\boldsymbol{\mu}_y\mu_g \\ \mu_g \end{bmatrix}$$

である．この方程式を解くと

$$\begin{bmatrix} \boldsymbol{b} \\ a \end{bmatrix}=\begin{bmatrix} \boldsymbol{V}^{-1} & -\boldsymbol{V}^{-1}\boldsymbol{\mu}_y \\ -\boldsymbol{\mu}_y'\boldsymbol{V}^{-1} & 1+\boldsymbol{\mu}_y'\boldsymbol{V}^{-1}\boldsymbol{\mu}_y \end{bmatrix}\times\begin{bmatrix} \boldsymbol{C}_i+\boldsymbol{\mu}_y\mu_g \\ \mu_g \end{bmatrix}$$
$$=\begin{bmatrix} \boldsymbol{V}^{-1}\boldsymbol{C}_i \\ \mu_g-\boldsymbol{\mu}_y'\boldsymbol{V}^{-1}\boldsymbol{C}_i \end{bmatrix}$$

が得られる．

これら a および $\boldsymbol{b}$ を式 (1-19) に代入すると

$$\hat{g}_i=\boldsymbol{C}_i'\boldsymbol{V}^{-1}\boldsymbol{y}+\mu_g-\boldsymbol{\mu}_y'\boldsymbol{V}^{-1}\boldsymbol{C}_i$$

となり，右辺第 3 項はスカラーであるからこれを転置してつぎの最良線形予測量 (best linear prediction：BLP) が導かれる．

$$\hat{g}_i=\mu_g+\boldsymbol{C}_i'\boldsymbol{V}^{-1}(\boldsymbol{y}-\boldsymbol{\mu}_y) \tag{1-21}$$

この最良線形予測量にはつぎの特徴がある．

(1)　不偏性すなわち $E(\hat{g}_i)=E(g_i)$

(2)　$Var(\hat{g}_i)$

$$=Var\{\mu_g+\boldsymbol{C}_i'\boldsymbol{V}^{-1}(\boldsymbol{y}-\boldsymbol{\mu}_y)\}$$
$$=Var(\boldsymbol{C}_i'\boldsymbol{V}^{-1}\boldsymbol{y})$$
$$=\boldsymbol{C}_i'\boldsymbol{V}^{-1}\boldsymbol{V}\boldsymbol{V}^{-1}\boldsymbol{C}_i$$
$$=\boldsymbol{C}_i'\boldsymbol{V}^{-1}\boldsymbol{C}_i$$

(3) $Cov(\hat{g}_i, g_i)$

$$
\begin{aligned}
&= Cov\{\mu_g + \boldsymbol{C}_i' \boldsymbol{V}^{-1}(\boldsymbol{y} - \boldsymbol{\mu}_y), g_i\} \\
&= \boldsymbol{C}_i' \boldsymbol{V}^{-1} Cov(\boldsymbol{y}, g_i) \\
&= \boldsymbol{C}_i' \boldsymbol{V}^{-1} \boldsymbol{C}_i \\
&= Var(\hat{g}_i)
\end{aligned}
$$

(4) 線形関数の中では育種価と予測育種価との間の相関を最大にする．

(5) 多変量正規分布の場合，二つの選抜候補個体のうち良い方を選抜する確率が最大になる．

式(1-21)からもわかるように，最良線形予測量を得るにはつぎの母数{① $\boldsymbol{y}$ の集団平均値，すなわち $\boldsymbol{\mu}_y = E(\boldsymbol{y})$，② g_i の集団平均値，すなわち $\mu_g = E(g_i)$，③表現型値のベクトル $\boldsymbol{y}$ の分散共分散行列 $\boldsymbol{V}$，および④ $\boldsymbol{y}$ と $\boldsymbol{g}$ との間の共分散行列の i 列 $\boldsymbol{C}_i$} が既知でなければならない．

一般に母数③および④に示す情報は既知であることが多い．また，候補個体がすべて同一の集団からのものであれば μ_g は 0 とみなすことができ，実際上そうすることに何ら問題はない．一方，観測値 $\boldsymbol{y}$ がすべて同一条件下に得られたものであれば，$\boldsymbol{\mu}_y$ の代わりに $\boldsymbol{y}$ の平均値 $\bar{\boldsymbol{y}}$ を用いて実際上問題はない．たとえば，ニワトリ，ウサギ，ブタなどの場合，検定ならびに選抜が主として同一年次，同一群内で行われる．また，ウシの場合でも人工授精が普及する以前は雄牛を狭い範囲でしか供用することができなかった．したがって，雄牛間の比較は主として同一群内で行われた．このような場合は，前述の仮定 $\mu_g = 0$ および $\boldsymbol{\mu}_y = \bar{\boldsymbol{y}}$ が成り立つ．このような場合，式(1-21)は式(1-22)のように書き表すことができる．

$$\hat{g}_i = \boldsymbol{C}_i' \boldsymbol{V}^{-1}(\boldsymbol{y} - \bar{\boldsymbol{y}}) \tag{1-22}$$

1.4.2 最良線形不偏予測量

先に示した後代検定モデル（表1-1）において中段あるいは下段になると，雄牛の効果を推定するのに，牛群や集団の効果を考慮する必要がある．この場合，前者は変量効果であり，後者は母数効果である．これを線形関数で表すと式(1-23)のとおりとなる．

$$x_{ijk}=\mu+\alpha_i+\beta_j+e_{ijk} \tag{1-23}$$

ただし，x_{ijk}：個々の後代牛の記録

μ：全体平均

α_i：i 番目の雄牛の効果

β_j：j 番目の牛群の効果

e_{ijk}：残差

このように，一つの線形関数に変量効果と母数効果の両方が含まれる混合モデルの関数は，一般に次式(1-24)のように行列表示される．

$$\boldsymbol{y}=\boldsymbol{X\beta}+\boldsymbol{Zu}+\boldsymbol{e} \tag{1-24}$$

ただし，$\boldsymbol{y}$ は観測値のベクトル，$\boldsymbol{\beta}$ は未知の母数効果のベクトル，$\boldsymbol{u}$ は未知の変量効果のベクトル，$\boldsymbol{X}$ および $\boldsymbol{Z}$ は観測値がそれぞれ $\boldsymbol{\beta}$ および $\boldsymbol{u}$ のいずれのクラスに属するかを示す計画行列，$\boldsymbol{e}$ は残差のベクトルである．

Henderson (1963) は，観測値が式(1-24)のように混合モデルの関数として表される時，$E(\hat{\boldsymbol{g}}-\boldsymbol{g})^2$ を最小にする不偏予測量 $\hat{\boldsymbol{g}}$ を観測値 $\boldsymbol{y}$ から得ることができることを示した．いま，観測値のベクトル $\boldsymbol{y}$ があり，それらが式(1-24)に示すような線形関数で表せるとする．ここで，平均 $\boldsymbol{k}'\boldsymbol{\beta}$ が存在し，観測値 $\boldsymbol{y}$ の分散共分散 ($Var(\boldsymbol{y})=\boldsymbol{V}$) および観測値 $\boldsymbol{y}$ と変量効果 $\boldsymbol{g}$ との間の共分散 ($Cov(\boldsymbol{y},\boldsymbol{g}')=\boldsymbol{C}$) が既知であるとして未知の変量効果 $\boldsymbol{g}$ を予測する場合を考えてみよう．

予測量 $\hat{\boldsymbol{g}}$ が $\boldsymbol{y}$ の線形関数で表され，その期待値が $\boldsymbol{k}'\boldsymbol{\beta}$ であり（不偏である)，予測誤差分散が最小になるように定まるものとする．このような最良線形不偏予測量 $\hat{\boldsymbol{g}}$ を

$$\boldsymbol{a}'\boldsymbol{y} \tag{1-25}$$

とおくと，$\boldsymbol{a}'\boldsymbol{y}$ の期待値は，$E(\boldsymbol{y})=\boldsymbol{X}\beta$ であるから

$$E(\boldsymbol{a}'\boldsymbol{y})=\boldsymbol{a}'E(\boldsymbol{y})=\boldsymbol{a}'X\beta$$

であり，$\boldsymbol{a}'\boldsymbol{y}$ の期待値が $\boldsymbol{k}'\boldsymbol{\beta}$ となる（不偏性）ように $\boldsymbol{a}$ を定める．すなわち，

$$\boldsymbol{a}'X\beta=\boldsymbol{k}'\boldsymbol{\beta}$$

で，これが $\boldsymbol{\beta}$ のいかんにかかわらず常に成り立つためには

$$\boldsymbol{a}'\boldsymbol{X}=\boldsymbol{k}' \tag{1-26}$$

でなければならない．この条件のもとに予測誤差分散

$$Var(\boldsymbol{a}'\boldsymbol{y}-\boldsymbol{g})=\boldsymbol{a}'\boldsymbol{V}\boldsymbol{a}-2\boldsymbol{a}'\boldsymbol{C}+\boldsymbol{g}\boldsymbol{g}' \tag{1-27}$$

が最小となるための必要十分条件は，式 (1-26) および (1-27) より導かれる

$$f(\boldsymbol{a},\boldsymbol{\lambda})=\boldsymbol{a}'\boldsymbol{V}\boldsymbol{a}-2\boldsymbol{a}'\boldsymbol{C}+\boldsymbol{g}\boldsymbol{g}'+2(\boldsymbol{a}'\boldsymbol{X}-\boldsymbol{k}')\boldsymbol{\lambda}$$

を $\boldsymbol{a}$ および $\boldsymbol{\lambda}$ について偏微分した次式

$$\frac{\partial f(\boldsymbol{a},\boldsymbol{\lambda})}{\partial \boldsymbol{a}}=2\boldsymbol{V}\boldsymbol{a}-2\boldsymbol{C}+2\boldsymbol{X}\boldsymbol{\lambda}$$

$$\frac{\partial f(\boldsymbol{a},\boldsymbol{\lambda})}{\partial \boldsymbol{\lambda}}=2(\boldsymbol{X}'\boldsymbol{a}-\boldsymbol{k})$$

がともに $\mathbf{0}$ である．ただし，$\boldsymbol{\lambda}$ はラグランジェの未定乗数である．すなわち，

$$\begin{aligned}&\boldsymbol{V}\boldsymbol{a}+\boldsymbol{X}\boldsymbol{\lambda}=\boldsymbol{C}\\&\boldsymbol{X}'\boldsymbol{a}=\boldsymbol{k}\end{aligned} \tag{1-28}$$

である．

ここで，式 (1-28) の最初の方程式を $\boldsymbol{a}$ について解くと，

$$\boldsymbol{a}=-\boldsymbol{V}^{-1}\boldsymbol{X}\boldsymbol{\lambda}+\boldsymbol{V}^{-1}\boldsymbol{C} \tag{1-29}$$

となる．これを式 (1-28) の第 2 の方程式に代入すると

$$\boldsymbol{X}'\boldsymbol{V}^{-1}\boldsymbol{X}\boldsymbol{\lambda}=-\boldsymbol{k}+\boldsymbol{X}'\boldsymbol{V}^{-1}\boldsymbol{C}$$

となる．この方程式は $\boldsymbol{k}'\boldsymbol{\beta}$ が存在することを仮定しているので

$$\boldsymbol{\lambda}=-(\boldsymbol{X}'\boldsymbol{V}^{-1}\boldsymbol{X})^{-}\boldsymbol{k}+(\boldsymbol{X}'\boldsymbol{V}^{-1}\boldsymbol{X})^{-}\boldsymbol{X}'\boldsymbol{V}^{-1}\boldsymbol{C}$$

である．そこで，これを式 (1-29) に代入すると，

$$\boldsymbol{a}=\boldsymbol{V}^{-1}\boldsymbol{X}(\boldsymbol{X}'\boldsymbol{V}^{-1}\boldsymbol{X})^{-}\boldsymbol{k}-\boldsymbol{V}^{-1}\boldsymbol{X}(\boldsymbol{X}'\boldsymbol{V}^{-1}\boldsymbol{X})^{-}\boldsymbol{X}'\boldsymbol{V}^{-1}\boldsymbol{C}+\boldsymbol{V}^{-1}\boldsymbol{C} \qquad (1\text{-}30)$$

が導かれる.

そこで，式(1-30)を予測式(1-25)に代入すると

$$\boldsymbol{a}'\boldsymbol{y}=\boldsymbol{k}'(\boldsymbol{X}'\boldsymbol{V}^{-1}\boldsymbol{X})^{-}\boldsymbol{X}'\boldsymbol{V}^{-1}\boldsymbol{y}+\boldsymbol{C}'\boldsymbol{V}^{-1}[\boldsymbol{y}-\boldsymbol{X}(\boldsymbol{X}'\boldsymbol{V}^{-1}\boldsymbol{X})^{-}\boldsymbol{X}'\boldsymbol{V}^{-1}\boldsymbol{y}] \qquad (1\text{-}31)$$

となり，$(\boldsymbol{X}'\boldsymbol{V}^{-1}\boldsymbol{X})^{-}\boldsymbol{X}'\boldsymbol{V}^{-1}\boldsymbol{y}$ は一般化最小二乗推定量(1-14)であるから，これを $\boldsymbol{\beta}^{\circ}$ とすると，最良線形不偏予測量 (best linear unbiased prediction：BLUP) $\hat{\boldsymbol{g}}$ は

$$\hat{\boldsymbol{g}}=\boldsymbol{k}'\boldsymbol{\beta}^{\circ}+\boldsymbol{C}'\boldsymbol{V}^{-1}(\boldsymbol{y}-\boldsymbol{X}\boldsymbol{\beta}^{\circ}) \qquad (1\text{-}32)$$

となる.

こうして式(1-32)より得られたBLUPは $\boldsymbol{\mu}_g$ および $\boldsymbol{\mu}_y$ が不明であっても予測誤差分散が最小という意味で最良かつ不偏で，真の値との間の相関が最大，つまり最も正確度が高いとされている.

一般化最小二乗推定量(1-14)および最良線形不偏予測量(1-32)を用いて，具体的に表1-1下段に示した後代検定モデルのもとに得られた後代牛の記録(表1-3)について，それぞれ全平均，集団の効果および牛群の効果の最良線形不偏推定値並びに雄牛の効果の最良線形不偏予測値を計算してみよう．ただし，雄牛間の分散成分 σ_S^2 は0.225，雄牛内半きょうだい(半同胞，half sibling)間の分散成分 σ_ε^2 は2.775であるとする.

表1-3　産肉能力に関する後代牛の記録

集団	雄牛	牛群 H₁	牛群 H₂
A	S_1	24	22
	S_2	30	26
	S_3		21
B	S_4	30	26
	S_5	25	
	S_6		23

ここで，集団Aと集団Bとは遺伝的に異なるものとして扱うが，雄牛 S_4 および S_5 は雄牛 S_2 の後代であるとする

$$\boldsymbol{X}'=\begin{bmatrix}1&1&1&1&1&1&1&1&1\\1&0&1&0&0&1&0&1&0\\0&1&0&1&1&0&1&0&1\\1&1&1&1&1&0&0&0&0\\0&0&0&0&0&1&1&1&1\end{bmatrix};$$

$$\boldsymbol{Z}'=\begin{bmatrix}1&1&0&0&0&0&0&0&0\\0&0&1&1&0&0&0&0&0\\0&0&0&0&1&0&0&0&0\\0&0&0&0&0&1&1&0&0\\0&0&0&0&0&0&0&1&0\\0&0&0&0&0&0&0&0&1\end{bmatrix};$$

$$\boldsymbol{y}'=[24\ \ 22\ \ 30\ \ 26\ \ 21\ \ 30\ \ 26\ \ 25\ \ 23]$$

で，観測値のベクトル $\boldsymbol{y}$ の分散共分散行列 $\boldsymbol{V}$ は

$$\boldsymbol{V}=\boldsymbol{R}+\boldsymbol{ZGZ}'\quad\text{(1.3.2 項参照)}$$

ここでは $\boldsymbol{y}$ が後代牛の記録であるから，

$$=\boldsymbol{R}+\boldsymbol{ZAZ}'\sigma_s^2$$

$$=\begin{bmatrix}3.0&0.225&0.0&0.0&0.0&0.0&0.0&0.0&0.0\\&3.0&0.0&0.0&0.0&0.0&0.0&0.0&0.0\\&&3.0&0.225&0.0&0.1125&0.1125&0.1125&0.0\\&&&3.0&0.0&0.1125&0.1125&0.1125&0.0\\&&&&3.0&0.0&0.0&0.0&0.0\\&&&&&3.0&0.225&0.05625&0.0\\&&&&&&3.0&0.05625&0.0\\&&&&&&&3.0&0.0\\&&&&&&&&3.0\end{bmatrix}$$

であるから，一般化最小二乗方程式 (1-13) は

$$\begin{bmatrix}2.7184&1.1767&1.5417&1.5128&1.2056\\&1.2879&-0.1112&0.5784&0.5983\\&&1.6529&0.9344&0.6073\\&&&1.5782&-0.0654\\&&&&1.2710\end{bmatrix}\begin{bmatrix}\mu^\circ\\H_1^\circ\\H_2^\circ\\G_1^\circ\\G_2^\circ\end{bmatrix}=\begin{bmatrix}68.1092\\32.2448\\35.8645\\36.9918\\31.1174\end{bmatrix}$$

となる．この方程式を解くことによって，一般化最小二乗推定値

$$
\boldsymbol{\beta}^{\circ}=\begin{bmatrix}\mu^{\circ}\\ H_1^{\circ}\\ H_2^{\circ}\\ G_1^{\circ}\\ G_2^{\circ}\end{bmatrix}=\begin{bmatrix}1.1008 & -0.6367 & 0.0 & -0.8218 & 0.0\\ & 1.2977 & 0.0 & 0.1347 & 0.0\\ & & 0.0 & 0.0 & 0.0\\ & & & 1.3720 & 0.0\\ & & & & 0.0\end{bmatrix}\begin{bmatrix}68.1092\\ 32.2448\\ 35.8645\\ 36.9918\\ 31.1174\end{bmatrix}
$$

$$
=[23.1668\quad 3.4625\quad 0.0\quad 0.0\quad 0.8779]'
$$

が得られる．

ここで，一般化最小二乗方程式の解を $\boldsymbol{\beta}^{\circ}$ のごとく右肩に $^{\circ}$ を付して示したが，これは解が一意に定まらないことを示す．しかし，$\mu^{\circ}+H_i^{\circ}$ あるいは $G_i^{\circ}-G_j^{\circ}$ などは一意に定まり，それらの最良線形不偏推定値すなわち BLUE を与える（1.3.4 項参照）．

一方，後代牛の記録 $\boldsymbol{y}$ と雄牛の評価値 $\boldsymbol{s}$ との共分散行列 $\boldsymbol{C}$ は

$$
\begin{aligned}
\boldsymbol{C}&=[\boldsymbol{C}_1\ \boldsymbol{C}_2\cdots\boldsymbol{C}_i\cdots\boldsymbol{C}_6]\\
&=Cov(\boldsymbol{y},\boldsymbol{s}')\\
&=Cov(\boldsymbol{X\beta}+\boldsymbol{Zs}+\boldsymbol{e},\boldsymbol{s}')\\
&=Cov(\boldsymbol{Zs},\boldsymbol{s}')\\
&=\boldsymbol{Z}Var(\boldsymbol{s}')\\
&=\boldsymbol{ZA}\sigma_S^2
\end{aligned}
$$

である．したがって，その転置行列

$$
\boldsymbol{C}'=\begin{bmatrix}
0.225 & 0.225 & 0.0 & 0.0 & 0.0 & 0.0 & 0.0 & 0.0 & 0.0\\
0.0 & 0.0 & 0.225 & 0.225 & 0.0 & 0.1125 & 0.1125 & 0.1125 & 0.0\\
0.0 & 0.0 & 0.0 & 0.0 & 0.225 & 0.0 & 0.0 & 0.0 & 0.0\\
0.0 & 0.0 & 0.1125 & 0.1125 & 0.0 & 0.225 & 0.225 & 0.0563 & 0.0\\
0.0 & 0.0 & 0.1125 & 0.1125 & 0.0 & 0.0563 & 0.0563 & 0.225 & 0.0\\
0.0 & 0.0 & 0.0 & 0.0 & 0.0 & 0.0 & 0.0 & 0.0 & 0.225
\end{bmatrix}
$$

さらに，行列 $\boldsymbol{k}'$ は各雄牛がどの遺伝的グループに属するかを示すもので

$$
\boldsymbol{k}'=\begin{bmatrix}0&0&0&1&0\\0&0&0&1&0\\0&0&0&1&0\\0&0&0&0&1\\0&0&0&0&1\\0&0&0&0&1\end{bmatrix}
$$

である．そこで，式(1-32)より雄牛の最良線形不偏予測値は

$$
\hat{\boldsymbol{g}}=\begin{bmatrix}0&0&0&1&0\\0&0&0&1&0\\0&0&0&1&0\\0&0&0&0&1\\0&0&0&0&1\\0&0&0&0&1\end{bmatrix}\begin{bmatrix}23.1668\\3.4625\\0.0\\0.0\\0.8779\end{bmatrix}
$$

$$
+\begin{bmatrix}0.225&0.225&0.0&0.0&0.0&0.0&0.0&0.0&0.0\\0.0&0.0&0.225&0.225&0.0&0.1125&0.1125&0.1125&0.0\\0.0&0.0&0.0&0.0&0.225&0.0&0.0&0.0&0.0\\0.0&0.0&0.1125&0.1125&0.0&0.225&0.225&0.0563&0.0\\0.0&0.0&0.1125&0.1125&0.0&0.0563&0.0563&0.225&0.0\\0.0&0.0&0.0&0.0&0.0&0.0&0.0&0.0&0.225\end{bmatrix}
$$

$$
\times\begin{bmatrix}0.3352&-0.0251&0.0&0.0&0.0&0.0&0.0&0.0&0.0\\&0.3352&0.0&0.0&0.0&0.0&0.0&0.0&0.0\\&&0.3364&-0.0240&0.0&-0.0107&-0.0107&-0.0113&0.0\\&&&0.3364&0.0&-0.0107&-0.0107&-0.0113&0.0\\&&&&0.3333&0.0&0.0&0.0&0.0\\&&&&&0.3361&-0.0243&-0.0050&0.0\\&&&&&&0.3361&-0.0050&0.0\\&&&&&&&0.3344&0.0\\&&&&&&&&0.3333\end{bmatrix}
$$

$$
\times\left[\begin{bmatrix}24.0\\22.0\\30.0\\26.0\\21.0\\30.0\\26.0\\25.0\\23.0\end{bmatrix}-\begin{bmatrix}1&1&0&1&0\\1&0&1&1&0\\1&1&0&1&0\\1&0&1&1&0\\1&0&1&1&0\\1&1&0&0&1\\1&0&1&0&1\\1&1&0&0&1\\1&0&1&0&1\end{bmatrix}\begin{bmatrix}23.1668\\3.4625\\0.0\\0.0\\0.8779\end{bmatrix}\right]
$$

$$
=\begin{bmatrix}0.0\\0.0\\0.0\\0.8779\\0.8779\\0.8779\end{bmatrix}+\begin{bmatrix}-0.2648\\0.4665\\-0.1625\\0.4491\\0.0762\\-0.0784\end{bmatrix}=\begin{bmatrix}-0.2648\\0.4665\\-0.1625\\1.3270\\0.9541\\0.7996\end{bmatrix}
$$

となる．

このように集団を越えて雄牛の遺伝的能力が推定され，集団Bに属する雄牛の推定値が集団Aに属するものより高く，その中でも雄牛S_4の遺伝的能力が最も優れていることがわかる．一方，雄牛S_1が最も劣っている．これらの推定値は混合モデル方程式の解として得られる推定値（4.2.1項b参照）と同一である．

確率分布する変量効果のうちのあるクラスの真の値を，観測値のデータから推定するための，最良で，しかも偏りのない線形予測量がBLUPである．理論的にはそのとおりであり，小規模のデータについては前述のように計算は容易であるが，大量の観測値のデータからBLUPを得ることは事実上難しかった．この問題を解決してくれたのがBLUP法の発見である．

基　礎　編

第2章
BLUP法の歴史

BLUP法は米国アイオワ州立大学で育った家畜育種学者の一人ヘンダーソン(Henderson CR)博士(以下敬称略)の発見に端を発し，今や全世界のあらゆる家畜の遺伝的能力評価に利用されるようになり，さらに家畜育種分野だけでなく林木，魚類，トウモロコシなどの育種分野，入学試験などの成績評価，医療診断結果の評価などにも利用されようとしている．

この発見から全世界への普及の過程を紐解いてみると，人と人とのつながりの大切さ・重要さが浮かび上がってくる．その鎖のどこが切れても，BLUP法の現在の姿はなかったであろう．本章ではヘンダーソンいわくScientific father とScientific son (brother) とScientific grandsonの群像にも焦点をあてながらBLUP法の歴史を述べる．

2.1　BLUP法誕生の前夜

BLUP法誕生の地となったアイオワ州立大学に，Scientific fatherとしてヘンダーソンに多大の影響を及ぼしたラッシュ (Lush JL) が，赴任したのは，1930年のことであった．ここで，ラッシュは統計遺伝学的育種理論を確立することになるが，赴任の翌年シカゴ大学で開講されたライト (Wright S) の統計遺伝学コースに参加して，径路係数 (path coefficient) について学んだことが，その後の理論展開に大きく貢献した．その後，ライトがウィスコンシン大学に移ってからも，二人は切磋琢磨しながら，ラッシュは統計遺伝学的育種理論を，ライトは集団遺伝学の基礎理論を打ち立てていった．この交流はずっと続き，編著者佐々木がアイオワ州立大学に留学していた1977年にも，ライトが同大学に招かれて講演をした

図 2-1　集団遺伝学の祖ライト博士（左）と量的遺伝学の泰斗ラッシュ博士（右）

時，ラッシュも出席していた．その時，実にライトは 88 歳，ラッシュも 81 歳の高齢であったが，二人は写真にもみられるように共にとても若々しかった（図 2-1）．留学中，ラッシュ宅をしばしば訪問し，いろいろと話し合う機会をもつことができたが，同氏の口癖は「The first is difficult, but the second is easy」であった．全く未踏の分野であった統計遺伝学的育種理論を，世界に先がけて次々と切り開いていった学者の実感がこもっている．

このようなラッシュは教育面でも多数の優秀な後継学者すなわち Scientific sons を輩出した．初期の頃の学生の中に，ヘンダーソン，ハーベィ（Harvey WR），タッチベリィ（Touchberry RW），リゲーツ（Legates JE），ウィルハム（Willham RL），ファルコナー（Falconer DS），パーヒナー（Pirchner F），スワイガー（Swiger LA）などがいる．これらの学者は，世界的に有名な家畜育種関連の専門書の著者であったり，代表的な学術論文の著者であったり，その名前が世界的によく知られている学者である．そして，ヘンダーソンはこれらの学者を Scientific brother

と呼んでいる．これらの著名な学者がすべてアイオワ州立大学の，しかもラッシュの教え子であることは驚きである．

ヘンダーソンがアイオワ州立大学でラッシュの博士コース学生となったのは1946年であった．その頃，ラッシュとライトは，個体ごとの正規分布する観測値がその個体のもつ未知の育種価と結合分布するとの前提のもとに，その育種価を推定する選抜指数の理論を構築していた．言い換えれば，観測値の情報をもとに変量効果を推定する方法の開発に取り組んでいた．しかし，育種価を選抜指数の理論に基づいて実際に推定しようとすると，観測値に影響している環境要因の影響をすべて前もって補正する必要があった．この母数効果である環境要因の影響を不揃いデータから推定するのに，フィッシャー（Fisher RA）とイェーツ（Yates F）の最小二乗法（1.3.1項参照）が利用されていた．しかし，不揃いデータにおいて，変量効果の因子を考慮しないで推定した母数効果の推定値には問題があり，これを用いて環境要因の影響を補正することは好ましくなかった．

一方，選抜指数を変量効果推定に応用する場合には分散や共分散の情報が必要であり，それらのパラメータを不揃いデータから推定する方法が求められていた．当時，アイオワ州立大学にはラッシュの他に，この推定法に深い関心を持つヘーゼル（Hazel LN），ケンプソーン（Kempthorne O），スプレィグ（Sprague G）などが在職していたが，妥当な方法は開発されていなかった．

このような状況の中で，ヘンダーソンは「豚の近交系間交雑における組合せ能力の推定」に関する研究に取り組み，その中で分散共分散推定法としてヘンダーソンの方法Ⅰ，ⅡおよびⅢを開発した（Henderson, 1953）．一方，系統の効果や交雑組合せ効果は確率分布する集団からの抽出であり，変量効果とみなされるので，それらの推定に最小二乗法を適用するのは妥当でなかった．何故なら，最小二乗法は母数効果の推定法であったからである（1.3節参照）．そこで，ヘンダーソンはそれら変量効果の推定に回帰最小二乗法（regressed least squares）という二段階推定法を開発した．すなわち，混合モデルを母数モデルとみなして，変量効果についても最小二乗法により解を求め，その解から選抜指数の理論に基づいて変量効果の推定値を得る方法である．しかし，この方法による変量効果の推定は偏りを生じることが，その後ヘンダーソン自身によって証明された．

少し余談になるが，ハーベィによると，当時ヘンダーソンの方法Ⅲによる分散共分散の推定を実際のデータに適用するのは至難の技であったらしい．その推定に取り組んでいたハーベィとリゲーツ（いずれもヘンダーソンのScientific brother）がヘンダーソンの開発した方法の解説を頼んだところ，毎週2〜3回夕方に会って，最小二乗方程式の立て方，解法，偏差平方和の計算法，平均平方の期待値の求め方などを詳細に説明してくれたとのことである．その後も，ハーベィがアイダホ大学，米国農務省（USDA），そしてオハイオ大学で研究を続ける間，ずっといろいろな疑問に詳しく，しかも迅速に解答をしてくれたらしい（Harvey, 1991）．ハーベィといえば，最小二乗分散分析法（least-squares analysis of variance）の汎用プログラムLSMLGPに始まって，LSML 76, LSMLMWなどの製作者として世界的に有名であり，副次級に属する観測値の数が異なる場合の最小二乗分散分析法（Harvey, 1960）の生みの親とも思われている学者である．同氏の最小二乗分散分析法およびそのプログラムは世界中に流布し，いまではSAS（SAS, 1992）にも取り込まれ，わが国における家畜育種研究にも多大の貢献をした．そのハーベィに，最小二乗分散分析法を手取り足取り教え，指導したのがヘンダーソンであることを知って大変驚いたというのが実感である．と同時にハーベィの文章からヘンダーソンの学問に対する真摯さがひしひしと伝わってくる．

2.2　BLUP法の発見

変量効果推定のための選抜指数法と母数効果推定のための最小二乗法とを組合せて，混合モデル方程式の解として母数効果と変量効果とを同時に推定する方法をヘンダーソンが発見した（Henderson, 1949；1950）．これが後に，混合モデル方程式の解から最良線形不偏予測量（BLUP）を得る方法であることが証明され，BLUP法（best linear unbiased prediction method）と呼ばれるようになった．

この方法を発見するきっかけになったのは，ヘンダーソンがアイオワ州立大学の博士コース学生としてムード（Mood A）の講義「数理統計学」を受講した際に，ムードが課した宿題であった．その問題は「ある年齢の学生たちの真のIQが正規分布し，その平均値が100，分散が225であるとする．いま，ある学生が知能テストを受けた時のIQスコアが130であった．IQスコアも真のIQの周りに正規分布し，その分散が25であるとして，学生のIQに関する最尤推定値を求めよ」であった．

これに対して，ラッシュの講義の中で話されていた選抜指数の一つ最確生産能力 (MPPA) の予測の問題であると考えて，

$$100+\frac{225}{225+25}(130-100)=127$$

という答えを出したところ，ムードは「答えは正しいがその方法が違う」とのことだった．その折りに，ムードは真の IQ と IQ スコアの結合分布を最大にする方法を考えるべきだと示唆した．

このムードの示唆をもとに，ヘンダーソンは観測値 $\boldsymbol{y}$ と未知の変量効果である真値 $\boldsymbol{u}$ との間の結合密度関数 ($\boldsymbol{u}$ が存在する確率×$\boldsymbol{u}$ が存在する場合に $\boldsymbol{y}$ が存在する確率) を考えることによって，混合モデル方程式を導いた (Henderson, 1949；1950)．ヘンダーソンはスカラー表示で示しているが，ここでは行列表示で示した．

観測値 $\boldsymbol{y}$ が式 (1-24) のように混合モデルの線形関数で表されるとする．$\boldsymbol{y}$ と $\boldsymbol{u}$ の結合密度関数 $g(\boldsymbol{y}|\boldsymbol{u})h(\boldsymbol{u})$は，$\boldsymbol{e}\sim N(\boldsymbol{0}, \boldsymbol{R})$ および $\boldsymbol{u}\sim N(\boldsymbol{0}, \boldsymbol{G})$ であるならば，

$$g(\boldsymbol{y}|\boldsymbol{u})h(\boldsymbol{u})=(2\pi\sigma^2)^{-\frac{1}{2}n-\frac{1}{2}q}\begin{vmatrix}\boldsymbol{G} & \boldsymbol{0}\\ \boldsymbol{0} & \boldsymbol{R}\end{vmatrix}^{-\frac{1}{2}}\exp\left\{-\frac{1}{2\sigma^2}\begin{bmatrix}\boldsymbol{u}\\ \boldsymbol{y}-\boldsymbol{X\beta}-\boldsymbol{Zu}\end{bmatrix}'\begin{pmatrix}\boldsymbol{G} & \boldsymbol{0}\\ \boldsymbol{0} & \boldsymbol{R}\end{pmatrix}^{-1}\begin{bmatrix}\boldsymbol{u}\\ \boldsymbol{y}-\boldsymbol{X\beta}-\boldsymbol{Zu}\end{bmatrix}\right\} \tag{2-1}$$

となる．ただし，n は観測値の数で，q は変量効果のクラス数である．ここで，定数部分を C とおくと

$$\begin{aligned}&=C\times\exp\left\{-\frac{1}{2\sigma^2}\begin{bmatrix}\boldsymbol{u}\\ \boldsymbol{y}-\boldsymbol{X\beta}-\boldsymbol{Zu}\end{bmatrix}'\begin{pmatrix}\boldsymbol{G} & \boldsymbol{0}\\ \boldsymbol{0} & \boldsymbol{R}\end{pmatrix}^{-1}\begin{bmatrix}\boldsymbol{u}\\ \boldsymbol{y}-\boldsymbol{X\beta}-\boldsymbol{Zu}\end{bmatrix}\right\}\\ &=C\times\frac{1}{\exp\left\{\frac{1}{2\sigma^2}\begin{bmatrix}\boldsymbol{u}\\ \boldsymbol{y}-\boldsymbol{Z\beta}-\boldsymbol{Zu}\end{bmatrix}'\begin{pmatrix}\boldsymbol{G} & \boldsymbol{0}\\ \boldsymbol{0} & \boldsymbol{R}\end{pmatrix}^{-1}\begin{bmatrix}\boldsymbol{u}\\ \boldsymbol{y}-\boldsymbol{X\beta}-\boldsymbol{Zu}\end{bmatrix}\right\}}\end{aligned} \tag{2-2}$$

である．したがって，この結合密度関数 (2-1) はつぎの $f(\boldsymbol{\beta}, \boldsymbol{u})$ が最小の時，最大になる．$f(\boldsymbol{\beta}, \boldsymbol{u})$ を最小にする必要十分条件は，$f(\boldsymbol{\beta}, \boldsymbol{u})$ の $\boldsymbol{\beta}$ および $\boldsymbol{u}$ についての偏微分がともに $\boldsymbol{0}$ である．

$$
\begin{aligned}
f(\boldsymbol{\beta}, \boldsymbol{u}) &= \begin{bmatrix} \boldsymbol{u} \\ \boldsymbol{y}-\boldsymbol{X\beta}-\boldsymbol{Zu} \end{bmatrix}' \begin{pmatrix} \boldsymbol{G} & \boldsymbol{0} \\ \boldsymbol{0} & \boldsymbol{R} \end{pmatrix}^{-1} \begin{bmatrix} \boldsymbol{u} \\ \boldsymbol{y}-\boldsymbol{X\beta}-\boldsymbol{Zu} \end{bmatrix} \\
&= \boldsymbol{u}'\boldsymbol{G}^{-1}\boldsymbol{u} + (\boldsymbol{y}-\boldsymbol{X\beta}-\boldsymbol{Zu})'\boldsymbol{R}^{-1}(\boldsymbol{y}-\boldsymbol{X\beta}-\boldsymbol{Zu}) \\
&= \boldsymbol{u}'\boldsymbol{G}^{-1}\boldsymbol{u} + [\boldsymbol{y}'-(\boldsymbol{X\beta})'-(\boldsymbol{Zu})']\boldsymbol{R}^{-1}(\boldsymbol{y}-\boldsymbol{X\beta}-\boldsymbol{Zu}) \\
&= \boldsymbol{u}'\boldsymbol{G}^{-1}\boldsymbol{u} + (\boldsymbol{y}'-\boldsymbol{\beta}'\boldsymbol{X}'-\boldsymbol{u}'\boldsymbol{Z}')\boldsymbol{R}^{-1}(\boldsymbol{y}-\boldsymbol{X\beta}-\boldsymbol{Zu}) \\
&= \boldsymbol{u}'\boldsymbol{G}^{-1}\boldsymbol{u} + \boldsymbol{y}'\boldsymbol{R}^{-1}\boldsymbol{y} - \boldsymbol{y}'\boldsymbol{R}^{-1}\boldsymbol{X\beta} - \boldsymbol{y}'\boldsymbol{R}^{-1}\boldsymbol{Zu} - \boldsymbol{\beta}'\boldsymbol{X}'\boldsymbol{R}^{-1}\boldsymbol{y} \\
&\quad + \boldsymbol{\beta}'\boldsymbol{X}'\boldsymbol{R}^{-1}\boldsymbol{X\beta} + \boldsymbol{\beta}'\boldsymbol{X}'\boldsymbol{R}^{-1}\boldsymbol{Zu} - \boldsymbol{u}'\boldsymbol{Z}'\boldsymbol{R}^{-1}\boldsymbol{y} + \boldsymbol{u}'\boldsymbol{Z}'\boldsymbol{R}^{-1}\boldsymbol{X\beta} \\
&\quad + \boldsymbol{u}'\boldsymbol{Z}'\boldsymbol{R}^{-1}\boldsymbol{Zu} \qquad (2\text{-}3)
\end{aligned}
$$

式(2-3)の右辺において，$\boldsymbol{y}'\boldsymbol{R}^{-1}\boldsymbol{X\beta}$と$\boldsymbol{\beta}'\boldsymbol{X}'\boldsymbol{R}^{-1}\boldsymbol{y}$，$\boldsymbol{u}'\boldsymbol{Z}'\boldsymbol{R}^{-1}\boldsymbol{y}$ と $\boldsymbol{y}'\boldsymbol{R}^{-1}\boldsymbol{Zu}$，および $\boldsymbol{u}'\boldsymbol{Z}'\boldsymbol{R}^{-1}\boldsymbol{X\beta}$と$\boldsymbol{\beta}'\boldsymbol{X}'\boldsymbol{R}^{-1}\boldsymbol{Zu}$ はそれぞれ互いに転置の関係にあり，かつスカラーであるために互いに等しくなる．そこで$f(\boldsymbol{\beta}, \boldsymbol{u})$は，

$$
\begin{aligned}
f(\boldsymbol{\beta}, \boldsymbol{u}) &= \boldsymbol{u}'\boldsymbol{G}^{-1}\boldsymbol{u} + \boldsymbol{y}'\boldsymbol{R}^{-1}\boldsymbol{y} - 2\boldsymbol{\beta}'\boldsymbol{X}'\boldsymbol{R}^{-1}\boldsymbol{y} - 2\boldsymbol{u}'\boldsymbol{Z}'\boldsymbol{R}^{-1}\boldsymbol{y} \\
&\quad + \boldsymbol{\beta}'\boldsymbol{X}'\boldsymbol{R}^{-1}\boldsymbol{X\beta} + 2\boldsymbol{\beta}'\boldsymbol{X}'\boldsymbol{R}^{-1}\boldsymbol{Zu} + \boldsymbol{u}'\boldsymbol{Z}'\boldsymbol{R}^{-1}\boldsymbol{Zu} \qquad (2\text{-}4)
\end{aligned}
$$

となる．いま，この式(2-4)を未知変数である$\boldsymbol{\beta}$について偏微分すると，

$$
\frac{\partial f(\boldsymbol{\beta}, \boldsymbol{u})}{\partial \boldsymbol{\beta}} = -2\boldsymbol{X}'\boldsymbol{R}^{-1}\boldsymbol{y} + 2\boldsymbol{X}'\boldsymbol{R}^{-1}\boldsymbol{X\beta} + 2\boldsymbol{X}'\boldsymbol{R}^{-1}\boldsymbol{Zu}
$$

式(2-4)を未知変数である $\boldsymbol{u}$ について偏微分すると，

$$
\frac{\partial f(\boldsymbol{\beta}, \boldsymbol{u})}{d\boldsymbol{u}} = 2\boldsymbol{G}^{-1}\boldsymbol{u} - 2\boldsymbol{Z}'\boldsymbol{R}^{-1}\boldsymbol{y} + 2\boldsymbol{Z}'\boldsymbol{R}^{-1}\boldsymbol{X\beta} + 2\boldsymbol{Z}'\boldsymbol{R}^{-1}\boldsymbol{Zu}
$$

である．ここで，

$$
\frac{\partial f(\boldsymbol{\beta}, \boldsymbol{u})}{\partial \boldsymbol{\beta}} = \boldsymbol{0}
$$

$$
\frac{\partial f(\boldsymbol{\beta}, \boldsymbol{u})}{\partial \boldsymbol{u}} = \boldsymbol{0}
$$

とおくと，

$$
2\boldsymbol{X}'\boldsymbol{R}^{-1}\boldsymbol{X}\hat{\boldsymbol{\beta}} + 2\boldsymbol{X}'\boldsymbol{R}^{-1}\boldsymbol{Z}\hat{\boldsymbol{u}} = 2\boldsymbol{X}'\boldsymbol{R}^{-1}\boldsymbol{y}
$$

$$X'R^{-1}X\hat{\beta}+X'R^{-1}Z\hat{u}=X'R^{-1}y \tag{2-5}$$

および

$$2G^{-1}\hat{u}+2Z'R^{-1}X\hat{\beta}+2Z'R^{-1}Z\hat{u}=2Z'R^{-1}y$$
$$Z'R^{-1}X\hat{\beta}+Z'R^{-1}Z\hat{u}+G^{-1}\hat{u}=Z'R^{-1}y \tag{2-6}$$

が導ける．式 (2-5) と式 (2-6) とを並べて行列の形で表示すれば，

$$\begin{bmatrix} X'R^{-1}X & X'R^{-1}Z \\ Z'R^{-1}X & Z'R^{-1}Z+G^{-1} \end{bmatrix}\begin{bmatrix} \hat{\beta} \\ \hat{u} \end{bmatrix}=\begin{bmatrix} X'R^{-1}y \\ Z'R^{-1}y \end{bmatrix} \tag{2-7}$$

となり，混合モデル方程式 (Henderson's mixed model equations：MME) と呼ばれている．この方程式の解 $\hat{u}$ が変量効果 u の最尤推定値である．と同時に，次節 (2.3 節) でも証明されるように，これらの解 $\hat{\beta}$ および $\hat{u}$ から最良線形不偏予測量 (BLUP) が求められる．

2.3　混合モデル方程式の解

BLUP 法は 1949 年に発見され，American Society of Dairy Science 年次大会要旨集および The Annals of Mathematical Statistics に簡単に式が示されただけで，10 数年が経過した．この間，ヘンダーソンは混合モデル方程式の解がもっている特性について研究をすすめた．この研究に画期的なインパクトを与えたのがシアル (Seale SR) であった．

1955 年にヘンダーソンがサバティカルリーブ (米国などで大学教授などに与えられる旅行・研究・休養のための一年または半年間の有給休暇) で，乳牛群の改良について学ぶためにニュージーランドを訪れた．その時，ケンブリッジ大学で数理統計学を学んで帰国したばかりの若手研究者シアルと，たまたま同室で研究をすることになった．ここで，ヘンダーソンははじめて線形代数学 (matrix algebra) に出会うことになる．また，シアルもヘンダーソンにひかれて翌年フルブライト奨学金によりコーネル大学に留学した．このようにして，両博士の 1+1 が 3 にも 5 にもなった協力が始まり，統計学並びに家畜育種学の両分野で大きく花開いていっ

た．

その最初の成果が，混合モデル方程式 (2-7) の解として得られる $\hat{\boldsymbol{\beta}}$ が一般化最小二乗方程式の解となること，およびこれらの解 $\hat{\boldsymbol{\beta}}$ および $\hat{\boldsymbol{u}}$ から BLUP が得られることを以下のように証明したことである (Henderson ら，1959；Henderson, 1963)．

ここで，混合モデル方程式 (2-7) の第 2 式

$$\boldsymbol{Z}'\boldsymbol{R}^{-1}\boldsymbol{X}\hat{\boldsymbol{\beta}}+(\boldsymbol{Z}'\boldsymbol{R}^{-1}\boldsymbol{Z}+\boldsymbol{G}^{-1})\hat{\boldsymbol{u}}=\boldsymbol{Z}'\boldsymbol{R}^{-1}\boldsymbol{y}$$

を $\hat{\boldsymbol{u}}$ について解くと

$$\hat{\boldsymbol{u}}=(\boldsymbol{Z}'\boldsymbol{R}^{-1}\boldsymbol{Z}+\boldsymbol{G}^{-1})^{-1}\boldsymbol{Z}'\boldsymbol{R}^{-1}(\boldsymbol{y}-\boldsymbol{X}\hat{\boldsymbol{\beta}}) \tag{2-8}$$

が得られる．

まず，混合モデル方程式 (2-7) の解 $\hat{\boldsymbol{\beta}}$ が一般化最小二乗方程式の解 (1.3.2 項参照) に等しいことを証明した．式 (2-8) を式 (2-7) の第 1 式に代入して，

$$\boldsymbol{X}'\boldsymbol{R}^{-1}\boldsymbol{X}\hat{\boldsymbol{\beta}}+\boldsymbol{X}'\boldsymbol{R}^{-1}\boldsymbol{Z}(\boldsymbol{Z}'\boldsymbol{R}^{-1}\boldsymbol{Z}+\boldsymbol{G}^{-1})^{-1}\boldsymbol{Z}'\boldsymbol{R}^{-1}(\boldsymbol{y}-\boldsymbol{X}\hat{\boldsymbol{\beta}})=\boldsymbol{X}'\boldsymbol{R}^{-1}\boldsymbol{y}$$

$$\begin{aligned}&\boldsymbol{X}'\boldsymbol{R}^{-1}\boldsymbol{X}\hat{\boldsymbol{\beta}}-\boldsymbol{X}'\boldsymbol{R}^{-1}\boldsymbol{Z}(\boldsymbol{Z}'\boldsymbol{R}^{-1}\boldsymbol{Z}+\boldsymbol{G}^{-1})^{-1}\boldsymbol{Z}'\boldsymbol{R}^{-1}\boldsymbol{X}\hat{\boldsymbol{\beta}}\\&=\boldsymbol{X}'\boldsymbol{R}^{-1}\boldsymbol{y}-\boldsymbol{X}'\boldsymbol{R}^{-1}\boldsymbol{Z}(\boldsymbol{Z}'\boldsymbol{R}^{-1}\boldsymbol{Z}+\boldsymbol{G}^{-1})^{-1}\boldsymbol{Z}'\boldsymbol{R}^{-1}\boldsymbol{y}\end{aligned} \tag{2-9}$$

ここで，

$$\boldsymbol{W}=\boldsymbol{R}^{-1}-\boldsymbol{R}^{-1}\boldsymbol{Z}(\boldsymbol{Z}'\boldsymbol{R}^{-1}\boldsymbol{Z}+\boldsymbol{G}^{-1})^{-1}\boldsymbol{Z}'\boldsymbol{R}^{-1} \tag{2-10}$$

とおくと式 (2-9) は，

$$\boldsymbol{X}'\boldsymbol{W}\boldsymbol{X}\hat{\boldsymbol{\beta}}=\boldsymbol{X}'\boldsymbol{W}\boldsymbol{y} \tag{2-11}$$

となる．ここで，

$$\begin{aligned}\boldsymbol{V}\boldsymbol{W}&=(\boldsymbol{R}+\boldsymbol{Z}\boldsymbol{G}\boldsymbol{Z}')[\boldsymbol{R}^{-1}-\boldsymbol{R}^{-1}\boldsymbol{Z}(\boldsymbol{Z}'\boldsymbol{R}^{-1}\boldsymbol{Z}+\boldsymbol{G}^{-1})^{-1}\boldsymbol{Z}'\boldsymbol{R}^{-1}]\\&=\boldsymbol{I}+\boldsymbol{Z}\boldsymbol{G}\boldsymbol{Z}'\boldsymbol{R}^{-1}-\boldsymbol{Z}(\boldsymbol{Z}'\boldsymbol{R}^{-1}\boldsymbol{Z}+\boldsymbol{G}^{-1})^{-1}\boldsymbol{Z}'\boldsymbol{R}^{-1}\\&\quad-\boldsymbol{Z}\boldsymbol{G}\boldsymbol{Z}'\boldsymbol{R}^{-1}\boldsymbol{Z}(\boldsymbol{Z}'\boldsymbol{R}^{-1}\boldsymbol{Z}+\boldsymbol{G}^{-1})^{-1}\boldsymbol{Z}'\boldsymbol{R}^{-1}\\&=\boldsymbol{I}+\boldsymbol{Z}\boldsymbol{G}\boldsymbol{Z}'\boldsymbol{R}^{-1}-\boldsymbol{Z}(\boldsymbol{I}+\boldsymbol{G}\boldsymbol{Z}'\boldsymbol{R}^{-1}\boldsymbol{Z})(\boldsymbol{Z}'\boldsymbol{R}^{-1}\boldsymbol{Z}+\boldsymbol{G}^{-1})^{-1}\boldsymbol{Z}'\boldsymbol{R}^{-1}\end{aligned}$$

$$=I+ZGZ'R^{-1}-ZG(G^{-1}+Z'R^{-1}Z)(Z'R^{-1}Z+G^{-1})^{-1}Z'R^{-1}$$
$$=I+ZGZ'R^{-1}-ZGZ'R^{-1}$$
$$=I$$

となるから，$W=V^{-1}$ である．したがって，$\hat{\beta}$ は式(2-11)より

$$\hat{\beta}=(X'WX)^{-}X'Wy$$
$$=(X'V^{-1}X)^{-}X'V^{-1}y$$
$$=\beta^{\circ} \tag{2-12}$$

となり，混合モデル方程式(2-7)の解 $\hat{\beta}$ が一般化最小二乗方程式(1-14)による解 β° に等しいことがわかる．

つぎに，混合モデル方程式(2-7)の解 $\hat{u}$ が式(1-32)により推定されるBLUP(1.4.2項参照)の第2項に等しいことが次のように証明された．ここで $C'=Cov(u, y')=GZ'$ および $V=ZGZ'+R$ であるから

$$Z'R^{-1}=Z'R^{-1}VV^{-1}$$
$$=Z'R^{-1}(ZGZ'+R)V^{-1}$$
$$=(Z'R^{-1}ZGZ'+Z')V^{-1}$$
$$=(Z'R^{-1}Z+G^{-1})GZ'V^{-1} \tag{2-13}$$

が導かれる．そこで，式(2-13)を式(2-8)に代入すると，

$$\hat{u}=(Z'R^{-1}Z+G^{-1})^{-1}(Z'R^{-1}Z+G^{-1})GZ'V^{-1}(y-X\hat{\beta})$$
$$=GZ'V^{-1}(y-X\hat{\beta})$$
$$=C'V^{-1}(y-X\hat{\beta})$$

ここで，式(2-12)より

$$=C'V^{-1}(y-X\beta^{\circ}) \tag{2-14}$$

となる．すなわち $\hat{u}$ は式(1-32)により推定されるBLUPの第2項に等しい．

以上の結果，式(2-12)および(2-14)から，混合モデル方程式の解 $\hat{\beta}$ および $\hat{u}$ を用いて，次のように一般化最小二乗方程式の解を用いた最良線形不偏予測量(BLUP) $\hat{g}$ (1-32)が得られることがわかる．

$$\hat{\boldsymbol{g}} = \boldsymbol{k}'\boldsymbol{\beta}^{\circ} + \boldsymbol{C}'\boldsymbol{V}^{-1}(\boldsymbol{y} - \boldsymbol{X}\boldsymbol{\beta}^{\circ})$$
$$= \boldsymbol{k}'\hat{\boldsymbol{\beta}} + \hat{\boldsymbol{u}}$$

これらのことから，混合モデル方程式の解を用いる方法は変量効果のBLUPを得るための方法の一つである．式(1-32)によりBLUPを得るには一般化最小二乗方程式を解かなければならない．観測値の数が多くなれば，$\boldsymbol{V}^{-1}$の次数が莫大なものとなり，事実上この計算は不可能である．ところが，ここで証明されたように，混合モデル方程式(2-7)を解くことによりBLUPと全く同一の解が得られる．混合モデル方程式の次数は母数効果のクラス数と変量効果のクラス数の和であり，観測値の数がいくら多くなっても，それ程方程式の次数は多くならず，解くことが容易である．また，母数効果$\boldsymbol{\beta}$に対する混合モデル方程式の解として式(2-7)では$\hat{\boldsymbol{\beta}}$を用いたが，それが式(2-12)のように一般化最小二乗方程式の解$\boldsymbol{\beta}^{\circ}$に等しいことから，以下混合モデル方程式の解についても$\boldsymbol{\beta}^{\circ}$と表すこととする．

2.4　BLUP法の普及

変量効果の推定法として優れた特性をもつBLUP法は，個体ごとの遺伝的能力の推定が重要な位置を占める家畜育種学の分野で発見され，広く普及した．とくにウシなどの人工授精が普及するにつれて，遺伝的能力を推定するのに実際に選抜が行われている集団からの能力記録データいわゆるフィールドデータ(field data)が利用されるようになった．フィールドデータの場合，従来用いられてきた選抜指数法や回帰最小二乗法では推定値に偏りが生じる．これらの推定法が妥当であるためには，能力記録をもつ個体，たとえば後代検定において雄牛を評価するのに利用する後代牛が，無作為標本抽出である必要があった．しかし，フィールドデータの場合はそのような無作為性は保証されない．この点，BLUP法はそのような前提を必要とせず，しかも不偏であることがヘンダーソンにより証明された(Henderson, 1975 a)ことから，BLUP法に対する関心が高まった．さらに，BLUP法の発見の経緯，理論，特性などについて集大成した論文が1973年に出版された(Henderson, 1973)．この論文は最初に読んだ時は大変難解であったが，非常によくまとまった論文で，BLUP法の原典・バイブルともいえるものである．

これらによって，世界の家畜育種学者のBLUP法に対する理解が急速に深まった．

一方，BLUP法の計算は一般化最小二乗方程式の解を用いたBLUPよりははるかに容易であったが，それでもコンピュータの利用は不可欠であり，しかも高い性能のコンピュータを必要とした．世界初の電子計算機ENIACが登場したのは1946年米国ペンシルバニア大学においてであった．このコンピュータは素子として1万8,000本もの真空管を使用しており，第一世代のコンピュータと呼ばれ，20畳もの部屋を真空管で埋め尽くしたといわれる．その後，1960年代には真空管に代わってトランジスタが使われるようになり，高速で信頼性の高い，小型のコンピュータが可能となった．ついで，1970年代に入ると，集積回路，大規模集積回路が使われるようになるとともに益々高速化，高信頼性，超小型化がすすんだ第三世代のコンピュータが出現した．コンピュータの性能の指標として加算時間でみると，第一世代のIBM701で60 μs，第二世代のIBM7090で4.36 μs，第三世代のIBM370-195で0.054 μsと飛躍的な進歩をみている（池田，1974）．

さらに，1970年にはヘンダーソンの直接指導のもとに米国北東部AIセンター乳用種種雄牛育種価推定（NEAISC）にはじめてBLUP法が採用された．これにはヘンダーソンが指導した学生（いわゆるScientific son）のミラー（Miller PD）らが協力している．その後，1975年から分子血縁係数の情報を活用，1984年から複数形質モデルのBLUP法を採用，1989年からは父親モデルから個体モデルに移行した．これに先導される形で，全米での乳用種雄牛の育種価推定に，BLUP法が採用され，さらに1989年には個体モデルに移行した．

このように，BLUP法の理論が理解され，コンピュータの性能の向上によりBLUP法の計算が可能となり，さらにその具体例が米国北東部AIセンターで示されるに及び，BLUP法はあらゆる畜種の遺伝的能力評価へ，さらに全世界へと拡大していった．それにはヘンダーソンの教え子達，Freeman AE（米国），Cunningham EP（アイルランド），Schaeffer LR（カナダ），Kennedy BW（カナダ）などのScientific sons（ラッシュからみるとScientific grandsons）が多大の貢献をした．

わが国におけるBLUP法の普及は欧米諸国よりやや遅れた．1977年から78年にかけて米国アイオワ州立大学に留学した編著者佐々木が，BLUP法による種畜

図 2-2　スタッフや学生との和やかな一時

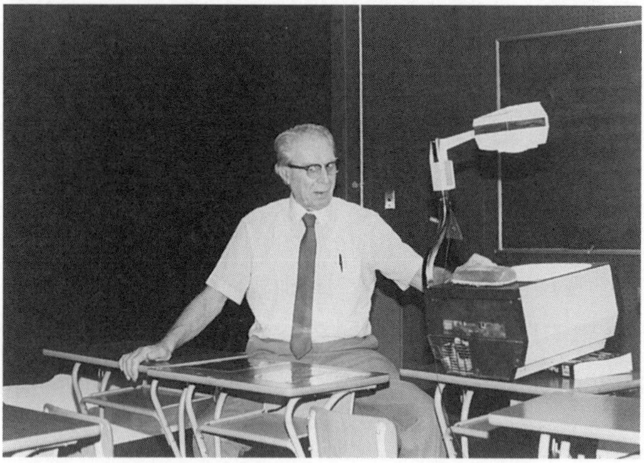

図 2-3　講義にも熱弁をふるうヘンダーソン博士

評価への新しい潮流に触れ，いち早くこの研究に取り組み (佐々木と祝前，1980)，理論的研究，コンピュータシミュレーションによる研究，フィールドデータを用いた実証的研究を進めた．しかし，全くの新しい分野で，わが国に先達はなく，試行錯誤の何年かが経過した．丁度そのような時 1985 年に，BLUP 法の発見者ヘンダーソンを京都大学招へい教授として 3 ヶ月間迎えることができた (図 2-2)．この間に，京都大学において 34 回にわたって BLUP 法の理論についての特別講義が開講された．この講義のために，ヘンダーソンは 400 枚を越える OHP 用トラ

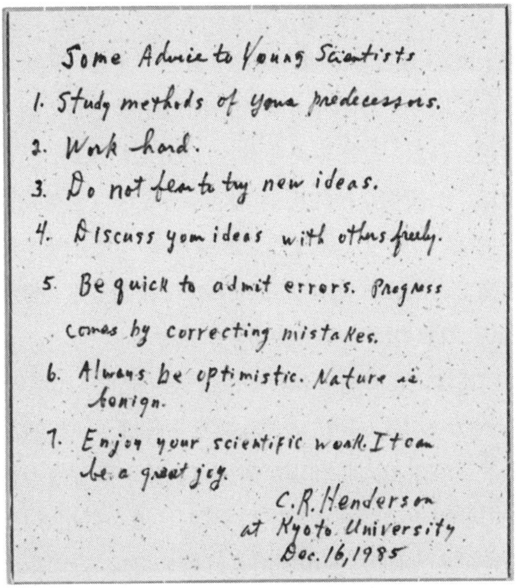

Some Advice to Young Scientists

1. Study methods of your predecessors.
2. Work hard.
3. Do not fear to try new ideas.
4. Discuss your ideas with others freely.
5. Be quick to admit errors. Progress comes by correcting mistakes.
6. Always be optimistic. Nature is benign.
7. Enjoy your scientific work. It can be a great joy.

C.R. Henderson
at Kyoto University
Dec. 16, 1985

図 2-4　ヘンダーソン博士から若手研究者へのメッセージ

ンスパレンシーを新たに作製し，非常に体系だった講義をしてくれた（図 2-3）．これは編著者をはじめ，伊藤助手（当時），院生に大変大きなインパクトを与えてくれた．ヘンダーソンが帰国に際して若手研究者に贈ってくれたメッセージ（図 2-4）には，先生の学問に対する真摯な姿勢・情熱・愛が溢れている．

この特別講義ならびにその間における共同研究の成果は，「種畜評価法の理論と応用」（佐々木義之著）として京都大学家畜育種学研究室講義録シリーズ第 1 号として印刷・配布された．さらに，この内容が「畜産の研究」（養賢堂発行）に 11 回にわたって連載された．これらをきっかけに，わが国における BLUP 法に対する理解が深まっていった．

一方，わが国においても，肥育農家から枝肉市場に出荷された肥育牛の枝肉形質記録すなわちフィールドデータを利用して，それら肥育牛の父である種雄牛や母である繁殖雌牛の遺伝的能力すなわち育種価を推定する必要に迫られた．フィールドデータの場合は，一般に異なる農家，異なる月齢，異なる年次・季節などの記録が含まれており，それら環境要因の影響を取り除いて育種価を推定する必要がある．そこで，そのような育種価の推定に適した変量効果の推定法がコンピュータシミュレーションや実際のフィールドデータにより比較検討され，BLUP 法が最も優れていることが明らかにされた．また，和牛の集団に適したモデル，母数効果として取り上げるべき要因，血統記録として取り込むべき世代数などについても検討された．それらを考慮したBLUP 法が，わが国における小規模な肥育農家の記録，小規模な枝肉市場の記録の場合にも有効であることが実証された (Sasaki，1992)．これらに伴って，1983 年から大分県黒毛和種で，1987 年から熊本系褐毛和種で，BLUP 法による種牛の育種価推定が開始され，現在では全国 40 道府県の黒毛和種集団で採用されるに至っている．

一方，乳牛については，北海道において，帯広畜産大学光本孝次教授 (当時) の指導のもとに 1984 年から BLUP 法による種雄牛評価が，さらに 1989 年から個体モデルによる種雄牛と雌牛の同時評価が実施されるようになった．また，1989 年からは全国規模での種雄牛の育種価推定に BLUP 法が採用された．さらに，豚，馬などの育種価推定にも BLUP 法が採用され始めている．

近年，諸外国では材木育種，魚類育種などにも利用されるようになり，その普及に家畜育種の研究者が寄与している．また，臨床検査や疫学調査などの経時的観察データに基づく推定にも利用されている．とくに後者についてはSAS (SAS, 1992) の MIXED プロシジャの普及が役立っている (松山と山口，2001)．

第3章
BLUP法の原理と特性

混合モデルの線形関数が仮定される観測値のデータから，変量効果を推定しようとする場合，式(1-32)により予測誤差分散が最小で，かつ不偏である最良線形不偏予測量（BLUP）が得られることは前述（1.4.2項参照）のとおりである．その予測量を一般化最小二乗方程式を解くことによって求める場合，観測値のベクトル（$\boldsymbol{y}$）の分散共分散行列（$\boldsymbol{V}$）の逆行列の計算が必要であるが，その次数は観測値の数に等しく，非常に大きい．しかも対角行列ではないので，その逆行列を計算することは最近のコンピュータの性能でもってしても実際上不可能に近い．一方，最良線形不偏予測量（BLUP）を混合モデル方程式を解くことによって推定する方法がBLUP法である（2.2節参照）．

BLUP法は，最良線形不偏予測式による方法よりも計算が容易であるだけでなく，種々の優れた特性をもっている．しかし，BLUP法といえども万能ではなく，その特性を発揮するために必要な条件がある．これらの特性や条件を十分認識した上で，BLUP法を利用すれば，育種分野のみならず広い分野での変量効果の推定に有効である．

3.1　BLUP法

観測値に対して母数効果とみなされる因子と変量効果とみなされる因子の両方が影響していると考えられる場合，一般に各観測値は式(3-1)のように混合モデルの線形関数として表される．

$$\boldsymbol{y}=\boldsymbol{X\beta}+\boldsymbol{Zu}+\boldsymbol{e} \tag{3-1}$$

ただし，$\boldsymbol{y}$：各観測値のベクトル

$\boldsymbol{\beta}$：未知の母数効果のベクトルで，遺伝的グループの効果を含み

$\boldsymbol{X}$：各観測値が母数効果のどのクラスに属するかを示す0と1からなる既知の計画行列

$\boldsymbol{u}$：未知の変量効果のベクトルで，$\boldsymbol{E(u)=0}$，かつその分散共分散行列 $\boldsymbol{G}$ を $\boldsymbol{A}\sigma_u^2$ と見なし

$\boldsymbol{A}$：分子血縁係数行列，遺伝育種以外の分野では通常単位行列 ($\boldsymbol{I}$) となり

$\boldsymbol{Z}$：各観測値が変量効果のどのクラスに属するかを示す0と1からなる既知の計画行列

$\boldsymbol{e}$：未知の残差のベクトルで，$E(\boldsymbol{e})=\boldsymbol{0}$，かつその分散共分散行列を $\boldsymbol{R}$ とする．

なお，変量効果 $\boldsymbol{u}$ と残差 $\boldsymbol{e}$ との間の共分散は $\boldsymbol{0}$ である．すなわち，$Var\begin{pmatrix}\boldsymbol{u}\\ \boldsymbol{e}\end{pmatrix}=\begin{bmatrix}\boldsymbol{G} & \boldsymbol{0}\\ & \boldsymbol{R}\end{bmatrix}$ である．

観測値が式(3-1)に示すように混合モデルの線形関数で表される場合，観測値 $\boldsymbol{y}$ と変量効果 $\boldsymbol{u}$ との結合密度関数を最大にするようにつぎの混合モデル方程式(3-2)が導かれる（2.2節参照）．

$$\begin{bmatrix}\boldsymbol{X'R^{-1}X} & \boldsymbol{X'R^{-1}Z}\\ \boldsymbol{Z'R^{-1}X} & \boldsymbol{Z'R^{-1}Z+G^{-1}}\end{bmatrix}\begin{bmatrix}\boldsymbol{\beta}^{\circ}\\ \hat{\boldsymbol{u}}\end{bmatrix}=\begin{bmatrix}\boldsymbol{X'R^{-1}y}\\ \boldsymbol{Z'R^{-1}y}\end{bmatrix} \tag{3-2}$$

いま $\boldsymbol{k'\beta}$ が推定可能であるならば，混合モデル方程式(3-2)の解（$\boldsymbol{\beta}^{\circ}$ および $\hat{\boldsymbol{u}}$）から，最良線形不偏予測量（best linear unbiased predicton：BLUP）$\hat{\boldsymbol{g}}$ が次式(3-3)により推定される（2.3節参照）．

$$\hat{\boldsymbol{g}}=\boldsymbol{k'\beta}^{\circ}+\hat{\boldsymbol{u}} \tag{3-3}$$

なお，母数効果に遺伝的グループが含まれていない場合は，$\hat{\boldsymbol{g}}$ が $\hat{\boldsymbol{u}}$ に等しい．

式(3-2)は，最も一般的な混合モデル方程式を示したが，残差の分散共分散行列 $\boldsymbol{R}$ が $\boldsymbol{I}\sigma_e^2$ である，すなわち対角行列であるとみなせるならば，$\boldsymbol{R}^{-1}=\boldsymbol{I}\sigma_e^{-2}$ であるから，式(3-2)の両辺に $\boldsymbol{I}\sigma_e^2$ を乗じると，

$$\begin{bmatrix}\boldsymbol{X'X} & \boldsymbol{X'Z}\\ \boldsymbol{Z'X} & \boldsymbol{Z'Z+G^{-1}}\sigma_e^2\end{bmatrix}\begin{bmatrix}\boldsymbol{\beta}^{\circ}\\ \hat{\boldsymbol{u}}\end{bmatrix}=\begin{bmatrix}\boldsymbol{X'y}\\ \boldsymbol{Z'y}\end{bmatrix} \tag{3-4}$$

となる．ここで，式(3-4)に注目してみると，左辺係数行列の変量効果に対応する

対角ブロックに $\boldsymbol{G}^{-1}\sigma_e^2$ を加えてある点以外は，まったく最小二乗方程式(1-12)と同じであることがわかる．$\boldsymbol{G}$ は $\boldsymbol{A}\sigma_u^2$ であるから，$\boldsymbol{G}^{-1}\sigma_e^2$ は $\boldsymbol{A}^{-1}(\sigma_e^2/\sigma_u^2)$ である．したがって，混合モデル方程式では変量効果に対応する対角ブロックに分子血縁係数行列と残差分散の変量効果の分散に対する比との積を加えてある．この分散比は父親モデルの場合，雄畜内半きょうだい間の分散成分の，雄畜の分散成分に対する比で，$4/h^2-1$ により求められる（4.2.1項参照）．また，個体モデルの場合，環境分散の相加的遺伝分散に対する比で，$1/h^2-1$ により求められる（4.1.1項参照）．ただし，h^2 は評価しようとしている形質の遺伝率である．このように分子血縁係数行列と分散比との積を加えた方程式を解く点が最小二乗分散分析法（Harvey, 1960）と異なるところである．BLUP法を用いる場合，平均値の情報はBLUEとして推定されるが，分散共分散の情報（$\boldsymbol{G}$ および $\boldsymbol{R}$，父親モデルのBLUP法では遺伝率の情報）が必須である．

このように，混合モデル方程式の解から最良線形不偏予測量を求める方法を，前述の最良線形不偏予測式から求める方法と区別する意味で，BLUP法（best linear unbiased prediction method）と呼ぶことにする．BLUP法により得られる最良線形不偏予測量（$\hat{\boldsymbol{g}}$）はその予測誤差分散が最小であるという意味で「最良(best)」であり，予測に偏りが生じないという意味で「不偏（unbiased)」である．しかもこの予測値（$\hat{\boldsymbol{g}}$）は真の値（$\boldsymbol{g}$）との間の相関が最大である．すなわち正確度(accuracy）が最も高い．さらにその形質が正規分布をする場合，$\hat{\boldsymbol{g}}$ は $\boldsymbol{g}$ についての正しい序列を決定するのに最も正確な予測量である．

さらに，BLUP法にはつぎのような特性がある．

(1) $\boldsymbol{k}'\boldsymbol{\beta}^{\circ}$ は推定可能関数 $\boldsymbol{k}'\boldsymbol{\beta}$ の最良線形不偏推定量（best linear unbiased estimation：BLUE）である．

(2) $\hat{\boldsymbol{u}}$ は，混合モデル方程式(3-2)の左辺係数行列が正則行列であるか否かにかかわらず，解が一意に定まる．

(3) ここで，混合モデル方程式(3-2)の左辺係数行列の逆行列を

$$\begin{bmatrix} \boldsymbol{C}^{11} & \boldsymbol{C}^{12} \\ \boldsymbol{C}^{21} & \boldsymbol{C}^{22} \end{bmatrix}$$

とすると，分散共分散はつぎのごとく得られる．

$$\left.\begin{aligned}
&Var(\boldsymbol{k}'\boldsymbol{\beta}^{\circ})=\boldsymbol{k}'\boldsymbol{C}^{11}\boldsymbol{k}\ (\boldsymbol{k}'\boldsymbol{\beta}\text{が推定可能であるなら})\\
&Cov(\boldsymbol{k}'\boldsymbol{\beta}^{\circ},\ \hat{\boldsymbol{u}}')=0\\
&Cov(\boldsymbol{k}'\boldsymbol{\beta}^{\circ},\ \boldsymbol{u}')=-\boldsymbol{k}'\boldsymbol{C}^{12}\\
&Cov(\boldsymbol{k}'\boldsymbol{\beta}^{\circ},\ \hat{\boldsymbol{u}}'-\boldsymbol{u}')=\boldsymbol{k}'\boldsymbol{C}^{12}\\
&Var(\hat{\boldsymbol{u}})=Cov(\hat{\boldsymbol{u}},\ \boldsymbol{u}')=\boldsymbol{G}-\boldsymbol{C}^{22}\\
&Var(\hat{\boldsymbol{u}}-\boldsymbol{u})=\boldsymbol{C}^{22}\\
&Var(\hat{\boldsymbol{g}}-\boldsymbol{g})=\boldsymbol{k}'\boldsymbol{C}^{11}\boldsymbol{k}+\boldsymbol{k}'\boldsymbol{C}^{12}+\boldsymbol{C}^{12\prime}\boldsymbol{k}+\boldsymbol{C}^{22}
\end{aligned}\right\}\quad(3\text{-}5)$$

$Var(\hat{\boldsymbol{u}}-\boldsymbol{u})$ および $Var(\hat{\boldsymbol{g}}-\boldsymbol{g})$ を予測誤差分散 (prediction error variance：PEV) という．また，観測値の数が増えるにつれて $Var(\boldsymbol{k}'\boldsymbol{\beta}^{\circ})$ は小さくなるのに対して $Var(\hat{\boldsymbol{u}})$ は大きくなる．

(4) 正規性の条件のもとでは，$\boldsymbol{u}$ と $\hat{\boldsymbol{u}}$ との間の相関，$\hat{\boldsymbol{u}}$ にもとづく序列化の正確度，$\hat{\boldsymbol{u}}$ にもとづく選抜個体群の平均値が最大となる．

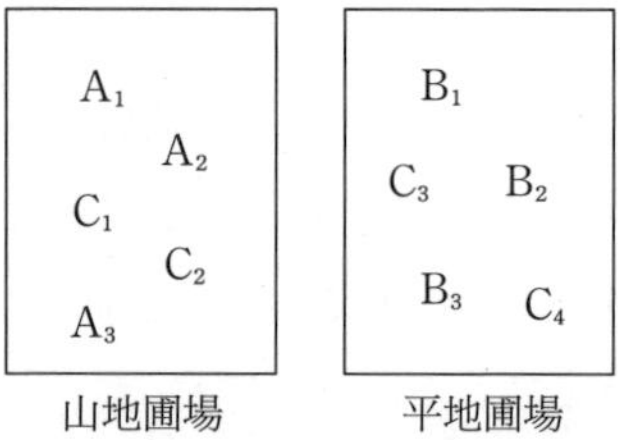

図 3-1　異なる圃場を用いての品種比較試験

3.2　前提条件

品種の性能を比較しようとする場合，比較される品種がすべて同じ条件の圃場で栽培されるのであれば，品種ごとの平均値でもって比較すればよい．しかし，二つの品種 A と B がそれぞれ山地圃場と平地圃場で図 3-1 のように栽培される場合は，品種の平均値間の差に圃場の違いが含まれるので，単純に品種ごとの平均値で比較するのは妥当でない．このような場合，両方の圃場で栽培される品種 (図 3-1 では品種 C) があれば，これが両圃場を結合することになり，品種 A と品種

Bの性能を推定することが可能となり，それらの性能を比較することができる．BLUP法の場合も，母数効果のクラス間が結合されていることが前提である．

表3-1　母数効果に結合されていない副次級があるデータ

変量効果のクラス	母数効果のクラス					
	A	B	C	D	E	F
1	(1, A)	(1, B)			(1, E)	
2		(2, B)		(2, D)		
3			(3, C)			
4	(4, A)			(4, D)	(4, E)	(4, F)
5			(5, C)			

(i,j)：変量効果の i 番目のクラスで，母数効果の j 番目のクラスの副次級に観測値があることを示す

3.2.1　変量効果と母数効果との結合

いま，母数効果と変量効果とのすべての副次級に少なくとも1個の観測値があれば，母数効果のクラス間は完全に結合している．しかし，実際のデータでは表3-1が示すように，いくつかの副次級に観測値がない場合が多い．このデータにおいて，数字（変量効果のクラス）かアルファベット（母数効果のクラス）のどちらかが同じであれば，それらの副次級は結合している．したがって，(1, A)，(1, B)，(1, E)，(4, A)，(2, B)，(4, E)，(4, D)，(4, F) および (2, D) は結合している．一方，(3, C) と (5, C) は相互には結合しているが，(1, A) 以下のグループとは結合していない．このことから，母数効果のクラスCの推定値を得ることができず，したがっ

表3-2　母数効果の副次級がすべて結合しているデータ

変量効果のクラス	母数効果のクラス					
	A	B	C	D	E	F
1	(1, A)	(1, B)			(1, E)	
2		(2, B)		(2, D)		
3			(3, C)			
4	(4, A)			(4, D)	(4, E)	(4, F)
5			(5, C)			
6		(6, B)	(6, C)			

(i,j)：表3-1に同じである

て，変量効果の3番目と5番目のクラスを推定することはできない．

もし，表3-1のデータに変量効果の6番目のクラスが加わり（表3-2），このクラスには母数効果のクラスBとCに観測値があるとすると，結合している副次級は(1, A), (1, B), (1, E), (4, A), (2, B), (6, B), (4, E), (4, D), (4, F), (2, D), (6, C), (5, C), (3, C)で，すべての副次級が結合されることになり，変量効果のすべてのクラスが推定できる．

この結合の意味を，ウシにおける遺伝的能力の評価の場合に当てはめて考えてみよう．後代検定（1.1節参照）において異なる牛群で検定されている雄牛を比較するための基準として利用できるように供用され，表3-3における雄牛S_1やS_3のごとく，多数の牛群にわたって後代牛の存在する雄牛のことを基準種雄牛（reference sire）といい，また雄牛S_2およびS_4のごとく各雄牛が牛群に対して差別的に重複して供用されることを差別重複供用（differential use）という．これらの雄牛S_1やS_3，あるいはS_2とS_4を通して，雄牛S_5と雄牛S_2とは異なる牛群にしか後代牛をもたないけれども比較することができる．一方，雄牛S_6は，牛群Dとそれ以外の牛群に共通に後代牛をもつ雄牛が存在しないので，他のいずれの雄牛とも比較することができない．このように，基準種雄牛も，差別重複供用されている種雄牛も存在しなければ，牛群間の結合がないために異なる牛群で検定されている雄牛間の比較はできない．

ここで，牛群を越えた比較を行うのに基準種雄牛が必要である理由についても

表3-3　後代検定モデルにおける後代牛の分布と有効な後代牛数

種雄牛	牛群					有効な後代牛数
	A	B	C	D	和	
S_1	50[a]	45	55		150	61.5357
S_2	20	30			50	34.2857
S_3	10	10	10		30	26.4603
S_4		15	15		30	25.2500
S_5			30		30	21.0000
S_6				30	30	0.0
$n_{.k}$	70	90	100	30		

a）各副次級における後代牛数を示す

う少し具体的に考えてみよう．いま種雄牛 A_1 を雌牛群 A に交配して得られた後代牛，および種雄牛 B_1 を雌牛群 B に交配して得られた後代牛の 1 日当り増体量が図 3-2 のとおりであったとする．なお，1 種雄牛当たりの後代牛の数は同じで，かつ十分な数であったものとする．この結果からみる限り，種雄牛 B_1 がみかけ上優れているようにみえるが果して遺伝的にもそうであろうか．

1 日当たり増体量に影響する要因は遺伝的要因と環境要因とに大別される．前者はさらに母親に由来するもの（雌牛の育種価×1/2），父親に由来するもの（種雄牛の育種価×1/2）およびメンデリアンサンプリング効果（Mendelian sampling，配偶子形成過程での遺伝子の分離と受精の際のランダムな配偶子の選択によって起こる遺伝子の遺伝抽出変動による差異）とに分けられる．後者の影響はここでは牛群平均として示される．これらの大きさが図 3-3 のとおりであったとすると，むしろ，種雄牛 A_1 の方が遺伝的に優れていることになる．しかし，このままではそれぞれの要因がどのような割合で影響しているかを実際に知ることはできない．そこで，同一の種雄牛 R を両雌牛群に交配した場合を考えてみる．図 3-4 のごとくそれぞれの牛群内では牛群平均，メンデリアンサンプリング効果および雌牛群からの寄与分は同じであると期待されるから，牛群 A 内で生まれた種雄牛 A_1 の後代牛の平均 1 日当たり増体量と種雄牛 R のそれとの差（$=A_1-R$）は種雄牛 A_1 と R との育種価の差の 1/2 である．同様のことが牛群 B における種雄牛 B_1 と種雄牛 R

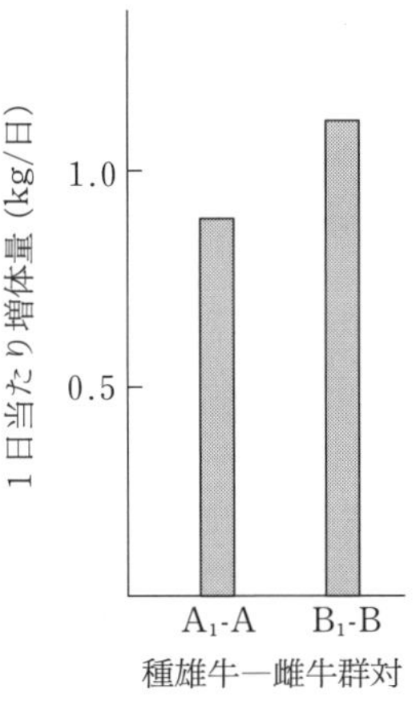

図 3-2　後代牛の 1 日当たり増体量の比較

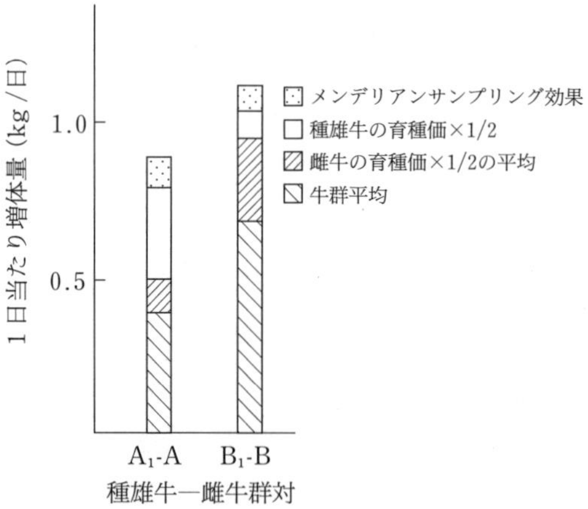

図 3-3　1日当たり増体量に影響する要因

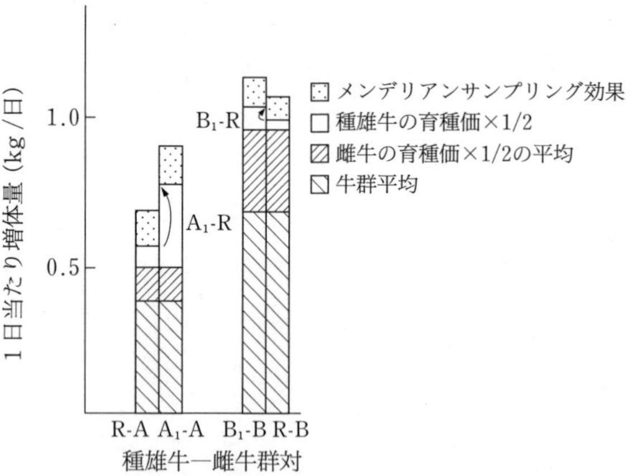

図 3-4　牛群を超えた種雄牛の遺伝的優越度の比較

とについても言える．その結果，A_1-R が B_1-R より大きいので遺伝的にはむしろ種雄牛 A_1 の方が優れていることがわかる．種雄牛Rのように牛群を越えて共通に供用される種雄牛，すなわち基準種雄牛の存在が種雄牛 A_1 と B_1 の遺伝的能力を比較することができるための前提条件である．

3.2.2　結合度の指標

表 3-2 の場合，一応すべての副次級が結合されているので，すべての効果の推定はできるが観測値のない副次級が多く結合は弱い．さらに，観測値のある副次級が増えれば，結合はより強くなる．このような結合の強さを結合度（connectedness）といい，偏りのない変量効果の推定には結合度の強い方が望ましい．

ウシの遺伝的能力評価においては結合度の指標として有効な後代牛数が用いられている．また結合度を強めるものとして基準種雄牛の導入，分子血縁係数行列の利用などが図られている．ここではウシを例に述べるが，基本的にはウシを他の家畜，あるいは魚類，植物などに置き換えて考えることができる．さらに，一般の混合モデルの場合にも当てはめることができる．

種雄牛の後代が複数の牛群に分布しており，それら後代の情報にもとづき種雄牛の遺伝的能力評価を行う後代検定の場合に後代牛数の有効な大きさとして有効な後代牛数（effective progeny number：n_{Ei}）が定義されている（Robertson と Rendel, 1954）．有効な後代牛数とは複数の牛群にまたがって分布している後代牛がすべて同一の牛群で同一の時期に検定されたとした場合の後代牛数に換算した値であり，結合度の指標となる．

一般に，後代検定（図 1-2）における i 番目の雄牛の後代牛が複数（m）の牛群にまたがって存在する場合，有効な後代牛数は式 (3-6) により求められる．

$$n_{Ei}=\sum_{k=1}^{m} n_{ik}\left(1-\frac{n_{ik}}{n_{\cdot k}}\right) \tag{3-6}$$

ただし，n_{ik}：k 番目の牛群内における i 番目の雄牛の後代牛の数

$n_{\cdot k}$：k 番目の牛群における，その他の雄牛の後代牛も含めた後代牛の総数

そこで，表 3-3 に示すような後代検定の例について有効な後代牛数を求めてみると，当然のことながら後代牛の数が多ければ有効な後代牛数も多いが，種雄牛 S_3, S_4, および S_5 のように後代牛の総数が同じであっても後代牛が存在する牛群の数やそれら牛群への後代牛の分布の仕方などにより有効な後代牛数は違ってくる．とくに，ある牛群において，基準種雄牛の後代も，また差別重複供用されている雄牛の後代もなく，当該牛群だけで供用されている種雄牛の後代しかいない場合は，有効な後代牛数は 0 となり，他の種雄牛と比較することはできない．す

なわち，結合度は0である．

当該雄牛当たりの有効な後代牛数に影響する因子を整理してみるとつぎのとおりである．

a) 当該雄牛当たりの後代牛数
b) 当該雄牛が後代牛を持つ牛群の数
c) 牛群を越えての後代牛の分布の仕方
d) 同じ牛群における当該雄牛以外の後代牛数

つぎに有効な後代牛数を最小二乗方程式との関連でみてみよう．いま，後代牛の記録 $\boldsymbol{y}$ がつぎの線形関数 (3-7) で表されるとする．

$$\boldsymbol{y}=\boldsymbol{X\beta}+\boldsymbol{Zs}+\boldsymbol{\varepsilon} \tag{3-7}$$

ただし，$\boldsymbol{y}$：各後代牛の記録のベクトル
$\boldsymbol{\beta}$：全平均 $\boldsymbol{\mu}$ を含む未知の母数効果のベクトル
$\boldsymbol{X}$：各記録が母数効果のどのクラスに属するかを示す計画行列
$\boldsymbol{s}$：未知の種雄牛評価値のベクトル
$\boldsymbol{Z}$：各後代牛がどの種雄牛に属するかを示す計画行列
$\boldsymbol{\varepsilon}$：残差

この場合の最小二乗方程式は式 (3-8) のとおりとなる (1.3.1項参照)．

$$\begin{bmatrix}\boldsymbol{X'X} & \boldsymbol{X'Z}\\ \boldsymbol{Z'X} & \boldsymbol{Z'Z}\end{bmatrix}\begin{bmatrix}\boldsymbol{\beta}^{\circ}\\ \boldsymbol{s}^{\circ}\end{bmatrix}=\begin{bmatrix}\boldsymbol{X'y}\\ \boldsymbol{Z'y}\end{bmatrix} \tag{3-8}$$

式 (3-8) において $\boldsymbol{\beta}^{\circ}$ を消去すると，

$$\boldsymbol{Z'WZs}^{\circ}=\boldsymbol{Z'Wy} \tag{3-9}$$

となる．ここで $\boldsymbol{W}=\boldsymbol{I}-\boldsymbol{X}(\boldsymbol{X'X})^{-1}\boldsymbol{X'}$ である．係数行列 $\boldsymbol{Z'WZ}$ の対角要素が各種雄牛当たりの有効な後代牛数である (Thompson, 1976)．

表3-4に示す具体例について計算してみよう．式 (3-7) における計画行列は

$$
\boldsymbol{X}=\begin{bmatrix}1&1&0&0\\1&1&0&0\\1&1&0&0\\1&0&1&0\\1&0&1&0\\1&0&1&0\\1&0&1&0\\1&0&1&0\\1&0&0&1\\1&0&0&1\\1&0&0&1\\1&0&0&1\end{bmatrix};\quad \boldsymbol{Z}=\begin{bmatrix}1&0&0&0\\0&1&0&0\\0&0&1&0\\1&0&0&0\\0&1&0&0\\0&0&0&1\\0&1&0&0\\0&0&0&1\\1&0&0&0\\0&1&0&0\\0&0&1&0\\0&0&0&1\end{bmatrix}
$$

であるから，これらを式(3-9)に代入し，係数行列 $\boldsymbol{Z'WZ}$ を計算すると，

$$
\begin{bmatrix}2.2167&-0.9833&-0.5833&-0.65\\&2.6167&-0.5833&-1.05\\&&1.4167&-0.25\\&&&1.95\end{bmatrix}
$$

となり，その対角要素は表3-4に示した有効な後代牛数（Robertson と Rendel, 1954）に一致することがわかる．

表3-4　後代検定における有効な後代牛数の計算例

種雄牛	後代牛群				有効な後代牛数[a]
	牛群1	牛群2	牛群3	和	
S_1	1	1	1	3	2.2167
S_2	1	2	1	4	2.6167
S_3	1		1	2	1.4167
S_4		2	1	3	1.95
和	3	5	4	12	

a）Robertson と Rendel (1954) の方法による有効な後代牛数

線形関数(3-7)は，後代検定に特有のものではなく，前述の品種比較試験に当てはめれば，$\boldsymbol{y}$ は品種内の個体ごとの記録のベクトル，$\boldsymbol{\beta}$ は未知の圃場効果（母数効果とみなされる）のベクトル，$\boldsymbol{s}$ は品種効果（変量効果とみなされる）のベクトルとなり，一般の混合モデルとみることができる．したがって，品種比較試験の場合

では，品種ごとの有効な個体数が n_{Ei} により求められることを示している．このことから，一般に変量効果のクラスごとの有効な数（n_{Ei}）が，式(3-6)により求められ，結合度の指標となる．

3.3　分子血縁係数行列

BLUP法による種牛の遺伝的能力評価では評価個体間の血縁関係を分子血縁係数行列により考慮することができる．そうすることにより，母数効果間の結合があるかないかはあまり重要でなくなるが，その結合度が予測誤差分散，ひいては正確度に影響するので，結合度は高い方が望ましい．さらに，血縁関係を考慮することにより，予測の正確度を高めたり，あるいは遺伝的グループを取り上げる必要性がなくなるかあるいは少なくともそのグループ数を少なくすることができるなどのメリットがある．

分子血縁係数行列（numerator relationship matrix，以下A行列と略す）は個体間の血縁関係の遠近を測る尺度で，個体の近交係数プラス1.0を対角要素とし，個体間の血縁係数を求めるライトの式（Wright，1922；1923）の分子部分を非対角要素とする行列である．

この行列の訳語は血縁係数を求めるライトの式に起因している．個体iと個体jとの共通祖先をCとし，それらの近交係数をそれぞれ F_{i}，F_{j} および F_{c}，Cからiおよびjまでの世代数をそれぞれ n および n' とするとiとjとの間の血縁係数 R_{ij} はライトの式（Wright，1922；1923）により

$$R_{\mathrm{ij}}=\frac{\sum(1/2)^{n+n'}(1+F_{\mathrm{c}})}{\sqrt{(1+F_{\mathrm{i}})(1+F_{\mathrm{j}})}}$$

と表される．ここで，Σは共通祖先Cから個体iまでのすべての径路と個体jまでのすべての径路についての世代数それぞれ n および n' を計算して，それらの分子部分の和をとることを意味する．この分子部分がA行列の非対角要素である．ここで，この式は一見対角要素には関係していないようにみえるが，個体iと個体jが同じである場合は $n=0$，$n'=0$ であるから $(1/2)^0=1$ より

$$R_{ij}=\frac{1+F_i}{\sqrt{(1+F_i)(1+F_j)}}$$

とみることもできる．したがって，行列 $\boldsymbol{A}$ のすべての要素はライトの式の分子部分に相当するとみることができる．この意味から BLUP 法の創始者ヘンダーソンの用いた numerator relationship matrix に忠実な訳語として本書では分子血縁係数行列を用いた（Henderson，1973）．

一方，この分子部分を個体 i と個体 j との間の相加的血縁行列（additive relationship matrix）

i と j が異なる場合

$$a_{ij}=\sum(1/2)^{n+n'}(1+F_c)$$

i と j が同じである場合

$$a_{ij}=a_{ii}=a_{jj}=1+F_i=1+F_j$$

とみることもでき，この点からは相加的血縁行列も使用しうるものと考えられる．

前述の混合モデル方程式（3-2 および 3-4）における $\boldsymbol{u}$ の分散共分散行列 $\boldsymbol{G}$ は $\boldsymbol{A}\sigma_u^2$ であり，$\boldsymbol{A}$ が評価個体間の分子血縁係数行列（A 行列）である．このように BLUP 法では評価個体間の血縁情報を A 行列を用いて考慮することができ，前述した基準種雄牛による結合度に代わる，あるいはそれを補強する役割を果たす．さらに，A 行列を用いることにより，予測の正確度が高まる．これは血縁個体についての記録が A 行列を通じて考慮されるためである．たとえば，産肉能力直接検定牛を BLUP 法により評価する際，過去の検定牛の成績を取り込んで評価すると正確度が上昇することが確かめられたことはその好例である（佐々木ら，1987）．

このことは後代牛の記録はもちろん個体自身の記録もない段階で選抜を行わなければならない場合，父や祖父など血縁個体の情報を利用して評価することが A 行列を考慮することにより，可能となることを示唆している．

さらに，つぎのようなメリットもある．一般に遺伝的趨勢や牛群間に遺伝的差異が存在する場合，雄牛が供用され始めた年次グループか AI センターグループなどに雄牛がグループ（遺伝的グループ）化される．しかし，A 行列を考慮すれば，グループ化が必要でないか，必要であったとしてもそのグループの数が少なくてよい.

分子血縁係数行列の計算は Henderson (1976 a) の方法が一般的である.いま,分子血縁係数を求めたい個体が,互いに血縁関係がなく,非近交の祖先個体 b 頭と,それらの子孫 d 頭からなるとする. これらの間の分子血縁係数行列 $\boldsymbol{A}$ の次数は $(b+d)$ となる.

最初に, すべての個体について, 当該個体とその父および母からなる 3 頭セットのデータを作る. この時, 父あるいは母が不明の場合は 0 とする. ついで, 当該個体の並びが必ず父および母より後にくるように並び換える. 最終的に, 当該個体について前から順に 1 から $b+d$ までの通し番号に変換する.

まず, 父も母も不明とみなされた祖先個体間の $\boldsymbol{A}$ 行列は単位行列である. したがって表 3-5 にみられるごとく $\boldsymbol{A}=\boldsymbol{I}_b$ から始めて, $\boldsymbol{A}_{(b+1)}$, $\boldsymbol{A}_{(b+2)}$, …というように $\boldsymbol{A}$ を $\boldsymbol{A}_{(b+d)}$ まで拡張していく. その手順はつぎのとおりである.

1) 新しい j 番目 $(b+1)$ の列の要素は 1 行目から $j-1$ 行目までの非対角要素が式 (3-10) により順次計算される.

$$a_{ij}=(a_{is}+a_{id})/2 \tag{3-10}$$

ただし, i : 行番号で 1, …, $j-1$, s : j 番目の子孫の父の列, d : j 番目の子孫の母の列で, もし, 父が不明の場合は $a_{is}=0$, 母が不明の場合は $a_{id}=0$ である.

2) つぎにこれら j-1 個の列要素を j 番目の行の 1 番目から $j-1$ 番目までの行要素に転置する.

3) j 番目の対角要素は式 (3-11) により計算される.

$$a_{jj}=1+0.5a_{sd} \tag{3-11}$$

ただし, a_{sd} : j 番目の個体の父と母に相当する非対角要素である.

4) これらの操作を $\boldsymbol{A}$ が $(b+d)$ の次数になるまで続ける.

つぎのような血統情報をもつ個体間の分子血縁係数行列を求めてみよう．

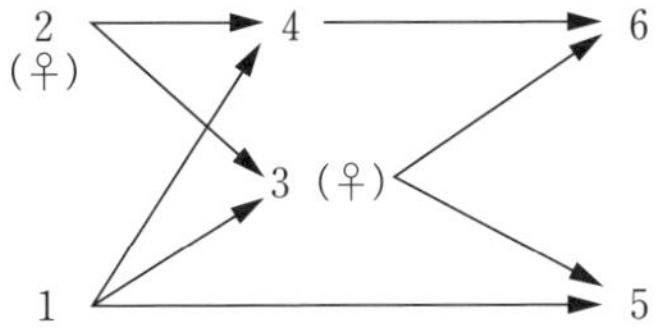

祖先畜は1および2であるから，それらと子孫の血統が3頭セットの血統データとしてつぎのように整理される．

個体	父	母	
1	0	0	$b=2$
2	0	0	
3	1	2	$d=4$
4	1	2	
5	1	3	
6	4	3	

計算手順は表3-5に示すごとく，1行3列の要素すなわち a_{13} は3の父が1，母が2であるから，式(3-10)より $(a_{11}+a_{12})/2=(1.0+0.0)/2=0.5$ である．同様に2行3列の要素すなわち a_{23} は $(a_{21}+a_{22})/2=(0.0+1.0)/2=0.5$ である．そこで，a_{13} を a_{31} に，a_{23} を a_{32} に転置する．対角要素 a_{33} は父1と母2との非対角要素が0であるから式(3-11)より $1+0.5\times0=1$ となる．このような操作を順次6列まで行う．

表3-5　分子血縁係数行列の計算手順を示す表

個体番号	1	2	3	4	5	6
1	1.0	0.0	0.5	0.5	0.75	0.5
2	0.0	1.0	0.5	0.5	0.25	0.5
3	0.5	0.5	1.0	0.5	0.75	0.75
4	0.5	0.5	0.5	1.0	0.5	0.75
5	0.75	0.25	0.75	0.5	1.25	0.625
6	0.5	0.5	0.75	0.75	0.625	1.25

3.4　遺伝的趨勢

選抜による改良のねらいは集団における望ましい遺伝子の頻度を高めることによって経済形質の遺伝的レベルを上げることである．たとえば，米国東北部のホルスタイン種集団における 1961 年から 1974 年までの乳量の遺伝的レベルは図 3-5 に示すごとく上昇したことが推定されている．このような集団の遺伝的レベルの変化傾向を遺伝的趨勢 (genetic trend) という．

3.4.1　遺伝的趨勢の推定

育種計画の妥当性を評価する上で，集団の遺伝的趨勢を推定する必要がある．遺伝的趨勢を推定するのに，実験動物などでは選抜集団に加えて無選抜対照集団を維持し，両集団間の差から遺伝的改良量を推定する方法がとられる．この時，対照集団における変化が環境変化のみを示すためには遺伝的浮動が最小に抑えられるような大きさの集団でなければならない．ところが，ウシなどのように繁殖率が低く，しかも個々の家畜のもつ経済価値の高い場合，十分な大きさの無選抜

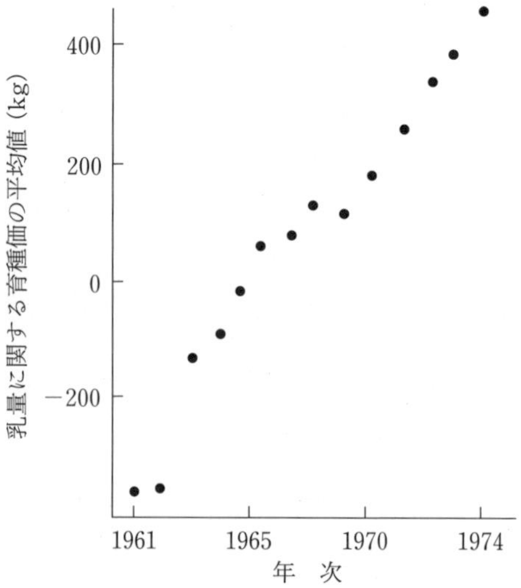

図 3-5　米国東北部のホルスタイン種集団における乳量の遺伝的趨勢 (Hintz ら，1978 より作図)

対照集団を維持することは困難である．一方，大家畜の場合一般に個体ごとに繁殖供用期間が異なり，したがって親世代と子世代とが入り混じっているのが普通である．すなわち，世代が重複している．あるいはまた，同一個体が多年次にわたって供用され，多年次にわたって後代を持っている．そこで，この世代の重複や多年次にわたる供用を利用してBLUP法により遺伝的趨勢を推定することが考えられる．この点に関して，Blair と Pollak (1984) は無選抜対照集団を用意して行ったヒツジにおける選抜実験のデータを利用して，選抜集団のみにおけるBLUP法による予測育種価の年次ごとの平均値が無選抜対照集団との差からの推定値に一致することを実証している．

BLUP法による遺伝的レベルの推定は当該年に生まれた個体の予測育種価の平均値によりつぎのごとく求められる．

$$\frac{\sum_{i}^{n_j} \hat{BV}_{ij}}{n_j} \tag{3-12}$$

ただし，$\hat{BV}_{ij}$：j番目の年に生まれたi番目の個体の予測育種価

n_j：j番目の年に生まれた（供用開始された）個体数（1.3.2項参照）

一方，後代検定により評価された雄牛における遺伝的レベルの場合は式(3-13)のごとく雄牛の期待後代差（予測育種価の1/2である）の後代牛数による重みづけ平均値の2倍とする．

$$\frac{\sum_{i} n_{ij} \hat{s}_{ij}}{n_{.j}} \times 2 \tag{3-13}$$

ただし，$\hat{s}_{ij}$：j番目の年に生まれた（供用開始された）i番目の雄牛の期待後代差

n_{ij}：j番目の年に生まれた（供用開始された）i番目の雄牛の後代牛数

$n_{.j}$：j番目の年に生まれた（供用開始された）すべての雄牛の後代牛総数

ここで表3-6に示す具体例についてBLUP法を用いて遺伝的趨勢ならびに遺伝的改良量を推定してみよう．ただし，乳量の遺伝率は0.40，雄牛間に血縁関係はないものとする．

表 3-6　乳用種雄牛の乳量（t）に関する後代検定成績

雄牛	年次 55	56	57	58	59	60	計
S_1	20[a]	15	25				60
	125.5[b]	87.5	165.0				378.0
S_2	15	18	20	30			83
	88.0	103.2	121.0	175.5			487.7
S_3		20	17	28			65
		128.0	113.4	183.0			424.4
S_4		15	20	17	26		78
		85.6	124.5	105.0	170.2		485.3
S_5			21	30	35	33	119
			145.5	205.5	248.0	236.5	835.5
S_6			18	15			33
			123.4	99.5			222.9
S_7			20	23	26		69
			132.5	147.0	175.2		454.7
計	35	68	141	143	87	33	507
	213.5	404.3	925.3	915.5	593.4	236.5	3,288.5

a）各副次級に属する後代牛数
b）各副次級に属する後代牛の乳量の和

$$
\begin{bmatrix}
507 & 35 & 68 & 141 & 143 & 87 & 33 & 60 & 83 & 65 & 78 & 119 & 33 & 69 \\
 & 35 & 0 & 0 & 0 & 0 & 0 & 20 & 15 & 0 & 0 & 0 & 0 & 0 \\
 & & 68 & 0 & 0 & 0 & 0 & 15 & 18 & 20 & 15 & 0 & 0 & 0 \\
 & & & 141 & 0 & 0 & 0 & 25 & 20 & 17 & 20 & 21 & 18 & 20 \\
 & & & & 143 & 0 & 0 & 0 & 30 & 28 & 17 & 30 & 15 & 23 \\
 & & & & & 87 & 0 & 0 & 0 & 0 & 26 & 35 & 0 & 26 \\
 & & & & & & 33 & 0 & 0 & 0 & 0 & 33 & 0 & 0 \\
 & & & & & & & 60+9 & 0 & 0 & 0 & 0 & 0 & 0 \\
 & & & & & & & & 83+9 & 0 & 0 & 0 & 0 & 0 \\
 & & & & & & & & & 65+9 & 0 & 0 & 0 & 0 \\
 & & & & & & & & & & 78+9 & 0 & 0 & 0 \\
 & & & & & & & & & & & 119+9 & 0 & 0 \\
 & & & & & & & & & & & & 33+9 & 0 \\
 & & & & & & & & & & & & & 69+9
\end{bmatrix}
\begin{bmatrix}
\mu^{\circ} \\ N_{55}^{\circ} \\ N_{56}^{\circ} \\ N_{57}^{\circ} \\ N_{58}^{\circ} \\ N_{59}^{\circ} \\ N_{60}^{\circ} \\ \hat{s}_1 \\ \hat{s}_2 \\ \hat{s}_3 \\ \hat{s}_4 \\ \hat{s}_5 \\ \hat{s}_6 \\ \hat{s}_7
\end{bmatrix}
$$

$$=[3288.5 \quad 213.5 \quad 404.3 \quad 925.3 \quad 915.5 \quad 593.4 \quad 236.5 \quad 378.0 \quad 487.7 \quad 424.4 \quad 485.3 \quad 835.5 \quad 222.9 \quad 454.7]'$$

式(3-4)に相当する解くべき混合モデル方程式は上のとおりで，この方程式を解くことによりつぎの解が得られる．

$$\mu^{\circ}=6.8199;$$

$$[N_{55}^{\circ}\ N_{56}^{\circ}\ N_{57}^{\circ}\ N_{58}^{\circ}\ N_{59}^{\circ}\ N_{60}^{\circ}]=[-0.0530\ -0.7428\ -0.2516\ -0.4266\ -0.0678\ 0.0];$$

$$[\hat{s}_1\ \hat{s}_2\ \hat{s}_3\ \hat{s}_4\ \hat{s}_5\ \hat{s}_6\ \hat{s}_7]=[-0.0530\ -0.4301\ 0.1647\ -0.2467\ 0.3468\ 0.2089\ 0.0094].$$

そこで，各年次の BLUE はつぎのごとくである．

$$\begin{bmatrix} \mu^{\circ}+N_{55}^{\circ} \\ \mu^{\circ}+N_{56}^{\circ} \\ \mu^{\circ}+N_{57}^{\circ} \\ \mu^{\circ}+N_{58}^{\circ} \\ \mu^{\circ}+N_{59}^{\circ} \\ \mu^{\circ}+N_{60}^{\circ} \end{bmatrix}=\begin{bmatrix} 6.3146 \\ 6.0771 \\ 6.5683 \\ 6.3932 \\ 6.7521 \\ 6.8199 \end{bmatrix}$$

また，各雄牛が供用開始になった年次（57 年まで）ごとに雄牛の期待後代差の後代牛数による重みづけ平均値の 2 倍を求めると

$$\begin{bmatrix} \hat{N}_{G55} \\ \hat{N}_{G56} \\ \hat{N}_{G57} \end{bmatrix}\times 2=\begin{bmatrix} -0.4292 \\ -0.0232 \\ 0.3807 \end{bmatrix}$$

となる．これらの年次変化が遺伝的趨勢を示し，これら年次別平均値間の差が年当りの遺伝的改良量になる．これらを年次ごとの単純平均値とともに図示してみると図 3-6 のごとく，57 年までの表現型値の単純平均では一定の傾向が認められず，その上下の変動の大部分が環境的な変化であることがわかる．さらに，BLUP 法により求めた期待後代差から推定した遺伝的趨勢では年々改良が着実に進んでいることがわかる．

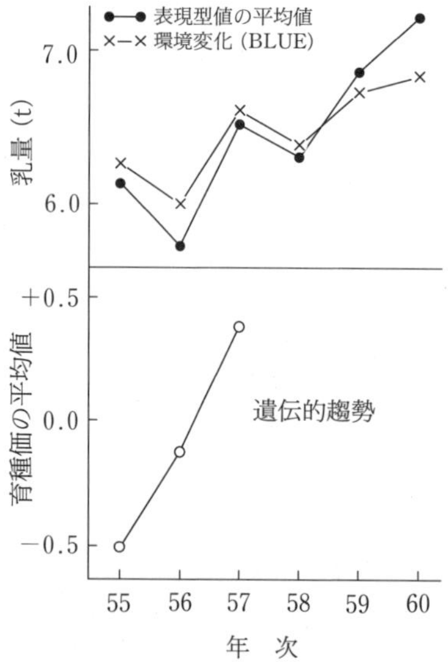

図 3-6 乳量に関する表現型値の年次変化，環境変化および遺伝的趨勢

3.4.2 遺伝的グループ

BLUP 法においては前述するごとく，変量効果 $\boldsymbol{u}$ の期待値 $E(\boldsymbol{u})$ が $\mathbf{0}$ であると仮定されている．ところが，より正確な種畜評価法により，遺伝的により優秀な種畜が選ばれ，それらが人工授精技術の普及により広く供用されるようになると集団に急速な遺伝的趨勢が生じる．その結果，$E(\boldsymbol{u})=\mathbf{0}$ の前提が成り立たなくなる．このような場合，$E(\boldsymbol{u})=\mathbf{0}$ が成り立つものを一つのグループとしてまとめて遺伝的グループ (genetic group) とする．そのような遺伝的グループをつくる基準としては出生年，供用開始年，所属の AI センターなどが用いられる．

しかし，A 行列を考慮した BLUP 法の場合遺伝的グループを取り込むべきか否かについては議論の分かれるところで，Jensen (1980) は A 行列を考慮すれば遺伝的趨勢のすべてを説明することができ，遺伝的グループを取り込む必要はないとしているが，Kennedy と Moxley (1975) は血縁関係を持たない種雄牛が含まれるような場合，とくに広域での種雄牛評価の場合には AI センター別のグループ化などが検討に値するとしている．

遺伝的趨勢のみられる集団あるいは遺伝的レベルの異なる分集団からなる集団

などにおいて，遺伝的評価の際の比較の基準となる遺伝的グループを遺伝的ベース (genetic base) という．遺伝的ベースをおくねらいは比較の基準をどこにおくかであり，遺伝的ベースをどこにおくかによって，種畜評価簿における序列が変わるものではない．

遺伝的ベースにはつぎの三つのタイプがある．

①浮動型 (rolling base)：遺伝的グループの効果を推定する際に遺伝的グループの効果の和が 0 であるという制約を加えた場合には，このタイプの遺伝的ベースとなり，新しいデータが加わるごとに変化する．

②固定型 (fixed base)：ある遺伝的グループの効果が 0 であるという制約を加えて遺伝的グループの効果を推定した場合，0 とおいた遺伝的グループが遺伝的ベースとなり，他の遺伝的グループはそれとの比較値として示される．あるいは，遺伝的グループを取り込まないで全血縁情報による個体モデルの BLUP 法による評価を行った場合には，基礎集団が遺伝的ベースとして固定されていることになる．

③逐次選択型 (stepwise base)：一定期間，ある遺伝的ベースに固定しておいた後，遺伝的趨勢をみながら必要に応じて移動させるものである．遺伝的グループをとりあげて評価を行っている場合には 0 とする遺伝的グループを変えればよい．一方，全血縁情報による個体モデルによる評価の場合には，ある遺伝的グループに属する個体の予測育種価の平均値を遺伝的ベースとして順次移動させていく方式がとられる．

第4章
種々のモデルのBLUP法

BLUP法は，推定したい変量効果（変量効果に分類される因子のクラス）と観測値との関係がいろいろの場合に適用することができる．まず，観測値が1種類である場合（4.1，4.2および4.3節）と二つ以上の複数である場合（4.4節）とに分けられる．そのそれぞれにおいて，変量効果と観測値との間の関係，変量効果あたりの観測値の反復数などから，個体モデル，MPPAモデル，ランダム回帰モデル，父親モデル，母方祖父モデル，雌雄同時評価モデル，母性効果モデルなどさまざまなモデルがある（Henderson，1973；1984）．

本章では種々のモデルのBLUP法について具体例も示しながら解説する．その際，これまでBLUP法の利用が最も進んでいる家畜育種における例が主として示されるが，魚類や植物の育種へは対象を入れ替えるだけで応用が可能である．また，一般的な変量効果の推定の場合には分子血縁係数行列ではなく，これが単位行列となる点が異なるにすぎない．

4.1　変量効果自身が観測値をもつ場合のBLUP法

変量効果自身が観測値をもち，それらの観測値を用いて変量効果の真の値を推定する場合のモデルである．家畜育種では，増体能力や産毛能力，乳用雌畜の泌乳能力などのように推定対象個体自身が記録をもっている場合に，当該個体自身の育種価予測に適用したのが個体モデル（animal model，英語の発音のままを日本語化してアニマルモデルと呼ぶ場合もあるが，BLUP法は家畜のみならず植物等にも利用できることから，本書では個体モデル（individual model）に統一した）のBLUP法である．このモデルは相加的遺伝モデル（additive genetic model；Henderson，

1977）とも呼ばれる．

この場合，変量効果因子と母数効果因子との間に結合がなければ，変量効果の推定はできないし，あっても結合度が十分でなければ推定値に偏りが生じる．個体の育種価予測の場合には分子血縁係数が両者を結合する役割を果たす．複数の観測値がその役割を果たす場合もある．後者の例としては，健康診断や継続的な疫学調査の反復記録を利用して，季節や年次の影響を取り除いて受検者の真の値を推定しようとする場合などがこれに当たる．このように反復記録のある場合のモデルとしては，MPPA モデル，ランダム回帰モデルなどがある．

4.1.1　個体モデル

個体モデルの BLUP 法では評価個体の数だけ方程式ができ，混合モデル方程式のサイズは相当大きなものとなり，計算負荷が大きくなる欠点を持っている．この点で，同値モデルの考え方（Quaas と Pollak，1980；Henderson，1985）を導入した縮約化個体モデル（reduced animal model）の BLUP 法を用いることにより，混合モデル方程式のサイズを小さくすることができる．

縮約化個体モデルには当該個体の父と母方祖父とを取り上げたモデルと当該個体の父と母とを取り上げたモデルとがある．一般に，前者のモデルは肉牛の能力検定のごとく雄のみについて記録が得られるような場合に有効であるのに対して，乳牛のごとく雌について記録が得られる場合は後者のモデルが有効である．

a．通常の個体モデル

個体ごとに 1 回の観測記録が得られ，それらの記録 $\boldsymbol{y}$ が式 (4-1) のような線形関数で表されるとする．

$$\boldsymbol{y}=\boldsymbol{X\beta}+\boldsymbol{Za}+\boldsymbol{e} \qquad (4\text{-}1)$$

ただし，$\boldsymbol{y}$：個体ごとのある形質の観測記録のベクトル
$\boldsymbol{\beta}$：未知である母数効果のベクトル
$\boldsymbol{X}$：個々の記録が母数効果 $\boldsymbol{\beta}$ のどのクラスに属するかを示す既知の計画行列
$\boldsymbol{a}$：未知である変量効果（育種分野で，遺伝的グループが $\boldsymbol{\beta}$ に含まれていない場合は $\boldsymbol{u}$ がそのまま育種価 $\boldsymbol{g}$ となるので，以下このような場合は $\boldsymbol{u}$ の代わりに $\boldsymbol{a}$ で示すことにする）のベクトル
$\boldsymbol{Z}$：個々の記録が $\boldsymbol{a}$ のどの個体に属するかを示す既知の計画行列

$\boldsymbol{e}$：環境偏差のベクトル

ここで，$\boldsymbol{a}$ および $\boldsymbol{e}$ が変量効果で，

$$\mathrm{E}\begin{pmatrix}\boldsymbol{a}\\ \boldsymbol{e}\end{pmatrix}=\begin{bmatrix}\boldsymbol{0}\\ \boldsymbol{0}\end{bmatrix}$$

$$\mathrm{Var}\begin{pmatrix}\boldsymbol{a}\\ \boldsymbol{e}\end{pmatrix}=\begin{bmatrix}\boldsymbol{G} & \boldsymbol{0}\\ & \boldsymbol{R}\end{bmatrix}$$

であると見なす．ただし，$\boldsymbol{G}=\boldsymbol{A}\sigma_a^2$ で，$\boldsymbol{A}$ は $\boldsymbol{a}$ に含まれるすべての個体の分子血縁係数行列，σ_a^2 は当該形質の相加的遺伝分散である．さらに，$\boldsymbol{R}$ は環境分散共分散行列である．

そこで，混合モデル方程式は式(4-2)のごとくなる．

$$\begin{bmatrix}\boldsymbol{X}'\boldsymbol{R}^{-1}\boldsymbol{X} & \boldsymbol{X}'\boldsymbol{R}^{-1}\boldsymbol{Z}\\ \boldsymbol{Z}'\boldsymbol{R}^{-1}\boldsymbol{X} & \boldsymbol{Z}'\boldsymbol{R}^{-1}\boldsymbol{Z}+\boldsymbol{G}^{-1}\end{bmatrix}\begin{bmatrix}\boldsymbol{\beta}^{\circ}\\ \hat{\boldsymbol{a}}\end{bmatrix}=\begin{bmatrix}\boldsymbol{X}'\boldsymbol{R}^{-1}\boldsymbol{y}\\ \boldsymbol{Z}'\boldsymbol{R}^{-1}\boldsymbol{y}\end{bmatrix} \qquad (4\text{-}2)$$

ここで，左辺係数行列の逆行列をつぎのごとくおくと，

$$\begin{bmatrix}\boldsymbol{X}'\boldsymbol{R}^{-1}\boldsymbol{X} & \boldsymbol{X}'\boldsymbol{R}^{-1}\boldsymbol{Z}\\ \boldsymbol{Z}'\boldsymbol{R}^{-1}\boldsymbol{X} & \boldsymbol{Z}'\boldsymbol{R}^{-1}\boldsymbol{Z}+\boldsymbol{G}^{-1}\end{bmatrix}^{-}=\begin{bmatrix}\boldsymbol{C}^{11} & \boldsymbol{C}^{12}\\ \boldsymbol{C}^{21} & \boldsymbol{C}^{22}\end{bmatrix}$$

方程式(4-2)の解 $\boldsymbol{\beta}^{\circ}$ および $\hat{\boldsymbol{a}}$ はつぎのごとく求められる．

$$\begin{bmatrix}\boldsymbol{\beta}^{\circ}\\ \hat{\boldsymbol{a}}\end{bmatrix}=\begin{bmatrix}\boldsymbol{C}^{11} & \boldsymbol{C}^{12}\\ \boldsymbol{C}^{21} & \boldsymbol{C}^{22}\end{bmatrix}\begin{bmatrix}\boldsymbol{X}'\boldsymbol{R}^{-1}\boldsymbol{y}\\ \boldsymbol{Z}'\boldsymbol{R}^{-1}\boldsymbol{y}\end{bmatrix}$$

なお，$\boldsymbol{R}=\boldsymbol{I}\sigma_e^2$ とみなされる場合は $\boldsymbol{R}^{-1}=\boldsymbol{I}\sigma_e^{-2}$ であるから，式(4-2)の両辺に環境分散共分散行列 $\boldsymbol{I}\sigma_e^2$ を乗じると，

$$\begin{bmatrix}\boldsymbol{X}'\boldsymbol{X} & \boldsymbol{X}'\boldsymbol{Z}\\ \boldsymbol{Z}'\boldsymbol{X} & \boldsymbol{Z}'\boldsymbol{Z}+\boldsymbol{A}^{-1}\sigma_e^2/\sigma_a^2\end{bmatrix}\begin{bmatrix}\boldsymbol{\beta}^{\circ}\\ \hat{\boldsymbol{a}}\end{bmatrix}=\begin{bmatrix}\boldsymbol{X}'\boldsymbol{y}\\ \boldsymbol{Z}'\boldsymbol{y}\end{bmatrix}$$

となる．ここで，相加的遺伝分散 σ_a^2 および環境分散 σ_e^2 は

$$\sigma_a^2=h^2\sigma_y{}^2$$

$$\sigma_e^2=(1-h^2)\sigma_y^2$$

であるので，$\sigma_e^2/\sigma_a^2=(1-h^2)/h^2$ となり，分散比が遺伝率 h^2 から求まることが分かる．ただし，σ_y^2 は表現型分散である．

表 4-1　能力検定記録

時期	検定個体の番号							
	3	4	5	6	7	8	9	10
I	8	4						
II			5	7	2	4		
III							6	4

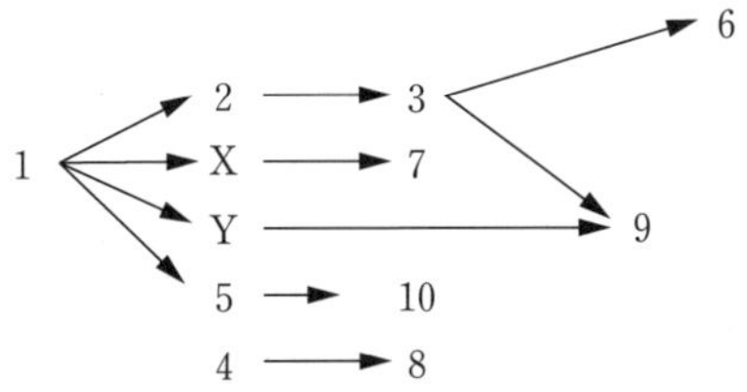

個体自身の能力を測定し，その観測記録に基づき選抜を行う能力検定は種々の家畜で実施されている．いま，表 4-1 に示すような能力検定記録が，個体ごとに，三つの時期に分かれて得られているとして，個体モデルの BLUP 法により検定個体の育種価を予測してみよう．なお，検定個体およびそれらの血縁個体の間の血縁関係は上の径路図のとおりであった．ここで 1 から 10 までは雄で，X および Y は雌である．

また，相加的遺伝分散 σ_a^2 は 2.0，環境分散 σ_e^2 は 3.0 であるとする．

全体の平均値を μ，i 番目の時期の効果を T_i，i 番目の時期に検定された j 番目の検定個体の育種価を a_{ij}，i 番目の時期に検定された j 番目の検定個体に伴う環境効果を e_{ij} とすると，各検定個体の能力検定記録 Y_{ij} は

$$Y_{ij}=\mu+T_i+a_{ij}+e_{ij}$$

と表せる．ここで，$E\begin{pmatrix}\boldsymbol{a}\\ \boldsymbol{e}\end{pmatrix}=\mathbf{0}$，$Var\begin{pmatrix}\boldsymbol{a}\\ \boldsymbol{e}\end{pmatrix}=\begin{bmatrix}2.0\boldsymbol{A} & \mathbf{0}\\ & 3.0\boldsymbol{I}\end{bmatrix}$ とする．

混合モデル方程式 (4-2) を構成する各行列および各ベクトルはつぎのようになる．

$$\boldsymbol{y}'=[8.0\quad 4.0\quad 5.0\quad 7.0\quad 2.0\quad 4.0\quad 6.0\quad 4.0]\,;$$

$$\boldsymbol{\beta}^{\circ\prime}=[\mu^{\circ}\quad T_1^{\circ}\quad T_2^{\circ}\quad T_3^{\circ}]\ ;$$

$$\boldsymbol{X}'=\begin{bmatrix}1&1&1&1&1&1&1&1\\1&1&0&0&0&0&0&0\\0&0&1&1&1&1&0&0\\0&0&0&0&0&0&1&1\end{bmatrix};$$

$$\hat{\boldsymbol{a}}'=[\hat{a}_1\quad\hat{a}_2\quad\hat{a}_3\quad\hat{a}_4\quad\hat{a}_5\quad\hat{a}_6\quad\hat{a}_7\quad\hat{a}_8\quad\hat{a}_9\quad\hat{a}_{10}]\ ;$$

$$\boldsymbol{Z}=\begin{bmatrix}0&0&1&0&0&0&0&0&0&0\\0&0&0&1&0&0&0&0&0&0\\0&0&0&0&1&0&0&0&0&0\\0&0&0&0&0&1&0&0&0&0\\0&0&0&0&0&0&1&0&0&0\\0&0&0&0&0&0&0&1&0&0\\0&0&0&0&0&0&0&0&1&0\\0&0&0&0&0&0&0&0&0&1\end{bmatrix};$$

$\boldsymbol{G}=2\boldsymbol{A}$ あるいは $\boldsymbol{G}^{-1}=(1/2)\boldsymbol{A}^{-1}$，$\boldsymbol{R}=3\boldsymbol{I}$ あるいは $\boldsymbol{R}^{-1}=(1/3)\boldsymbol{I}$；$\boldsymbol{A}^{-1}=$

$$\begin{bmatrix}1.8242&-0.6667&0.1818&0.0&-0.6667&0.0&-0.2667&0.0&-0.3636&0.0\\ &1.6667&-0.6667&0.0&0.0&0.0&0.0&0.0&0.0&0.0\\ & &2.0303&0.0&0.0&-0.6667&0.0&0.0&-0.7273&0.0\\ & & &1.3333&0.0&0.0&0.0&-0.6667&0.0&0.0\\ & & & &1.6667&0.0&0.0&0.0&0.0&-0.6667\\ & & & & &1.3333&0.0&0.0&0.0&0.0\\ & & & & & &1.0667&0.0&0.0&0.0\\ & & & & & & &1.3333&0.0&0.0\\ & & & & & & & &1.4545&0.0\\ & & & & & & & & &1.3333\end{bmatrix}$$

である．ただし，ここでは父と母方祖父の血統を用いて $\boldsymbol{A}^{-1}$ を直接算出してある(Henderson，1976 b)．

これらの行列およびベクトルから混合モデル方程式は

$$
\begin{bmatrix}
8.0 & 2.0 & 4.0 & 2.0 & 0.0 & 0.0 & 1.0 & 1.0 & 1.0 & 1.0 & 1.0 & 1.0 & 1.0 & 1.0 \\
 & 2.0 & 0.0 & 0.0 & 0.0 & 0.0 & 1.0 & 1.0 & 0.0 & 0.0 & 0.0 & 0.0 & 0.0 & 0.0 \\
 & & 4.0 & 0.0 & 0.0 & 0.0 & 0.0 & 0.0 & 1.0 & 1.0 & 1.0 & 1.0 & 0.0 & 0.0 \\
 & & & 2.0 & 0.0 & 0.0 & 0.0 & 0.0 & 0.0 & 0.0 & 0.0 & 0.0 & 1.0 & 1.0 \\
 & & & & 2.7364 & -1.0 & 0.2727 & 0.0 & -1.0 & 0.0 & -4.0 & 0.0 & -0.5455 & 0.0 \\
 & & & & & 2.5 & -1.0 & 0.0 & 0.0 & 0.0 & 0.0 & 0.0 & 0.0 & 0.0 \\
 & & & & & & 4.0455 & 0.0 & 0.0 & -1.0 & 0.0 & 0.0 & -1.0909 & 0.0 \\
 & & & & & & & 3.0 & 0.0 & 0.0 & 0.0 & -1.0 & 0.0 & 0.0 \\
 & & & & & & & & 3.5 & 0.0 & 0.0 & 0.0 & 0.0 & -1.0 \\
 & & & & & & & & & 3.0 & 0.0 & 0.0 & 0.0 & 0.0 \\
 & & & & & & & & & & 2.6 & 0.0 & 0.0 & 0.0 \\
 & & & & & & & & & & & 3.0 & 0.0 & 0.0 \\
 & & & & & & & & & & & & 3.1818 & 0.0 \\
 & & & & & & & & & & & & & 3.0
\end{bmatrix}
$$

$$
\times \begin{bmatrix} \mu^{\circ} \\ T_1^{\circ} \\ T_2^{\circ} \\ T_3^{\circ} \\ \hat{a}_1 \\ \hat{a}_2 \\ \hat{a}_3 \\ \hat{a}_4 \\ \hat{a}_5 \\ \hat{a}_6 \\ \hat{a}_7 \\ \hat{a}_8 \\ \hat{a}_9 \\ \hat{a}_{10} \end{bmatrix} = \begin{bmatrix} 40.0 \\ 12.0 \\ 18.0 \\ 10.0 \\ 0.0 \\ 0.0 \\ 8.0 \\ 4.0 \\ 5.0 \\ 7.0 \\ 2.0 \\ 4.0 \\ 6.0 \\ 4.0 \end{bmatrix}
$$

となる．ここで，左辺係数行列の逆行列に右辺を乗じることにより解$\boldsymbol{\beta}^{\circ}$および$\hat{\boldsymbol{a}}$が得られる．すなわち，

$$\boldsymbol{\beta}^{\circ\prime} = [5.7395 \ \ 0.0 \ \ -1.2600 \ \ -1.0988]\ ;$$

$$\hat{\boldsymbol{a}}' = [0.1801 \ \ 0.5653 \ \ 1.2332 \ \ -0.7123 \ \ 0.1538 \ \ 1.2512 \ \ -0.9260 \ \ -0.3973 \ \ 0.8809 \ \ -0.1623]$$

である．

ここで，母数効果の個々の推定値は不定であるが，検定時期間の差 $T_i^{\circ} - T_j^{\circ}$ あるいは $\mu^{\circ} + T_i^{\circ}$ は一意に定まり，推定可能である．すなわち，検定時期の効果は時

期Ⅰが最も高く，ついで時期Ⅲ，時期Ⅱの順となっており，それらの差はそれぞれ1.0988および1.2600であることがわかる．一方，検定個体の育種価は解$\hat{\boldsymbol{a}}$のベクトルの3番目から10番目に得られており，個体6の予測育種価が最も高く+1.2512で，個体7の予測育種価が最も低く−0.9260となっている．したがって，観測値では個体3が最も高かったが，遺伝的能力としての予測育種価では個体6の方が個体3よりも優れていることがわかる．また，検定記録は得られていないが，検定個体の祖先である個体1および2の予測育種価も推定されることがわかる．このように，分子血縁係数行列を取り込むことによって，当該個体自身が記録をもたなくても遺伝的能力を推定することができる．

b．父と母方祖父とによる縮約化個体モデル

縮約化個体モデルのBLUP法の一つである父と母方祖父とによる縮約化個体モデルについてみておこう．このモデルでは，変量効果である個体のすべてを取り込むのではなく，その父あるいは母方祖父を取り上げて混合モデル方程式を解き，ついでその解からすべての検定個体の育種価を予測する方法である．

いま，記録の得られた検定個体およびその父・母方祖父の育種価のベクトルを$\boldsymbol{a}$で表すと，それらは後代あるいは孫を持っているものとそうでないものとにつぎのごとく分類される．

$$\boldsymbol{a}=\begin{bmatrix}\boldsymbol{a}_1\\ \hdashline \boldsymbol{a}_2\end{bmatrix}$$

ただし，$\boldsymbol{a}_1$：後代あるいは孫を持っている検定個体および検定個体の父あるいは母方祖父のベクトル

$\boldsymbol{a}_2$：後代も孫も持っていない検定個体のベクトル

したがって，検定個体の記録は次式のごとく表すことができる．

$$\boldsymbol{y}=\boldsymbol{X\beta}+\boldsymbol{Z}_R\boldsymbol{a}_1+\boldsymbol{\varepsilon} \qquad (4\text{-}3)$$

ただし，$\boldsymbol{y}$，$\boldsymbol{\beta}$および$\boldsymbol{X}$：式(4-1)に同じ

$\boldsymbol{a}_1$：未知である検定個体の父，母方祖父および後代あるいは孫を持っている検定個体の育種価のベクトル

$\boldsymbol{Z}_R$：個々の記録が$\boldsymbol{a}_1$のどの個体に属するかあるいはどの父の後代で，どの母方祖父の孫であるかを示す既知の計画行列

$\boldsymbol{\varepsilon}$：残差（環境偏差+メンデリアンサンプリング効果）

ここで，$\boldsymbol{a}_1$ および $\boldsymbol{\varepsilon}$ が変量効果で，

$$E\begin{pmatrix}\boldsymbol{a}_1\\ \boldsymbol{\varepsilon}\end{pmatrix}=\begin{bmatrix}\mathbf{0}\\ \mathbf{0}\end{bmatrix}$$

$$Var\begin{pmatrix}\boldsymbol{a}_1\\ \boldsymbol{\varepsilon}\end{pmatrix}=\begin{bmatrix}\boldsymbol{G}_1 & \mathbf{0}\\ & \boldsymbol{R}_R\end{bmatrix}$$

であると見なす．ただし，$\boldsymbol{G}_1=\boldsymbol{A}_1\sigma_a^2$，$\boldsymbol{R}_R=Var(\boldsymbol{\varepsilon})=\boldsymbol{I}\sigma_e^2+\boldsymbol{R}_a\sigma_a^2$ で，σ_e^2 および σ_a^2 は前述に同じであるが，$\boldsymbol{A}_1$ は $\boldsymbol{a}_1$ に含まれるすべての個体の分子血縁係数行列で，$\boldsymbol{R}_a$ は $\boldsymbol{a}_1$ に含まれる個体は 0，$\boldsymbol{a}_2$ に含まれる個体は $\{1-0.25(a_{ss}+0.25a_{mm})\}$ を対角要素とする対角行列で，a_{ss} および a_{mm} はそれぞれ当該検定個体の父および母方祖父の近交係数に 1 を加えたもの（すなわち分子血縁係数行列 $\boldsymbol{A}_1$ の対角要素）である．なお，計画行列 $\boldsymbol{Z}_R$ は

$$\boldsymbol{Z}_R=\begin{bmatrix}\boldsymbol{Z}_1\\ \hdashline \boldsymbol{Z}_2\end{bmatrix}$$

のごとく分割され，$\boldsymbol{Z}_1$ は後代あるいは孫を持っている検定個体の記録が $\boldsymbol{a}_1$ のどの個体に属するか（相当する部分が 1 で，その他は 0）を，また $\boldsymbol{Z}_2$ は後代を持たない検定個体の記録がどの父の後代であり（相当する部分が 0.5），どの母方祖父の孫であるか（相当する部分が 0.25，その他はすべて 0）を示す小行列である．

このようにモデルを定義すると，混合モデル方程式が式 (4-4) のごとくたてられる．

$$\begin{bmatrix}\boldsymbol{X}'\boldsymbol{R}_R^{-1}\boldsymbol{X} & \boldsymbol{X}'\boldsymbol{R}_R^{-1}\boldsymbol{Z}_R\\ \boldsymbol{Z}_R'\boldsymbol{R}_R^{-1}\boldsymbol{X} & \boldsymbol{Z}_R'\boldsymbol{R}_R^{-1}\boldsymbol{Z}_R+\boldsymbol{G}_1^{-1}\end{bmatrix}\begin{bmatrix}\boldsymbol{\beta}^\circ\\ \hat{\boldsymbol{a}}_1\end{bmatrix}=\begin{bmatrix}\boldsymbol{X}'\boldsymbol{R}_R^{-1}\boldsymbol{y}\\ \boldsymbol{Z}_R'\boldsymbol{R}_R^{-1}\boldsymbol{y}\end{bmatrix} \quad (4\text{-}4)$$

この方程式 (4-4) を解くことにより母数効果 $\boldsymbol{\beta}^\circ$ および検定個体の父・母方祖父および後代を持っている検定個体の育種価 $\boldsymbol{a}_1$ の BLUP である $\hat{\boldsymbol{a}}_1$ が得られる．

つぎに $\hat{\boldsymbol{a}}_1$ および $\boldsymbol{\beta}^\circ$ を用いて残差効果 $\boldsymbol{\varepsilon}$ を次式により予測する．

$$\hat{\boldsymbol{\varepsilon}}=\boldsymbol{y}-\boldsymbol{X}\boldsymbol{\beta}^\circ-\boldsymbol{Z}_R\hat{\boldsymbol{a}}_1 \quad (4\text{-}5)$$

この $\hat{\boldsymbol{\varepsilon}}$ および $\hat{\boldsymbol{a}}_1$ から，すべての検定個体の育種価 $\boldsymbol{a}_k$ の BLUP が式 (4-6) のごとく予測される．

$$\hat{\boldsymbol{a}}_k = \boldsymbol{Z}_R \hat{\boldsymbol{a}}_1 + \boldsymbol{R}_a \sigma_a^2 \boldsymbol{R}_R^{-1} \hat{\boldsymbol{\varepsilon}} \tag{4-6}$$

そこで，表 4-1 の能力検定記録について父と母方祖父とによる縮約化個体モデルの BLUP 法により検定個体の育種価を予測してみよう．この場合の混合モデル方程式 (4-4) を構成する行列あるいはベクトルは

$\boldsymbol{y}$，$\boldsymbol{\beta}^{\circ}$ および $\boldsymbol{X}$ は式 (4-2) の場合に同じで，

$$\hat{\boldsymbol{a}}_1' = [\ \hat{a}_1 \quad \hat{a}_2 \quad \hat{a}_3 \quad \hat{a}_4 \quad \hat{a}_5\ ]\ ;$$

$$\boldsymbol{Z}_R = \begin{bmatrix} \boldsymbol{Z}_1 \\ \hdashline \boldsymbol{Z}_2 \end{bmatrix} = \begin{bmatrix} 0 & 0 & 1 & 0 & 0 \\ 0 & 0 & 0 & 1 & 0 \\ 0 & 0 & 0 & 0 & 1 \\ \hdashline 0 & 0 & 0.5 & 0 & 0 \\ 0.25 & 0 & 0 & 0 & 0 \\ 0 & 0 & 0 & 0.5 & 0 \\ 0.25 & 0 & 0.5 & 0 & 0 \\ 0 & 0 & 0 & 0 & 0.5 \end{bmatrix}\ ;$$

$\boldsymbol{G}_1 = 2\boldsymbol{A}_1$ あるいは $\boldsymbol{G}^{-1} = (1/2)\boldsymbol{A}_1^{-1}$ ；

$$\boldsymbol{A}_1 = \begin{bmatrix} 1.0 & 0.5 & 0.25 & 0.0 & 0.5 \\ & 1.0 & 0.5 & 0.0 & 0.25 \\ & & 1.0 & 0.0 & 0.125 \\ & & & 1.0 & 0.0 \\ & & & & 1.0 \end{bmatrix}\ ;$$

$\boldsymbol{R}_a = \mathrm{Diagonal}\,[0.0\ \ 0.0\ \ 0.0\ \ 0.75\ \ 0.9375\ \ 0.75\ \ 0.6875\ \ 0.75]$ ；

$\boldsymbol{R}_R = 3\boldsymbol{I} + 2\boldsymbol{R}_a = \mathrm{Diagonal}\,[3.0\ \ 3.0\ \ 3.0\ \ 4.5\ \ 4.875\ \ 4.5\ \ 4.375\ \ 4.5]$

となる．ここで，Diagonal [. . .] は . . . を対角要素とする対角行列を意味する．

したがって，父と母方祖父とによる縮約化個体モデルの混合モデル方程式 (4-4) は

$$
\begin{bmatrix}
2.1004 & 0.6667 & 0.9829 & 0.4508 & 0.1084 & 0.0 & 0.5587 & 0.4444 & 0.4444 \\
 & 0.6667 & 0.0 & 0.0 & 0.0 & 0.0 & 0.3333 & 0.3333 & 0.0 \\
 & & 0.9829 & 0.0 & 0.0513 & 0.0 & 0.1111 & 0.1111 & 0.3333 \\
 & & & 0.4508 & 0.0571 & 0.0 & 0.1143 & 0.0 & 0.1111 \\
 & & & & 0.8604 & -0.3333 & 0.0286 & 0.0 & -0.3333 \\
 & & & & & 0.8333 & -0.3333 & 0.0 & 0.0 \\
 & & & & & & 1.1127 & 0.0 & 0.0 \\
 & & & & & & & 0.8889 & 0.0 \\
 & & & & & & & & 1.0556
\end{bmatrix}
$$

$$
\times \begin{bmatrix} \mu^\circ \\ T_1^\circ \\ T_2^\circ \\ T_3^\circ \\ \hat{a}_1 \\ \hat{a}_2 \\ \hat{a}_3 \\ \hat{a}_4 \\ \hat{a}_5 \end{bmatrix} = \begin{bmatrix} 10.7817 \\ 4.0 \\ 4.5214 \\ 2.2603 \\ 0.4454 \\ 0.0 \\ 4.1302 \\ 1.7778 \\ 2.1111 \end{bmatrix}
$$

となり，解

$$\boldsymbol{\beta}^{\circ\prime} = [5.7395 \quad 0.0 \quad -1.2600 \quad -1.0988];$$

$$\hat{\boldsymbol{a}}_1{}' = [0.1801 \quad 0.5653 \quad 1.2332 \quad -0.7123 \quad 0.1538]$$

が得られる．

そこで，$\boldsymbol{\beta}^\circ$ および $\hat{\boldsymbol{a}}_1$ から，$\hat{\boldsymbol{\varepsilon}}$ を式(4-5)により求めると，

$$\hat{\boldsymbol{\varepsilon}}' = [1.0273 \; -1.0273 \; 0.3667 \; 1.9038 \; -2.5246 \; -0.1234 \; 0.6977 \; -0.7176]$$

が得られ，これから式(4-6)により $\boldsymbol{a}_k$ の BLUP が

$$\hat{\boldsymbol{a}}_k{}' = [1.2332 \; -0.7123 \; 0.1538 \; 1.2512 \; -0.9260 \; -0.3973 \; 0.8809 \; -0.1623]$$

のごとく得られる (Sasaki と Henderson，1986)．ここで得られた解 $\boldsymbol{\beta}^\circ$，$\hat{\boldsymbol{a}}_1$ および $\hat{\boldsymbol{a}}_k$ は通常の個体モデルの BLUP 法による解と全く同じであることがわかる．

c．父と母とによる縮約化個体モデル

一方，乳牛などのように雌についてのみ観測記録の得られる場合には，父と母

とによる縮約化個体モデルが有効である．記録のある検定個体およびその父・母の育種価のベクトルを $\boldsymbol{a}$ で表すと，その中にはすでに後代を持っている検定個体および検定個体の父・母（これらを $\boldsymbol{a}_1$ で示す）と後代を持っていない検定個体（これらを $\boldsymbol{a}_2$ で示す）とに，つぎのごとく分類される．

$$\boldsymbol{a}=\begin{bmatrix}\boldsymbol{a}_1\\ \hdashline \boldsymbol{a}_2\end{bmatrix}$$

この点を利用すると，検定個体の記録は式(4-7)のごとく表すことができる．

$$\boldsymbol{y}=\boldsymbol{X\beta}+\boldsymbol{Z}_R\boldsymbol{a}_1+\boldsymbol{\varepsilon} \tag{4-7}$$

ただし，$\boldsymbol{y}$，$\boldsymbol{\beta}$および $\boldsymbol{X}$：式(4-1)に同じ

$\boldsymbol{a}_1$：未知である検定個体の父，母および後代を持っている検定個体の育種価のベクトル

$\boldsymbol{Z}_R$：個々の記録が $\boldsymbol{a}_1$ のどの個体に属するかあるいはどの父と母との後代であるかを示す既知の計画行列

$\boldsymbol{\varepsilon}$：残差（環境偏差＋メンデリアンサンプリング効果）

ここでも，$\boldsymbol{a}_1$ および $\boldsymbol{\varepsilon}$ が変量効果で，

$$E\begin{pmatrix}\boldsymbol{a}_1\\ \boldsymbol{\varepsilon}\end{pmatrix}=\begin{bmatrix}\boldsymbol{0}\\ \boldsymbol{0}\end{bmatrix}$$

$$Var\begin{pmatrix}\boldsymbol{a}_1\\ \boldsymbol{\varepsilon}\end{pmatrix}=\begin{bmatrix}\boldsymbol{G}_1 & \boldsymbol{0}\\ & \boldsymbol{R}_R\end{bmatrix}$$

であると見なす．ただし，$\boldsymbol{G}_1=\boldsymbol{A}_1\sigma_a^2$，$\boldsymbol{R}_R=Var(\boldsymbol{\varepsilon})=\boldsymbol{I}\sigma_e^2+\boldsymbol{R}_a\sigma_a^2$ で，σ_e^2 および σ_a^2 は前述に同じであるが，$\boldsymbol{A}_1$ は $\boldsymbol{a}_1$ に含まれるすべての個体の分子血縁係数行列で，$\boldsymbol{R}_a$ は $\boldsymbol{a}_1$ に含まれる個体は 0，$\boldsymbol{a}_2$ に含まれる個体は $\{1-0.25(a_{ss}+a_{dd})\}$ を対角要素とする対角行列で，a_{ss} および a_{dd} はそれぞれ当該検定個体の父および母の近交係数に 1 を加えたもの（すなわち分子血縁係数行列 $\boldsymbol{A}_1$ の対角要素）である．なお，計画行列 $\boldsymbol{Z}_R$ は

$$\boldsymbol{Z}_R=\begin{bmatrix}\boldsymbol{Z}_1\\ \hdashline \boldsymbol{Z}_2\end{bmatrix}$$

のごとく分割され，$\boldsymbol{Z}_1$ は後代を持っている検定個体の記録が $\boldsymbol{a}_1$ のどの個体に属

するか（相当する部分が1でその他は0）を，また $\boldsymbol{Z}_2$ は後代を持たない検定個体の記録がどの父とどの母との子であるか（相当する部分が0.5で，その他は0）を示す小行列である．

そこで，混合モデル方程式が式(4-8)のごとくたてられる．

$$\begin{bmatrix} \boldsymbol{X}'\boldsymbol{R}_R^{-1}\boldsymbol{X} & \boldsymbol{X}'\boldsymbol{R}_R^{-1}\boldsymbol{Z}_R \\ \boldsymbol{Z}_R'\boldsymbol{R}_R^{-1}\boldsymbol{X} & \boldsymbol{Z}_R'\boldsymbol{R}_R^{-1}\boldsymbol{Z}_R+\boldsymbol{G}_1^{-1} \end{bmatrix}\begin{bmatrix} \boldsymbol{\beta}^{\circ} \\ \hat{\boldsymbol{a}}_1 \end{bmatrix}=\begin{bmatrix} \boldsymbol{X}'\boldsymbol{R}_R^{-1}\boldsymbol{y} \\ \boldsymbol{Z}_R'\boldsymbol{R}_R^{-1}\boldsymbol{y} \end{bmatrix} \tag{4-8}$$

この方程式を解くことにより母数効果の $\boldsymbol{\beta}^{\circ}$ ならびに検定個体の父・母および後代を持っている検定個体の育種価 $\boldsymbol{a}_1$ のBLUPである $\hat{\boldsymbol{a}}_1$ が得られる．

つぎに $\hat{\boldsymbol{a}}_1$ および $\boldsymbol{\beta}^{\circ}$ を用いて残差効果 $\boldsymbol{\varepsilon}$ を次式により予測する．

$$\hat{\boldsymbol{\varepsilon}}=\boldsymbol{y}-\boldsymbol{X}\boldsymbol{\beta}^{\circ}-\boldsymbol{Z}_R\hat{\boldsymbol{a}}_1 \tag{4-9}$$

この $\hat{\boldsymbol{\varepsilon}}$ および $\hat{\boldsymbol{a}}_1$ から，すべての検定個体の育種価 $\boldsymbol{a}_k$ のBLUPが次式のごとく予測される．

$$\hat{\boldsymbol{a}}_k=\boldsymbol{Z}_R\hat{\boldsymbol{a}}_1+\boldsymbol{R}_a\sigma_a^2\boldsymbol{R}_R^{-1}\hat{\boldsymbol{\varepsilon}} \tag{4-10}$$

具体的に表4-1の能力検定記録について父と母とによる縮約化個体モデルのBLUP法による検定個体の育種価予測を行ってみよう．混合モデル方程式(4-8)を構成する行列あるいはベクトルは

$\boldsymbol{y}$，$\boldsymbol{X}$ および $\boldsymbol{\beta}^{\circ}$ は式(4-2)の場合に同じで，

$$\hat{\boldsymbol{a}}_1'=[\hat{a}_1 \quad \hat{a}_2 \quad \hat{a}_3 \quad \hat{a}_4 \quad \hat{a}_5 \quad \hat{a}_{\mathrm{X}} \quad \hat{a}_{\mathrm{Y}}]\,;$$

$$\boldsymbol{Z}_R=\begin{bmatrix} \boldsymbol{Z}_1 \\ \hdashline \boldsymbol{Z}_2 \end{bmatrix}=\begin{bmatrix} 0 & 0 & 1 & 0 & 0 & 0 & 0 \\ 0 & 0 & 0 & 1 & 0 & 0 & 0 \\ 0 & 0 & 0 & 0 & 1 & 0 & 0 \\ \hdashline 0 & 0 & 0.5 & 0 & 0 & 0 & 0 \\ 0 & 0 & 0 & 0 & 0 & 0.5 & 0 \\ 0 & 0 & 0 & 0.5 & 0 & 0 & 0 \\ 0 & 0 & 0.5 & 0 & 0 & 0 & 0.5 \\ 0 & 0 & 0 & 0 & 0.5 & 0 & 0 \end{bmatrix};$$

$$\boldsymbol{G}_1^{-1}=(1/2)\boldsymbol{A}_1^{-1}\,;$$

$$
\boldsymbol{A}_1=\begin{bmatrix}
1.0 & 0.5 & 0.25 & 0.0 & 0.5 & 0.5 & 0.5 \\
 & 1.0 & 0.5 & 0.0 & 0.25 & 0.25 & 0.25 \\
 & & 1.0 & 0.0 & 0.125 & 0.125 & 0.125 \\
 & & & 1.0 & 0.0 & 0.0 & 0.0 \\
 & & & & 1.0 & 0.25 & 0.25 \\
 & & & & & 1.0 & 0.25 \\
 & & & & & & 1.0
\end{bmatrix};
$$

$$
\boldsymbol{R}_a=\mathrm{Diagonal}\,[0.0 \quad 0.0 \quad 0.0 \quad 0.75 \quad 0.75 \quad 0.5 \quad 0.75];
$$

$$
\boldsymbol{R}_R=3\boldsymbol{I}+2\boldsymbol{R}_a=\mathrm{Diagonal}\,[3.0 \quad 3.0 \quad 3.0 \quad 4.5 \quad 4.5 \quad 4.5 \quad 4.0 \quad 4.5]
$$

となる．したがって，父と母とによる縮約化個体モデルの混合モデル方程式 (4-8) は

$$
\begin{bmatrix}
2.1389 & 0.6667 & 1.0 & 0.4722 & 0.0 & 0.0 & 0.5694 & 0.4444 & 0.4444 & 0.1111 & 0.1250 \\
 & 0.6667 & 0.0 & 0.0 & 0.0 & 0.0 & 0.3333 & 0.3333 & 0.0 & 0.0 & 0.0 \\
 & & 1.0 & 0.0 & 0.0 & 0.0 & 0.1111 & 0.1111 & 0.3333 & 0.1111 & 0.0 \\
 & & & 0.4722 & 0.0 & 0.0 & 0.1250 & 0.0 & 0.1111 & 0.0 & 0.1250 \\
 & & & & 1.1667 & -0.3333 & 0.0 & 0.0 & -0.3333 & -0.3333 & -0.3333 \\
 & & & & & 0.8333 & -0.3333 & 0.0 & 0.0 & 0.0 & 0.0 \\
 & & & & & & 1.1181 & 0.0 & 0.0 & 0.0 & 0.0625 \\
 & & & & & & & 0.8889 & 0.0 & 0.0 & 0.0 \\
 & & & & & & & & 1.0556 & 0.0 & 0.0 \\
 & & & & & & & & & 0.7222 & 0.0 \\
 & & & & & & & & & & 0.7292
\end{bmatrix}
$$

$$
\times\begin{bmatrix}
\mu^\circ \\ T_1^\circ \\ T_2^\circ \\ T_3^\circ \\ \hat{a}_1 \\ \hat{a}_2 \\ \hat{a}_3 \\ \hat{a}_4 \\ \hat{a}_5 \\ \hat{a}_{\mathrm{X}} \\ \hat{a}_{\mathrm{Y}}
\end{bmatrix}=\begin{bmatrix}
10.9444 \\ 4.0000 \\ 4.5556 \\ 2.3889 \\ 0.0 \\ 0.0 \\ 4.1944 \\ 1.7778 \\ 2.1111 \\ 0.2222 \\ 0.7500
\end{bmatrix}
$$

となる．この方程式を解くことにより，

$$\boldsymbol{\beta}^{\circ\prime}=[4.6407 \quad 1.0988 \quad -0.1611 \quad 0.0];$$

$$\hat{\boldsymbol{a}}_1{}'=[0.1801 \quad 0.5653 \quad 1.2332 \quad -0.7123 \quad 0.1538 \quad -0.2983 \quad 0.2097]$$

が得られる．

そこで，これら $\boldsymbol{\beta}^{\circ}$ および $\hat{\boldsymbol{a}}_1$ を用いて前述と同様に式(4-9)により $\hat{\boldsymbol{\varepsilon}}$ を求め，さらにすべての検定個体の育種価 $\boldsymbol{a}_k$ の BLUP が式(4-10)により

$$\hat{\boldsymbol{a}}_k{}'=[1.2332 \ -0.7123 \ 0.1538 \ 1.2512 \ -0.9260 \ -0.3973 \ 0.8809 \ -0.1623]$$

のごとく求められる (Henderson, 1985)．ここで注目してもらいたい点は母数効果 $\boldsymbol{\beta}$ の解が通常モデルや父と母方祖父とによる縮約化モデルの場合と異なっていることである．このように，解自体は不定であるが，$\mu^{\circ}+T_i^{\circ}$ あるいは $T_i^{\circ}-T_j^{\circ}$ はこれまでの値と全く同じであり，一意に定まることがわかる．たとえば，$T_1^{\circ}-T_2^{\circ}=1.0988-(-0.1611)=1.2599$ である．

4.1.2 MPPA モデル

個体モデルの拡張の一つとして各個体が複数の記録を持つ場合がある．たとえば，乳牛における泌乳量，肉牛における離乳時体重，ヒツジにおける産毛量などはその代表例である．この場合も，母数効果がすべて既知あるいは同一年次同一場所で比較される場合は個体の評価に通常の MPPA が用いられる（1章参照）．しかし，年次，季節，飼養管理方式などの影響，さらに乳量に対する産次の影響あるいは離乳時体重に対する性の影響などを考慮して，育種価を推定しなければならないケースが実際には多い．

このような場合のモデルを MPPA モデル (MPPA model) と呼び，母数効果と変量効果を含んだ式(4-11)のような線形関数が設定される．

$$\boldsymbol{y}=\boldsymbol{X\beta}+\boldsymbol{Za}+\boldsymbol{Zp}+\boldsymbol{e} \tag{4-11}$$

ただし，$\boldsymbol{y}$：個体ごとの各記録のベクトル

$\boldsymbol{\beta}$：未知の母数効果のベクトル

$\boldsymbol{X}$：各記録が母数効果 $\boldsymbol{\beta}$ のどのクラスに属するかを示す既知の計画行列

$\boldsymbol{a}$：個体のもつ育種価

$\boldsymbol{Z}$：各記録がどの個体に属するかを示す既知の計画行列

$\boldsymbol{p}$：永続的環境効果

$\boldsymbol{e}$：一時的環境効果

ここで，$\boldsymbol{a}$，$\boldsymbol{p}$ および $\boldsymbol{e}$ が変量効果で，$E\begin{pmatrix}\boldsymbol{a}\\ \boldsymbol{p}\\ \boldsymbol{e}\end{pmatrix}=\boldsymbol{0}$

$Var\begin{pmatrix}\boldsymbol{a}\\ \boldsymbol{p}\\ \boldsymbol{e}\end{pmatrix}=\begin{bmatrix}\boldsymbol{G} & \boldsymbol{0} & \boldsymbol{0}\\ & \boldsymbol{P} & \boldsymbol{0}\\ & & \boldsymbol{R}\end{bmatrix}$ で，かつ，$\boldsymbol{G}=\boldsymbol{A}\sigma_a^2$，$\boldsymbol{P}=\boldsymbol{I}\sigma_p^2$，$\boldsymbol{R}=\boldsymbol{I}\sigma_e^2$ であると見なす．さらに，$\boldsymbol{A}$ は $\boldsymbol{a}$ に含まれるすべての個体の分子血縁係数行列，$\boldsymbol{I}$ は単位行列，σ_a^2 は相加的遺伝分散，σ_p^2 は共通環境分散，σ_e^2 は一時的環境分散である．

この場合の混合モデル方程式はつぎのごとくなる．

$$\begin{bmatrix}\boldsymbol{X}'\boldsymbol{X} & \boldsymbol{X}'\boldsymbol{Z}_a & \boldsymbol{X}'\boldsymbol{Z}_p\\ \boldsymbol{Z}_a'\boldsymbol{X} & \boldsymbol{Z}_a'\boldsymbol{Z}_a+\boldsymbol{A}^{-1}\sigma_e^2/\sigma_a^2 & \boldsymbol{Z}_a'\boldsymbol{Z}_p\\ \boldsymbol{Z}_p'\boldsymbol{X} & \boldsymbol{Z}_p'\boldsymbol{Z}_a & \boldsymbol{Z}_p'\boldsymbol{Z}_p+\boldsymbol{I}\sigma_e^2/\sigma_p^2\end{bmatrix}\begin{bmatrix}\boldsymbol{\beta}^\circ\\ \hat{\boldsymbol{a}}\\ \hat{\boldsymbol{p}}\end{bmatrix}=\begin{bmatrix}\boldsymbol{X}'\boldsymbol{y}\\ \boldsymbol{Z}_a'\boldsymbol{y}\\ \boldsymbol{Z}_p'\boldsymbol{y}\end{bmatrix} \quad (4\text{-}12)$$

この方程式を解くことにより個体ごとの育種価および共通環境効果の BLUP が得られる．

MPPA の場合と同様，i 番目の個体自身の最確生産能力は

$$\hat{\boldsymbol{a}}_i+\hat{\boldsymbol{p}}_i$$

により予測される．ここで，同一個体について繰り返し得られる記録間の反復率がいずれのペアについても同じであることを前提とした．厳密にはそうでないかもしれないが，実際上このように仮定して問題ないであろう．

表 4-2　ヒツジの産毛量 (kg) 記録

年齢	ヒツジ			
	A	B	C	D
1	9	6		8
2	10	8	7	
3	12		10	13

いま，ヒツジの産毛量記録が表 4-2 のごとく得られている．これらの記録を用いて，年齢の影響を考慮してヒツジの産毛量に関する育種価および最確生産能力を推定してみよう．なお，各ヒツジの血縁関係はつぎの径路図のとおりである．

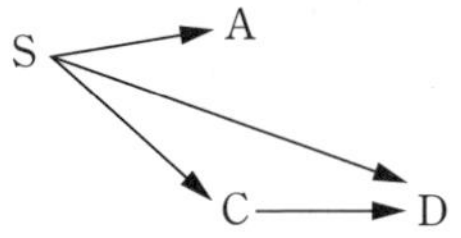

また，産毛量に関する相加的遺伝分散 σ_a^2 は 0.50，共通環境分散 σ_p^2は 0.20，一時的環境分散 σ_e^2 は 0.75 であるとする．

ここで，全体の平均値を μ，産毛量の年齢への回帰係数を b，i 番目のヒツジの j 番目の記録が得られた時の年齢を X_{ij}，i 番目のヒツジの育種価を a_i，i 番目のヒツジに共通な永続的環境効果を p_i，i 番目のヒツジの j 番目の記録に伴う一時的環境効果を e_{ij} とすると，各ヒツジの産毛量 Y_{ij} は

$$Y_{ij}=\mu+bX_{ij}+a_i+p_i+e_{ij}$$

と表せる．ここで，

$$E\begin{pmatrix}\boldsymbol{a}\\\boldsymbol{p}\\\boldsymbol{e}\end{pmatrix}=\begin{bmatrix}\mathbf{0}\\\mathbf{0}\\\mathbf{0}\end{bmatrix},\quad Var\begin{pmatrix}\boldsymbol{a}\\\boldsymbol{p}\\\boldsymbol{e}\end{pmatrix}=\begin{bmatrix}0.5\boldsymbol{A} & \mathbf{0} & \mathbf{0}\\ & 0.2\boldsymbol{I} & \mathbf{0}\\ & & 0.75\boldsymbol{I}\end{bmatrix}$$

とする．

これらの情報から混合モデル方程式(4-12)を構成する各行列およびベクトルがつぎのごとく得られる．

$$\boldsymbol{y}'=[9\quad 10\quad 12\quad 6\quad 8\quad 7\quad 10\quad 8\quad 13]\ ;$$

$$\boldsymbol{X}'=\begin{bmatrix}1&1&1&1&1&1&1&1&1\\1&2&3&1&2&2&3&1&3\end{bmatrix};$$

$$\boldsymbol{\beta}^{\circ\prime}=[\mu^\circ\quad b^\circ]\ ;$$

$$\hat{\boldsymbol{a}}'=[\hat{a}_{\mathrm{S}}\quad \hat{a}_{\mathrm{A}}\quad \hat{a}_{\mathrm{B}}\quad \hat{a}_{\mathrm{C}}\quad \hat{a}_{\mathrm{D}}]\ ;$$

$$\hat{\boldsymbol{p}}'=[\hat{p}_{\mathrm{A}}\quad \hat{p}_{\mathrm{B}}\quad \hat{p}_{\mathrm{C}}\quad \hat{p}_{\mathrm{D}}]\ ;$$

$$
\boldsymbol{Z}_a=\begin{bmatrix}0&1&0&0&0\\0&1&0&0&0\\0&1&0&0&0\\0&0&1&0&0\\0&0&1&0&0\\0&0&0&1&0\\0&0&0&1&0\\0&0&0&0&1\\0&0&0&0&1\end{bmatrix};\ \boldsymbol{Z}_p=\begin{bmatrix}1&0&0&0\\1&0&0&0\\1&0&0&0\\0&1&0&0\\0&1&0&0\\0&0&1&0\\0&0&1&0\\0&0&0&1\\0&0&0&1\end{bmatrix};
$$

$\sigma_e^2/\sigma_a^2=1.5$；$\sigma_e^2/\sigma_p^2=3.75$；

$$
\boldsymbol{A}^{-1}=\begin{bmatrix}2.1667&-0.6667&0.0&-0.1667&-1.0000\\&1.3333&0.0&0.0&0.0\\&&1.0000&0.0&0.0\\&&&1.8333&-1.0000\\&&&&2.0000\end{bmatrix}.
$$

したがって，混合モデル方程式は

$$
\begin{bmatrix}
9.0&18.0&0.0&3.0&2.0&2.0&2.0&3.0&2.0&2.0&2.0\\
&42.0&0.0&6.0&3.0&5.0&4.0&6.0&3.0&5.0&4.0\\
&&3.25&-1.0&0.0&-0.25&-1.5&0.0&0.0&0.0&0.0\\
&&&5.0&0.0&0.0&0.0&3.0&0.0&0.0&0.0\\
&&&&3.5&0.0&0.0&0.0&2.0&0.0&0.0\\
&&&&&4.75&-1.5&0.0&0.0&2.0&0.0\\
&&&&&&5.0&0.0&0.0&0.0&2.0\\
&&&&&&&6.75&0.0&0.0&0.0\\
&&&&&&&&5.75&0.0&0.0\\
&&&&&&&&&5.75&0.0\\
&&&&&&&&&&5.75
\end{bmatrix}
$$

$$
\times \begin{bmatrix} \mu^{\circ} \\ b^{\circ} \\ \hat{a}_{\mathrm{S}} \\ \hat{a}_{\mathrm{A}} \\ \hat{a}_{\mathrm{B}} \\ \hat{a}_{\mathrm{C}} \\ \hat{a}_{\mathrm{D}} \\ \hat{p}_{\mathrm{A}} \\ \hat{p}_{\mathrm{B}} \\ \hat{p}_{\mathrm{C}} \\ \hat{p}_{\mathrm{D}} \end{bmatrix} = \begin{bmatrix} 83 \\ 178 \\ 0 \\ 31 \\ 14 \\ 17 \\ 21 \\ 31 \\ 14 \\ 17 \\ 21 \end{bmatrix}
$$

となり，左辺係数行列の逆行列を計算し，右辺に乗じると解 $\boldsymbol{\beta}^{\circ}$，$\hat{\boldsymbol{a}}'$ および $\hat{\boldsymbol{p}}'$ がつぎのごとく得られる．

$$
\boldsymbol{\beta}^{\circ\prime} = [4.9779 \quad 2.0079]\ ;
$$

$$
\hat{\boldsymbol{a}}' = [0.4446 \quad 0.7302 \quad -0.4603 \quad -0.2620 \quad 0.5201]\ ;
$$

$$
\hat{\boldsymbol{p}}' = [0.2709 \quad -0.1841 \quad -0.4298 \quad 0.3430].
$$

そこで，各ヒツジの最確生産能力は

$$
\begin{bmatrix} \hat{a}_{\mathrm{A}} + \hat{p}_{\mathrm{A}} \\ \hat{a}_{\mathrm{B}} + \hat{p}_{\mathrm{B}} \\ \hat{a}_{\mathrm{C}} + \hat{p}_{\mathrm{C}} \\ \hat{a}_{\mathrm{D}} + \hat{p}_{\mathrm{D}} \end{bmatrix} = \begin{bmatrix} 1.0011 \\ -0.6444 \\ -0.6918 \\ 0.8631 \end{bmatrix}
$$

となる．これらの結果から，予測育種価に基づき，後継羊生産用にはヒツジ A あるいは/および D を選抜する．一方，次年度の生産を最大にするためには，最確生産能力に基づき，最初に淘汰すべきヒツジは C，ついで B である．

4.1.3 ランダム回帰モデル

個体についてのある形質の観測値が，1回の記録だけでなく繰り返し得られ，それが時間の経過とともに逐次変化している場合がある．このような同一個体について時間軸に沿って，繰り返し測定することによって得られるデータを経時観測データ (longitudinal data) という．その典型的な例が乳牛の乳量記録で，分娩直後から毎日乳量記録が得られ，乳量は一般に最初に上昇し，その後ざんじ減少していく．この乳量の変化曲線には wood 曲線が当てはめられる．また，生物の成長に関する記録も経時観測データであり，その場合，成長曲線が，あるいは一般的には線形関数，2次関数などが当てはめられる．その他経時観測データには，乳牛におけるボディコンディションスコアや飼料摂取量，ブタにおける一腹子数，ヒツジにおける羊毛量など，また医学研究における薬剤投与後あるいは手術後の各種観測値などがあり，それぞれに合致した曲線が当てはめられる．

これらの曲線がすべての変量効果，ここでは個体に共通に当てはめられる場合には，4.1.2 項で述べた MPPA モデルが適している．しかし，変量効果の各クラスごとに異なる曲線を当てはめた方がよい場合には，個体の育種価などを推定するのに，ランダム回帰モデル (random regression model) の BLUP 法が利用される (Henderson, Jr, 1982)．このモデルは育種分野のみならず，医学分野など，利用範囲は広い．

このような場合，回帰係数も変量効果となり，線形関数 (4-13) が設定される．

$$\boldsymbol{y}=\boldsymbol{X\beta}+\boldsymbol{Z}_a\boldsymbol{a}+\boldsymbol{Z}_b\boldsymbol{b}+\boldsymbol{e} \tag{4-13}$$

ただし，$\boldsymbol{y}$，$\boldsymbol{\beta}$，$\boldsymbol{X}$ および $\boldsymbol{e}$：式 (4-11) に同じ

$\boldsymbol{Z}_a$：式 (4-11) における $\boldsymbol{Z}$ に相当

$\boldsymbol{a}$：ここでは共変量に依存しない個体の育種価

$\boldsymbol{Z}_b$：各記録が属する個体の要素が共変量の値で，それ以外が 0 である行列

$\boldsymbol{b}$：個々の個体におけるクラス内回帰係数

ここで，$\boldsymbol{a}$，$\boldsymbol{b}$ および $\boldsymbol{e}$ が変量効果で，

$$E\begin{pmatrix}\boldsymbol{a}\\ \boldsymbol{b}\\ \boldsymbol{e}\end{pmatrix}=\boldsymbol{0},\quad Var\begin{pmatrix}\boldsymbol{a}\\ \boldsymbol{b}\\ \boldsymbol{e}\end{pmatrix}=\begin{bmatrix}\boldsymbol{G} & \boldsymbol{C} & \boldsymbol{0}\\ & \boldsymbol{B} & \boldsymbol{0}\\ & & \boldsymbol{R}\end{bmatrix}$$

でかつ，$\boldsymbol{G}=\boldsymbol{A}\sigma_a^2$，$\boldsymbol{B}=\boldsymbol{A}\sigma_b^2$，$\boldsymbol{C}=\boldsymbol{A}\sigma_{ab}$，$\boldsymbol{R}=\boldsymbol{I}\sigma_e^2$ であるとみなす．$\boldsymbol{A}$，$\boldsymbol{I}$，σ_a^2 および σ_e^2 は 4.1.2 項に同じであるが，σ_b^2 はクラス内回帰係数の分散，σ_{ab} は $\boldsymbol{a}$ と $\boldsymbol{b}$ との間の共分散である．

この場合の混合モデル方程式は式 (4-14) のとおりである．

$$\begin{bmatrix} X'X & X'Z_a & X'Z_b \\ Z_a'X & Z_a'Z_a+A^{-1}\sigma_e^2/\sigma_a^2 & Z_a'Z_b+A^{-1}\sigma_e^2/\sigma_{ab} \\ Z_b'X & Z_b'Z_a+A^{-1}\sigma_e^2/\sigma_{ab} & Z_b'Z_b+A^{-1}\sigma_e^2/\sigma_b^2 \end{bmatrix} \begin{bmatrix} \beta^\circ \\ \hat{a} \\ \hat{b} \end{bmatrix} = \begin{bmatrix} X'y \\ Z_a'y \\ Z_b'y \end{bmatrix} \quad (4\text{-}14)$$

この方程式を解くことにより，共変量の値 X に対する育種価 $\boldsymbol{g}$ が $\hat{\boldsymbol{g}}=\hat{\boldsymbol{a}}+\hat{\boldsymbol{b}}X$ により推定される．

具体的に，表 4-2 に示したヒツジの産毛量記録について，産毛量の年齢への 1 次回帰係数が個体に共通な母数効果と，個体ごとに異なる変量効果とからなるとみなして，2 歳齢での産毛量に関する育種価を推定してみよう．ここで，回帰係数の分散 σ_b^2 は 0.325，共分散 σ_{ab} は 0.75 であるとする．

この場合，ヒツジの産毛量 Y_{ij} は

$$Y_{ij}=\mu+bX_{ij}+a_i+b_iX_{ij}+e_{ij}$$

と表せる．ただし，a_i は i 番目の個体の年齢に依存しない育種価，b_i は i 番目の個体内回帰係数である．これらの情報から混合モデル方程式 (4-14) を構成する各行列およびベクトルはつぎのとおりとなる．

$$\boldsymbol{y}'=[9\quad 10\quad 12\quad 6\quad 8\quad 7\quad 10\quad 8\quad 13];$$

$$\boldsymbol{X}'=\begin{bmatrix} 1 & 1 & 1 & 1 & 1 & 1 & 1 & 1 & 1 \\ 1 & 2 & 3 & 1 & 2 & 2 & 3 & 1 & 3 \end{bmatrix};$$

$$\hat{\boldsymbol{\beta}}'=[\hat{\mu}\quad \hat{b}];$$

$$\begin{bmatrix} Z_a' \\ \hdashline Z_b' \end{bmatrix}=\begin{bmatrix} 0&0&0&0&0&0&0&0&0 \\ 1&1&1&0&0&0&0&0&0 \\ 0&0&0&1&1&0&0&0&0 \\ 0&0&0&0&0&1&1&0&0 \\ 0&0&0&0&0&0&0&1&1 \\ \hdashline 0&0&0&0&0&0&0&0&0 \\ 1&2&3&0&0&0&0&0&0 \\ 0&0&0&1&2&0&0&0&0 \\ 0&0&0&0&0&2&3&0&0 \\ 0&0&0&0&0&0&0&1&3 \end{bmatrix};$$

$$[\hat{\boldsymbol{a}}'\quad \hat{\boldsymbol{b}}']=[\hat{a}_{\mathrm{S}}\quad \hat{a}_{\mathrm{A}}\quad \hat{a}_{\mathrm{B}}\quad \hat{a}_{\mathrm{C}}\quad \hat{a}_{\mathrm{D}}\quad \hat{b}_{\mathrm{S}}\quad \hat{b}_{\mathrm{A}}\quad \hat{b}_{\mathrm{B}}\quad \hat{b}_{\mathrm{C}}\quad \hat{b}_{\mathrm{D}}];$$

$\sigma_e^2/\sigma_a^2=1.5$；$\sigma_e^2/\sigma_b^2=2.31$；$\sigma_e^2/\sigma_{ab}=1.0$；

$\boldsymbol{A}^{-1}$ は 4.1.2 項に同じである．

したがって，混合モデル方程式は

$$
\begin{bmatrix}
9.0 & 18.0 & 0.0 & 3.0 & 2.0 & 2.0 & 2.0 & 0.0 & 6.0 & 3.0 & 5.0 & 4.0 \\
 & 42.0 & 0.0 & 6.0 & 3.0 & 5.0 & 4.0 & 0.0 & 14.0 & 5.0 & 13.0 & 10.0 \\
 & & 3.25 & -1.0 & 0.0 & -0.25 & -1.5 & 2.1667 & -0.6667 & 0.0 & -0.1667 & -1.0 \\
 & & & 5.0 & 0.0 & 0.0 & 0.0 & -0.6667 & 7.3333 & 0.0 & 0.0 & 0.0 \\
 & & & & 3.5 & 0.0 & 0.0 & 0.0 & 0.0 & 4.0 & 0.0 & 0.0 \\
 & & & & & 4.75 & -1.5 & -0.1667 & 0.0 & 0.0 & 6.8333 & -1.0 \\
 & & & & & & 5.0 & -1.0 & 0.0 & 0.0 & -1.0 & 6.0 \\
 & & & & & & & 5.005 & -1.54 & 0.0 & -0.385 & -2.31 \\
 & & & & & & & & 17.08 & 0.0 & 0.0 & 0.0 \\
 & & & & & & & & & 7.31 & 0.0 & 0.0 \\
 & & & & & & & & & & 17.235 & -2.31 \\
 & & & & & & & & & & & 14.62
\end{bmatrix}
\begin{bmatrix}
\hat{\mu} \\ \hat{b} \\ \hat{a}_S \\ \hat{a}_A \\ \hat{a}_B \\ \hat{a}_C \\ \hat{a}_D \\ \hat{b}_S \\ \hat{b}_A \\ \hat{b}_B \\ \hat{b}_C \\ \hat{b}_D
\end{bmatrix}
=
\begin{bmatrix}
83.0 \\ 178.0 \\ 0.0 \\ 31.0 \\ 14.0 \\ 17.0 \\ 21.0 \\ 0.0 \\ 65.0 \\ 22.0 \\ 44.0 \\ 47.0
\end{bmatrix}
$$

となり，この方程式を解くことによって，$\hat{\mu}$，$\hat{b}$，$\hat{\boldsymbol{a}}$および$\hat{\boldsymbol{b}}$が得られる．

$$[\hat{\mu} \quad \hat{b}]=[5.4076 \quad 1.7182];$$
$$\hat{\boldsymbol{a}}'=[0.1539 \quad 0.5026 \quad -0.3280 \quad -0.0875 \quad 0.0129];$$
$$\hat{\boldsymbol{b}}'=[0.3541 \quad 0.3198 \quad -0.2055 \quad -0.1886 \quad 0.5854].$$

これらの解から，2 歳齢での産毛量に関する育種価の推定値$\hat{\boldsymbol{g}}$は

$$\hat{\boldsymbol{g}}=\hat{\boldsymbol{a}}+2\times\hat{\boldsymbol{b}}=[+1.1422 \quad -0.7390 \quad -0.4647 \quad 1.1837]'$$

となる．

4.2　変量効果因子に属する他の変量効果が観測値をもつ場合

乳用畜の場合，雄畜についてはそれ自身の泌乳能力記録を得ることができない．また，肉牛，ブタなど肉畜の場合は屠殺しないと肉質等の枝肉形質を測定することができない．そこで，個体自身ではなく，図 1-2 に示すごとくその後代についての記録に基づき，当該個体の育種価を予測する方法がとられる．このように，推定したい変量効果自身は観測値をもたないが当該変量効果に属するかあるいは関係している他の変量効果が観測値をもち，それらの観測値から当該変量効果を推定する場合のモデルである．

この最も典型的な例が，後代の記録に基づき，それらの父親である雄の育種価を予測する父親モデルである．このモデルは品種，系統などの能力評価，ロットの製品検査などにも適用される．

後代検定の場合，雄が集団から無作為に抽出された雌群に交配されることが前提となっている．しかし，実際の家畜集団では一般にこの前提は成り立たない．このような場合に，父親モデルに母方祖父を取り込むことによって，雌群への無作為交配からのずれを取り除いて，偏りのない育種価が予測できるように改変したのが母方祖父モデル (maternal grandsire model：MGS モデル) である．これは基本的には父親モデルと同じであるが，変量効果として父親の効果に，主要な母方祖父の効果の 1/2 を加える点だけが異なる．したがって，混合モデル方程式はそれほど大きくはならず，計算は個体モデルの場合よりもはるかに容易である．

また，雌畜を後代の情報に基づいて評価しようとする場合，各後代の父が不明であるということはなく，交配相手である父をも考慮した評価が行われる．この場合，雌雄すなわち父と母の両方を同時に取り上げた雌雄同時評価モデルが用いられる．このモデルは父母モデル (sire and dam model) とも呼ばれる．

4.2.1　父親モデル

後代検定による種雄牛評価のための BLUP 法を父親モデル (sire　model) の BLUP 法と呼び，最も早く実際に採用されてきた関係もあり，最も基本的でありポピュラーであり，BLUP 法といえばこの父親モデルの BLUP 法を想像する向きも少なくなかった．さらに，一概に父親モデルの BLUP 法といっても，後代の情報の種類によって種々の変容が可能であり (Henderson, 1973；Henderson, 1977；Henderson, 1984)，実状に最も適合した BLUP 法を採用する必要がある．

a．交配相手が相互の間にも雄との間にも血縁関係がない場合

後代検定においては，集団から無作為抽出された雌牛に対して無作為交配を行うことが前提となっている．いま，無作為交配により生まれた各後代の観測値が 1 回ずつ得られ，それらが混合モデルの線形関数 (4-15) で表わせるとする．

$$\boldsymbol{y} = \boldsymbol{X\beta} + \boldsymbol{Zs} + \boldsymbol{\varepsilon} \tag{4-15}$$

ただし，$\boldsymbol{y}$：各後代の観測値のベクトルで

$\boldsymbol{y}'=[y_1 \quad y_2 \cdots y_n]$,

$\boldsymbol{\beta}$：未知の母数効果のベクトルで，雄牛の遺伝的グループを含む

$\boldsymbol{X}$：各観測値が母数効果の $\boldsymbol{\beta}$ のどのクラスに属するかを示す既知の計画行列

$\boldsymbol{s}$：未知の雄牛効果のベクトルで $E(\boldsymbol{s})=\boldsymbol{0}$, かつ，その分散共分散行列 $\boldsymbol{G}$ を $\boldsymbol{A}\sigma_s^2$ と見なす

$\boldsymbol{A}$：雄牛間の分子血縁係数行列で，雄牛間に血縁関係がないとみなされる場合は $\boldsymbol{A}=\boldsymbol{I}$ となる

$\boldsymbol{Z}$：各後代がどの雄牛の後代であるかを示す既知の計画行列

$\boldsymbol{\varepsilon}$：残差のベクトルで，$E(\boldsymbol{\varepsilon})=\boldsymbol{0}$，かつ，その分散共分散行列 $\boldsymbol{R}$ を $\boldsymbol{I}\sigma_\varepsilon^2$，かつ，$Cov(\boldsymbol{s}, \boldsymbol{\varepsilon}')=\boldsymbol{0}$，であると見なす

このような前提のもとでは $\boldsymbol{R}=\boldsymbol{I}\sigma_\varepsilon^2$ となるので父親モデルの混合モデル方程式が

$$\begin{bmatrix} \boldsymbol{X}'\boldsymbol{X} & \boldsymbol{X}'\boldsymbol{Z} \\ \boldsymbol{Z}'\boldsymbol{X} & \boldsymbol{Z}'\boldsymbol{Z}+\boldsymbol{A}^{-1}\sigma_\varepsilon^2/\sigma_s^2 \end{bmatrix} \begin{bmatrix} \boldsymbol{\beta}^\circ \\ \hat{\boldsymbol{s}} \end{bmatrix} = \begin{bmatrix} \boldsymbol{X}'\boldsymbol{y} \\ \boldsymbol{Z}'\boldsymbol{y} \end{bmatrix} \tag{4-16}$$

のごとく導かれる (3.1節参照)．

ここで，非近交集団を仮定すれば，雄牛の分散成分 σ_s^2 および雄牛内半きょうだい間の分散成分 σ_ε^2 は

$$\sigma_s^2=(1/4)\sigma_a^2=(1/4)h^2\sigma_y^2$$
$$\sigma_\varepsilon^2=\sigma_e^2+(3/4)\sigma_a^2=\{1-(1/4)h^2\}\sigma_y^2$$

であり，σ_a^2 は相加的遺伝分散，σ_e^2 は環境分散，h^2 は遺伝率および σ_y^2 は表現型分散である．したがって，$\sigma_\varepsilon^2/\sigma_s^2=4/h^2-1$ となり，分散比が遺伝率から求まることが分かる．

さて，方程式 (4-16) を解くにはまず左辺係数行列の逆行列を計算する必要がある．いま，その逆行列を

$$\begin{pmatrix} \boldsymbol{X}'\boldsymbol{X} & \boldsymbol{X}'\boldsymbol{Z} \\ \boldsymbol{Z}'\boldsymbol{X} & \boldsymbol{Z}'\boldsymbol{Z}+\boldsymbol{A}^{-1}\sigma_\varepsilon^2/\sigma_s^2 \end{pmatrix}^- = \begin{bmatrix} \boldsymbol{C}^{11} & \boldsymbol{C}^{12} \\ \boldsymbol{C}^{21} & \boldsymbol{C}^{22} \end{bmatrix}$$

とおくと，$\boldsymbol{\beta}^\circ$ および $\hat{\boldsymbol{s}}$ は次式のごとく得られる．

$$\begin{bmatrix} \boldsymbol{\beta}^{\circ} \\ \hat{\boldsymbol{s}} \end{bmatrix} = \begin{bmatrix} \boldsymbol{C}^{11} & \boldsymbol{C}^{12} \\ \boldsymbol{C}^{21} & \boldsymbol{C}^{22} \end{bmatrix} \begin{bmatrix} \boldsymbol{X}'\boldsymbol{y} \\ \boldsymbol{Z}'\boldsymbol{y} \end{bmatrix}$$

そこで，すべての雄牛が単一集団からのもので，母数効果因子の一つに雄牛の遺伝的グループの因子が含まれていない場合は雄牛の評価値は雄牛効果 $\hat{\boldsymbol{s}}$ に等しい．一方，雄牛の遺伝的グループを含むモデルの場合には

$$\boldsymbol{k}'\boldsymbol{\beta}^{\circ} + \hat{\boldsymbol{s}}$$

により求められる．すなわち，i 番目の雄牛の評価値は i 番目の $\hat{s}_i$ と i 番目の雄牛が属する雄牛の遺伝的グループの効果（$=\boldsymbol{k}_i'\boldsymbol{\beta}^{\circ}$）の和である．この評価値は当該雄牛を供用した場合，後代がどれだけ改良されるかを予測したものであり，期待後代差（expected progeny difference：EPD）と呼ばれる．なお，雄牛自身の育種価 $\boldsymbol{g}$ は

$$\hat{\boldsymbol{g}} = 2 \times \boldsymbol{EPD}$$

のごとく予測される．

まずはじめに，最も簡単な種雄牛評価の例として，脂肪交雑に関して二つの肥育農家で収集した雄牛の後代記録（表 4-3）を用いて BLUP 法による雄牛効果の推定を行ってみよう．

いま，i 番目の肥育農家平均値を H_i，j 番目の雄牛効果を s_j，残差効果を ε_{ijk} とすると，個々の後代記録 y_{ijk} は次式のごとく表せる．

表 4-3　脂肪交雑に関する後代記録

雄牛	肥育農家	
	H_1	H_2
S_1	2.5	2.1
S_2	3.3	3.5　3.7
S_3	3.6	
S_4	3.3　3.6	4.0
S_5	2.5	2.8　2.6

ただし，雄牛 S_2，S_3 は雄牛 S_0 の子で，雄牛 S_4 は S_0 の孫である．脂肪交雑の遺伝率は 0.4 とする

$$y_{ijk}=H_i+s_j+\varepsilon_{ijk}$$

ここで，ε_{ijk} には母牛の育種価の 1/2，メンデリアンサンプリング効果および環境偏差が含まれる．

この式は線形関数をスカラー表示したものであるが，これを行列表示するとどうなるかを考えてみよう．まず，個々の記録に対する各因子のかかわり具合を該当するクラスに 1 を，それ以外のクラスに 0 を入れて表すと

記録	H_1	H_2	s_1	s_2	s_3	s_4	s_5		y_{ijk}
1	1	0	1	0	0	0	0	⟶	2.5
2	1	0	0	1	0	0	0	⟶	3.3
3	1	0	0	0	1	0	0	⟶	3.6
4	1	0	0	0	0	1	0	⟶	3.3
5	1	0	0	0	0	1	0	⟶	3.6
6	1	0	0	0	0	0	1	⟶	2.5
7	0	1	1	0	0	0	0	⟶	2.1
8	0	1	0	1	0	0	0	⟶	3.5
9	0	1	0	1	0	0	0	⟶	3.7
10	0	1	0	0	0	1	0	⟶	4.0
11	0	1	0	0	0	0	1	⟶	2.8
12	0	1	0	0	0	0	1	⟶	2.6

のごとくなる．そこで，いまこれら 0 と 1 との並びを行列あるいはベクトルとみなし，さらに残差のベクトル $[\varepsilon_{111} \cdots \varepsilon_{252}]'$ を考えると，個々の観測値は

$$\begin{bmatrix}1&0\\1&0\\1&0\\1&0\\1&0\\1&0\\0&1\\0&1\\0&1\\0&1\\0&1\\0&1\end{bmatrix}\begin{bmatrix}H_1\\H_2\end{bmatrix}+\begin{bmatrix}1&0&0&0&0\\0&1&0&0&0\\0&0&1&0&0\\0&0&0&1&0\\0&0&0&1&0\\0&0&0&0&1\\1&0&0&0&0\\0&1&0&0&0\\0&1&0&0&0\\0&0&0&1&0\\0&0&0&0&1\\0&0&0&0&1\end{bmatrix}\begin{bmatrix}s_1\\s_2\\s_3\\s_4\\s_5\end{bmatrix}+\begin{bmatrix}\varepsilon_{111}\\\varepsilon_{121}\\\varepsilon_{131}\\\varepsilon_{141}\\\varepsilon_{142}\\\varepsilon_{151}\\\varepsilon_{211}\\\varepsilon_{221}\\\varepsilon_{222}\\\varepsilon_{241}\\\varepsilon_{251}\\\varepsilon_{252}\end{bmatrix}=\begin{bmatrix}2.5\\3.3\\3.6\\3.3\\3.6\\2.5\\2.1\\3.5\\3.7\\4.0\\2.8\\2.6\end{bmatrix}$$

と表すことができる．したがって，

$$
\boldsymbol{X}_H=\begin{bmatrix}1&0\\1&0\\1&0\\1&0\\1&0\\1&0\\0&1\\0&1\\0&1\\0&1\\0&1\\0&1\end{bmatrix};\ \boldsymbol{H}=\begin{bmatrix}H_1\\ \\ H_2\end{bmatrix};\ \boldsymbol{Z}=\begin{bmatrix}1&0&0&0&0\\0&1&0&0&0\\0&0&1&0&0\\0&0&0&1&0\\0&0&0&1&0\\0&0&0&0&1\\1&0&0&0&0\\0&1&0&0&0\\0&1&0&0&0\\0&0&0&1&0\\0&0&0&0&1\\0&0&0&0&1\end{bmatrix};\ \boldsymbol{s}=\begin{bmatrix}s_1\\s_2\\s_3\\s_4\\s_5\end{bmatrix};\ \boldsymbol{\varepsilon}=\begin{bmatrix}\varepsilon_{111}\\\varepsilon_{121}\\\varepsilon_{131}\\\varepsilon_{141}\\\varepsilon_{142}\\\varepsilon_{151}\\\varepsilon_{211}\\\varepsilon_{221}\\\varepsilon_{222}\\\varepsilon_{241}\\\varepsilon_{251}\\\varepsilon_{252}\end{bmatrix};\ \boldsymbol{y}=\begin{bmatrix}2.5\\3.3\\3.6\\3.3\\3.6\\2.5\\2.1\\3.5\\3.7\\4.0\\2.8\\2.6\end{bmatrix}
$$

とおけば，

$$
\boldsymbol{y}=\boldsymbol{X}_H\boldsymbol{H}+\boldsymbol{Z}\boldsymbol{s}+\boldsymbol{\varepsilon}
$$

が導かれ，一般に式(4-15)のごとく線形関数を行列表示することができる．ここで $\boldsymbol{X}_H$ および $\boldsymbol{Z}$ は各記録がそれぞれどの肥育農家に属するかおよびどの雄牛の後代のものであるかを示している．このような行列 $\boldsymbol{X}_H$ および $\boldsymbol{Z}$ を計画行列あるいはデザインマトリックス (design matrix) という．

そこで，上式の混合モデル方程式は

$$
\begin{bmatrix}\boldsymbol{X}_H'\boldsymbol{X}_H & \boldsymbol{X}_H'\boldsymbol{Z}\\ \boldsymbol{Z}'\boldsymbol{X}_H & \boldsymbol{Z}'\boldsymbol{Z}+\boldsymbol{A}^{-1}\sigma_\varepsilon^2/\sigma_S^2\end{bmatrix}\begin{bmatrix}\hat{\boldsymbol{H}}\\ \hat{\boldsymbol{s}}\end{bmatrix}=\begin{bmatrix}\boldsymbol{X}_H'\boldsymbol{y}\\ \boldsymbol{Z}'\boldsymbol{y}\end{bmatrix} \tag{4-17}
$$

となる．

そこで，$\boldsymbol{X}_H'\boldsymbol{X}_H$，$\boldsymbol{X}_H'\boldsymbol{Z}$，$\boldsymbol{Z}'\boldsymbol{X}_H$，$\boldsymbol{Z}'\boldsymbol{Z}$，$\boldsymbol{X}_H'\boldsymbol{y}$，$\boldsymbol{Z}'\boldsymbol{y}$ をつぎのごとく計算する．

$$X_H'X_H=\begin{bmatrix}1&1&1&1&1&1&0&0&0&0&0&0\\0&0&0&0&0&0&1&1&1&1&1&1\end{bmatrix}\begin{bmatrix}1&0\\1&0\\1&0\\1&0\\1&0\\1&0\\0&1\\0&1\\0&1\\0&1\\0&1\\0&1\end{bmatrix}=\begin{bmatrix}6&0\\0&6\end{bmatrix};$$

$$X_H'Z=\begin{bmatrix}1&1&1&1&1&1&0&0&0&0&0&0\\0&0&0&0&0&0&1&1&1&1&1&1\end{bmatrix}\begin{bmatrix}1&0&0&0&0\\0&1&0&0&0\\0&0&1&0&0\\0&0&0&1&0\\0&0&0&1&0\\0&0&0&0&1\\1&0&0&0&0\\0&1&0&0&0\\0&1&0&0&0\\0&0&0&1&0\\0&0&0&0&1\\0&0&0&0&1\end{bmatrix}=\begin{bmatrix}1&1&1&2&1\\1&2&0&1&2\end{bmatrix};$$

$$Z'X_H=(X_H'Z)'=\begin{bmatrix}1&1\\1&2\\1&0\\2&1\\1&2\end{bmatrix};$$

$$
\boldsymbol{Z}'\boldsymbol{Z}=\begin{bmatrix}1&0&0&0&0&0&1&0&0&0&0&0\\0&1&0&0&0&0&0&1&1&0&0&0\\0&0&1&0&0&0&0&0&0&0&0&0\\0&0&0&1&1&0&0&0&0&1&0&0\\0&0&0&0&0&1&0&0&0&0&1&1\end{bmatrix}\begin{bmatrix}1&0&0&0&0\\0&1&0&0&0\\0&0&1&0&0\\0&0&0&1&0\\0&0&0&1&0\\0&0&0&0&1\\1&0&0&0&0\\0&1&0&0&0\\0&1&0&0&0\\0&0&0&1&0\\0&0&0&0&1\\0&0&0&0&1\end{bmatrix}=\begin{bmatrix}2&0&0&0&0\\0&3&0&0&0\\0&0&1&0&0\\0&0&0&3&0\\0&0&0&0&3\end{bmatrix};
$$

$$
\boldsymbol{X}_H'\boldsymbol{y}=\begin{bmatrix}1&1&1&1&1&1&0&0&0&0&0&0\\0&0&0&0&0&0&1&1&1&1&1&1\end{bmatrix}\begin{bmatrix}2.5\\3.3\\3.6\\3.3\\3.6\\2.5\\2.1\\3.5\\3.7\\4.0\\2.8\\2.6\end{bmatrix}=\begin{bmatrix}18.8\\18.7\end{bmatrix};
$$

$$
\boldsymbol{Z}'\boldsymbol{y}=\begin{bmatrix}1&0&0&0&0&0&1&0&0&0&0&0\\0&1&0&0&0&0&0&1&1&0&0&0\\0&0&1&0&0&0&0&0&0&0&0&0\\0&0&0&1&1&0&0&0&0&1&0&0\\0&0&0&0&0&1&0&0&0&0&1&1\end{bmatrix}\begin{bmatrix}2.5\\3.3\\3.6\\3.3\\3.6\\2.5\\2.1\\3.5\\3.7\\4.0\\2.8\\2.6\end{bmatrix}=\begin{bmatrix}4.6\\10.5\\3.6\\10.9\\7.9\end{bmatrix}.
$$

これらを組合せてつぎのごとく最小二乗方程式が得られる．

$$\left[\begin{array}{cc:ccccc} 6 & 0 & 1 & 1 & 1 & 2 & 1 \\ 0 & 6 & 1 & 2 & 0 & 1 & 2 \\ \hdashline 1 & 1 & 2 & 0 & 0 & 0 & 0 \\ 1 & 2 & 0 & 3 & 0 & 0 & 0 \\ 1 & 0 & 0 & 0 & 1 & 0 & 0 \\ 2 & 1 & 0 & 0 & 0 & 3 & 0 \\ 1 & 2 & 0 & 0 & 0 & 0 & 3 \end{array}\right] \left[\begin{array}{c} \hat{\boldsymbol{H}} \\ \hdashline \hat{\boldsymbol{s}} \end{array}\right] = \left[\begin{array}{r} 18.8 \\ 18.7 \\ \hdashline 4.6 \\ 10.5 \\ 3.6 \\ 10.9 \\ 7.0 \end{array}\right]$$

そこで，変量効果の雄牛に相当する小行列に $\boldsymbol{A}^{-1}\sigma_\varepsilon^2/\sigma_S^2$ を加える．$\boldsymbol{A}^{-1}$ および $\sigma_\varepsilon^2/\sigma_S^2$ は

$$\boldsymbol{A}^{-1} = \begin{bmatrix} 1.0 & 0.0 & 0.0 & 0.0 & 0.0 \\ & 1.0 & 0.25 & 0.125 & 0.0 \\ & & 1.0 & 0.125 & 0.0 \\ & & & 1.0 & 0.0 \\ & & & & 1.0 \end{bmatrix}^{-1} = \begin{bmatrix} 1.0 & 0.0 & 0.0 & 0.0 & 0.0 \\ & 1.0769 & -0.2564 & -0.1026 & 0.0 \\ & & 1.0769 & -0.1026 & 0.0 \\ & & & 1.0256 & 0.0 \\ & & & & 1.0 \end{bmatrix};$$

$$\sigma_\varepsilon^2/\sigma_S^2 = 4/h^2 - 1 = 9.0$$

のとおりである．

その結果，つぎのごとく式(4-17)の混合モデル方程式が得られる．

$$\begin{bmatrix} 6.0 & 0.0 & 1.0 & 1.0 & 1.0 & 2.0 & 1.0 \\ & 6.0 & 1.0 & 2.0 & 0.0 & 1.0 & 2.0 \\ & & 11.0 & 0.0 & 0.0 & 0.0 & 0.0 \\ & & & 12.6923 & -2.3077 & -0.9231 & 0.0 \\ & & & & 10.6923 & -0.9231 & 0.0 \\ & & & & & 12.2308 & 0.0 \\ & & & & & & 12.0 \end{bmatrix} \begin{bmatrix} \hat{\boldsymbol{H}} \\ \\ \hat{\boldsymbol{s}} \end{bmatrix} = \begin{bmatrix} 18.8 \\ 18.7 \\ 4.6 \\ 10.5 \\ 3.6 \\ 10.9 \\ 7.9 \end{bmatrix}$$

この混合モデル方程式を解くことにより解 $\hat{\boldsymbol{H}}$ および $\hat{\boldsymbol{s}}$ がつぎのごとく得られる．

$$\begin{bmatrix} \hat{\boldsymbol{H}} \\ \hat{\boldsymbol{s}} \end{bmatrix} = [3.0951 \;\; 3.1171 \;\; -0.1466 \;\; 0.1183 \;\; 0.0853 \;\; 0.1456 \;\; -0.1191]'$$

$\hat{\boldsymbol{H}}' = [\hat{H}_1 \quad \hat{H}_2]$ が肥育農家平均値すなわち全体平均値と肥育農家の効果の和の BLUE である．その牛群の影響を除いて推定した 5 頭の雄牛の効果が $\hat{\boldsymbol{s}}$ であり，ここでは遺伝的グループを考慮していないので，$\hat{\boldsymbol{s}}$ がそのまま期待後代差 (EPD)

となる．その結果，S_4 が最も優れ，S_1 が最も劣っていることがわかった．そこで，雄牛 S_4 を選抜して交配を行った場合，EPD が＋0.1456 であることから，次代で脂肪交雑が＋0.14 改良されることが期待される．

b．遺伝的グループをモデルに取り込む必要のある場合

いま，二つの集団で生産された種雄牛候補の雄牛 6 頭の後代牛が二つの検定場で産肉能力検定され，表 4-4 のような記録が得られたとして，雄牛の EPD を計算する場合について述べる．ここで，集団 A と集団 B とは遺伝的に異なるものとして扱い，雄牛 S_4 および S_5 は雄牛 S_2 の後代であり，これらの集団における当該形質の遺伝率は 0.3 であるとする．

以上の点から各後代牛の能力記録はつぎの線形関数で表せる．

$$Y_{ijkl}=H_i+G_j+s_{jk}+\varepsilon_{ijkl} \tag{4-18}$$

ただし，Y_{ijkl}：各後代牛の能力記録

H_i：全体の平均値＋i 番目の検定場に共通な効果

G_j：j 番目の遺伝的グループに共通な効果

s_{jk}：j 番目の遺伝的グループ内の k 番目の雄牛に共通な効果

$\boldsymbol{\varepsilon}_{ijkl}$：残差（環境偏差＋メンデリアンサンプリング効果）で，

$E\begin{pmatrix}\boldsymbol{s}\\ \boldsymbol{\varepsilon}\end{pmatrix}=\boldsymbol{0},\quad Var\begin{pmatrix}\boldsymbol{s}\\ \boldsymbol{\varepsilon}\end{pmatrix}=\begin{bmatrix}\boldsymbol{A}\sigma_S^2 & \boldsymbol{0}\\ & \boldsymbol{I}\sigma_\varepsilon^2\end{bmatrix}$

とみなす．

ここで，前述の場合と同様に検定場，遺伝的グループおよび雄牛効果に関する計画行列をそれぞれ $\boldsymbol{X}_H$，$\boldsymbol{X}_G$，および $\boldsymbol{Z}$，検定場，遺伝的グループ，雄牛，残差の効果のベクトルをそれぞれ $\boldsymbol{H}$，$\boldsymbol{G}$，$\boldsymbol{s}$ および $\boldsymbol{\varepsilon}$，後代牛の記録のベクトルを $\boldsymbol{y}$ で

表 4-4　産肉能力に関する後代記録

集団	雄牛	検定場	
		H_1	H_2
A	S_1	24	22
	S_2	30	26
	S_3		21
B	S_4	30	26
	S_5	25	
	S_6		23

表すと，式(4-18)はつぎのごとく行列表示される．

$$\boldsymbol{y}=\boldsymbol{X}_H\boldsymbol{H}+\boldsymbol{X}_G\boldsymbol{G}+\boldsymbol{Zs}+\boldsymbol{\varepsilon}$$

したがって，混合モデル方程式は

$$\begin{bmatrix}\boldsymbol{X}_H'\boldsymbol{X}_H & \boldsymbol{X}_H'\boldsymbol{X}_G & \boldsymbol{X}_H'\boldsymbol{Z}\\ \boldsymbol{X}_G'\boldsymbol{X}_H & \boldsymbol{X}_G'\boldsymbol{X}_G & \boldsymbol{X}_G'\boldsymbol{Z}\\ \boldsymbol{Z}'\boldsymbol{X}_H & \boldsymbol{Z}'\boldsymbol{X}_G & \boldsymbol{Z}'\boldsymbol{Z}+\boldsymbol{A}^{-1}\sigma_\varepsilon^2/\sigma_s^2\end{bmatrix}\begin{bmatrix}\hat{\boldsymbol{H}}\\ \boldsymbol{G}^\circ\\ \hat{\boldsymbol{s}}\end{bmatrix}=\begin{bmatrix}\boldsymbol{X}_H'\boldsymbol{y}\\ \boldsymbol{X}_G'\boldsymbol{y}\\ \boldsymbol{Z}'\boldsymbol{y}\end{bmatrix}$$

のごとく表される．この式における各行列あるいはベクトルは

$$\boldsymbol{y}'=[24.0\quad 22.0\quad 30.0\quad 26.0\quad 21.0\quad 30.0\quad 26.0\quad 25.0\quad 23.0]\ ;$$

$$\boldsymbol{X}'=\begin{bmatrix}\boldsymbol{X}_H'\\ \hdashline \boldsymbol{X}_G'\end{bmatrix}=\begin{bmatrix}1&0&1&0&0&1&0&1&0\\ 0&1&0&1&1&0&1&0&1\\ \hdashline 1&1&1&1&1&0&0&0&0\\ 0&0&0&0&0&1&1&1&1\end{bmatrix};$$

$$\hat{\boldsymbol{H}}'=[\hat{H}_1\quad \hat{H}_2]\ ;$$

$$\boldsymbol{G}^{\circ\prime}=[G_{\mathrm{A}}^\circ\quad G_{\mathrm{B}}^\circ]\ ;$$

$$\hat{\boldsymbol{S}}'=[\hat{S}_1\quad \hat{S}_2\quad \hat{S}_3\quad \hat{S}_4\quad \hat{S}_5\quad \hat{S}_6]\ ;$$

$$\boldsymbol{Z}'=\begin{bmatrix}1&1&0&0&0&0&0&0&0\\ 0&0&1&1&0&0&0&0&0\\ 0&0&0&0&1&0&0&0&0\\ 0&0&0&0&0&1&1&0&0\\ 0&0&0&0&0&0&0&1&0\\ 0&0&0&0&0&0&0&0&1\end{bmatrix};$$

$$\sigma_\varepsilon^2/\sigma_s^2=4/h^2-1=12.33\ ;$$

$$\boldsymbol{A}^{-1}=\begin{bmatrix}1.0&0.0&0.0&0.0&0.0&0.0\\ &1.0&0.0&0.5&0.5&0.0\\ &&1.0&0.0&0.0&0.0\\ &&&1.0&0.25&0.0\\ &&&&1.0&0.0\\ &&&&&1.0\end{bmatrix}^{-1}=\begin{bmatrix}1.0&0.0&0.0&0.0&0.0&0.0\\ &1.6667&0.0&-0.6667&-0.6667&0.0\\ &&1.0&0.0&0.0&0.0\\ &&&1.3333&0.0&0.0\\ &&&&1.3333&0.0\\ &&&&&1.0\end{bmatrix}$$

であり，これらを用いて混合モデル方程式がつぎのごとく得られる．

$$
\begin{bmatrix}
4.0 & 0.0 & 2.0 & 2.0 & 1.0 & 1.0 & 0.0 & 1.0 & 1.0 & 0.0 \\
 & 5.0 & 3.0 & 2.0 & 1.0 & 1.0 & 1.0 & 1.0 & 0.0 & 1.0 \\
 & & 5.0 & 0.0 & 2.0 & 2.0 & 1.0 & 0.0 & 0.0 & 0.0 \\
 & & & 4.0 & 0.0 & 0.0 & 0.0 & 2.0 & 1.0 & 1.0 \\
 & & & & 14.33 & 0.0 & 0.0 & 0.0 & 0.0 & 0.0 \\
 & & & & & 22.55 & 0.0 & -8.22 & -8.22 & 0.0 \\
 & & & & & & 13.33 & 0.0 & 0.0 & 0.0 \\
 & & & & & & & 18.44 & 0.0 & 0.0 \\
 & & & & & & & & 17.44 & 0.0 \\
 & & & & & & & & & 13.33
\end{bmatrix}
\begin{bmatrix}
\hat{H}_1 \\ \hat{H}_2 \\ G_1^{\circ} \\ G_2^{\circ} \\ \hat{s}_1 \\ \hat{s}_2 \\ \hat{s}_3 \\ \hat{s}_4 \\ \hat{s}_5 \\ \hat{s}_6
\end{bmatrix}
=
\begin{bmatrix}
109.0 \\ 118.0 \\ 123.0 \\ 104.0 \\ 46.0 \\ 56.0 \\ 21.0 \\ 56.0 \\ 25.0 \\ 23.0
\end{bmatrix}
$$

左辺係数行列の逆行列は

$$
\begin{bmatrix}
0.4046 & 0.1179 & 0.0 & -0.2468 & -0.0365 & -0.0406 & -0.0088 & -0.0197 & -0.0282 & 0.0097 \\
 & 0.2928 & 0.0 & -0.1983 & -0.0291 & -0.0291 & -0.0224 & -0.0126 & -0.0076 & -0.0075 \\
 & & 0.0 & 0.0 & 0.0 & 0.0 & 0.0 & 0.0 & 0.0 & 0.0 \\
 & & & 0.4944 & 0.0311 & 0.0057 & 0.0149 & -0.0269 & -0.0115 & -0.0222 \\
 & & & & 0.0744 & 0.0046 & 0.0022 & 0.0023 & 0.0025 & -0.0001 \\
 & & & & & 0.0738 & 0.0019 & 0.0359 & 0.0368 & 0.0015 \\
 & & & & & & 0.0767 & 0.0009 & 0.0006 & 0.0006 \\
 & & & & & & & 0.0749 & 0.0196 & 0.0030 \\
 & & & & & & & & 0.0769 & 0.0014 \\
 & & & & & & & & & 0.0773
\end{bmatrix}
$$

と計算されるから，これに右辺ベクトルを乗じて混合モデル方程式の解$\hat{\boldsymbol{H}}$，$\boldsymbol{G}^{\circ}$および$\hat{\boldsymbol{s}}$がつぎのごとく得られる．

$$\hat{\boldsymbol{H}}' = [26.6293 \quad 23.1668];$$

$$\boldsymbol{G}^{\circ\prime} = [0.0 \quad 0.8779];$$

$$\hat{\boldsymbol{s}}' = [-0.2649 \quad 0.4666 \quad -0.1626 \quad 0.4492 \quad 0.0762 \quad -0.0784].$$

したがって，ここでは遺伝的グループがモデルに取り込まれているので，各雄牛のEPDは集団Aを遺伝的ベースとみなせば

$$
\begin{array}{c}
\begin{matrix} & \boldsymbol{k}' & \boldsymbol{G}^{\circ} & & \hat{\boldsymbol{s}} & & \boldsymbol{EPD} \end{matrix} \\
\begin{matrix} S_1 \\ S_2 \\ S_3 \\ S_4 \\ S_5 \\ S_6 \end{matrix}
\begin{bmatrix} 1 & 0 \\ 1 & 0 \\ 1 & 0 \\ 0 & 1 \\ 0 & 1 \\ 0 & 1 \end{bmatrix}
\begin{bmatrix} 0.0 \\ 0.8779 \end{bmatrix}
+
\begin{bmatrix} -0.2648 \\ 0.4665 \\ -0.1625 \\ 0.4491 \\ 0.0762 \\ -0.0783 \end{bmatrix}
=
\begin{bmatrix} -0.2648 \\ 0.4665 \\ -0.1625 \\ 1.3270 \\ 0.9541 \\ 0.7996 \end{bmatrix}
\end{array}
$$

と予測される．したがって，雄牛 S_4 の EPD が+1.327 であり，両集団を合わせて最も優れていることがわかる．この EPD は集団 A を遺伝的ベースとして示したものであるので，雄牛 S_4 を集団 A に交配した場合には次代で+1.327 だけ改良されることが期待される．しかし，集団 B に交配した場合には+1.327−0.8779=0.4491 だけしか改良されないことに注意する必要がある．

c．後代が複数回の記録を持つ場合

後代が乳牛における娘牛のように複数回の記録を持つような場合，個々の観測値は通常つぎの線形関数で表される．

$$\boldsymbol{y}=\boldsymbol{X\beta}+\boldsymbol{Z}_s\boldsymbol{s}+\boldsymbol{Z}_p\boldsymbol{p}+\boldsymbol{\varepsilon} \tag{4-20}$$

ただし，$\boldsymbol{y}$：各後代牛の各観測値のベクトル
$\boldsymbol{\beta}$：未知の母数効果のベクトル
$\boldsymbol{X}$：各記録が母数効果 $\boldsymbol{\beta}$ のどのクラスに属するかを示す既知の計画行列
$\boldsymbol{s}$：未知の雄牛効果のベクトル
$\boldsymbol{A}$：雄牛間の分子血縁係数行列
$\boldsymbol{Z}_s$：各後代がどの雄牛の後代であるかを示す既知の計画行列
$\boldsymbol{p}$：未知の永続的環境効果のベクトル
$\boldsymbol{Z}_p$：各記録がどの後代に属するかを示す既知の計画行列
$\boldsymbol{\varepsilon}$：残差のベクトル

ここで，$\boldsymbol{s}$，$\boldsymbol{p}$ および $\boldsymbol{\varepsilon}$ は変量効果で

$$E\begin{pmatrix}\boldsymbol{s}\\ \boldsymbol{p}\\ \boldsymbol{\varepsilon}\end{pmatrix}=\begin{bmatrix}\boldsymbol{0}\\ \boldsymbol{0}\\ \boldsymbol{0}\end{bmatrix};$$

$$Var\begin{pmatrix}\boldsymbol{s}\\ \boldsymbol{p}\\ \boldsymbol{\varepsilon}\end{pmatrix}=\begin{bmatrix}\boldsymbol{G} & \boldsymbol{0} & \boldsymbol{0}\\ & \boldsymbol{C} & \boldsymbol{0}\\ & & \boldsymbol{R}\end{bmatrix}$$

とみなす．ただし，$\boldsymbol{G}=\boldsymbol{A}\sigma_s^2$，$\boldsymbol{C}=\boldsymbol{I}\sigma_p^2$，$\boldsymbol{R}=\boldsymbol{I}\sigma_\varepsilon^2$ で，$\boldsymbol{A}$ は雄牛間の分子血縁係数行列，$\boldsymbol{I}$ は単位行列，σ_s^2 は雄牛の分散成分，σ_p^2 は非相加的遺伝分散プラス共通環境分散，σ_ε^2 は雄牛内半きょうだい間の分散成分である．

また，$\sigma_s^2+\sigma_p^2+\sigma_\varepsilon^2=\sigma_y^2$ であるとみなし，反復率（5 章参照）を R とすると，

$$
\begin{aligned}
\boldsymbol{A}\sigma_s^2&=(1/4)h^2\boldsymbol{A}\sigma_y^2\\
\boldsymbol{I}\sigma_p^2&=(R\sigma_y^2-\sigma_s^2)\boldsymbol{I}\\
&=\{R-(1/4)h^2\}\boldsymbol{I}\sigma_y^2\\
\boldsymbol{I}\sigma_\varepsilon^2&=\{\sigma_y^2-(\sigma_s^2+\sigma_p^2)\}\boldsymbol{I}\\
&=\{\sigma_y^2-R\sigma_y^2\}\boldsymbol{I}\\
&=(1-R)\boldsymbol{I}\sigma_y^2
\end{aligned}
$$

と表せる．なお，交配相手は互いの間および雄牛との間に血縁関係がないものとみなす．また，繰り返し記録間の反復率はすべて等しいとみなす．

そこで，混合モデル方程式は

$$
\begin{bmatrix}
\boldsymbol{X}'\boldsymbol{X} & \boldsymbol{X}'\boldsymbol{Z}_s & \boldsymbol{X}'\boldsymbol{Z}_p\\
\boldsymbol{Z}_s'\boldsymbol{X} & \boldsymbol{Z}_s'\boldsymbol{Z}_s+\boldsymbol{A}^{-1}\sigma_\varepsilon^2/\sigma_s^2 & \boldsymbol{Z}_s'\boldsymbol{Z}_p\\
\boldsymbol{Z}_p'\boldsymbol{X} & \boldsymbol{Z}_p'\boldsymbol{Z}_s & \boldsymbol{Z}_p'\boldsymbol{Z}_p+\boldsymbol{I}\sigma_\varepsilon^2/\sigma_p^2
\end{bmatrix}
\begin{bmatrix}\boldsymbol{\beta}^\circ\\ \hat{\boldsymbol{s}}\\ \hat{\boldsymbol{p}}\end{bmatrix}
=
\begin{bmatrix}\boldsymbol{X}'\boldsymbol{y}\\ \boldsymbol{Z}_s'\boldsymbol{y}\\ \boldsymbol{Z}_p'\boldsymbol{y}\end{bmatrix}
\tag{4-21}
$$

となる．この方程式の解から各雄牛の EPD が，$\boldsymbol{\beta}^\circ$ に遺伝的グループの推定値が含まれる場合には前述のごとく $\boldsymbol{k}'\boldsymbol{\beta}^\circ+\hat{\boldsymbol{s}}$ により，また含まれない場合には単に $\hat{\boldsymbol{s}}$ により予測される．

そこで，表 4-5 に示す乳牛群の乳量記録の具体例について，雄牛評価を行ってみよう．ここで乳量に関する種雄牛の分散成分を 0.10，共通環境の分散成分（非相加的遺伝分散も含む）を 0.62，残差の分散成分を 0.88，すなわち遺伝率が 0.25，反復率が 0.45 であるとする．また，雄牛 S_1 および S_2 はある雄牛の半きょうだいであるとする．

各後代の記録がつぎの線形関数で表せるとする．

$$Y_{ijkl}=H_i+s_j+p_{jk}+\varepsilon_{ijkl}$$

ただし，Y_{ijkl}：各後代の各記録

H_i：全体の平均値＋i 番目の牧場に共通な効果

表 4-5　牧場における乳牛の乳量記録（t）

雄牛	後代娘牛	牧場 11	12	13	21	22	23	24
S_1	1	5	6	4				
	2	5	8					
	3		9	4				
	4				5	6	7	3
	5				4	5		
	6					4	3	
	7					2	8	
S_2	8	7	6					
	9		5	4				
	10		9					
	11			4				
	12				3	7	6	
	13					5	6	8
	14						5	4

s_j：j 番目の雄牛に共通な効果
p_{jk}：j 番目の雄牛から生まれた k 番目の後代に共通な効果
ε_{ijkl}：残差

そこで，混合モデル方程式(4-21)を構成する各行列およびベクトルはつぎのごとくなる．

$$\boldsymbol{y}'=[5\ 6\ 4\ 5\ 8\ 9\ 4\ 5\ 6\ 7\ 3\ 4\ 5\ 4\ 3\ 2\ 8\ 7\ 6\ 5\ 4\ 9\ 4\ 3\ 7\ 6\ 5\ 6\ 8\ 5\ 4];$$

$$
\boldsymbol{X}=\begin{bmatrix}
1&0&0&0&0&0&0\\
0&1&0&0&0&0&0\\
0&0&1&0&0&0&0\\
1&0&0&0&0&0&0\\
0&1&0&0&0&0&0\\
0&1&0&0&0&0&0\\
0&0&1&0&0&0&0\\
0&0&0&1&0&0&0\\
0&0&0&0&1&0&0\\
0&0&0&0&0&1&0\\
0&0&0&0&0&0&1\\
0&0&0&1&0&0&0\\
0&0&0&0&1&0&0\\
0&0&0&0&1&0&0\\
0&0&0&0&0&1&0\\
0&0&0&0&0&1&0\\
0&0&0&0&0&0&1\\
1&0&0&0&0&0&0\\
0&1&0&0&0&0&0\\
0&1&0&0&0&0&0\\
0&0&1&0&0&0&0\\
0&1&0&0&0&0&0\\
0&0&1&0&0&0&0\\
0&0&0&1&0&0&0\\
0&0&0&0&1&0&0\\
0&0&0&0&0&1&0\\
0&0&0&0&1&0&0\\
0&0&0&0&0&1&0\\
0&0&0&0&0&0&1\\
0&0&0&0&0&1&0\\
0&0&0&0&0&0&1
\end{bmatrix};
$$

$$
\widehat{\boldsymbol{H}}'=[\widehat{H}_{11}\quad \widehat{H}_{12}\quad \widehat{H}_{13}\quad \widehat{H}_{21}\quad \widehat{H}_{22}\quad \widehat{H}_{23}\quad \widehat{H}_{24}];
$$

$$
\boldsymbol{Z}_s{}'=\begin{bmatrix}
1&1&1&1&1&1&1&1&1&1&1&1&1&1&1&1&1&14*0\\
17*0&&&&&&&&&&&&&&&&&1\;1\;1\;1\;1\;1\;1\;1\;1\;1\;1\;1\;1\;1
\end{bmatrix};
$$

ここで，14 * 0 はすべての要素が 0 の 14 列の行ベクトルを意味する．17 * 0 も同様である．

$$
\widehat{\boldsymbol{s}}'=[\,\widehat{s}_1\quad \widehat{s}_2].
$$

$$
\boldsymbol{Z}_p=\begin{bmatrix}
1&0&0&0&0&0&0&0&0&0&0&0&0&0\\
1&0&0&0&0&0&0&0&0&0&0&0&0&0\\
1&0&0&0&0&0&0&0&0&0&0&0&0&0\\
0&1&0&0&0&0&0&0&0&0&0&0&0&0\\
0&1&0&0&0&0&0&0&0&0&0&0&0&0\\
0&0&1&0&0&0&0&0&0&0&0&0&0&0\\
0&0&1&0&0&0&0&0&0&0&0&0&0&0\\
0&0&0&1&0&0&0&0&0&0&0&0&0&0\\
0&0&0&1&0&0&0&0&0&0&0&0&0&0\\
0&0&0&1&0&0&0&0&0&0&0&0&0&0\\
0&0&0&1&0&0&0&0&0&0&0&0&0&0\\
0&0&0&0&1&0&0&0&0&0&0&0&0&0\\
0&0&0&0&1&0&0&0&0&0&0&0&0&0\\
0&0&0&0&0&1&0&0&0&0&0&0&0&0\\
0&0&0&0&0&1&0&0&0&0&0&0&0&0\\
0&0&0&0&0&0&1&0&0&0&0&0&0&0\\
0&0&0&0&0&0&1&0&0&0&0&0&0&0\\
0&0&0&0&0&0&0&1&0&0&0&0&0&0\\
0&0&0&0&0&0&0&1&0&0&0&0&0&0\\
0&0&0&0&0&0&0&0&1&0&0&0&0&0\\
0&0&0&0&0&0&0&0&1&0&0&0&0&0\\
0&0&0&0&0&0&0&0&0&1&0&0&0&0\\
0&0&0&0&0&0&0&0&0&0&1&0&0&0\\
0&0&0&0&0&0&0&0&0&0&0&1&0&0\\
0&0&0&0&0&0&0&0&0&0&0&1&0&0\\
0&0&0&0&0&0&0&0&0&0&0&1&0&0\\
0&0&0&0&0&0&0&0&0&0&0&0&1&0\\
0&0&0&0&0&0&0&0&0&0&0&0&1&0\\
0&0&0&0&0&0&0&0&0&0&0&0&1&0\\
0&0&0&0&0&0&0&0&0&0&0&0&0&1\\
0&0&0&0&0&0&0&0&0&0&0&0&0&1
\end{bmatrix};
$$

$$
\hat{\boldsymbol{p}}'=[\hat{p}_1\ \ \hat{p}_2\ \ \hat{p}_3\ \ \hat{p}_4\ \ \hat{p}_5\ \ \hat{p}_6\ \ \hat{p}_7\ \ \hat{p}_8\ \ \hat{p}_9\ \ \hat{p}_{10}\ \ \hat{p}_{11}\ \ \hat{p}_{12}\ \ \hat{p}_{13}\ \ \hat{p}_{14}];
$$

$$
\boldsymbol{A}^{-1}=\begin{bmatrix}1.0 & 0.25\\ & 1.0\end{bmatrix}^{-1}=\begin{bmatrix}1.0667 & 0.2667\\ & 1.0667\end{bmatrix}.
$$

したがって，混合モデル方程式はつぎのごとくとなる．

$$
\left[\begin{array}{ccccccccccccccc}
3.0 & 0.0 & 0.0 & 0.0 & 0.0 & 0.0 & 0.0 & 2.0 & 1.0 & 1.0 & 1.0 & 0.0 & 0.0 & 0.0 & 0.0 \\
 & 6.0 & 0.0 & 0.0 & 0.0 & 0.0 & 0.0 & 3.0 & 3.0 & 1.0 & 1.0 & 1.0 & 0.0 & 0.0 & 0.0 \\
 & & 4.0 & 0.0 & 0.0 & 0.0 & 0.0 & 2.0 & 2.0 & 1.0 & 0.0 & 1.0 & 0.0 & 0.0 & 0.0 \\
 & & & 3.0 & 0.0 & 0.0 & 0.0 & 2.0 & 1.0 & 0.0 & 0.0 & 0.0 & 1.0 & 1.0 & 0.0 \\
 & & & & 5.0 & 0.0 & 0.0 & 3.0 & 2.0 & 0.0 & 0.0 & 0.0 & 1.0 & 1.0 & 1.0 \\
 & & & & & 6.0 & 0.0 & 3.0 & 3.0 & 0.0 & 0.0 & 0.0 & 1.0 & 0.0 & 1.0 \\
 & & & & & & 4.0 & 2.0 & 2.0 & 0.0 & 0.0 & 0.0 & 1.0 & 0.0 & 0.0 \\
 & & & & & & & 26.3867 & -2.3467 & 3.0 & 2.0 & 2.0 & 4.0 & 2.0 & 2.0 \\
 & & & & & & & & 23.3867 & 0.0 & 0.0 & 0.0 & 0.0 & 0.0 & 0.0 \\
 & & & & & & & & & 4.4194 & 0.0 & 0.0 & 0.0 & 0.0 & 0.0 \\
 & & & & & & & & & & 3.4194 & 0.0 & 0.0 & 0.0 & 0.0 \\
 & & & & & & & & & & & 3.4194 & 0.0 & 0.0 & 0.0 \\
 & & & & & & & & & & & & 5.4194 & 0.0 & 0.0 \\
 & & & & & & & & & & & & & 3.4194 & 0.0 \\
 & & & & & & & & & & & & & & 3.4194
\end{array}\right.
$$

$$
\left.\begin{array}{cccccccc}
0.0 & 1.0 & 0.0 & 0.0 & 0.0 & 0.0 & 0.0 & 0.0 \\
0.0 & 1.0 & 1.0 & 1.0 & 0.0 & 0.0 & 0.0 & 0.0 \\
0.0 & 0.0 & 1.0 & 0.0 & 1.0 & 0.0 & 0.0 & 0.0 \\
0.0 & 0.0 & 0.0 & 0.0 & 0.0 & 1.0 & 0.0 & 0.0 \\
0.0 & 0.0 & 0.0 & 0.0 & 0.0 & 1.0 & 1.0 & 0.0 \\
1.0 & 0.0 & 0.0 & 0.0 & 0.0 & 1.0 & 1.0 & 1.0 \\
1.0 & 0.0 & 0.0 & 0.0 & 0.0 & 0.0 & 1.0 & 1.0 \\
2.0 & 0.0 & 0.0 & 0.0 & 0.0 & 0.0 & 0.0 & 0.0 \\
0.0 & 2.0 & 2.0 & 1.0 & 1.0 & 3.0 & 3.0 & 2.0 \\
0.0 & 0.0 & 0.0 & 0.0 & 0.0 & 0.0 & 0.0 & 0.0 \\
0.0 & 0.0 & 0.0 & 0.0 & 0.0 & 0.0 & 0.0 & 0.0 \\
0.0 & 0.0 & 0.0 & 0.0 & 0.0 & 0.0 & 0.0 & 0.0 \\
0.0 & 0.0 & 0.0 & 0.0 & 0.0 & 0.0 & 0.0 & 0.0 \\
0.0 & 0.0 & 0.0 & 0.0 & 0.0 & 0.0 & 0.0 & 0.0 \\
0.0 & 0.0 & 0.0 & 0.0 & 0.0 & 0.0 & 0.0 & 0.0 \\
3.4194 & 0.0 & 0.0 & 0.0 & 0.0 & 0.0 & 0.0 & 0.0 \\
 & 3.4194 & 0.0 & 0.0 & 0.0 & 0.0 & 0.0 & 0.0 \\
 & & 3.4194 & 0.0 & 0.0 & 0.0 & 0.0 & 0.0 \\
 & & & 2.4194 & 0.0 & 0.0 & 0.0 & 0.0 \\
 & & & & 2.4194 & 0.0 & 0.0 & 0.0 \\
 & & & & & 4.4194 & 0.0 & 0.0 \\
 & & & & & & 4.4194 & 0.0 \\
 & & & & & & & 3.4194
\end{array}\right]
\begin{bmatrix}
\hat{H}_{11} \\ \hat{H}_{12} \\ \hat{H}_{13} \\ \hat{H}_{21} \\ \hat{H}_{22} \\ \hat{H}_{23} \\ \hat{H}_{24} \\ \hat{s}_1 \\ \hat{s}_2 \\ \hat{p}_1 \\ \hat{p}_2 \\ \hat{p}_3 \\ \hat{p}_4 \\ \hat{p}_5 \\ \hat{p}_6 \\ \hat{p}_7 \\ \hat{p}_8 \\ \hat{p}_9 \\ \hat{p}_{10} \\ \hat{p}_{11} \\ \hat{p}_{12} \\ \hat{p}_{13} \\ \hat{p}_{14}
\end{bmatrix}
=
\begin{bmatrix}
17.0 \\ 43.0 \\ 16.0 \\ 12.0 \\ 27.0 \\ 29.0 \\ 23.0 \\ 88.0 \\ 79.0 \\ 15.0 \\ 13.0 \\ 13.0 \\ 21.0 \\ 9.0 \\ 7.0 \\ 10.0 \\ 13.0 \\ 9.0 \\ 9.0 \\ 4.0 \\ 16.0 \\ 19.0 \\ 9.0
\end{bmatrix}
$$

この方程式を解くことにより，

$$
\hat{\boldsymbol{H}}' = [5.8340 \quad 7.1494 \quad 4.1871 \quad 3.7659 \quad 5.2982 \quad 4.8364 \quad 5.6427];
$$

$\hat{\boldsymbol{s}}'=[-0.0640 \quad 0.0640]$;

$\hat{\boldsymbol{p}}'=[-0.4477 \quad 0.0423 \quad 0.5239 \quad 0.3160 \quad .0187 \quad -0.8793 \quad -0.1027$
$\quad -0.0325 \quad -0.7207 \quad 0.7385 \quad -0.1038 \quad 0.4316 \quad 0.6858 \quad -0.4700]$

が得られる．ここで，雄牛評価に用いた泌乳記録は実際に牛乳を生産している牧場で収集されたものであり，一般にフィールドデータ (field data) と呼ばれる．フィールドデータを利用して行う後代検定を現場後代検定という．この場合，雄牛評価と同時に，母数効果とみなされた牧場効果の最良線形不偏推定値 (best linear unbiased estimate：BLUE) が推定される．これは，牧場の餌，管理，施設などの良悪を総合的に把えた技術水準の推定値 (これを技術価ともいう) であり，牧場を技術指導する上で有益な情報となる．この例についてみれば，牧場 12 の技術水準が最も高く，牧場 21 のそれは最も劣っていることがわかる．

4.2.2 母方祖父モデル

一般に家畜育種の実際においては，雌畜を無作為に交配することは少なく，優秀な種雄畜には優秀な雌畜を交配するだろうし，逆にまだ野のものとも山のものともわからない若雄畜にはあまり優秀でない雌畜を交配しようとするかもしれない．したがって，フィールドデータにもとづき雄畜の評価を行う場合，その評価に偏りが生じる恐れが多分にある．このような場合，母方祖父を取り込んだ式 (4-22) のような母方祖父モデル (maternal grandsire model：MGS モデル) を設定することにより，評価の偏りおよび予測誤差を小さくすることができる．

$$Y_{ijklmn}=H_i+G_j+s_{jk}+(1/2)G_l'+(1/2)s_{lm}'+\varepsilon_{ijklmn} \qquad (4\text{-}22)$$

ただし，Y_{ijklmn}，H_i，G_j，s_{jk}：式 (4-18) の場合に同じ

G_l'：後代の母方祖父の l 番目の遺伝的グループに共通な効果

s_{lm}'：l 番目の遺伝的グループ内の m 番目の母方祖父に共通な効果

ε_{ijklmn}：個々の記録に特有な残差 (環境偏差＋メンデリアンサンプリング効果)

ここで，非近交集団を仮定すれば，雄畜の分散成分は前述の場合と同じく

$$\sigma_s^2=(1/4)\sigma_a^2=(1/4)h^2\sigma_y^2$$

であるが，残差の分散成分は各後代の父および母方祖父が知られているか否かにより，つぎの四つの場合がある．

$$\sigma_{\varepsilon i}^2=\{1-(5/16)h^2\}\sigma_y^2 \quad (\text{父および母方祖父がともに知られている場合})$$
$$\{1-(1/4)h^2\}\sigma_y^2 \quad (\text{父のみが知られている場合})$$
$$\{1-(1/16)h^2\}\sigma_y^2 \quad (\text{母方祖父のみが知られている場合})$$
$$\sigma_y^2 \quad (\text{父も母方祖父も知られていない場合})$$

すなわち，前述の無作為交配の前提のもとではすべて $\sigma_\varepsilon^2=\{1-(1/4)h^2\}\sigma_y^2$ であり，式(4-22)の特殊なケースと考えることもできる．そこで，父のみが知られている後代に相当する行列 $\boldsymbol{D}$（行列 $\boldsymbol{D}$ はある係数と $\boldsymbol{R}^{-1}$ との積である）の対角要素が1になるような行列を考えるとその係数は $\{1-(1/4)h^2\}\sigma_y^2$ であり，$\boldsymbol{D}$ の各対角要素 d_i は

$$d_i=\{1-(1/4)h^2\}/\{1-(5/16)h^2\} \quad (\text{父および母方祖父がともに知られている場合})$$
$$1 \quad (\text{父のみが知られている場合})$$
$$\{1-(1/4)h^2\}/\{1-(1/16)h^2\} \quad (\text{母方祖父のみが知られている場合})$$
$$\{1-(1/4)h^2\} \quad (\text{父も母方祖父も知られていない場合})$$

である．このような操作の結果，混合モデル方程式は式(4-23)のごとくとなり，θ は $\{1-(1/4)h^2\}/\{(1/4)h^2\}$ となる．こうすることの利点は行列 $\boldsymbol{X}_G$ が行列 $\boldsymbol{Z}$ から導けるようになる点にある．

$$\begin{bmatrix} \boldsymbol{X}_H'\boldsymbol{D}\boldsymbol{X}_H & \boldsymbol{X}_H'\boldsymbol{D}\boldsymbol{X}_G & \boldsymbol{X}_H'\boldsymbol{D}\boldsymbol{Z} \\ \boldsymbol{X}_G'\boldsymbol{D}\boldsymbol{X}_H & \boldsymbol{X}_G'\boldsymbol{D}\boldsymbol{X}_G & \boldsymbol{X}_G'\boldsymbol{D}\boldsymbol{Z} \\ \boldsymbol{Z}'\boldsymbol{D}\boldsymbol{X}_H & \boldsymbol{Z}'\boldsymbol{D}\boldsymbol{X}_G & \boldsymbol{Z}'\boldsymbol{D}\boldsymbol{Z}+\theta\boldsymbol{A}^{-1} \end{bmatrix} \begin{bmatrix} \hat{\boldsymbol{H}} \\ \boldsymbol{G}^\circ \\ \hat{\boldsymbol{s}} \end{bmatrix} = \begin{bmatrix} \boldsymbol{X}_H'\boldsymbol{D}\boldsymbol{y} \\ \boldsymbol{X}_G'\boldsymbol{D}\boldsymbol{y} \\ \boldsymbol{Z}'\boldsymbol{D}\boldsymbol{y} \end{bmatrix} \qquad (4\text{-}23)$$

この方程式を解くことにより，$\hat{\boldsymbol{H}}$，$\boldsymbol{G}^\circ$ および $\hat{\boldsymbol{s}}$ が求められ，これらから雄畜の期待後代差のベクトル $\boldsymbol{EPD}$ が次式のごとく得られる（Quaas ら，1979；Everett ら，1979）．

$$\boldsymbol{EPD}=\boldsymbol{k}'\boldsymbol{G}^\circ+\hat{\boldsymbol{s}}$$

そこで，実際に肥育農家から収集した肥育牛の脂肪交雑記録（表4-6）を用い

表 4-6　肥育農家における肥育牛の脂肪交雑記録

遺伝的グループ	雄牛	肥育農家	
		H_1	H_2
I	S_1	2.5 (D_{01})[a]	2.1
	S_2	3.3	3.5　3.7
II	S_3	3.6 (D_{03})	
	S_4	3.3　3.6	4.0 (D_{02})
	S_5	2.5	2.8　2.6 (D_{11})

a) カッコ内は肥育牛の母牛記号を示す

て，雄牛効果の推定を行ってみよう．脂肪交雑の遺伝率は 0.4 であるとする．これら肥育牛の母牛の中には共通の雄牛を父にもつものが少なくない．ここでは，雄牛および肥育牛の母の血統がつぎのようであったとすると，母牛 D_{01}，D_{02} および D_{03} の父が S_0 であり，共通の母方祖父牛となる．

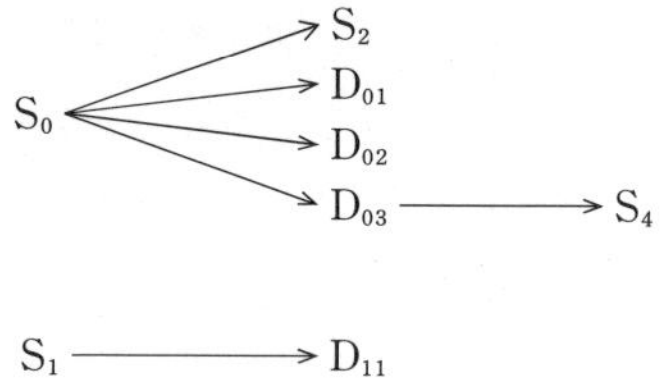

なお，S_0 は遺伝的グループ I に属するものとする．

ここで，雄牛評価のモデルに，母数効果として肥育農家と遺伝的グループを，また変量効果として雄牛，母方祖父牛および残差を取り上げると，各後代牛の脂肪交雑記録は式 (4-22) のごとく表される．このモデルでの混合モデル方程式 (4-23) を構成する行列およびベクトルはつぎのとおりである．

$$\boldsymbol{y}'=[2.5 \quad 2.1 \quad 3.3 \quad 3.5 \quad 3.7 \quad 3.6 \quad 3.3 \quad 3.6 \quad 4.0 \quad 2.5 \quad 2.8 \quad 2.6];$$

$$\boldsymbol{X}_H'=\begin{bmatrix} 1 & 0 & 1 & 0 & 0 & 1 & 1 & 1 & 0 & 1 & 0 & 0 \\ 0 & 1 & 0 & 1 & 1 & 0 & 0 & 0 & 1 & 0 & 1 & 1 \end{bmatrix};$$

$$\hat{\boldsymbol{H}}'=[\hat{H}_1 \quad \hat{H}_2];$$

$$\boldsymbol{G}^{\circ\prime}=[G_1^{\circ} \quad G_2^{\circ}];$$

$$\boldsymbol{X}_G'=\begin{bmatrix} 1.5 & 1 & 1 & 1 & 1 & 0.5 & 0 & 0 & 0.5 & 0 & 0 & 0.5 \\ 0 & 0 & 0 & 0 & 0 & 1 & 1 & 1 & 1 & 1 & 1 & 1 \end{bmatrix};$$

$$
\boldsymbol{Z}'=\begin{bmatrix}
0.5 & 0 & 0 & 0 & 0 & 0.5 & 0 & 0 & 0.5 & 0 & 0 & 0 \\
1 & 1 & 0 & 0 & 0 & 0 & 0 & 0 & 0 & 0 & 0 & 0.5 \\
0 & 0 & 1 & 1 & 1 & 0 & 0 & 0 & 0 & 0 & 0 & 0 \\
0 & 0 & 0 & 0 & 0 & 1 & 0 & 0 & 0 & 0 & 0 & 0 \\
0 & 0 & 0 & 0 & 0 & 0 & 1 & 1 & 1 & 0 & 0 & 0 \\
0 & 0 & 0 & 0 & 0 & 0 & 0 & 0 & 0 & 1 & 1 & 1
\end{bmatrix};
$$

$$
\boldsymbol{s}'=[\,\hat{s}_0 \quad \hat{s}_1 \quad \hat{s}_2 \quad \hat{s}_3 \quad \hat{s}_4 \quad \hat{s}_5\,];\ \theta=9.0;
$$

$$
\boldsymbol{A}=\begin{bmatrix}
1.0 & 0.0 & 0.500 & 0.0 & 0.250 & 0.0 \\
 & 1.0 & 0.0 & 0.0 & 0.0 & 0.0 \\
 & & 1.0 & 0.0 & 0.125 & 0.0 \\
 & & & 1.0 & 0.0 & 0.0 \\
 & & & & 1.0 & 0.0 \\
 & & & & & 1.0
\end{bmatrix};
$$

$$
\boldsymbol{A}^{-1}=\begin{bmatrix}
1.4000 & 0.0 & -0.6667 & 0.0 & -0.2667 & 0.0 \\
 & 1.0000 & 0.0 & 0.0 & 0.0 & 0.0 \\
 & & 1.3333 & 0.0 & 0.0 & 0.0 \\
 & & & 1.0000 & 0.0 & 0.0 \\
 & & & & 1.0667 & 0.0 \\
 & & & & & 1.0000
\end{bmatrix};
$$

$$
\boldsymbol{D}=\mathrm{Diagonal}\,[1.0286 \quad 1.0 \quad 1.0 \quad 1.0 \quad 1.0 \quad 1.0286 \quad 1.0 \quad 1.0 \quad 1.0286 \quad 1.0 \quad 1.0 \quad 1.0286].
$$

これらの行列およびベクトルから式(4-23)を計算すると，

$$
\begin{bmatrix}
6.0571 & 0.0 & 3.0571 & 4.0286 & 1.0286 & 1.0286 & 1.0 & 1.0286 & 2.0 & 1.0 \\
 & 6.0571 & 4.0286 & 3.0571 & 0.5143 & 1.5143 & 2.0 & 0.0 & 1.0286 & 2.0286 \\
 & & 7.0857 & 1.5429 & 1.2857 & 2.8000 & 3.0 & 0.5143 & 0.5143 & 0.5143 \\
 & & & 7.0857 & 1.0286 & 0.5143 & 0.0 & 1.0286 & 3.0286 & 3.0286 \\
 & & & & 13.3714 & 0.5143 & -6.0 & 0.5143 & -1.8857 & 0.0 \\
 & & & & & 11.2857 & 0.0 & 0.0 & 0.0 & 0.5143 \\
 & & & & & & 15.0 & 0.0 & 0.0 & 0.0 \\
 & & & & & & & 10.0286 & 0.0 & 0.0 \\
 & & & & & & & & 12.0286 & 0.0 \\
 & & & & & & & & & 12.0286
\end{bmatrix}
$$

$$
\times\begin{bmatrix}\hat{H}_1\\ \hat{H}_2\\ G_1^{\circ}\\ G_2^{\circ}\\ \hat{s}_0\\ \hat{s}_1\\ \hat{s}_2\\ \hat{s}_3\\ \hat{s}_4\\ \hat{s}_5\end{bmatrix}=\begin{bmatrix}18.9743\\ 18.8886\\ 21.7029\\ 22.6914\\ 5.1943\\ 6.0086\\ 10.5000\\ 3.7029\\ 11.0143\\ 7.9743\end{bmatrix}
$$

となり，$\hat{\boldsymbol{H}}$，$\boldsymbol{G}^{\circ}$ および $\hat{\boldsymbol{s}}$ がつぎのごとく求められる．

$$
\boldsymbol{H}^{\circ\prime}=[2.7944 \quad 2.8614]\,;
$$

$$
\boldsymbol{G}^{\circ\prime}=[0.1284 \quad 0.3458]\,;
$$

$$
\hat{\boldsymbol{s}}'=[0.1153 \quad -0.1528 \quad 0.1526 \quad 0.0347 \quad 0.1256 \quad -0.1379].
$$

したがって，雄牛の期待後代差 ***EPD*** は遺伝的グループⅠを遺伝的ベースにとると

$$
\boldsymbol{EPD}=\begin{bmatrix}1&0\\1&0\\0&1\\0&1\\0&1\end{bmatrix}\begin{bmatrix}0.0\\0.2174\end{bmatrix}+\begin{bmatrix}-0.1528\\0.1526\\0.0347\\0.1256\\-0.1379\end{bmatrix}=\begin{bmatrix}-0.1528\\0.1526\\0.2521\\0.3430\\0.0795\end{bmatrix}
$$

のごとく予測される．遺伝的グループが含まれる場合の EPD の意味並びに肥育農家の効果の BLUE の利用については前述 (4.2.1 項参照) のとおりである．

4.2.3 雌雄同時評価モデル

雌畜を後代畜の情報に基づいて評価しようとする場合各後代畜の父が不明であるということはなく，交配相手である父を考慮しないで雌畜のみを評価することは少ない．むしろ，逆に雌畜評価は雄畜評価に付随するものと言っても過言ではない．

そこで，雌雄すなわち父と母の両方を同時に取り上げた雌雄同時評価モデル

(joint cow and sire evaluation model) について考えてみよう．線形関数は式 (4-24) のとおりとなる．

$$\boldsymbol{y}=\boldsymbol{X\beta}+\boldsymbol{Z}_1\boldsymbol{a}_s+\boldsymbol{Z}_2\boldsymbol{a}_d+\boldsymbol{\varepsilon} \tag{4-24}$$

ただし，$\boldsymbol{y}$：各後代畜の観測値のベクトル

$\boldsymbol{\beta}$：年次，季節など後代畜の記録に影響する母数効果のベクトル

$\boldsymbol{X}$：当該記録が母数効果 $\boldsymbol{\beta}$ のどのクラスに属するかを示す計画行列

$\boldsymbol{a}_s$：後代畜の父および祖先の育種価（期待後代差の 2 倍）のベクトル

$\boldsymbol{Z}_1$：当該後代畜がどの父の後代であるかということおよびそれらの間の血縁関係を示す（該当する要素が 0.5）計画行列で，祖先に相当する要素は 0

$\boldsymbol{a}_d$：後代畜の母の育種価のベクトル

$\boldsymbol{Z}_2$：当該後代畜がどの母の後代であるかということおよびそれらの間の血縁関係を示す（該当する要素が 0.5）計画行列

$\boldsymbol{\varepsilon}$：残差のベクトル

ここで，$\boldsymbol{a}_s$，$\boldsymbol{a}_d$ および $\boldsymbol{\varepsilon}$ が変量効果で，

$$E\begin{pmatrix}\boldsymbol{a}_s\\ \boldsymbol{a}_d\\ \boldsymbol{\varepsilon}\end{pmatrix}=\begin{bmatrix}\boldsymbol{0}\\ \boldsymbol{0}\\ \boldsymbol{0}\end{bmatrix},\quad Var\begin{pmatrix}\boldsymbol{a}_s\\ \boldsymbol{a}_d\\ \boldsymbol{\varepsilon}\end{pmatrix}=\begin{bmatrix} & & \boldsymbol{0}\\ & [\boldsymbol{G}] & \boldsymbol{0}\\ \boldsymbol{0} & \boldsymbol{0} & \boldsymbol{R}\end{bmatrix}$$

と見なす．ただし，

$$\boldsymbol{G}=\boldsymbol{A}\sigma_a^2$$
$$\boldsymbol{R}=\boldsymbol{I}\sigma_e^2+\boldsymbol{R}_a\sigma_a^2$$

で，$\boldsymbol{A}$ は祖先畜，雄畜および雌畜相互間の分子血縁係数行列，$\boldsymbol{I}$ は単位行列，$\boldsymbol{R}_a$ は $\{1-(1/4)(a_{ss}+a_{dd})\}$ を対角要素とする対角行列，σ_a^2 および σ_e^2 は前述のとおりである．なお，a_{ss} および a_{dd} は当該後代畜のそれぞれ父および母に相当する $\boldsymbol{A}$ の対角要素である．

雌雄同時評価のための解くべき混合モデル方程式は

$$\left[\begin{matrix}\boldsymbol{X}'\boldsymbol{R}^{-1}\boldsymbol{X} & \boldsymbol{X}'\boldsymbol{R}^{-1}\boldsymbol{Z}_1 & \boldsymbol{X}'\boldsymbol{R}^{-1}\boldsymbol{Z}_2\\ \boldsymbol{Z}_1'\boldsymbol{R}^{-1}\boldsymbol{X} & \multicolumn{2}{l}{\left[\begin{matrix}\boldsymbol{Z}_1'\boldsymbol{R}^{-1}\boldsymbol{Z}_1 & \boldsymbol{Z}_1'\boldsymbol{R}^{-1}\boldsymbol{Z}_2\\ \boldsymbol{Z}_2'\boldsymbol{R}^{-1}\boldsymbol{Z}_1 & \boldsymbol{Z}_2'\boldsymbol{R}^{-1}\boldsymbol{Z}_2\end{matrix}\right]+\boldsymbol{G}^{-1}}\\ \boldsymbol{Z}_2'\boldsymbol{R}^{-1}\boldsymbol{X} & & \end{matrix}\right]\begin{bmatrix}\boldsymbol{\beta}^\circ\\ \hat{\boldsymbol{a}}_s\\ \hat{\boldsymbol{a}}_d\end{bmatrix}=\begin{bmatrix}\boldsymbol{X}'\boldsymbol{R}^{-1}\boldsymbol{y}\\ \boldsymbol{Z}_1'\boldsymbol{R}^{-1}\boldsymbol{y}\\ \boldsymbol{Z}_2'\boldsymbol{R}^{-1}\boldsymbol{y}\end{bmatrix} \tag{4-25}$$

のごとくなる．

表 4-7　後代牛の乳量 (t) 記録および血統情報

血縁個体	交配相手の雄牛	雌牛	1984 年 後代牛	1984 年 記録	1985 年 後代牛	1985 年 記録
		D_1 →	P_{11}	5	P_{12}	7
S_{001} → D_{01} →	S_1 → (P_{11}, P_{21})					
		D_2 →	P_{21}	6	P_{22}	8
S_{001} → S_{01} → (D_2, D_3)						
		D_3 →	P_{31}	3		
	S_2 → (P_{31}, P_{41})					
		D_4 →	P_{41}	6	P_{42}	7

そこで，乳牛における娘牛の泌乳記録や肉牛における肥育牛の枝肉記録などを利用して，それらの父である雄牛および母である雌牛の育種価を同時に推定してみよう．いま，後代牛の乳量記録および血統情報が表 4-7 のごとくであったとする．ここで，乳量に関する相加的遺伝分散を 1.6，環境分散を 3.4 とする．

これについて，全体の平均値を μ，1984 および 1985 年の効果をそれぞれ Y_1 および Y_2，種雄牛 (S_{01}，S_1，S_2) および雌牛 (D_1, D_2, D_3, D_4) の予測育種価をそれぞれ $\boldsymbol{a}_s$ および $\boldsymbol{a}_d$ とすると，方程式 (4-25) を構成する行列およびベクトルはつぎのごとくなる．

$$\boldsymbol{y}=\begin{bmatrix}5.0\\7.0\\6.0\\8.0\\3.0\\6.0\\7.0\end{bmatrix};\ \boldsymbol{X}=\begin{bmatrix}1&1&0\\1&0&1\\1&1&0\\1&0&1\\1&1&0\\1&1&0\\1&0&1\end{bmatrix};$$

$$\boldsymbol{\beta}^{\circ\prime}=[\mu^{\circ}\quad Y_1^{\circ}\quad Y_2^{\circ}];$$

$$\boldsymbol{Z}=\begin{bmatrix}0&0.5&0&0.5&0&0&0\\0&0.5&0&0.5&0&0&0\\0&0.5&0&0&0.5&0&0\\0&0.5&0&0&0.5&0&0\\0&0&0.5&0&0&0.5&0\\0&0&0.5&0&0&0&0.5\\0&0&0.5&0&0&0&0.5\end{bmatrix};$$

$$\widehat{\boldsymbol{a}}'=[\widehat{\boldsymbol{a}}_s'\quad \widehat{\boldsymbol{a}}_d']=[\widehat{a}_{s01}\quad \widehat{a}_{s1}\quad \widehat{a}_{s2}\quad \widehat{a}_{d1}\quad \widehat{a}_{d2}\quad \widehat{a}_{d3}\quad \widehat{a}_{d4}];$$

$$\boldsymbol{R}=\boldsymbol{I}\sigma_e^2+\boldsymbol{R}_a\sigma_a^2=3.4\boldsymbol{I}+1.6\boldsymbol{R}a;$$

$\boldsymbol{R}_a = \text{Diagonal}\,[0.5 \quad 0.5 \quad 0.5 \quad 0.5 \quad 0.5 \quad 0.5 \quad 0.5]$；

$\boldsymbol{R}^{-1} = \text{Diagonal}\,[0.2381 \quad 0.2381 \quad 0.2381 \quad 0.2381 \quad 0.2381 \quad 0.2381 \quad 0.2381]$；

ここで

$$\boldsymbol{G}^{-1} = \boldsymbol{A}^{-1} 1/\sigma_a^2 = \begin{bmatrix} 1.6825 & -0.1270 & 0.0 & 0.0 & -0.6667 & -0.6667 & 0.0 \\ & 1.0159 & 0.0 & 0.0 & 0.0 & 0.0 & 0.0 \\ & & 1.0 & 0.0 & 0.0 & 0.0 & 0.0 \\ & & & 1.0 & 0.0 & 0.0 & 0.0 \\ & & & & 1.3333 & 0.0 & 0.0 \\ & & & & & 1.3333 & 0.0 \\ & & & & & & 1.0 \end{bmatrix} \times 0.625.$$

したがって，雌雄同時評価のための混合モデル方程式は

$$\begin{bmatrix} 1.6667 & 0.9524 & 0.7143 & 0.0 & 0.4762 & 0.3571 & 0.2381 & 0.2381 & 0.1190 & 0.2381 \\ & 0.9524 & 0.0 & 0.0 & 0.2381 & 0.2381 & 0.1190 & 0.1190 & 0.1190 & 0.1190 \\ & & 0.7143 & 0.0 & 0.2381 & 0.1190 & 0.1190 & 0.1190 & 0.0 & 0.1190 \\ & & & 1.0516 & -0.0794 & 0.0 & 0.0 & -0.4167 & -0.4176 & 0.0 \\ & & & & 0.8730 & 0.0 & 0.1190 & 0.1190 & 0.0 & 0.0 \\ & & & & & 0.8036 & 0.0 & 0.0 & 0.0595 & 0.1190 \\ & & & & & & 0.7440 & 0.0 & 0.0 & 0.0 \\ & & & & & & & 0.9524 & 0.0 & 0.0 \\ & & & & & & & & 0.8929 & 0.0 \\ & & & & & & & & & 0.7440 \end{bmatrix}$$

$$\times \begin{bmatrix} \boldsymbol{\beta}^{\circ} \\ \hat{\boldsymbol{a}} \end{bmatrix} = \begin{bmatrix} 10.0000 \\ 4.7619 \\ 5.2381 \\ 0.0 \\ 3.0952 \\ 1.9048 \\ 1.4286 \\ 1.6667 \\ 0.3571 \\ 1.5476 \end{bmatrix}$$

となり，この方程式を解くことにより $\boldsymbol{\beta}^{\circ}$ および $\hat{\boldsymbol{a}}' = [\hat{\boldsymbol{a}}_s' \quad \hat{\boldsymbol{a}}_d']$ が得られる．

$$[\boldsymbol{\beta}^{\circ\prime} \quad \hat{\boldsymbol{a}}_s' \quad \hat{\boldsymbol{a}}_d'] = [5.0007 \ 0.0 \ 2.2585 \ -0.0151 \ 0.1846 \ -0.1894 \ -0.0711 \ 0.1878 \ -0.2612 \ 0.1487]$$

このような，雌雄同時評価は，解くべき方程式の数が非常に多くなるため，通常は限定された範囲内たとえば地域内，牛群内などで実施される．ところが，種雄牛評価は広域かつできるだけ多くの情報を利用して行われる方が望ましい．そこで，広域での種雄牛の評価値を雌牛評価に取り込む方法が提示されている（Henderson，1975 b）．

この考え方を前述の雌雄同時評価に適用するには，方程式(4-26)に示すごとく式(4-25)の左辺の当該種雄牛に相当する対角要素に $(1/4)\boldsymbol{N}\sigma_\varepsilon^{-2}$ を加える一方，右辺の当該種雄牛に相当する要素に $(1/2)\{\boldsymbol{N}\sigma_\varepsilon^{-2}+\boldsymbol{I}\sigma_s^{-2}\}\,\hat{\boldsymbol{u}}_s$ を加える．

$$\left[\begin{array}{lll} X'R^{-1}X & X'R^{-1}Z_1 & X'R^{-1}Z_2 \\ Z_1'R^{-1}X & \left[\begin{array}{ll} Z_1'R^{-1}Z_1+(1/4)N(1/\sigma_\varepsilon^2) & Z_1'R^{-1}Z_2 \\ Z_2'R^{-1}Z_1 & Z_2'R^{-1}Z_2 \end{array}\right]+G^{-1} & \\ Z_2'R^{-1}X & & \end{array}\right]\begin{bmatrix} \beta^\circ \\ \hat{a}_s \\ \hat{a}_d \end{bmatrix}=\begin{bmatrix} X'R^{-1}y \\ Z_1'R^{-1}y+(1/2)\{N(1/\sigma_\varepsilon^2)+I(1/\sigma_s^2)\}\hat{u}_s \\ Z_2'R^{-1}y \end{bmatrix} \qquad (4\text{-}26)$$

ただし，$\hat{\boldsymbol{u}}_s$：広域での種雄牛の期待後代差

$\boldsymbol{N}$：その評価における有効な後代牛数を対角要素とする対角行列

σ_ε^2 および σ_s^2：それぞれ雄牛内半きょうだい間の分散成分および雄牛の分散成分

表 4-7 に示す種雄牛 S_{01}，S_1 および S_2 がすでに広域で評価されているとして，それらの評価値を取り込んだ牛群内での雌雄同時評価を行ってみよう．いま，種雄牛 S_{01}，S_1 および S_2 の有効な後代牛数がそれぞれ 500，300 および 150 で，広域で評価した期待後代差 EPD がそれぞれ 0.7，1.0 および 0.3 であったとする．

方程式(4-26)に相当する混合モデル方程式はつぎのごとくなる．

$$\begin{bmatrix} 1.6667 & 0.9524 & 0.7143 & 0.0 & 0.4762 & 0.3571 & 0.2381 & 0.2381 & 0.1190 & 0.2381 \\ & 0.9524 & 0.0 & 0.0 & 0.2381 & 0.2381 & 0.1190 & 0.1190 & 0.1190 & 0.1190 \\ & & 0.7143 & 0.0 & 0.2381 & 0.1190 & 0.1190 & 0.1190 & 0.0 & 0.1190 \\ & & & 28.2255 & -0.0794 & 0.0 & 0.0 & -0.4167 & -0.4167 & 0.0 \\ & & & & 17.1774 & 0.0 & 0.1190 & 0.1190 & 0.0 & 0.0 \\ & & & & & 8.9557 & 0.0 & 0.0 & 0.0595 & 0.1190 \\ & & & & & & 0.7440 & 0.0 & 0.0 & 0.0 \\ & & & & & & & 0.9524 & 0.0 & 0.0 \\ & & & & & & & & 0.8929 & 0.0 \\ & & & & & & & & & 0.7440 \end{bmatrix}\begin{bmatrix} \beta^\circ \\ \hat{a}_s \\ \hat{a}_d \end{bmatrix}=\begin{bmatrix} 10.0 \\ 4.7619 \\ 5.2381 \\ 38.9185 \\ 36.9539 \\ 7.1711 \\ 1.4286 \\ 1.6667 \\ 0.3571 \\ 1.5476 \end{bmatrix}$$

この方程式を解いて，$\boldsymbol{\beta}^{\circ}$ および $\hat{\boldsymbol{a}}_s$ と $\hat{\boldsymbol{a}}_d$ がつぎのごとく得られる．

$$\beta^{\circ}=[4.1672 \quad 0.0 \quad 2.2319]\,;$$

$$\hat{\boldsymbol{a}}'=[\hat{\boldsymbol{a}}_{\mathrm{s}}' \quad \hat{\boldsymbol{a}}_{\mathrm{d}}']=[1.4030 \quad 2.0065 \quad 0.5979 \quad -0.0917 \quad 0.7922 \quad 0.4592 \quad 0.2937].$$

広域での大量のデータに基づく種雄牛評価値の情報を個々の牛群での雌雄同時評価に取り込むことによって，雌牛の評価も広域で評価されている雄牛と同じ遺伝的ベースで評価することができる．この例の場合も，牛群の記録が加わることによって広域での種雄牛の EPD はほとんど変化しないが，雌牛の育種価は大きく変化し，血統情報として得られる広域での種雄牛評価値の影響を強く受けていることがわかる．

このような広域での雄牛の評価情報を取り込んだ牛群内での雌牛評価は，それぞれの牛群において時々刻々増加する観測記録に逐次対応することが容易であるという利点がある．また，肉牛など雌牛の評価値が農家の個人情報であるとして公表が適当でない場合，公表されている種雄牛評価値を利用した牛群内での評価は望ましい．

4.3 母性効果モデルの BLUP 法

哺乳動物の場合，子畜の離乳前における発育はその子畜自身のもつ発育能力のみならずその母畜の哺育能力の影響も受けている．したがって雌畜の哺育能力を子畜の発育から評価するためには前述の個体モデルと父親モデルの 2 種類のモデルを組合せた新たなモデルが必要となる．

この点に関して，個体モデルに母牛の哺育能力に関する育種価および母牛に対する永続的環境効果を付け加えた母性効果モデル (maternal effect model) が提示されている (Quaas と Pollak，1980；Henderson，1985)．しかし，このモデルには解くべき方程式の数が個体モデル以上に多く，計算に要する労力が多大であるという問題点が存在する．この問題点を解決するために同値モデルの理論を用い母性効果モデルに対する縮約化モデルの応用が示唆されている (Quaas と Pollak，1980)．

ここでは，基本となる母性効果モデルおよびその縮約化モデルのうち計算効率

表 4-8　記録を持っているかまたは自身の記録は持たないが記録を持った個体の両親であるような個体群の分類

個　　体	頭　数			
記録を持たない父	n_5	n_3	n_2	n_1
〃　　母	n_6			
記録を持った父	n_7	n_4		
〃　母	n_8			
記録を持つが後代を持たない個体	n_9			

などの点から最適と考えられるモデルについて述べる．その際，記録を持っているか，または自身の記録は持たないが記録を持った個体の両親であるような個体群を表 4-8 に示すごとく分類した．

4.3.1　基本モデル

まず，最も基本的なモデルとして，子畜の離乳前の発育が図 4-1 に示すようにその個体自身の発育に関する育種価，その個体に対する環境効果，その個体の母畜の哺育能力に関する育種価，母畜に対する永続的環境効果および一時的環境効果より構成されていると考えた場合の基本モデルについて考えてみよう．

この場合の線形関数はつぎのようである．

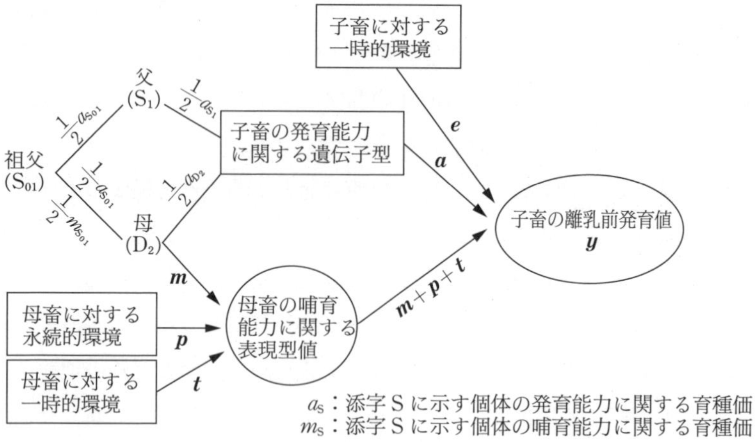

図 4-1　哺乳動物における子畜の離乳前発育値に影響する因子

$$Y_{ij}=F_i+a_{ij}+m_k+p_k+t_{kl}+e_{ij} \tag{4-27}$$

ただし，Y_{ij}：母数効果の i 番目のクラスに属する j 番目の子畜の離乳前の発育値

F_i：母数効果の i 番目のクラス効果

a_{ij}：母数効果の i 番目のクラスに属する j 番目の子畜の離乳前の発育に関する育種価

m_k：k 番目の母畜の哺育能力に関する育種価

p_k：k 番目の母畜に対する永続的環境効果

t_{kl}：k 番目の母畜に対する l 番目の産次における一時的環境効果で，k 番目の母畜の産次数を b_k

e_{ij}：子畜に対する一時的環境効果

そこで，子畜の発育値を用いて，子畜およびその父・母など評価個体の発育能力と哺育能力に関する育種価ならびに母の哺育能力に関する永続的環境効果を推定する線形関数は式 (4-28) のようになる．

$$\boldsymbol{y}=\boldsymbol{X\beta}+\boldsymbol{Z}_a\boldsymbol{a}+\boldsymbol{Z}_m\boldsymbol{m}+\boldsymbol{Z}_p\boldsymbol{p}+\boldsymbol{Z}_t\boldsymbol{t}+\boldsymbol{e} \tag{4-28}$$

ただし，$\boldsymbol{y}_{(n_4\times 1)}$：子畜についての離乳前発育値のベクトル

$\boldsymbol{\beta}$：母数効果のベクトル

$\boldsymbol{X}$：各発育値が母数効果のどのクラスに属するかを示す既知の計画行列

$\boldsymbol{a}_{(n_1\times 1)}$：評価個体の発育能力に関する育種価のベクトル

$\boldsymbol{Z}_{a\cdot(n_4\times n_1)}$：各発育値がどの評価個体の記録であるかを示す既知の計画行列，ここで $\boldsymbol{Z}_a=[\boldsymbol{0}\quad \boldsymbol{I}]$で，$\boldsymbol{0}$ は n_4 行 n_3 列の零行列，$\boldsymbol{I}$ は n_4 行 n_4 列の単位行列

$\boldsymbol{m}_{(n_1\times 1)}$：評価個体の哺育能力に関する育種価のベクトル

$\boldsymbol{Z}_{m\cdot(n_4\times n_1)}$：各発育値がどの母の後代の記録であるかを示す既知の計画行列

$\boldsymbol{p}_{\{(n_6+n_8)\times 1\}}$：評価個体のうちの母の哺育能力に対する永続的環境効果のベクトル

$\boldsymbol{Z}_{p\cdot\{n_4\times(n_6+n_8)\}}$：各発育値がどの母の後代の記録であるかを示す既知の計画行列

$\boldsymbol{t}_{(\Sigma b_k\times 1)}$：評価個体のうちの母の各産次に対する一時的環境効果のベクトル

$\boldsymbol{Z}_{t\cdot(n_4\times\Sigma b_k)}$：各発育値がどの母畜のどの産次に属するかを示す既知の計画行列

$\boldsymbol{e}_{(n_4\times 1)}$：残差（子畜に対する一時的環境効果）のベクトル

ここで

$$E\begin{pmatrix}\boldsymbol{a}\\ \boldsymbol{m}\\ \boldsymbol{p}\\ \boldsymbol{t}\end{pmatrix}=\begin{bmatrix}\boldsymbol{0}\\ \boldsymbol{0}\\ \boldsymbol{0}\\ \boldsymbol{0}\end{bmatrix};$$

$$Var\begin{pmatrix}\boldsymbol{a}\\\boldsymbol{m}\\\boldsymbol{p}\\\boldsymbol{t}\end{pmatrix}=\boldsymbol{H}=\begin{bmatrix}\boldsymbol{A}\sigma_a^2 & \boldsymbol{A}\sigma_{am} & \boldsymbol{0} & \boldsymbol{0}\\ & \boldsymbol{A}\sigma_m^2 & \boldsymbol{0} & \boldsymbol{0}\\ & & \boldsymbol{I}\sigma_p^2 & \boldsymbol{0}\\ & & & \boldsymbol{I}\sigma_t^2\end{bmatrix}$$

$E(\boldsymbol{e})=\boldsymbol{0}$, $\mathrm{Var}(\boldsymbol{e})=\boldsymbol{R}=\boldsymbol{I}\sigma_e^2$ で，$\boldsymbol{A}$ は子畜およびその母畜など評価個体間の分子血縁係数行列である．

このような線形関数の混合モデル方程式は式 (4-29) のようになり，これを解くことにより各変量効果の BLUP を得ることができる．

$$\begin{bmatrix}\boldsymbol{X}'\boldsymbol{X} & \boldsymbol{X}'\boldsymbol{Z}_a & \boldsymbol{X}'\boldsymbol{Z}_m & \boldsymbol{X}'\boldsymbol{Z}_p & \boldsymbol{X}'\boldsymbol{Z}_t\\ \boldsymbol{Z}_a'\boldsymbol{X} & \boldsymbol{Z}_a'\boldsymbol{Z}_a & \boldsymbol{Z}_a'\boldsymbol{Z}_m & \boldsymbol{Z}_a'\boldsymbol{Z}_p & \boldsymbol{Z}_a'\boldsymbol{Z}_t\\ \boldsymbol{Z}_m'\boldsymbol{X} & \boldsymbol{Z}_m'\boldsymbol{Z}_a & \boldsymbol{Z}_m'\boldsymbol{Z}_m & \boldsymbol{Z}_m'\boldsymbol{Z}_p & \boldsymbol{Z}_m'\boldsymbol{Z}_t\\ \boldsymbol{Z}_p'\boldsymbol{X} & \boldsymbol{Z}_p'\boldsymbol{Z}_a & \boldsymbol{Z}_p'\boldsymbol{Z}_m & \boldsymbol{Z}_p'\boldsymbol{Z}_p & \boldsymbol{Z}_p'\boldsymbol{Z}_t\\ \boldsymbol{Z}_t'\boldsymbol{X} & \boldsymbol{Z}_t'\boldsymbol{Z}_a & \boldsymbol{Z}_t'\boldsymbol{Z}_m & \boldsymbol{Z}_t'\boldsymbol{Z}_p & \boldsymbol{Z}_t'\boldsymbol{Z}_t + \boldsymbol{H}^{-1}\sigma_e^2\end{bmatrix}\begin{bmatrix}\boldsymbol{\beta}^\circ\\ \hat{\boldsymbol{a}}\\ \hat{\boldsymbol{m}}\\ \hat{\boldsymbol{p}}\\ \hat{\boldsymbol{t}}\end{bmatrix}=\begin{bmatrix}\boldsymbol{X}'\boldsymbol{y}\\ \boldsymbol{Z}_a'\boldsymbol{y}\\ \boldsymbol{Z}_m'\boldsymbol{y}\\ \boldsymbol{Z}_p'\boldsymbol{y}\\ \boldsymbol{Z}_t'\boldsymbol{y}\end{bmatrix} \tag{4-29}$$

そこで，具体的に表 4-9 に示す離乳前子牛の発育データについて，実際に子牛およびその父牛・母牛の発育能力と哺育能力に関する育種価を推定してみよう．なお，雄牛 S_1 と雌牛 D_2 とは同父半きょうだいである．表 4-9 に示す個体およびそれらの父母を表 4-8 にしたがって分類すると，表 4-10 のようになる．また，離乳前発育値の相加的遺伝分散 σ_a^2 を 6.0，その一時的環境分散 σ_e^2 を 10.0，哺育能力の相加的遺伝分散 σ_m^2 を 4.0，その永続的環境分散 σ_p^2 を 3.0，その一時的環境分散 σ_t^2 を 2.0 および離乳前発育値と哺育能力との間の相加的遺伝共分散 σ_{am} を 2.0 とする．したがって，離乳前発育値と哺育能力との間の遺伝相関係数 ρ_{am} は 0.41 と

表 4-9　離乳前発育値の記録

記録を持つ個体	父　牛	母　牛	離乳前発育値	測定時月齢
D_4	S_1	D_3	14	2
D_5	S_1	D_2	18	1
S_6	S_1	D_2	15	3
I_7	S_6	D_4	15	1
I_8	S_6	D_5	16	2
I_9	S_6	D_4	22	3
I_{10}	S_6	D_5	21	2

表 4-10　個体群の分類と頭数

個　　体	頭　数			
記録を持たない父牛	$n_5=1$	$n_3=3$	$n_2=6$	$n_1=10$
〃　　母牛	$n_6=2$			
記録を持った父牛	$n_7=1$	$n_4=7$		
〃　母牛	$n_8=2$			
記録を持つが，後代を持たない個体	$n_9=4$			

なる．しかし，これは単なる仮定であって実際にはむしろ負の低い相関があるとされている．

ここで，全体の離乳前発育値の平均を μ，その測定時月齢を A_i，その全体の平均値を $\bar{A}.$，さらに月齢への 1 次偏回帰係数を b とすると，個々の離乳前発育値 Y_i の線形関数は次式のようになる．

$$Y_i=\mu+b(A_i-\bar{A}.)+a_i+m_k+p_k+t_{kl}+e_i$$

ただし，a_i：i 番目の子牛の離乳前発育能力に関する育種価

m_k，p_k および t_{kl}：式 (4-27) に同じ

e_i：子牛に対する一時的環境効果

なお，

$$E\begin{pmatrix}\boldsymbol{a}\\ \boldsymbol{m}\\ \boldsymbol{p}\\ \boldsymbol{t}\end{pmatrix}=\begin{bmatrix}\boldsymbol{0}\\ \boldsymbol{0}\\ \boldsymbol{0}\\ \boldsymbol{0}\end{bmatrix};$$

$$Var\begin{pmatrix}\boldsymbol{a}\\ \boldsymbol{m}\\ \boldsymbol{p}\\ \boldsymbol{t}\end{pmatrix}=\boldsymbol{H}=\begin{bmatrix}6\boldsymbol{A} & 2\boldsymbol{A} & \boldsymbol{0} & \boldsymbol{0}\\ & 4\boldsymbol{A} & \boldsymbol{0} & \boldsymbol{0}\\ & & 3\boldsymbol{I} & \boldsymbol{0}\\ & & & 2\boldsymbol{I}\end{bmatrix}$$

とする．$\boldsymbol{A}$ は子牛およびその父牛・母牛間の分子血縁係数行列で

$$
A=\begin{bmatrix}
1.0 & 0.25 & 0.0 & 0.5 & 0.625 & 0.625 & 0.5625 & 0.625 & 0.5625 & 0.625 \\
 & 1.0 & 0.0 & 0.125 & 0.625 & 0.625 & 0.375 & 0.625 & 0.375 & 0.625 \\
 & & 1.0 & 0.5 & 0.0 & 0.0 & 0.25 & 0.0 & 0.25 & 0.0 \\
 & & & 1.0 & 0.3125 & 0.3125 & 0.6563 & 0.3125 & 0.6563 & 0.3125 \\
 & & & & 1.125 & 0.625 & 0.4688 & 0.875 & 0.4688 & 0.875 \\
 & & & & & 1.125 & 0.7188 & 0.875 & 0.7188 & 0.875 \\
 & & & & & & 1.1563 & 0.5938 & 0.6875 & 0.5938 \\
 & & & & & & & 1.3125 & 0.5938 & 0.875 \\
 & & & & & & & & 1.1562 & 0.5938 \\
 & & & & & & & & & 1.3125
\end{bmatrix}.
$$

このような線形関数を仮定すると，混合モデル方程式(4-29)を構成する各行列および各ベクトルはつぎのようになる

$$
\boldsymbol{Y}'=[14.0 \quad 18.0 \quad 15.0 \quad 15.0 \quad 16.0 \quad 22.0 \quad 21.0];
$$

$$
\boldsymbol{X}'=\begin{bmatrix} 1 & 1 & 1 & 1 & 1 & 1 & 1 \\ 2 & 1 & 3 & 1 & 2 & 3 & 2 \end{bmatrix};
$$

$$
\boldsymbol{Z}_a=\begin{bmatrix}
0 & 0 & 0 & 1 & 0 & 0 & 0 & 0 & 0 & 0 \\
0 & 0 & 0 & 0 & 1 & 0 & 0 & 0 & 0 & 0 \\
0 & 0 & 0 & 0 & 0 & 1 & 0 & 0 & 0 & 0 \\
0 & 0 & 0 & 0 & 0 & 0 & 1 & 0 & 0 & 0 \\
0 & 0 & 0 & 0 & 0 & 0 & 0 & 1 & 0 & 0 \\
0 & 0 & 0 & 0 & 0 & 0 & 0 & 0 & 1 & 0 \\
0 & 0 & 0 & 0 & 0 & 0 & 0 & 0 & 0 & 1
\end{bmatrix};
$$

$$
\boldsymbol{Z}_m=\begin{bmatrix}
0 & 0 & 1 & 0 & 0 & 0 & 0 & 0 & 0 & 0 \\
0 & 1 & 0 & 0 & 0 & 0 & 0 & 0 & 0 & 0 \\
0 & 1 & 0 & 0 & 0 & 0 & 0 & 0 & 0 & 0 \\
0 & 0 & 0 & 1 & 0 & 0 & 0 & 0 & 0 & 0 \\
0 & 0 & 0 & 0 & 1 & 0 & 0 & 0 & 0 & 0 \\
0 & 0 & 0 & 1 & 0 & 0 & 0 & 0 & 0 & 0 \\
0 & 0 & 0 & 0 & 1 & 0 & 0 & 0 & 0 & 0
\end{bmatrix};
$$

$$
\boldsymbol{Z}_p'=\begin{bmatrix}
0 & 1 & 1 & 0 & 0 & 0 & 0 \\
1 & 0 & 0 & 0 & 0 & 0 & 0 \\
0 & 0 & 0 & 1 & 0 & 1 & 0 \\
0 & 0 & 0 & 0 & 1 & 0 & 1
\end{bmatrix};
$$

$$
\boldsymbol{Z}_t=\begin{bmatrix} 0 & 0 & 1 & 0 & 0 & 0 & 0 \\ 1 & 0 & 0 & 0 & 0 & 0 & 0 \\ 0 & 1 & 0 & 0 & 0 & 0 & 0 \\ 0 & 0 & 0 & 1 & 0 & 0 & 0 \\ 0 & 0 & 0 & 0 & 0 & 1 & 0 \\ 0 & 0 & 0 & 0 & 1 & 0 & 0 \\ 0 & 0 & 0 & 0 & 0 & 0 & 1 \end{bmatrix};
$$

$$
\hat{\boldsymbol{\beta}}'=[\hat{\mu} \quad \hat{b}];
$$

$$
\hat{\boldsymbol{a}}'=[\hat{a}_{\mathrm{S}1} \quad \hat{a}_{\mathrm{D}2} \quad \hat{a}_{\mathrm{D}3} \quad \hat{a}_{\mathrm{D}4} \quad \hat{a}_{\mathrm{D}5} \quad \hat{a}_{\mathrm{S}6} \quad \hat{a}_{\mathrm{I}7} \quad \hat{a}_{\mathrm{I}8} \quad \hat{a}_{\mathrm{I}9} \quad \hat{a}_{\mathrm{I}10}];
$$

$$
\hat{\boldsymbol{m}}'=[\hat{m}_{\mathrm{S}1} \quad \hat{m}_{\mathrm{D}2} \quad \hat{m}_{\mathrm{D}3} \quad \hat{m}_{\mathrm{D}4} \quad \hat{m}_{D5} \quad \hat{m}_{S6} \quad \hat{m}_{\mathrm{I}7} \quad \hat{m}_{\mathrm{I}8} \quad \hat{m}_{\mathrm{I}9} \quad \hat{m}_{\mathrm{I}10}];
$$

$$
\hat{\boldsymbol{p}}'=[\hat{p}_{\mathrm{D}2} \quad \hat{p}_{\mathrm{D}3} \quad \hat{p}_{\mathrm{D}4} \quad \hat{p}_{\mathrm{D}5}];
$$

$$
\hat{\boldsymbol{t}}'=[\hat{t}_{\mathrm{D}2.1} \quad \hat{t}_{\mathrm{D}2.2} \quad \hat{t}_{\mathrm{D}3.1} \quad \hat{t}_{\mathrm{D}4.1} \quad \hat{t}_{\mathrm{D}4.2} \quad \hat{t}_{\mathrm{D}5.1} \quad \hat{t}_{\mathrm{D}5.2}];
$$

$$
\boldsymbol{H}^{-1}=\begin{bmatrix} 6\boldsymbol{A} & 2\boldsymbol{A} & \boldsymbol{0} & \boldsymbol{0} \\ & 4\boldsymbol{A} & 3\boldsymbol{I} & \boldsymbol{0} \\ & & & 2\boldsymbol{I} \end{bmatrix}^{-1};
$$

$$
\sigma_e^2=10.0.
$$

これらの行列およびベクトルから作成した混合モデル方程式を解くことにより

$$
\hat{\mu}=14.8097; \quad \hat{b}=0.9786;
$$

$$
\hat{\boldsymbol{a}}'=[0.2645 \quad 0.2060 \quad -0.3764 \quad -0.1311 \quad 0.8223 \quad -0.0495 \quad -0.3571 \quad 0.0380 \quad 0.6004 \quad 0.9354];
$$

$$
\hat{\boldsymbol{m}}'=[0.4348 \quad 0.0356 \quad -0.3764 \quad 0.2553 \quad 0.5583 \quad 0.1403 \quad 0.1089 \quad 0.2332 \quad 0.4281 \quad 0.5324];
$$

$$
\hat{\boldsymbol{p}}'=[-0.2296 \quad -0.4519 \quad 0.4521 \quad 0.2294];
$$

$$
\hat{\boldsymbol{t}}'=[0.2639 \quad -0.4170 \quad -0.3012 \quad -0.1898 \quad 0.4911 \quad -0.2654 \quad 0.4183]
$$

が得られる．その結果，子畜のみならず，その父や母，さらにはそれらの血縁個体の発育能力に関する育種価（$\hat{\boldsymbol{a}}$）ならびに哺育能力に関する育種価（$\hat{\boldsymbol{m}}$）が予測される．したがって，両能力に関して世代を超え，また雌雄を越えて比較し，選抜を行うことができる．さらに，母畜については哺育能力に関する永続的環境効果（$\hat{\boldsymbol{p}}$）も推定されるので，いずれの雌牛から淘汰するのが哺育能力の点で牛群のレベルを最も高く保つことができるかについての最確生産能力（$\hat{\boldsymbol{m}}+\hat{\boldsymbol{p}}$）を与えてくれる.

4.3.2 縮約化モデル

前述の基本モデルの場合，変量効果のベクトルのサイズが評価個体の数と等しく，解くべき混合モデル方程式の数が極めて多いという欠点がある．この欠点は評価個体数が多くなるほど顕著になり混合モデル方程式の構築すら困難になりかねない．

そこで，つぎにBLUPを求めるための方程式の数を減少させるための縮約化モデルについて述べる．その一つとして，母畜の哺育能力に関する育種価 $\boldsymbol{m}$ と永続的環境効果 $\boldsymbol{p}$ とを合わせた $(\boldsymbol{m}+\boldsymbol{p})$ での評価も考えられる．この場合，解くべき方程式の数は減少し計算に要する労力は軽減される．しかし雌牛の改良を目的とするならば $(\boldsymbol{m}+\boldsymbol{p})$ よりもむしろ $\boldsymbol{m}$ の方が評価値として望ましい．ところが，$(\widehat{\boldsymbol{m}+\boldsymbol{p}})$ から $\hat{\boldsymbol{m}}$ と $\hat{\boldsymbol{p}}$ とを分離するためには $\boldsymbol{A}$ 自身と $\boldsymbol{A}^{-1}$ の両方を計算する必要が生じ，$\boldsymbol{A}$ を計算せずに $\boldsymbol{A}^{-1}$ を直接計算する方法（Henderson, 1976 a）を用いることができない．このため計算に要する労力の軽減が十分に達せられなくなる．

以上の点から，$\boldsymbol{m}$ と $\boldsymbol{p}$ とは別々に評価するが，離乳前の発育能力および哺育能力ともに後代を持つ個体のみの育種価を予測することにした．なお，後代を持たない個体の育種価は双方とも必要に応じて得ることができる．さらに，哺育能力についての遺伝的能力評価を行う場合母畜に対する一時的環境効果と子畜に対する一時的環境効果とを別々に予測する意味はあまりない．また，1産次に子畜が通常1頭であるウシの場合，これらを区別することはできない．そこで，これらを合わせた効果をモデルに取り込むこととした．

前述のごとく評価個体の発育能力に関する育種価のベクトルは $\boldsymbol{a}$ で表わされるが，それら評価個体は表4-8に示すごとく後代を持っているものと持っていないものとに分類される．ここでは，前者を $\boldsymbol{a}_1$，後者を $\boldsymbol{a}_2$ とする．すなわち，

$$\boldsymbol{a}=\begin{bmatrix}\boldsymbol{a}_1\\ \cdots \\ \boldsymbol{a}_2\end{bmatrix}$$

である．また，評価個体の哺育能力に関する育種価のベクトル $\boldsymbol{m}$ も，後代を持っ

ているもの $\boldsymbol{m}_1$ と持っていないもの $\boldsymbol{m}_2$ とに分類される．

$$\boldsymbol{m}=\begin{bmatrix}\boldsymbol{m}_1\\ \cdots\\ \boldsymbol{m}_2\end{bmatrix}$$

したがって，評価個体の離乳前発育値のベクトル $\boldsymbol{y}$ は式(4-30)のごとく表わされる．

$$\boldsymbol{y}=\boldsymbol{X\beta}+\boldsymbol{Z}_{Ra}\boldsymbol{a}_1+\boldsymbol{Z}_{Rm}\boldsymbol{m}_1+\boldsymbol{Z}_p\boldsymbol{p}+\boldsymbol{\varepsilon} \tag{4-30}$$

ただし，$\boldsymbol{y}$，$\boldsymbol{X}$，$\boldsymbol{\beta}$，$\boldsymbol{Z}_p$，$\boldsymbol{p}$：式(4-28)に同じ

$\boldsymbol{a}_{1\cdot(n_2\times 1)}$：後代を持っている評価個体の発育能力に関する育種価のベクトル

$\boldsymbol{Z}_{Ra\cdot(n_4\times n_2)}$：個々の発育値がどの評価個体に属するか，あるいはどの父と母との後代であるかを示す既知の計画行列

$\boldsymbol{m}_{1\cdot(n_2\times 1)}$：後代を持っている評価個体の哺育能力に関する育種価のベクトル

$\boldsymbol{Z}_{Rm\cdot(n_4\times n_2)}$：個々の発育値がどの評価個体に属するかを示す既知の計画行列

$\boldsymbol{\varepsilon}_{(n_1\times 1)}$：残差(個体およびその母に対する一時的環境効果とメンデリアンサンプリング効果の和)

ここで，

$$E\begin{pmatrix}\boldsymbol{a}_1\\ \boldsymbol{m}_1\\ \boldsymbol{p}\end{pmatrix}=\begin{bmatrix}\boldsymbol{0}\\ \boldsymbol{0}\\ \boldsymbol{0}\end{bmatrix}\text{；}\ Var\begin{pmatrix}\boldsymbol{a}_1\\ \boldsymbol{m}_1\\ \boldsymbol{p}\end{pmatrix}=\boldsymbol{H}_R=\begin{bmatrix}\boldsymbol{A}_1\sigma_a^2 & \boldsymbol{A}_1\sigma_{am} & \boldsymbol{0}\\ & \boldsymbol{A}_1\sigma_m^2 & \boldsymbol{0}\\ & & \boldsymbol{I}\sigma_p^2\end{bmatrix}$$

で，$\boldsymbol{A}_1$ は後代を持つ評価個体の分子血縁係数行列であり，

$$Var(\boldsymbol{\varepsilon})=\boldsymbol{R}_R=\boldsymbol{R}_a\sigma_a^2+\boldsymbol{I}(\sigma_t^2+\sigma_e^2)$$

ただし，$\boldsymbol{R}_a$：個体自身に相当する対角要素が 0 で，後代を持たない個体に相当する対角要素が

両親共に既知である場合	$1-0.25(a_{ss}+a_{dd})$
父親のみが既知である場合	$1-0.25a_{ss}$
母親のみが既知である場合	$1-0.25a_{dd}$
両親共不明である場合	1.0

であるような対角行列で，a_{ss} および a_{dd} は $\boldsymbol{A}_1$ の相当する対角要素である．

なお，$\boldsymbol{Z}_{Ra}$ はつぎのように分解できる．

$$\boldsymbol{Z}_{Ra}=\begin{bmatrix}\boldsymbol{Z}_{a_1}\\ \cdots \\ \boldsymbol{Z}_{a_2}\end{bmatrix}$$

ただし，$\boldsymbol{Z}_{a_1\{(n_7+n_8)\times n_2\}}$：$\boldsymbol{a}_1$ に属する個体に関する行列で，これは単位行列 $(n_2\times n_2)$ から記録を持たない個体に相当する行を除いた行列

$\boldsymbol{Z}_{a_2\cdot(n_9\times n_2)}$：$\boldsymbol{a}_1$ に属する個体と $\boldsymbol{a}_2$ に属する個体との間の親子関係を示す行列で，後代を持たない個体に相当する行の両親に相当する要素が 0.5 で，それ以外の要素が 0.0 である行列である．ただし，片親が不明な場合には不明な親に相当する要素が 0.0 となり，両親共に不明な場合にはすべての要素が 0.0 になる．

したがって，混合モデル方程式は式 (4-31) のようになる．

$$\left[\begin{matrix}X'R_R^{-1}X & X'R_R^{-1}Z_{Ra} & X'R_R^{-1}Z_{Rm} & X'R_R^{-1}Z_p \\ Z_{Ra}'R_R^{-1}X & Z_{Ra}'R_R^{-1}Z_{Ra} & Z_{Ra}'R_R^{-1}Z_{Rm} & Z_{Ra}'R_R^{-1}Z_p \\ Z_{Rm}'R_R^{-1}X & Z_{Rm}'R_R^{-1}Z_{Ra} & Z_{Rm}'R_R^{-1}Z_{Rm} & Z_{Rm}'R_R^{-1}Z_p \\ Z_p'R_R^{-1}X & Z_p'R_R^{-1}Z_{Ra} & Z_p'R_R^{-1}Z_{Rm} & Z_p'R_R^{-1}Z_p\end{matrix}+H_R^{-1}\right]\begin{bmatrix}\boldsymbol{\beta}^{\circ}\\ \hat{\boldsymbol{a}}_1\\ \hat{\boldsymbol{m}}_1\\ \hat{\boldsymbol{p}}\end{bmatrix}=\begin{bmatrix}X'R_R^{-1}\boldsymbol{y}\\ Z_{Ra}'R_R^{-1}\boldsymbol{y}\\ Z_{Rm}'R_R^{-1}\boldsymbol{y}\\ Z_p'R_R^{-1}\boldsymbol{y}\end{bmatrix} \quad (4\text{-}31)$$

この方程式の解から

$$\hat{\boldsymbol{\varepsilon}}=\begin{bmatrix}\hat{\boldsymbol{\varepsilon}}_1\\ \cdots \\ \hat{\boldsymbol{\varepsilon}}_2\end{bmatrix}=\boldsymbol{y}-[X \quad Z_{Ra} \quad Z_{Rm} \quad Z_p]\begin{bmatrix}\boldsymbol{\beta}^{\circ}\\ \hat{\boldsymbol{a}}_1\\ \hat{\boldsymbol{m}}_1\\ \hat{\boldsymbol{p}}\end{bmatrix}$$

ただし，$\hat{\boldsymbol{\varepsilon}}_1$：記録を持ち，かつ後代を持った個体の残差のベクトル $\{(n_7+n_8)\times 1\}$

$\hat{\boldsymbol{\varepsilon}}_2$：記録を持つが，後代を持たない個体の残差のベクトル $\{n_9\times 1\}$

により，残差の予測値 $\hat{\boldsymbol{\varepsilon}}$ を求め，これからつぎの 2 式 (4-32) および (4-33) により，後代を持たない個体の離乳前発育に関する育種価 $\boldsymbol{a}_2$ および哺育能力に関する育種価 $\boldsymbol{m}_2$ を予測することができる．

$$\hat{\boldsymbol{a}}_2=\boldsymbol{Z}_{a_2}\hat{\boldsymbol{a}}_1+\sigma_a^2\boldsymbol{R}_{a_2}\boldsymbol{R}_2^{-1}\hat{\boldsymbol{\varepsilon}}_2 \quad (4\text{-}32)$$

$$\hat{\boldsymbol{m}}_2=\boldsymbol{Z}_{a_2}\hat{\boldsymbol{m}}_1+\sigma_{am}\boldsymbol{R}_{a_2}\boldsymbol{R}_2^{-1}\hat{\boldsymbol{\varepsilon}}_2 \quad (4\text{-}33)$$

ただし，$\boldsymbol{R}_2$ および $\boldsymbol{R}_{a_2}$：それぞれ $\boldsymbol{R}$ および $\boldsymbol{R}_a$ のうち後代を持たない個体に相当する小行列（右下の $n_9\times n_9$ の部分）

表 4-9 に示した先の計算例について縮約化モデルを適用して，離乳前発育能力

および哺育能力の育種価を予測してみよう．この場合，離乳前発育値の記録は後代を持っている個体のものと，後代を持たない個体のものとでは線形関数が異なり，前者では

$$Y_i=\mu+b(A_i-\bar{A}.)+a_i+m_k+p_k+\boldsymbol{\varepsilon}_i$$

一方，後者では

$$Y_i=\mu+b(A_i-\bar{A}.)+(1/2)(a_{\mathrm{S}i}+a_{\mathrm{D}i})+m_k+p_k+\boldsymbol{\varepsilon}_i$$

となる．ただし，Y_i，μ，b，A_i，$\bar{A}.$，m_k，p_k は基本モデルの場合と同じで，a_i は後代を持っている個体の発育値に関する育種価で，$a_{\mathrm{S}i}$ および $a_{\mathrm{D}i}$ はそれぞれ当該個体の父および母の離乳前発育値に関する育種価，$\boldsymbol{\varepsilon}_i$ は残差（当該個体およびその母に対する一時的環境効果とメンデリアンサンプリング効果の和）である．なお，

$$E\begin{pmatrix}\boldsymbol{a}_1\\ \boldsymbol{m}_1\\ \boldsymbol{p}\end{pmatrix}=\begin{bmatrix}\mathbf{0}\\ \mathbf{0}\\ \mathbf{0}\end{bmatrix};$$

$$Var\begin{pmatrix}\boldsymbol{a}_1\\ \boldsymbol{m}_1\\ \boldsymbol{p}\end{pmatrix}=\begin{bmatrix}6\boldsymbol{A} & 2\boldsymbol{A}_1 & \mathbf{0}\\ & 4\boldsymbol{A}_1 & \mathbf{0}\\ & & 3\boldsymbol{I}\end{bmatrix}$$

とする．$\boldsymbol{A}_1$ は後代を持つ評価個体間の分子血縁係数行列で

$$\boldsymbol{A}_1=\begin{bmatrix}1.0 & 0.25 & 0.0 & 0.5 & 0.625 & 0.625\\ & 1.0 & 0.0 & 0.125 & 0.625 & 0.625\\ & & 1.0 & 0.5 & 0.0 & 0.0\\ & & & 1.0 & 0.3125 & 0.3125\\ & & & & 1.125 & 0.625\\ & & & & & 1.125\end{bmatrix}$$

である．

そこで，混合モデル方程式 (4-31) を構成する各行列および各ベクトルはつぎのとおりである．

$\boldsymbol{y}$，$\boldsymbol{X}$，$\boldsymbol{Z}_p$，$\hat{\boldsymbol{\beta}}$，および $\hat{\boldsymbol{p}}$ は基本モデルの場合に同じで，

$$\boldsymbol{Z}_{Ra}'=[\boldsymbol{Z}_{a_1}' \vdots \boldsymbol{Z}_{a_2}']=\begin{bmatrix}0&0&0&0&0&0&0\\0&0&0&0&0&0&0\\0&0&0&0&0&0&0\\1&0&0&0.5&0&0.5&0\\0&1&0&0&0.5&0&0.5\\0&0&1&0.5&0.5&0.5&0.5\end{bmatrix};$$

$$\boldsymbol{Z}_{Rm}'=\begin{bmatrix}0&0&0&0&0&0&0\\0&1&1&0&0&0&0\\1&0&0&0&0&0&0\\0&0&0&1&0&1&0\\0&0&0&0&1&0&1\\0&0&0&0&0&0&0\end{bmatrix};$$

$$\hat{\boldsymbol{a}}'_1=[\hat{a}_{S_1}\quad \hat{a}_{D_2}\quad \hat{a}_{D_3}\quad \hat{a}_{D_4}\quad \hat{a}_{D_5}\quad \hat{a}_{S_6}];$$

$$\hat{\boldsymbol{m}}_1'=[\hat{m}_{S_1}\quad \hat{m}_{D_2}\quad \hat{m}_{D_3}\quad \hat{m}_{D_4}\quad \hat{m}_{D_5}\quad \hat{m}_{S_6}];$$

$$\boldsymbol{H}_R^{-1}=\begin{bmatrix}6\boldsymbol{A}_1&2\boldsymbol{A}_1&\boldsymbol{0}\\&4\boldsymbol{A}_1&\boldsymbol{0}\\&&3\boldsymbol{I}\end{bmatrix}^{-1};$$

$$\boldsymbol{R}_R=6.0\boldsymbol{R}_a+12.0\boldsymbol{I}$$

ただし，

$$\boldsymbol{R}_a=\text{Diagonal}\{0.0\quad 0.0\quad 0.0\quad 0.4688\quad 0.4375\quad 0.4688\quad 0.4375\}.$$

したがって，混合モデル方程式を解くことにより

$$\hat{\mu}=14.8097;\quad b=0.9786;$$

$$\hat{\boldsymbol{a}}_1'=[0.2645\quad 0.2060\quad -0.3764\quad -0.1311\quad 0.8223\quad -0.0495];$$

$$\hat{\boldsymbol{m}}_1'=[0.4348\quad 0.0356\quad -0.3764\quad 0.2553\quad 0.5583\quad 0.1403];$$

$$\hat{\boldsymbol{p}}'=[-0.2296\quad -0.4519\quad 0.4521\quad 0.2294]$$

が得られる．また，これらの推定値より算出した残差$\hat{\boldsymbol{\varepsilon}}$は

$$\hat{\boldsymbol{\varepsilon}}'=[-1.8075\quad 1.5835\quad -2.5019\quad -1.4054\quad -1.9409\quad 3.6375\quad 3.0591]$$

である．

そこで，つぎに式(4-32)および(4-33)を用いて$\hat{\boldsymbol{a}}_2'$および$\hat{\boldsymbol{m}}_2'$を算出すること

ができる.

$$\hat{\boldsymbol{\varepsilon}}_2{}'=[-1.4054 \quad -1.9409 \quad 3.6375 \quad 3.0591];$$

$$\boldsymbol{R}_{a_2}=\text{Dinagonal}=\{0.4688 \quad 0.4375 \quad 0.4688 \quad 0.4375\};$$

$$\boldsymbol{R}_{R_2}=\text{Dinagonal}=\{14.8125 \quad 14.625 \quad 14.8125 \quad 14.625\};$$

$$\boldsymbol{R}_{R_2}^{-1}=\text{Dinagonal}=\{0.0675 \quad 0.0684 \quad 0.0675 \quad 0.0684\}$$

であるから，式(4-32)より，

$$\hat{\boldsymbol{a}}_2=\begin{bmatrix} 0.0 & 0.0 & 0.0 & 0.5 & 0.0 & 0.5 \\ 0.0 & 0.0 & 0.0 & 0.0 & 0.5 & 0.5 \\ 0.0 & 0.0 & 0.0 & 0.5 & 0.0 & 0.5 \\ 0.0 & 0.0 & 0.0 & 0.0 & 0.5 & 0.5 \end{bmatrix}\begin{bmatrix} 0.2645 \\ 0.2060 \\ -0.3764 \\ -0.1311 \\ 0.8223 \\ -0.0495 \end{bmatrix}$$

$$+6.0\times\begin{bmatrix} 0.4688 & 0.0 & 0.0 & 0.0 \\ & 0.4375 & 0.0 & 0.0 \\ & & 0.4688 & 0.0 \\ & & & 0.4375 \end{bmatrix}$$

$$\times\begin{bmatrix} 0.0675 & 0.0 & 0.0 & 0.0 \\ & 0.0684 & 0.0 & 0.0 \\ & & 0.0675 & 0.0 \\ & & & 0.0684 \end{bmatrix}\begin{bmatrix} -1.4054 \\ -1.9409 \\ 3.6375 \\ 3.0591 \end{bmatrix}$$

$$=[-0.3571 \quad 0.0380 \quad 0.6004 \quad 0.9354]'$$

が得られる．また，式(4-33)より

$$\hat{\boldsymbol{m}}_2=\begin{bmatrix} 0.0 & 0.0 & 0.0 & 0.5 & 0.0 & 0.5 \\ 0.0 & 0.0 & 0.0 & 0.0 & 0.5 & 0.5 \\ 0.0 & 0.0 & 0.0 & 0.5 & 0.0 & 0.5 \\ 0.0 & 0.0 & 0.0 & 0.0 & 0.5 & 0.5 \end{bmatrix}\begin{bmatrix} 0.4348 \\ 0.0356 \\ -0.3764 \\ 0.2553 \\ 0.5583 \\ 0.1403 \end{bmatrix}$$

$$+2.0\times\begin{bmatrix} 0.4688 & 0.0 & 0.0 & 0.0 \\ & 0.4375 & 0.0 & 0.0 \\ & & 0.4688 & 0.0 \\ & & & 0.4375 \end{bmatrix}$$

$$
\times \begin{bmatrix} 0.0675 & 0.0 & 0.0 & 0.0 \\ & 0.0684 & 0.0 & 0.0 \\ & & 0.0675 & 0.0 \\ & & & 0.0684 \end{bmatrix} \begin{bmatrix} -1.4054 \\ -1.9409 \\ 3.6375 \\ 3.0591 \end{bmatrix}
$$

$$
= [0.1089 \quad 0.2332 \quad 0.4281 \quad 0.5324]'
$$

が求められる．このように，縮約化モデルを用いることによって，計算負荷を少なくし，しかも基本モデルと全く同じ推定値が得られる．

4.4　複数形質モデルの BLUP 法

家畜の経済価値は多くの場合，単一の形質ではなく，複数の形質の良否によって決まる．林木や魚類などの場合も同様である．そこで，複数の形質についての記録に基づき，個体の遺伝的能力を評価するのに用いられるのが複数形質モデルの BLUP 法（multiple-trait BLUP）で，各形質ごとに評価値が得られる．これは，育種以外の分野では，健康診断や入学試験において複数の種類の観測値を用いて，偏りのない正確な推定をしようとする場合にも適用できる．

複数形質の BLUP 法は個々の形質ごとの単一形質の BLUP 法よりも正確度が高く，また，一方の形質に基づく淘汰が他方の形質の評価に及ぼす影響を減じることができる．たとえば肉牛で 1 歳齢体重について評価したい場合に，離乳時（6〜8ヶ月齢時）体重に基づき淘汰が行われていると評価に偏りが生じる．このような場合，複数形質モデルの BLUP 法により 1 歳齢体重とともに離乳時体重についても評価を行うと，淘汰の影響が小さくなる．両形質間の遺伝相関が高ければ高い程その効果は大きい．

また，種畜評価の対象となる形質が家畜の生涯のなかでも遅い時期でないと測定できない場合とか，あるいは測定に多額の経費のかかる場合がある．このような場合，その形質と高い遺伝相関のある形質で，ごく初期にあるいは簡単に得られる多くの測定値をあわせて評価することにより，対象形質についての測定値の少なさをカバーすることができる．

このように複数形質モデルの BLUP 法は多くの利点をもっている．したがって，本来ならこれまで述べてきた種々のモデルの BLUP 法それぞれに対する複数形質モデルの BLUP 法について解説するべきかもしれない．しかし，紙幅の制限があるので，ここでは最も基本的な個体モデルのBLUP法の場合について述べるにとどめる．なお，表4-11ではすべての個体がすべての形質についての記録を持っているが，記録を持たない個体が存在してもよいし，記録を持つ個体でもある一部の形質について記録を持たない場合があってもよい．また，各形質に影響を及ぼす母数効果は形質ごとに違っていてもよい．

いま，n 個体についてそれぞれt個の形質についての記録があるとして，i 番目の個体の t 個の形質の観測値はつぎの線形関数で表される．

$$\boldsymbol{y}_i = \boldsymbol{X}_i\boldsymbol{\beta} + \boldsymbol{Z}_i\boldsymbol{a}_i + \boldsymbol{e}_i \quad (i=1\cdots n) \tag{4-34}$$

ただし，$\boldsymbol{y}_{i\cdot(t\times 1)}$：$i$ 番目の個体の t 個の形質についての観測値のベクトル

$\boldsymbol{\beta}_{(\sum_{j=1}^{t} P_j\times 1)}$：$t$ 個の形質についての母数効果のベクトル，P_j は j 番目の形質に取り上げた母数効果のクラス数の和

$\boldsymbol{X}_{i\cdot(t\times\sum_{j=1}^{t} P_j)}$：$i$ 番目の個体の t 個の形質が，母数効果のどのクラスに属するかを示す計画行列

$\boldsymbol{a}_{i\cdot(t\times 1)}$：$i$ 番目の個体の t 個の形質についての育種価のベクトル

$\boldsymbol{Z}_{i\cdot(t\times t)}$：$i$ 番目の個体の t 個の形質に関する計画行列

$\boldsymbol{e}_{i\cdot(t\times 1)}$：$i$ 番目の個体の t 個の形質についての環境偏差のベクトル

ここで，
$$E\begin{pmatrix}\boldsymbol{a}_i\\ \boldsymbol{e}_i\end{pmatrix}=\begin{bmatrix}\boldsymbol{0}\\ \boldsymbol{0}\end{bmatrix};\ Var\begin{pmatrix}\boldsymbol{a}_i\\ \boldsymbol{e}_i\end{pmatrix}=\begin{bmatrix}\boldsymbol{G}_0 & \boldsymbol{0}\\ & \boldsymbol{R}_0\end{bmatrix}$$

で，$\boldsymbol{G}_0$ は t 個の形質間の相加的遺伝分散共分散行列で，$\boldsymbol{R}_0$ は t 個の形質間の環境分散共分散行列である．したがって，表現型分散共分散行列 $Var(\boldsymbol{y})$ は $\boldsymbol{G}_0+\boldsymbol{R}_0$ となる．

全個体全形質についての線形関数は式(4-35)のようになる．

$$\begin{bmatrix}\boldsymbol{y}_1\\ \boldsymbol{y}_2\\ \vdots\\ \boldsymbol{y}_n\end{bmatrix}=\begin{bmatrix}\boldsymbol{X}_1\\ \boldsymbol{X}_2\\ \vdots\\ \boldsymbol{X}_n\end{bmatrix}\boldsymbol{\beta}+\begin{bmatrix}\boldsymbol{Z}_1 & \boldsymbol{0} & \cdots & \boldsymbol{0}\\ \boldsymbol{0} & \boldsymbol{Z}_2 & \cdots & \boldsymbol{0}\\ \vdots & \vdots & & \vdots\\ \boldsymbol{0} & \boldsymbol{0} & \cdots & \boldsymbol{Z}_n\end{bmatrix}\begin{bmatrix}\boldsymbol{a}_1\\ \boldsymbol{a}_2\\ \vdots\\ \boldsymbol{a}_n\end{bmatrix}+\begin{bmatrix}\boldsymbol{e}_1\\ \boldsymbol{e}_2\\ \vdots\\ \boldsymbol{e}_n\end{bmatrix} \tag{4-35}$$

ここで，

$$\boldsymbol{y}'=[\boldsymbol{y}_1' \quad \boldsymbol{y}_2' \quad \cdots \quad \boldsymbol{y}_n'];$$
$$\boldsymbol{X}'=[\boldsymbol{X}_1' \quad \boldsymbol{X}_2' \quad \cdots \quad \boldsymbol{X}_n'];$$

$$\boldsymbol{Z}=\begin{bmatrix}\boldsymbol{Z}_1 & \boldsymbol{0} & \cdots & \boldsymbol{0}\\ \boldsymbol{0} & \boldsymbol{Z}_2 & \cdots & \boldsymbol{0}\\ \vdots & \vdots & & \vdots\\ \boldsymbol{0} & \boldsymbol{0} & \cdots & \boldsymbol{Z}_n\end{bmatrix};$$

$$\boldsymbol{a}'=[\boldsymbol{a}_1' \quad \boldsymbol{a}_2' \quad \cdots \quad \boldsymbol{a}_n'];$$

$$\boldsymbol{e}'=[\boldsymbol{e}_1' \quad \boldsymbol{e}_2' \quad \cdots \quad \boldsymbol{e}_n']$$

とおくと，式 (4-35) は式 (4-36) のごとく表される．

$$\boldsymbol{y}=\boldsymbol{X\beta}+\boldsymbol{Za}+\boldsymbol{e} \tag{4-36}$$

この場合，

$$\boldsymbol{G}=\boldsymbol{Var}(\boldsymbol{a})=\boldsymbol{Var}\begin{bmatrix}\boldsymbol{a}_1\\ \boldsymbol{a}_2\\ \vdots\\ \boldsymbol{a}_n\end{bmatrix}$$

$$=\begin{bmatrix}a_{11}\boldsymbol{G}_0 & a_{12}\boldsymbol{G}_0 & \cdots & a_{1n}\boldsymbol{G}_0\\ a_{21}\boldsymbol{G}_0 & a_{22}\boldsymbol{G}_0 & \cdots & a_{2n}\boldsymbol{G}_0\\ \vdots & \vdots & & \vdots\\ a_{n1}\boldsymbol{G}_0 & a_{n2}\boldsymbol{G}_0 & \cdots & a_{nn}\boldsymbol{G}_0\end{bmatrix}=\boldsymbol{A}\otimes\boldsymbol{G}_0,$$

$$\boldsymbol{R}=\boldsymbol{Var}(\boldsymbol{e})=\boldsymbol{Var}\begin{bmatrix}\boldsymbol{e}_1\\ \boldsymbol{e}_2\\ \vdots\\ \boldsymbol{e}_n\end{bmatrix}=\begin{bmatrix}\boldsymbol{R}_0 & \boldsymbol{0} & \cdots & \boldsymbol{0}\\ & \boldsymbol{R}_0 & \cdots & \boldsymbol{0}\\ & & \ddots & \vdots\\ & & & \boldsymbol{R}_0\end{bmatrix}=\boldsymbol{I}\otimes\boldsymbol{R}_0$$

となり，⊗ は直積あるいはクロネッカー積 (direct product あるいは Kronecker product) を表し，$\boldsymbol{A}$ は分子血縁係数行列を，a_{ij} はその要素を表している．

したがって，解くべき混合モデル方程式は

$$\begin{bmatrix}\boldsymbol{X}'\boldsymbol{R}^{-1}\boldsymbol{X} & \boldsymbol{X}'\boldsymbol{R}^{-1}\boldsymbol{Z}\\ \boldsymbol{Z}'\boldsymbol{R}^{-1}\boldsymbol{X} & \boldsymbol{Z}'\boldsymbol{R}^{-1}\boldsymbol{Z}+\boldsymbol{G}^{-1}\end{bmatrix}\begin{bmatrix}\boldsymbol{\beta}^{\circ}\\ \hat{\boldsymbol{a}}\end{bmatrix}=\begin{bmatrix}\boldsymbol{X}'\boldsymbol{R}^{-1}\boldsymbol{y}\\ \boldsymbol{Z}'\boldsymbol{R}^{-1}\boldsymbol{y}\end{bmatrix} \tag{4-37}$$

となる．ただし，$\boldsymbol{G}^{-1}$ および $\boldsymbol{R}^{-1}$ は直積の性質より

$$\boldsymbol{G}^{-1}=(\boldsymbol{A}\otimes\boldsymbol{G}_0)^{-1}=\boldsymbol{A}^{-1}\otimes\boldsymbol{G}_0^{-1}$$

$$\boldsymbol{R}^{-1}=(\boldsymbol{I}\otimes\boldsymbol{R}_0)^{-1}=\boldsymbol{I}\otimes\boldsymbol{R}_0^{-1}=\begin{bmatrix}\boldsymbol{R}_0^{-1} & \mathbf{0} & \cdots & \mathbf{0}\\ & \boldsymbol{R}_0^{-1} & \cdots & \mathbf{0}\\ & & \ddots & \vdots\\ & & & \boldsymbol{R}_0^{-1}\end{bmatrix}$$

である．この方程式(4-37)を解くことにより$\boldsymbol{\beta}^{\circ}$および$\hat{\boldsymbol{a}}$が得られる．

もし，i番目の個体のj番目の形質の観測値が欠けている場合，$\boldsymbol{X}_i$および$\boldsymbol{Z}_i$のj行の要素はすべて0となる．さらに，$\boldsymbol{R}_{0i}$のj行j列の要素もすべて0となる．これらの点を除いて，すべての記録が揃っている場合と計算法は全く変わらない．

つぎに表4-11に示す黒毛和種子牛の発育記録（生時体重，離乳時体重，離乳後DG）について具体的に複数形質モデルのBLUP法を用いて育種価を予測してみよう．ここで，子牛の血縁関係はつぎのごとくC_1，C_2およびC_3が互いに半きょうだいで，C_4およびC_5が別の半きょうだいグループを形成しているとする．

また，これら三つの形質間の遺伝分散共分散は

$$\boldsymbol{G}_0=\begin{bmatrix}5.88 & 15.18 & 0.1029\\ & 116.46 & 0.4712\\ & & 0.0057\end{bmatrix}$$

で，環境分散共分散は

表4-11　黒毛和種子牛の発育記録

子牛	季節		生時体重 (kg)	離乳時体重 (kg)	離乳後DG (kg/日)
	生時	離乳時			
C_1	秋	春	27.7	164	0.89
C_2	〃	〃	32.7	182	0.93
C_3	春	秋	30.8	159	0.82
C_4	〃	〃	35.4	186	0.91
C_5	〃	〃	29.5	154	0.79

$$
\boldsymbol{R}_0=\begin{bmatrix} 7.47 & 13.87 & 0.0124 \\ & 299.16 & -0.1091 \\ & & 0.0052 \end{bmatrix}
$$

であるとする．

j 番目の形質に対する季節の効果を $\boldsymbol{K}_j$ で表し，1番目の形質の生時体重を，$\boldsymbol{K}_1'=[K_{11}\quad K_{12}]$，2番目の形質の離乳時体重を $\boldsymbol{K}_2'=[K_{21}\quad K_{22}]$ および3番目の形質の離乳後DGを $\boldsymbol{K}_3'=[K_{31}\quad K_{32}]$ とする．ここで，2番目の添字が季節の効果のクラスに対応し，1が秋に，2が春に対応する．i 番目の子牛のそれぞれの形質の育種価を $\boldsymbol{a}_i$，環境偏差を $\boldsymbol{e}_i$ とすると，i 番目の個体の三つの形質の観測値 $\boldsymbol{y}_i$ はつぎの線形関数で表される．

$$
\boldsymbol{y}_i=\boldsymbol{X}_i\begin{bmatrix} \boldsymbol{K}_1 \\ \boldsymbol{K}_2 \\ \boldsymbol{K}_3 \end{bmatrix}+\boldsymbol{a}_i+\boldsymbol{e}_i
$$

そこで，混合モデル方程式(4-37)を構成する行列およびベクトルはつぎのようになる．

$$
\boldsymbol{y}'=[27.7\quad 164.0\quad 0.89\quad 32.7\quad 182.0\quad 0.93\quad 30.8\quad 159.0\quad 0.82\quad 35.4\quad 186.0\quad 0.91\quad 29.5\quad 154.0\quad 0.790]\,;
$$

$$
\boldsymbol{X}'=\begin{bmatrix}
1&0&0&1&0&0&0&0&0&0&0&0&0&0&0\\
0&0&0&0&0&0&1&0&0&1&0&0&1&0&0\\
0&0&0&0&0&0&0&1&0&0&1&0&0&1&0\\
0&1&0&0&1&0&0&0&0&0&0&0&0&0&0\\
0&0&0&0&0&0&0&0&1&0&0&1&0&0&1\\
0&0&1&0&0&1&0&0&0&0&0&0&0&0&0
\end{bmatrix};
$$

$$
[\overset{\circ}{\boldsymbol{K}}{}_1'\quad \overset{\circ}{\boldsymbol{K}}{}_2'\quad \overset{\circ}{\boldsymbol{K}}{}_3']=[\overset{\circ}{K}_{11}\quad \overset{\circ}{K}_{12}\quad \overset{\circ}{K}_{21}\quad \overset{\circ}{K}_{22}\quad \overset{\circ}{K}_{31}\quad \overset{\circ}{K}_{32}]\,;
$$

$$
\boldsymbol{Z}=\begin{bmatrix}
1 & 0 & 0 & 0 & 0 & 0 & 0 & 0 & 0 & 0 & 0 & 0 & 0 & 0 & 0 \\
 & 1 & 0 & 0 & 0 & 0 & 0 & 0 & 0 & 0 & 0 & 0 & 0 & 0 & 0 \\
 & & 1 & 0 & 0 & 0 & 0 & 0 & 0 & 0 & 0 & 0 & 0 & 0 & 0 \\
 & & & 1 & 0 & 0 & 0 & 0 & 0 & 0 & 0 & 0 & 0 & 0 & 0 \\
 & & & & 1 & 0 & 0 & 0 & 0 & 0 & 0 & 0 & 0 & 0 & 0 \\
 & & & & & 1 & 0 & 0 & 0 & 0 & 0 & 0 & 0 & 0 & 0 \\
 & & & & & & 1 & 0 & 0 & 0 & 0 & 0 & 0 & 0 & 0 \\
 & & & & & & & 1 & 0 & 0 & 0 & 0 & 0 & 0 & 0 \\
 & & & & & & & & 1 & 0 & 0 & 0 & 0 & 0 & 0 \\
 & & & & & & & & & 1 & 0 & 0 & 0 & 0 & 0 \\
 & & & & & & & & & & 1 & 0 & 0 & 0 & 0 \\
 & & & & & & & & & & & 1 & 0 & 0 & 0 \\
 & & & & & & & & & & & & 1 & 0 & 0 \\
 & & & & & & & & & & & & & 1 & 0 \\
 & & & & & & & & & & & & & & 1
\end{bmatrix};
$$

$$
\hat{\boldsymbol{a}}'=[\hat{\boldsymbol{a}}_1' \ \hat{\boldsymbol{a}}_2' \ \hat{\boldsymbol{a}}_3' \ \hat{\boldsymbol{a}}_4' \ \hat{\boldsymbol{a}}_5']=[\hat{a}_{11} \ \hat{a}_{12} \ \hat{a}_{13} \vdots \hat{a}_{21} \ \hat{a}_{22} \ \hat{a}_{23} \vdots \hat{a}_{31} \ \hat{a}_{32} \ \hat{a}_{33} \vdots \hat{a}_{41} \ \hat{a}_{42} \ \hat{a}_{43} \vdots \hat{a}_{51} \ \hat{a}_{52} \ \hat{a}_{53}].
$$

ここでは2番目の添字1，2および3がそれぞれ生時体重，離乳時体重および離乳後DGに対応する．

$$
\boldsymbol{G}^{-1}=\boldsymbol{A}^{-1}\otimes\boldsymbol{G}_0^{-1}
$$

$$
=\begin{bmatrix}
1.00 & 0.25 & 0.25 & 0.0 & 0.0 \\
 & 1.00 & 0.25 & 0.0 & 0.0 \\
 & & 1.00 & 0.0 & 0.0 \\
 & & & 1.00 & 0.25 \\
 & & & & 1.00
\end{bmatrix}^{-1}
\otimes
\begin{bmatrix}
5.8800 & 15.1800 & 0.1029 \\
 & 116.4600 & 0.4712 \\
 & & 0.0057
\end{bmatrix}^{-1}
$$

$$
=\begin{bmatrix}
1.1111 & -0.2222 & -0.2222 & 0.0 & 0.0 \\
 & 1.1111 & -0.2222 & 0.0 & 0.0 \\
 & & 1.1111 & 0.0 & 0.0 \\
 & & & 1.0667 & -0.2667 \\
 & & & & 1.0667
\end{bmatrix}
$$

$$
\otimes\begin{bmatrix}
0.2902 & -0.0249 & -3.1888 \\
 & 0.0151 & -0.7982 \\
 & & 300.0258
\end{bmatrix};
$$

$$
\boldsymbol{R}^{-1}=\boldsymbol{I}\otimes\boldsymbol{R}_0^{-1}
$$

$$=\boldsymbol{I}\otimes\begin{bmatrix}7.4700 & 13.8700 & 0.0124\\ & 299.1600 & -0.1091\\ & & 0.0052\end{bmatrix}^{-1}$$

$$=\boldsymbol{I}\otimes\begin{bmatrix}0.1477 & -0.0070 & -0.4955\\ & 0.0037 & 0.0938\\ & & 194.3306\end{bmatrix}$$

である．そこで，式(4-37)に相当する混合モデル方程式を組み立て，それを解くことにより，解がつぎのごとく得られる．

$$[\boldsymbol{K}_1^{\circ\prime}\quad \boldsymbol{K}_2^{\circ\prime}\quad \boldsymbol{K}_3^{\circ\prime}]=[30.3256\quad 31.8571\quad 166.1310\quad 173.5946\quad 0.8424\quad 0.9231]\,;$$

$$\begin{aligned}\hat{\boldsymbol{a}}'=[&-1.0804\quad -3.7151\quad -0.0316\quad 0.8293\quad 2.5258\quad 0.0053\\ &-0.5046\quad -2.3867\quad -0.0225\quad 1.6497\quad 7.2273\quad 0.0473\\ &-1.0163\quad -4.2337\quad -0.0320].\end{aligned}$$

このように，生時体重，離乳時体重および離乳後 DG のいずれの形質についても，季節の効果は春の方がよいことがわかる．また，予測育種価については 4 番目の個体 C_4 がいずれの形質についても最も高かった．

第5章
分散共分散の推定

家畜および実験動物などから得られる能力記録は，数多くの要因（環境と遺伝およびそれらの交互作用）の影響を受けている．その記録に占める各要因の大きさはどの程度であろうか．家畜改良の応用分野では欠かせない遺伝率，反復率，遺伝相関，環境相関などは，それぞれの要因の分散共分散を推定することによって得られる．それらの推定値は個体の遺伝的能力を予測するうえで必須のものである．

一般にBLUP法においては分散共分散の値が既知であることが前提になっている．しかし，変量効果推定の対象となっている集団における分散共分散が既知であるということは稀であり，BLUP法に用いられるモデルにより前もって分散共分散の推定を行うことが多い．そこで，母数効果に影響されない，パラメータスペース内にある，そして不偏である推定値を求める分散共分散分析法が改良・工夫されてきた．

応用統計学においてよく使われる分散分析法は，各要因の仮説検定のみならず，分散成分の推定にも使われてきた．Henderson (1953) は，副次級数が不揃いであるときに偏りを生じるという従来の分散分析法の欠点を補うために3種類の方法を考案した．特にヘンダーソンの方法IIIは，母数効果と変量効果を含む混合モデルに，さらにそれらの間の交互作用を扱うことができ，広い分野において利用された．コンピュータの性能の発達とともに，分散共分散成分の推定法はさらに高度化し，現在は制限付き最尤推定法とモンテカルロ・マルコフ連鎖法の一つであるギブス・サンプリング法が頻繁に使われるようになった．ここではこの二つの方法に焦点を絞り，実際的な統計モデルによる数値例を挙げながら解説する．

遺伝育種の分野で重要な遺伝情報である遺伝率（heritability：h^2）は，全表現型分散に対する相加的遺伝分散の比と定義される．各記録を表現型値（$\boldsymbol{y}$），相加的遺伝子効果または育種価 ($\boldsymbol{g}$), 残差 ($\boldsymbol{\varepsilon}$) を使って表すと, $\boldsymbol{y}=\mathbf{1}\mu+\boldsymbol{g}+\boldsymbol{\varepsilon}$ となる. ここで μ は母集団平均で, $\mathbf{1}$ はすべての要素が 1 のベクトルある. その表現型分散を $Var(\boldsymbol{y})$, 相加的遺伝 (育種価) 分散を $Var(\boldsymbol{g})$, 残差分散を $Var(\boldsymbol{\varepsilon})$とすると, $Var(\boldsymbol{y})=Var(\boldsymbol{g})+Var(\boldsymbol{\varepsilon})$ と表される. ここで $\boldsymbol{g}$ と $\boldsymbol{\varepsilon}$ は独立, つまり共分散 $Cov(\boldsymbol{g}, \boldsymbol{\varepsilon})$ がゼロであると仮定する. 狭義の遺伝率は $h^2=Var(\boldsymbol{g})\,/\,Var(\boldsymbol{y})$と定義される.

相加的遺伝子効果の他に優性偏差 ($\boldsymbol{d}$) およびエピスタシス偏差 ($\boldsymbol{i}$) を考えると, 表現型値は $\boldsymbol{y}=\mathbf{1}\mu+\boldsymbol{g}+\boldsymbol{d}+\boldsymbol{i}+\boldsymbol{e}$ と書き換えられる。ただし, $\boldsymbol{e}$ は環境偏差である. この場合, 表現型分散はつぎのように表わされる.

$$Var(\boldsymbol{y})=Var(\boldsymbol{g})+Var(\boldsymbol{d})+Var(\boldsymbol{i})+Var(\boldsymbol{e})$$

ただし, $Var(\boldsymbol{d})$: 優性分散
$Var(\boldsymbol{i})$: エピスタシス分散
$Var(\boldsymbol{e})$: 環境分散

そこで, 広義の遺伝率 (h_B^2) は,

$$h_B^2=\frac{Var(\boldsymbol{g})+Var(\boldsymbol{d})+Var(\boldsymbol{i})}{Var(\boldsymbol{y})}$$ と定義される.

さらに, 環境偏差が永続的環境偏差 $\boldsymbol{e}_p$ と一時的環境偏差 $\boldsymbol{e}_t$ からなると考えると, 遺伝率の場合と同様に各要因は独立であるという仮定のもとに, その表現型分散 $Var(\boldsymbol{y})=Var(\boldsymbol{g})+Var(\boldsymbol{d})+Var(\boldsymbol{i})+Var(\boldsymbol{e}_p)+Var(\boldsymbol{e}_t)$ となる. ここで, 反復率を同一個体の同一形質の記録間の似通いの程度と定義すると, 反復率 (repeatability : R) は

$$R=\frac{Var(\boldsymbol{g})+Var(\boldsymbol{d})+Var(\boldsymbol{i})+Var(\boldsymbol{e}_p)}{Var(\boldsymbol{y})}$$

となる.

多くの研究者は, 変量効果の分散と併せて, 変量効果間 (たとえば, 個体と母親の遺伝的関係, 交雑種をもつ品種間, 遺伝的なつながりをもつ地域 (国) 間の遺伝相関など) または 2 形質間の共分散にも関心を持っている. 最近では, 成長に伴って増加する体重, 分娩後の乳量などのように時間とともに変化する分散共分散をランダム回帰モデルを使って推定できるようになった.

5.1　ヘンダーソンの方法Ⅰ，ⅡおよびⅢ

はじめに，不揃いデータをもつ二元配置以上のモデルに対応したヘンダーソンの方法 (Henderson's method) を紹介したい．その前身である分散分析法（つまり各要因の平均平方 (mean squares：MS) がその期待値 (expected mean squares：EMS) に等しいと置く方法 (Fisher, 1925)）は，不揃いデータ（unbalanced data，副次級に属する観測値の数が異なるデータ）に対しては明らかに推定値が偏りをもつ．ヘンダーソンはその改良版として 3 種類の方法を提唱した (Henderson, 1953)．

あるモデルの平方和 (sum　of　squares：SS) または MS を 2 次形式 (quadratic form) を使って表すことができる．ある 2 次形式 $\boldsymbol{y}'\boldsymbol{Q}\boldsymbol{y}$ の期待値 $E(\boldsymbol{y}'\boldsymbol{Q}\boldsymbol{y})$ は，

$$E(\boldsymbol{y}'\boldsymbol{Q}\boldsymbol{y})=tr[\boldsymbol{Q}(\boldsymbol{V}+\mu\mu')]=tr(\boldsymbol{Q}\boldsymbol{V})+tr(\boldsymbol{Q}\mu\mu')=tr(\boldsymbol{Q}\boldsymbol{V})+\mu'\boldsymbol{Q}\mu \tag{5-1}$$

となる．ここで tr は行列の対角和を表す．その 2 次形式の分散は，

$$Var(\boldsymbol{y}'\boldsymbol{Q}\boldsymbol{y})=2tr(\boldsymbol{Q}\boldsymbol{V}\boldsymbol{Q}\boldsymbol{V})+4E(\boldsymbol{y}')\boldsymbol{Q}\boldsymbol{V}\boldsymbol{Q}E(\boldsymbol{y})$$

ここで $\boldsymbol{Q}\boldsymbol{V}$ がべき等のとき $\boldsymbol{Q}\boldsymbol{V}\boldsymbol{Q}\boldsymbol{V}=\boldsymbol{Q}\boldsymbol{V}$ であり，

$$=2tr(\boldsymbol{Q}\boldsymbol{V})+4E(\boldsymbol{y}')\boldsymbol{Q}\boldsymbol{V}\boldsymbol{Q}E(\boldsymbol{y})$$

となり，またその共分散は，

$$Cov(\boldsymbol{y}'\boldsymbol{Q}_A\boldsymbol{y},\ \boldsymbol{y}'\boldsymbol{Q}_B\boldsymbol{y})=2tr(\boldsymbol{Q}_A\boldsymbol{V}\boldsymbol{Q}_B\boldsymbol{V})+4E(\boldsymbol{y}')\boldsymbol{Q}_A\boldsymbol{V}\boldsymbol{Q}_BE(\boldsymbol{y})$$

$\boldsymbol{Q}_A\boldsymbol{V}\boldsymbol{Q}_B=\boldsymbol{0}$ のとき

$$=2tr(\boldsymbol{Q}_A\boldsymbol{V}\boldsymbol{Q}_B\boldsymbol{V})$$

となる．

一般的な混合モデルの線形関数

$$\boldsymbol{y}=\boldsymbol{X}\boldsymbol{\beta}+\boldsymbol{Z}\boldsymbol{u}+\boldsymbol{e} \tag{5-2}$$

ここで $\boldsymbol{\beta}$：母数効果のベクトル

　$\boldsymbol{u}$：変量効果のベクトル

に対して，各効果に対する SS を 2 次形式 $\boldsymbol{SS}_i=\boldsymbol{y}'\boldsymbol{Q}_i\boldsymbol{y}$（$i$ 番目の変量効果）を

使って表すと，その期待値は式(5-1)から

$$E(\boldsymbol{SS}_i)=E(\boldsymbol{y}'\boldsymbol{Q}_i\boldsymbol{y})=tr(\boldsymbol{Q}_i\boldsymbol{V})+E(\boldsymbol{y})'\boldsymbol{Q}_iE(\boldsymbol{y})$$
$$=tr(\boldsymbol{Q}_i\sum\sum\boldsymbol{Z}_i\boldsymbol{Z}_i'\sigma_i^2+\boldsymbol{Q}_i\sigma_i^2)+\boldsymbol{\beta}'\boldsymbol{X}'\boldsymbol{Q}_i\boldsymbol{X}\boldsymbol{\beta}$$
ただし，$\boldsymbol{X}'\boldsymbol{Q}_i\boldsymbol{X}=\boldsymbol{0}$
$$=tr(\boldsymbol{Q}_i\sum\sum\boldsymbol{Z}_i\boldsymbol{Z}_i'\sigma_i^2+\boldsymbol{Q}_i\sigma_i^2)$$

となる．ここで分散成分ベクトルを$\boldsymbol{\sigma}$，EMS に対する係数行列を $\boldsymbol{C}$，MS ベクトルを $\boldsymbol{s}$ とすると，$\boldsymbol{s}=\boldsymbol{C}\boldsymbol{\sigma}$の式が成り立ち，これをつぎのように$\boldsymbol{\sigma}$について解くことによって分散成分が推定される．

$$E(\boldsymbol{s})=\boldsymbol{C}\boldsymbol{\sigma}$$
ここで $\boldsymbol{C}=tr(\boldsymbol{Z}_i'\boldsymbol{Q}_i\boldsymbol{Z}_i)$
$$\hat{\boldsymbol{\sigma}}=\boldsymbol{C}^{-1}\boldsymbol{s} \tag{5-3}$$

ヘンダーソンの方法 I は不揃いデータを持つ交互作用を含む二元配置変量効果モデルに対応し，①大規模データに対しても計算が容易である，②分散成分推定量は不偏である，③均等（副次級数が等しい）データの場合には分散分析法の結果と一致する，という特徴を持つ．ヘンダーソンの方法IIは，二元配置混合モデルを扱うことができる．ヘンダーソンの方法IIIは，方法 I と方法IIの弱点を補い，不揃いデータに対応した交互作用を含む混合モデルを扱うことができる．

式(5-2)を複数の変量効果をもつ場合に拡張し，$\boldsymbol{y}=\boldsymbol{X}\boldsymbol{\beta}+\sum_{i=1}^{s}\boldsymbol{Z}_i\boldsymbol{u}_i+\boldsymbol{e}$ とすると，母数効果$\boldsymbol{\beta}$と変量効果 $\boldsymbol{u}_1$ が与えられたときの変量効果 $\boldsymbol{u}_2$ の SS のリダクション（reduction：R）は

$$R(\boldsymbol{u}_2|\boldsymbol{\beta},\boldsymbol{u}_1)=\boldsymbol{y}'[\boldsymbol{W}_2(\boldsymbol{W}_2'\boldsymbol{W}_2)^-\boldsymbol{W}_2'-\boldsymbol{W}_1(\boldsymbol{W}_1'\boldsymbol{W}_1)^-\boldsymbol{W}_1']\boldsymbol{y}$$
ここで $\boldsymbol{W}_i=[\boldsymbol{X}\quad\boldsymbol{Z}_1\quad\boldsymbol{Z}_2]$

となる．各 SS のリダクションを 2 次形式を使って表すと，

$$R(\boldsymbol{u}_1|\boldsymbol{\beta})=\boldsymbol{y}'\boldsymbol{Q}_1\boldsymbol{y}$$
$$R(\boldsymbol{u}_2|\boldsymbol{\beta},\boldsymbol{u}_1)=\boldsymbol{y}'\boldsymbol{Q}_2\boldsymbol{y}$$
$$R(\boldsymbol{e}|\boldsymbol{\beta},\boldsymbol{u}_1,\boldsymbol{u}_2)=\boldsymbol{y}'\boldsymbol{Q}\boldsymbol{y}=SSE$$

となり，ここで

$$Q_i = W_i(W_i' W_i)^- W_i' - W_{i-1}(W_{i-1}' W_{i-1})^- W_{i-1}'$$

である．その 2 次形式の期待値は，

$$E(y' Q_i y) = tr(Q_i V) = \sum_{i=1}^{s} tr(Z_j' Q_i Z_i)\sigma_j^2 + tr(Q_i)\sigma_e^2 = C\sigma$$

となる．以上から，分散成分推定値は方程式 (5-3) を解くことによって求められる (ここで s は各 SS のリダクション)．

次の表 5-1 の計算例題を使って分散成分を実際に推定してみよう．混合モデルの線形関数 $y_{ijkl} = \mu + \beta_i + a_j + b_k + e_{ijkl}$ において，β_i を母数効果，a_j と b_k を変量効果とし，次の分布を仮定する．

$$a_j \sim N(0, \sigma_a^2),\quad b_k \sim N(0, \sigma_b^2),\quad e_{ijkl} \sim N(0, \sigma_e^2)$$

行列表記を使って，$y = X\beta + Zu + e$ において $Z = [Z_A \quad Z_B]$, $u' = [a' \quad b']$ とすると，$W = [X \quad Z_A \quad Z_B]$ からなる係数行列 $W'W$ の各要素は，

$$W'W = \begin{bmatrix} 13 & 0 & 7 & 3 & 3 & 3 & 4 & 4 & 2 \\ 0 & 15 & 5 & 5 & 5 & 3 & 6 & 2 & 4 \\ 7 & 5 & 12 & 0 & 0 & 3 & 4 & 2 & 3 \\ 3 & 5 & 0 & 8 & 0 & 3 & 3 & 2 & 0 \\ 3 & 5 & 0 & 0 & 8 & 0 & 3 & 2 & 3 \\ 3 & 3 & 3 & 3 & 0 & 6 & 0 & 0 & 0 \\ 4 & 6 & 4 & 3 & 3 & 0 & 10 & 0 & 0 \\ 4 & 2 & 2 & 2 & 2 & 0 & 0 & 6 & 0 \\ 2 & 4 & 3 & 0 & 3 & 0 & 0 & 0 & 6 \end{bmatrix}$$

となる．また，$M_X = X(X'X)^- X'$, $M_A = W_A(W_A' W_A)^- W_A'$ (変量効果 a を最初に当てはめる場合 $W_A = [X \quad Z_A]$, $M_B = W_B(W_B' W_B)^- W_B'$ (変量効果 b をつぎに当てはめる場合 $W_B = [X \ Z_A \ Z_B]$ と置くと

$$M_E = Z_E = I_N,\quad Q_A = M_A - M_X,\quad Q_B = M_B - M_A,\quad Q_E = M_E - M_B$$

表 5-1　計算例題

変量効果 a_j	変量効果 b_k	母数効果 β_i	観測値 y_{ijkl}
1	1	1	157
1	1	1	160
1	1	2	138
1	2	1	96
1	2	1	110
1	2	2	115
1	2	2	120
1	3	1	82
1	3	1	65
1	4	1	120
1	4	2	130
1	4	2	110
2	1	1	145
2	1	2	140
2	1	2	142
2	2	1	117
2	2	2	122
2	2	2	98
2	3	1	70
2	3	2	94
3	2	1	105
3	2	2	112
3	2	2	125
3	3	1	92
3	3	2	100
3	4	1	116
3	4	2	129
3	4	2	133

となり，各 SS の期待値は，

$$E(SSA)=tr(\boldsymbol{Z}_A{}'\boldsymbol{Q}_A\boldsymbol{Z}_A)\sigma_a^2+tr(\boldsymbol{Z}_B{}'\boldsymbol{Q}_A\boldsymbol{Z}_B)\sigma_b^2+tr(\boldsymbol{Z}_E{}'\boldsymbol{Q}_A\boldsymbol{Z}_E)\sigma_e^2$$
$$E(SSB)=tr(\boldsymbol{Z}_B{}'\boldsymbol{Q}_B\boldsymbol{Z}_B)\sigma_b^2+tr(\boldsymbol{Z}_E{}'\boldsymbol{Q}_B\boldsymbol{Z}_E)\sigma_e^2$$
$$E(SSE)=tr(\boldsymbol{Z}_E{}'\boldsymbol{Q}_E\boldsymbol{Z}_E)\sigma_e^2$$

と表される．式 (5-3) に実際の数値を当てはめ，解（分散成分推定値）を求めると

$$\begin{bmatrix}\hat{\sigma}_a^2\\ \hat{\sigma}_b^2\\ \hat{\sigma}_e^2\end{bmatrix}=\begin{bmatrix}tr(\boldsymbol{Z}_A{}'\boldsymbol{Q}_A\boldsymbol{Z}_A) & tr(\boldsymbol{Z}_B{}'\boldsymbol{Q}_A\boldsymbol{Z}_B) & tr(\boldsymbol{Z}_E{}'\boldsymbol{Q}_A\boldsymbol{Z}_E)\\ 0 & tr(\boldsymbol{Z}_B{}'\boldsymbol{Q}_B\boldsymbol{Z}_B) & tr(\boldsymbol{Z}_E{}'\boldsymbol{Q}_B\boldsymbol{Z}_E)\\ 0 & 0 & tr(\boldsymbol{Z}_E{}'\boldsymbol{Q}_E\boldsymbol{Z}_E)\end{bmatrix}^{-1}\begin{bmatrix}\boldsymbol{y}'\boldsymbol{Q}_A\boldsymbol{y}\\ \boldsymbol{y}'\boldsymbol{Q}_B\boldsymbol{y}\\ \boldsymbol{y}'\boldsymbol{Q}_E\boldsymbol{y}\end{bmatrix}$$

$$=\begin{bmatrix}17.8461 & 1.3067 & 2\\ 0 & 18.8984 & 3\\ 0 & 0 & 21\end{bmatrix}^{-1}\begin{bmatrix}132.3946\\ 12062.9491\\ 2207.4665\end{bmatrix}=\begin{bmatrix}-49.8764\\ 621.6174\\ 105.1174\end{bmatrix}$$

となる．

一方，変量効果 $\boldsymbol{b}$ を最初に変量効果 $\boldsymbol{a}$ を2番目に当てはめるとすると，

$$\boldsymbol{Q}_B=\boldsymbol{M}_B-\boldsymbol{M}_X,\quad \boldsymbol{Q}_A=\boldsymbol{M}_A-\boldsymbol{M}_B$$

から各平方和の期待値は，

$$E(SSB)=tr(\boldsymbol{Z}_B{}'\boldsymbol{Q}_B\boldsymbol{Z}_B)\sigma_b^2+tr(\boldsymbol{Z}_A{}'\boldsymbol{Q}_B\boldsymbol{Z}_A)\sigma_a^2+tr(\boldsymbol{Z}_E{}'\boldsymbol{Q}_B\boldsymbol{Z}_E)\sigma_e^2$$
$$E(SSA)=tr(\boldsymbol{Z}_A{}'\boldsymbol{Q}_A\boldsymbol{Z}_A)\sigma_a^2+tr(\boldsymbol{Z}_E{}'\boldsymbol{Q}_A\boldsymbol{Z}_E)\sigma_e^2$$
$$E(SSE)=tr(\boldsymbol{Z}_E{}'\boldsymbol{Q}_E\boldsymbol{Z}_E)\sigma_e^2$$

となり，したがって各分散成分推定値は同様に，

$$\begin{bmatrix}\hat{\sigma}_b^2\\ \hat{\sigma}_a^2\\ \hat{\sigma}_e^2\end{bmatrix}=\begin{bmatrix}20.2051 & 1.8258 & 3\\ 0 & 16.0203 & 2\\ 0 & 0 & 21\end{bmatrix}^{-1}\begin{bmatrix}11900.0954\\ 295.2484\\ 2207.4665\end{bmatrix}=\begin{bmatrix}572.8770\\ 5.3066\\ 105.1174\end{bmatrix}$$

と算出される．

このように2次形式を応用することによって，不揃いデータに対しても分散成分が容易に推定される．このヘンダーソンの方法IIIでは各効果の当てはめ順によって残差分散以外の分散成分が異なって推定される．またこの例のように，分散分析法の欠点の一つとして，負の分散成分が推定される可能性が常にあるということに注意すべきであろう．

5.2　最尤法 (ML 法)

最尤 (maximum likelihood：ML) 法は，モデルの尤度を最大化することによっ

て，最尤推定量を求める方法である．指数分布族の一種である正規分布またはガウス分布による変数 x の確率密度関数（probability density function：pdf）は一般に

$$f(x)=\frac{\exp\left[\frac{-(x-\mu)^2}{2\sigma^2}\right]}{\sqrt{2\pi\sigma^2}}$$

と表現される．ここで μ は平均，σ は標準偏差である．これを混合モデルの線形関数 $\boldsymbol{y}=\boldsymbol{X\beta}+\boldsymbol{Zu}+\boldsymbol{e}$ (5-2) に当てはめた場合，$\boldsymbol{y}$ は観測値ベクトル，$\boldsymbol{\beta}$ は母数効果ベクトル，$\boldsymbol{u}$ は変量効果ベクトル，$\boldsymbol{e}$ は残差ベクトル，$\boldsymbol{X}$ と $\boldsymbol{Z}$ はそれぞれ $\boldsymbol{\beta}$ と $\boldsymbol{u}$ に対応した計画行列である．$\boldsymbol{y}$ と $\boldsymbol{u}$ はそれぞれ $\boldsymbol{y}\sim MVN(\boldsymbol{X\beta}, \boldsymbol{V})$ と $\boldsymbol{u}\sim MVN(\boldsymbol{0}, \boldsymbol{G})$ の分布をもつものと仮定され，$\boldsymbol{V}=\boldsymbol{ZGZ}'+\boldsymbol{R}$ と表される．ここで $\boldsymbol{G}=Var(\boldsymbol{u})=\boldsymbol{G}_0\sigma_i^2$，$\boldsymbol{R}=Var(\boldsymbol{e})=\boldsymbol{I}\sigma_e^2$ である．この $\boldsymbol{V}$ はつぎのようにも表される．

$$\boldsymbol{V}=\sum_{i=0}^{s}\boldsymbol{Z}_i\boldsymbol{Z}_i'\sigma_i^2$$

ここで $i=0$ のとき $\boldsymbol{Z}_0=\boldsymbol{I}$，$\sigma_0^2=\sigma_e^2$ である．このモデルに対応した尤度関数を L とすると，

$$L=L(\boldsymbol{\beta}, \boldsymbol{V}|\boldsymbol{y})=\frac{\exp\left[-\frac{1}{2}(\boldsymbol{y}-\boldsymbol{X\beta})'\boldsymbol{V}^{-1}(\boldsymbol{y}-\boldsymbol{X\beta})\right]}{(2\pi)^{\frac{n}{2}}|\boldsymbol{V}|^{\frac{1}{2}}}$$

となり，この L が最大になるようなパラメータ $\boldsymbol{\beta}$ と $\boldsymbol{V}$ を推定することになる．この尤度関数の自然対数（ここでは ln を使う）をとることによって，指数関数を使わずにつぎのように線形的に表現することができる．その対数尤度（log likelihood）関数は

$$\ln L=-\frac{n}{2}\ln(2\pi)-\frac{1}{2}\ln|\boldsymbol{V}|-\frac{1}{2}(\boldsymbol{y}-\boldsymbol{X\beta})'\boldsymbol{V}^{-1}(\boldsymbol{y}-\boldsymbol{X\beta}) \qquad (5\text{-}4)$$

となる．これを最大化するために母数効果 $\boldsymbol{\beta}$ に関して偏微分すると

$$\frac{\partial \ln L}{\partial \boldsymbol{\beta}}=\frac{\partial\left[-\frac{n}{2}\ln(2\pi)-\frac{1}{2}\ln|\boldsymbol{V}|-\frac{1}{2}(\boldsymbol{y}-\boldsymbol{X\beta})'\boldsymbol{V}^{-1}(\boldsymbol{y}-\boldsymbol{X\beta})\right]}{\partial \boldsymbol{\beta}}$$

$$=\frac{\partial\left[-\frac{1}{2}(-\boldsymbol{y}'\boldsymbol{V}^{-1}\boldsymbol{X\beta}-\boldsymbol{\beta}'\boldsymbol{X}'\boldsymbol{V}^{-1}\boldsymbol{y}+\boldsymbol{\beta}'\boldsymbol{X}'\boldsymbol{V}^{-1}\boldsymbol{X\beta})\right]}{\partial \boldsymbol{\beta}}$$

$$=-\frac{1}{2}(-2\boldsymbol{X}'\boldsymbol{V}^{-1}\boldsymbol{y}+2\boldsymbol{X}'\boldsymbol{V}^{-1}\boldsymbol{X\beta})$$

$$=\boldsymbol{X}'\boldsymbol{V}^{-1}\boldsymbol{y}-\boldsymbol{X}'\boldsymbol{V}^{-1}\boldsymbol{X\beta} \tag{5-5}$$

となる．つぎに式(5-4)を各分散 σ_i^2 に関して偏微分すると

$$\frac{\partial \ln L}{\partial \sigma_i^2}=\frac{\partial\left[-\frac{1}{2}\ln|\boldsymbol{V}|-\frac{1}{2}(\boldsymbol{y}-\boldsymbol{X\beta})'\boldsymbol{V}^{-1}(\boldsymbol{y}-\boldsymbol{X\beta})\right]}{\partial \sigma_i^2}$$

$$=\frac{1}{2}tr(\boldsymbol{V}^{-1}\frac{\partial \boldsymbol{V}}{\partial \sigma_i^2})-\frac{1}{2}(\boldsymbol{y}-\boldsymbol{X\beta})'\frac{\partial \boldsymbol{V}^{-1}}{\partial \sigma_i^2}(\boldsymbol{y}-\boldsymbol{X\beta})$$

$$=-\frac{1}{2}tr(\boldsymbol{V}^{-1}\frac{\partial \boldsymbol{V}}{\partial \sigma_i^2})+\frac{1}{2}(\boldsymbol{y}-\boldsymbol{X\beta})'\boldsymbol{V}^{-1}\frac{\partial \boldsymbol{V}}{\partial \sigma_i^2}\boldsymbol{V}^{-1}(\boldsymbol{y}-\boldsymbol{X\beta})$$

$$=\frac{1}{2}tr(\boldsymbol{V}^{-1}\boldsymbol{Z}_i\boldsymbol{Z}_i')+\frac{1}{2}(\boldsymbol{y}-\boldsymbol{X\beta})'\boldsymbol{V}^{-1}\boldsymbol{Z}_i\boldsymbol{Z'}_i\boldsymbol{V}^{-1}(\boldsymbol{y}-\boldsymbol{X\beta}) \tag{5-6}$$

となる．これらの1次導関数はスコアベクトル (score vector) と呼ばれ，まとめるとつぎのように表現される．

$$\boldsymbol{S}\begin{bmatrix}\boldsymbol{\beta}\\ \boldsymbol{\sigma}\end{bmatrix}=\begin{bmatrix}\dfrac{\partial \ln L}{\partial \boldsymbol{\beta}}\\ \dfrac{\partial \ln L}{\partial \sigma_i^2}\end{bmatrix}$$

$$=\begin{bmatrix}\boldsymbol{X}'\boldsymbol{V}^{-1}\boldsymbol{y}-\boldsymbol{X}'\boldsymbol{V}^{-1}\boldsymbol{X\beta}\\ -\frac{1}{2}tr(\boldsymbol{V}^{-1}\boldsymbol{Z}_i\boldsymbol{Z}_i')+\frac{1}{2}(\boldsymbol{y}-\boldsymbol{X\beta})'\boldsymbol{V}^{-1}\boldsymbol{Z}_i\boldsymbol{Z}_i'\boldsymbol{V}^{-1}(\boldsymbol{y}-\boldsymbol{X\beta})\end{bmatrix}$$

式(5-5)と式(5-6)を $\mathbf{0}$ と置くことによって $\boldsymbol{\beta}$ および $\sigma_i^2\,(i=0, 1, 2, \cdots, s)$ を推定することができる．ただしこの $\boldsymbol{\beta}$ と σ_i^2 は必ずしも最尤推定量であるという保証はない．その推定値をより信頼できるものにするためには，①2次導関数を求める，②尤度関数がパラメータ空間内にあり，その最大値が仮ではなく実際のものであるかどうかを確かめる，などの必要がある．式(5-5)において

$$\boldsymbol{X}'\boldsymbol{V}^{-1}\boldsymbol{y}-\boldsymbol{X}'\boldsymbol{V}^{-1}\boldsymbol{X}\tilde{\boldsymbol{\beta}}=\boldsymbol{0}$$

と置くと，

$$\boldsymbol{X}'\boldsymbol{V}^{-1}\boldsymbol{X}\tilde{\boldsymbol{\beta}}=\boldsymbol{X}'\boldsymbol{V}^{-1}\boldsymbol{y}$$
$$\tilde{\boldsymbol{\beta}}=(\boldsymbol{X}'\boldsymbol{V}^{-1}\boldsymbol{X})^{-}\boldsymbol{X}'\boldsymbol{V}^{-1}\boldsymbol{y}$$

となり，$\boldsymbol{V}$ が既知で σ_0^2 または $\sigma_e^2>0$ および $\sigma_i^2=0$ のとき $\tilde{\boldsymbol{\beta}}$ は最尤推定量となる．つぎに式 (5-6) において

$$-\frac{1}{2}tr(\boldsymbol{V}^{-1}\boldsymbol{Z}_i\boldsymbol{Z}_i')+\frac{1}{2}(\boldsymbol{y}-\boldsymbol{X}\boldsymbol{\beta})'\boldsymbol{V}^{-1}\boldsymbol{Z}_i\boldsymbol{Z}_i'\boldsymbol{V}^{-1}(\boldsymbol{y}-\boldsymbol{X}\boldsymbol{\beta})=\boldsymbol{0}$$

と置くと，

$$tr(\boldsymbol{V}^{-1}\boldsymbol{Z}_i\boldsymbol{Z}_i')=(\boldsymbol{y}-\boldsymbol{X}\boldsymbol{\beta})'\boldsymbol{V}^{-1}\boldsymbol{Z}_i\boldsymbol{Z}_i'\boldsymbol{V}^{-1}(\boldsymbol{y}-\boldsymbol{X}\boldsymbol{\beta})$$

であるから，各分散成分 ($i=0, 1, 2, \cdots, s$ の列ベクトル) に対して

$$[\,tr(\boldsymbol{V}^{-1}\boldsymbol{Z}_i\boldsymbol{Z}_i')]=[\,\boldsymbol{y}'\boldsymbol{P}\boldsymbol{Z}_i\boldsymbol{Z}_i'\boldsymbol{P}\boldsymbol{y}] \tag{5-7}$$

が成り立つ．ここで，$\boldsymbol{P}=\boldsymbol{V}^{-1}-\boldsymbol{V}^{-1}\boldsymbol{X}(\boldsymbol{X}'\boldsymbol{V}^{-1}\boldsymbol{X})^{-}\boldsymbol{X}'\boldsymbol{V}^{-1}$ から $\boldsymbol{P}\boldsymbol{y}=\boldsymbol{V}^{-1}(\boldsymbol{y}-\boldsymbol{X}\hat{\boldsymbol{\beta}})$ である．また式 (5-7) は，混合モデル方程式

$$\begin{bmatrix}\boldsymbol{X}'\boldsymbol{R}^{-1}\boldsymbol{X} & \boldsymbol{X}'\boldsymbol{R}^{-1}\boldsymbol{Z}\\ \boldsymbol{Z}'\boldsymbol{R}^{-1}\boldsymbol{X} & \boldsymbol{Z}'\boldsymbol{R}^{-1}\boldsymbol{Z}+\boldsymbol{G}^{-1}\end{bmatrix}\begin{bmatrix}\hat{\boldsymbol{\beta}}\\ \hat{\boldsymbol{u}}\end{bmatrix}=\begin{bmatrix}\boldsymbol{X}'\boldsymbol{R}^{-1}\boldsymbol{y}\\ \boldsymbol{Z}'\boldsymbol{R}^{-1}\boldsymbol{y}\end{bmatrix} \tag{5-8}$$

に対して，$\boldsymbol{V}^{-1}=[\,\boldsymbol{R}^{-1}-\boldsymbol{R}^{-1}\boldsymbol{Z}(\boldsymbol{Z}'\boldsymbol{R}^{-1}\boldsymbol{Z}+\boldsymbol{G}^{-1})^{-1}\boldsymbol{Z}'\boldsymbol{R}^{-1}]$ を使って

$$tr(\boldsymbol{V}^{-1}\boldsymbol{Z}_i\boldsymbol{Z}_i')=tr\{[\,\boldsymbol{R}^{-1}-\boldsymbol{R}^{-1}\boldsymbol{Z}(\boldsymbol{Z}'\boldsymbol{R}^{-1}\boldsymbol{Z}+\boldsymbol{G}^{-1})^{-1}\boldsymbol{Z}'\boldsymbol{R}^{-1}]\boldsymbol{Z}_i\boldsymbol{Z}_i'\}$$

とも表される．ここで $\boldsymbol{G}$ には $\boldsymbol{A}\sigma_g^2$ ($\boldsymbol{A}$ は分子血縁係数行列，σ_g^2 は相加的遺伝分散)，$\boldsymbol{D}\,\sigma_d^2$ ($\boldsymbol{D}$ は全きょうだい (全同胞, full sibling) 間の優性効果関係を表す行列，σ_d^2 は優性分散) または他のいろいろな種類の相関行列などが仮定される．$\boldsymbol{R}$ は $\boldsymbol{I}\sigma_e^2$ ($\boldsymbol{I}$ は単位行列，σ_e^2 は残差分散) である．式 (5-7) の左辺を変形すると，

$$[\,tr(\boldsymbol{V}^{-1}\boldsymbol{Z}_i\boldsymbol{Z}_i')]=[\,tr(\boldsymbol{V}^{-1}\boldsymbol{Z}_i\boldsymbol{Z}_i'\boldsymbol{V}^{-1}\boldsymbol{V})]$$

$$=[\,tr(\boldsymbol{V}^{-1}\boldsymbol{Z}_i\boldsymbol{Z}_i'\boldsymbol{V}^{-1}\boldsymbol{Z}_j\boldsymbol{Z}_j^{2\prime}\sigma_j^2)]$$

$$=\sum_{j=0}^{s}tr(\boldsymbol{V}^{-1}\boldsymbol{Z}_i\boldsymbol{Z}_i'\boldsymbol{V}^{-1}\boldsymbol{Z}_j\boldsymbol{Z}_j^{2\prime})\sigma_j^2$$

となり，各行ベクトル ($j=0, 1, 2, \cdots, s$) に対して

$$[\,tr(\boldsymbol{V}^{-1}\boldsymbol{Z}_i\boldsymbol{Z}_i'\boldsymbol{V}^{-1}\boldsymbol{Z}_j\boldsymbol{Z}_j')]\begin{bmatrix}\sigma_0^2\\ \sigma_1^2\\ \sigma_2^2\\ \vdots\\ \sigma_s^2\end{bmatrix}=[\,\boldsymbol{y}'\boldsymbol{P}\boldsymbol{Z}_i\boldsymbol{Z}_i'\boldsymbol{P}\boldsymbol{y}] \tag{5-9}$$

が導かれる．この式の左辺を LHS (left hand side)，右辺を RHS (right hand side) とし，分散成分の列ベクトルを $\boldsymbol{\sigma}=[\sigma_0^2\quad\sigma_1^2\quad\sigma_2^2\quad\cdots\quad\sigma_s^2]'$ とすると，方程式 LHS$\boldsymbol{\sigma}$=RHS を解くことによって分散成分推定値が $\hat{\boldsymbol{\sigma}}=(\mathrm{LHS})^{-1}\mathrm{RHS}$ から求められる．

5.3　制限付き最尤推定法 (REML 法)

制限付き最尤推定 (restricted maximum likelihood：REML) 法はある制限 (行列 $\boldsymbol{K}$) を ML 法に加えることによって，分散成分の不偏推定量を求める方法である．混合モデル方程式 (5-2) $\boldsymbol{y}=\boldsymbol{X\beta}+\boldsymbol{Zu}+\boldsymbol{e}$ の両辺に $\boldsymbol{K}$ を前掛けすると $\boldsymbol{K}'\boldsymbol{y}=\boldsymbol{K}'\boldsymbol{X\beta}+\boldsymbol{K}'\boldsymbol{Zu}+\boldsymbol{K}'\boldsymbol{e}$ となり，ここで新しい観測値ベクトル $\boldsymbol{K}'\boldsymbol{y}$ は，$\boldsymbol{K}'\boldsymbol{y}\sim MVN(\boldsymbol{K}'\boldsymbol{X\beta}, \boldsymbol{V})$ の分布をするものと仮定する．ここで $\boldsymbol{K}'\boldsymbol{X\beta}=\boldsymbol{0}$ となるような $\boldsymbol{K}$ を使って，$\boldsymbol{V}=\boldsymbol{K}'\boldsymbol{VK}$ からその分布は $\boldsymbol{K}'\boldsymbol{y}\sim MVN(\boldsymbol{0}, \boldsymbol{K}'\boldsymbol{VK})$ と書き表される．REML 法では母数効果 $\boldsymbol{\beta}$ に対して補正された尤度 L_R を用いることによって，ML 推定値の偏りを減少させることができる．この $\boldsymbol{K}'\boldsymbol{y}$ に対する対数尤度は

$$\ln L_R=-\frac{1}{2}\{n-rank(\boldsymbol{X})\}\ln(2\pi)-\frac{1}{2}\ln|\boldsymbol{K}'\boldsymbol{VK}|-\frac{1}{2}\boldsymbol{y}'\boldsymbol{K}(\boldsymbol{K}'\boldsymbol{VK})^{-1}\boldsymbol{K}'\boldsymbol{y} \tag{5-10}$$

となる．式 (5-10) の $\{n-rank(\boldsymbol{X})\}\ln(2\pi)$ は定数であり，

$$\ln|\boldsymbol{K'VK}| = \ln|\boldsymbol{V}| + \ln|\boldsymbol{X'V^{-1}X}|$$

$$\boldsymbol{y'K(K'VK)^{-1}K'y} = (\boldsymbol{y} - \boldsymbol{X\beta})'\boldsymbol{V}^{-1}(\boldsymbol{y} - \boldsymbol{X\beta}) = \boldsymbol{y'Py}$$

ここで，$\boldsymbol{P} = \boldsymbol{V}^{-1} - \boldsymbol{V}^{-1}\boldsymbol{X}(\boldsymbol{X'V^{-1}X})^{-}\boldsymbol{X'V}^{-1} = \boldsymbol{K(K'VK)^{-1}K'}$

と置き換えることによって

$$\ln L_R = -\frac{1}{2}\{定数 + \ln|\boldsymbol{V}| + \ln|\boldsymbol{X'V^{-1}X}| + \boldsymbol{y'Py}\} \tag{5-11}$$

と表される．

係数行列 $\boldsymbol{C} = \begin{bmatrix} \boldsymbol{X'R^{-1}X} & \boldsymbol{X'R^{-1}Z} \\ \boldsymbol{Z'R^{-1}X} & \boldsymbol{Z'R^{-1}Z} + \boldsymbol{G}^{-1} \end{bmatrix}$ の行列式は，

$$|\boldsymbol{C}| = |\boldsymbol{X'R^{-1}X}||\boldsymbol{G}^{-1} + \boldsymbol{Z'SZ}| = |\boldsymbol{Z'R^{-1}Z} + \boldsymbol{G}^{-1}||\boldsymbol{X'V^{-1}X}|$$

ここで，$\boldsymbol{S} = \boldsymbol{R}^{-1} - \boldsymbol{R}^{-1}\boldsymbol{X}(\boldsymbol{X'R^{-1}X})^{-}\boldsymbol{X}^{-}\boldsymbol{R}^{-1}$．

$$\boldsymbol{V}^{-1} = \boldsymbol{R}^{-1} - \boldsymbol{R}^{-1}\boldsymbol{Z}(\boldsymbol{Z'R^{-1}Z} + \boldsymbol{G}^{-1})^{-1}\boldsymbol{Z'R}^{-1}$$

と表され，

$$|\boldsymbol{V}| = |\boldsymbol{R} + \boldsymbol{ZGZ'}| = |\boldsymbol{R}(\boldsymbol{I} + \boldsymbol{R}^{-1}\boldsymbol{ZGZ'})| = |\boldsymbol{R}||(\boldsymbol{I} + \boldsymbol{Z'R^{-1}ZG})|$$
$$= |\boldsymbol{R}||(\boldsymbol{G}^{-1} + \boldsymbol{Z'R^{-1}Z})\boldsymbol{G}| = |\boldsymbol{R}||\boldsymbol{G}^{-1} + \boldsymbol{Z'R^{-1}Z}||\boldsymbol{G}|$$

である．したがって式 (5-11) は

$$\ln|\boldsymbol{V}| = \ln|\boldsymbol{R}| + \ln|\boldsymbol{G}| + \ln|\boldsymbol{G}^{-1} + \boldsymbol{Z'R^{-1}Z}|$$

および

$$\ln|\boldsymbol{X'V^{-1}X}| = \ln|\boldsymbol{C}| - \ln|\boldsymbol{G}^{-1} + \boldsymbol{Z'R^{-1}Z}|$$

であるから，

$$\ln L_R = -\frac{1}{2}(定数 + \ln|\boldsymbol{R}| + \ln|\boldsymbol{G}| + \ln|\boldsymbol{C}| + \boldsymbol{y'Py}) \tag{5-12}$$

とも表現される．各分散 σ_i^2 に関して $\ln L_R$ を偏微分すると，その 1 次導関数は

$$\frac{\partial \ln L_R}{\partial \sigma_i^2}=\frac{\partial\left[-\frac{1}{2}\{n-rank(\boldsymbol{X})\}\ln(2\pi)-\frac{1}{2}\ln|\boldsymbol{K}'\boldsymbol{V}\boldsymbol{K}|-\frac{1}{2}\boldsymbol{y}'\boldsymbol{K}(\boldsymbol{K}'\boldsymbol{V}\boldsymbol{K})^{-1}\boldsymbol{K}'\boldsymbol{y}\right]}{\partial \sigma_i^2}$$

$$=\frac{\partial\left[-\frac{1}{2}\ln|\boldsymbol{K}'\boldsymbol{V}\boldsymbol{K}|-\frac{1}{2}\boldsymbol{y}'\boldsymbol{P}\boldsymbol{y}\right]}{\partial \sigma_i^2}$$

$$=-\frac{1}{2}tr\left[(\boldsymbol{K}'\boldsymbol{V}\boldsymbol{K})^{-1}\boldsymbol{K}'\frac{\partial \boldsymbol{V}}{\partial \sigma_i^2}\boldsymbol{K}\right]+\frac{1}{2}\boldsymbol{y}'\boldsymbol{P}\frac{\partial \boldsymbol{V}}{\partial \sigma_i^2}\boldsymbol{P}\boldsymbol{y}$$

$$=-\frac{1}{2}tr\left(\boldsymbol{P}\frac{\partial \boldsymbol{V}}{\partial \sigma_i^2}\right)+\frac{1}{2}\boldsymbol{y}'\boldsymbol{P}\frac{\partial \boldsymbol{V}}{\partial \sigma_i^2}\boldsymbol{P}\boldsymbol{y}$$

$$=-\frac{1}{2}tr(\boldsymbol{P}\boldsymbol{Z}_i\boldsymbol{Z}_i')+\frac{1}{2}\boldsymbol{y}\boldsymbol{P}\boldsymbol{Z}_i\boldsymbol{Z}'_i\boldsymbol{P}\boldsymbol{y} \qquad (5\text{-}13)$$

となる．この段階で $\boldsymbol{K}$ 行列はすでに消滅し存在しない．式(5-13)をゼロと置いて得られる $tr(\boldsymbol{P}\boldsymbol{Z}_i\boldsymbol{Z}_i')=\boldsymbol{y}\boldsymbol{P}\boldsymbol{Z}_i\boldsymbol{Z}_i'\boldsymbol{P}\boldsymbol{y}$ と ML 法に対する式(5-8)との違いは，ここで明らかなように左辺における $\boldsymbol{P}$ と $\boldsymbol{V}^{-1}$ だけである．ML 法に対する式(5-9)を $[tr(\boldsymbol{P}\boldsymbol{Z}_i\boldsymbol{Z}_i'\boldsymbol{P}\boldsymbol{Z}_j\boldsymbol{Z}_j')]\boldsymbol{\sigma}=[\boldsymbol{y}'\boldsymbol{P}\boldsymbol{Z}_i\boldsymbol{Z}_i'\boldsymbol{P}\boldsymbol{y}]$ のように置き換えることによって，分散成分 $\boldsymbol{\sigma}$ の REML 推定量をつぎに紹介する反復法を用いて求めることができる．

5.3.1 反復法

a．NR (Newton Raphson) 法

対数尤度の各分散成分に関する1次導関数からなるスコアベクトルを

$$\boldsymbol{s}=\begin{bmatrix}\frac{\partial \ln L}{\partial \sigma_0^2}\\ \frac{\partial \ln L}{\partial \sigma_1^2}\\ \vdots \\ \frac{\partial \ln L}{\partial \sigma_s^2}\end{bmatrix}=\begin{bmatrix}\boldsymbol{y}'\boldsymbol{P}\boldsymbol{P}\boldsymbol{y}\\ \boldsymbol{y}'\boldsymbol{P}\boldsymbol{Z}_1\boldsymbol{Z}_1'\boldsymbol{P}\boldsymbol{y}\\ \vdots \\ \boldsymbol{y}'\boldsymbol{P}\boldsymbol{Z}_s\boldsymbol{Z}_s'\boldsymbol{P}\boldsymbol{y}\end{bmatrix}$$

とし，2次導関数からなるヘシアン (Hessian) 行列を

$$
\boldsymbol{H}=\begin{bmatrix} \frac{\partial^2 \ln L}{\partial\sigma_0^2\partial\sigma_0^2} & \frac{\partial^2 \ln L}{\partial\sigma_0^2\partial\sigma_1^2} & \cdots & \frac{\partial^2 \ln L}{\partial\sigma_0^2\partial\sigma_s^2} \\ \frac{\partial^2 \ln L}{\partial\sigma_s^2\partial\sigma_0^2} & \frac{\partial^2 \ln L}{\partial\sigma_1^2\partial\sigma_1^2} & \cdots & \frac{\partial^2 \ln L}{\partial\sigma_1^2\partial\sigma_s^2} \\ \vdots & \vdots & \cdot & \vdots \\ \frac{\partial^2 \ln L}{\partial\sigma_s^2\partial\sigma_0^2} & \frac{\partial^2 \ln L}{\partial\sigma_s^2\partial\sigma_1^2} & \cdots & \frac{\partial^2 \ln L}{\partial\sigma_s^2\partial\sigma_s^2} \end{bmatrix}
$$

$$
=\begin{bmatrix} tr(\boldsymbol{V}^{-1}\boldsymbol{V}^{-1}) & tr(\boldsymbol{V}^{-1}\boldsymbol{V}^{-1}\boldsymbol{Z}_1\boldsymbol{Z}_1') & \cdots & tr(\boldsymbol{V}^{-1}\boldsymbol{V}^{-1}\boldsymbol{Z}_s\boldsymbol{Z}_s') \\ tr(\boldsymbol{V}^{-1}\boldsymbol{V}^{-1}\boldsymbol{Z}_1\boldsymbol{Z}_1') & tr(\boldsymbol{V}^{-1}\boldsymbol{Z}_1\boldsymbol{Z}_1'\boldsymbol{V}^{-1}\boldsymbol{Z}_1\boldsymbol{Z}_1') & \cdots & tr(\boldsymbol{V}^{-1}\boldsymbol{Z}_1\boldsymbol{Z}_1'\boldsymbol{V}^{-1}\boldsymbol{Z}_s\boldsymbol{Z}_s') \\ \vdots & \vdots & \cdot & \vdots \\ tr(\boldsymbol{V}^{-1}\boldsymbol{V}^{-1}\boldsymbol{Z}_s\boldsymbol{Z}_s') & tr(\boldsymbol{V}^{-1}\boldsymbol{Z}_1\boldsymbol{Z}_1'\boldsymbol{V}^{-1}\boldsymbol{Z}_s\boldsymbol{Z}_s') & \cdots & tr(\boldsymbol{V}^{-1}\boldsymbol{Z}_s\boldsymbol{Z}_s'\boldsymbol{V}^{-1}\boldsymbol{Z}_s\boldsymbol{Z}_s') \end{bmatrix}
$$

とすると，

$$
\hat{\boldsymbol{\sigma}}^{(t+1)}=\hat{\boldsymbol{\sigma}}^{(t)}-\boldsymbol{s}^{(t)}[\boldsymbol{H}^{(t)}]^{-1} \tag{5-14}
$$

であるから，つぎのように反復的に分散推定値を求めることができる．

① $\hat{\boldsymbol{\sigma}}^{(t)}$に初期値を代入する

② $\hat{\boldsymbol{\sigma}}^{(0)}=\hat{\boldsymbol{\sigma}}^{(0)}-\boldsymbol{s}^{(0)}[\boldsymbol{H}^{(0)}]^{-1}$

③ ②の $\hat{\boldsymbol{\sigma}}^{(1)}$ を使って $\boldsymbol{s}^{(1)}$ と $\boldsymbol{H}^{(1)}$を再計算する

④ $\hat{\boldsymbol{\sigma}}^{(2)}=\hat{\boldsymbol{\sigma}}^{(1)}-\boldsymbol{s}^{(1)}[\boldsymbol{H}^{(1)}]^{-1}$

上記①から④を収束するまで繰り返す．収束条件としては $\dfrac{\sum_{i=1}^{s}\{\hat{\boldsymbol{\sigma}}_i^{(t)}-\hat{\boldsymbol{\sigma}}_i^{(t-1)}\}^2}{\sum_{i=1}^{s}\{\hat{\boldsymbol{\sigma}}_i^{(t)}\}^2}$ などが用いられる．NR 法の欠点としては，収束点を見失いがちであることと，ヘシアン行列が大きい場合，逆行列の計算が困難であることなどが挙げられる．

表 5-1 で示された計算例を用いて NR 法による反復から REML 推定を実行してみよう．はじめに計画行列と観測値 $\boldsymbol{y}$ ならびに各分散の初期値を設定する．この計算例において

$$
\boldsymbol{V}=\boldsymbol{Z}_a\boldsymbol{Z}_a'\sigma_a^2+\boldsymbol{Z}_b\boldsymbol{Z}_b'\sigma_b^2+\boldsymbol{Z}_e\boldsymbol{Z}_e'\sigma_e^2,\ \boldsymbol{P}=\boldsymbol{V}^{-1}-\boldsymbol{V}^{-1}\boldsymbol{X}(\boldsymbol{X}'\boldsymbol{V}^{-1}\boldsymbol{X})^{-}\boldsymbol{X}'\boldsymbol{V}^{-1},\ \boldsymbol{Z}_e=\boldsymbol{I}_n
$$

である．つぎに 1 次導関数を右辺に，2 次導関数を左辺に代入し，式 (5-14) を収

束するまで反復する．また同時に対数尤度は式(5-12)から求められる．式(5-14)から

$$\begin{bmatrix}\hat{\sigma}_a^2\\ \hat{\sigma}_b^2\\ \hat{\sigma}_e^2\end{bmatrix}=\begin{bmatrix}tr(\boldsymbol{PZ_aZ_a'PZ_aZ_a'}) & tr(\boldsymbol{PZ_aZ_a'PZ_bZ_b'}) & tr(\boldsymbol{PZ_eZ_e'PZ_aZ_a'})\\ tr(\boldsymbol{PZ_aZ_a'PZ_bZ_b'}) & tr(\boldsymbol{PZ_bZ_b'PZ_bZ_b'}) & tr(\boldsymbol{PZ_eZ_e'PZ_bZ_b'})\\ tr(\boldsymbol{PZ_eZ_e'PZ_aZ_a'}) & tr(\boldsymbol{PZ_eZ_e'PZ_bZ_b'}) & tr(\boldsymbol{PZ_eZ_e'PZ_eZ_e'})\end{bmatrix}^{-1}\begin{bmatrix}\boldsymbol{y'PZ_aZ_a'Py}\\ \boldsymbol{y'PZ_bZ_b'Py}\\ \boldsymbol{y'PZ_eZ_e'Py}\end{bmatrix}$$

が成り立つ．ML 法との違いは，$\boldsymbol{V}^{-1}$ の代わりに $\boldsymbol{P}$ を使って方程式を解くことであり，また，対数尤度の計算において $\boldsymbol{X}$ の階数と $\ln|\boldsymbol{K'VK}|$ を考慮することである．収束時における分散成分はそれぞれ $\hat{\sigma}_a^2=1.5$，$\hat{\sigma}_b^2=649.8$，$\hat{\sigma}_e^2=107.7$ が推定され，これらはヘンダーソンの方法Ⅲで求めた値とは異なる．

b．FS (Fisher's Scoring) 法

NR 法におけるヘシアン行列 $\boldsymbol{H}$ をその期待値である情報行列 (information matrix：$\boldsymbol{I}$) で置き換えることによって，つぎのように計算される．

$$\begin{aligned}\hat{\boldsymbol{\sigma}}^{(m+1)}&=\hat{\boldsymbol{\sigma}}^{(m)}-\boldsymbol{s}^{(m)}[E\{\boldsymbol{H}^{(m)}\}]^{-1}\\ &=\hat{\boldsymbol{\sigma}}^{(m)}-\boldsymbol{s}^{(m)}[\boldsymbol{I}^{(m)}]^{-1}\\ &=\hat{\boldsymbol{\sigma}}^{(m)}-\boldsymbol{s}^{(m)}\left[\left\{\frac{1}{2}tr(\boldsymbol{V}^{-1}\boldsymbol{Z}_i\boldsymbol{Z}_i'\boldsymbol{V}^{-1}\boldsymbol{Z}_j\boldsymbol{Z}_j')\right\}^{(m)}\right]^{-1}\end{aligned}$$

NR 法と同様に収束するまで反復させることによって推定量が得られる．FS 法の特徴としては，計算が容易であり，NR 法に比べ安定している一方，収束が遅いことが挙げられる．

c．EM (Expectation Maximization) 法

Dempster ら (1977) は EM アルゴリズムがパラメータ空間を維持するために非常に安定して収束が得られることを示した．変量効果 $\boldsymbol{u}_i$ の REML 推定値が既知の場合，その分散は

$$\hat{\sigma}_i^2=\frac{\boldsymbol{u}_i'\boldsymbol{u}_i}{n_i}$$

として表現される．ここで n_i は変量効果 i の数である．しかしながら実際には $\boldsymbol{u}_i$ は既知ではないので，反復的に $\boldsymbol{u}_i$ と $\hat{\sigma}_i^2$ を推定し，収束するまで繰り返すことになる．そこで **E** (expectation) と **M** (maximization) の二つのステップが必要にな

る．また，対数尤度はつぎのようにも書き換えられる．

$$\ln L=-\frac{1}{2}\left\{\left(\sum_{i-0}^{s}n_i\right)\ln(2\pi)+\sum_{i-0}^{s}n_i\ln\sigma_i^2+\sum_{i=0}^{s}\frac{\boldsymbol{u}_i{}'\boldsymbol{u}_i}{\sigma_i^2}\right\}$$

各分散成分に対する $\ln L$ の1次導関数をゼロと置くことによって，その推定値が得られる．

E ステップ：

変量効果と母数効果の条件付き期待値 $E(\boldsymbol{u}_i{}'\boldsymbol{u}_i|\boldsymbol{y})$ および $E(\boldsymbol{y}-\boldsymbol{Zu})$ を同時に計算する．

M ステップ：

各期待値を使って尤度が最大になるような $\hat{\sigma}_i^2=\dfrac{E(\boldsymbol{u}_i{}'\boldsymbol{u}_i|\boldsymbol{y})}{n_i}$ および $\hat{\boldsymbol{\beta}}=\boldsymbol{X}(\boldsymbol{X}'\boldsymbol{X})^{-}\boldsymbol{X}'E(\boldsymbol{y}-\boldsymbol{Zu})$ を同時に求める．変量効果の推定値（BLUP）を先に求めてから，最後に母数効果 $\hat{\boldsymbol{\beta}}=(\boldsymbol{X}'\boldsymbol{V}^{-1}\boldsymbol{X})^{-}\boldsymbol{X}'\boldsymbol{V}^{-1}\boldsymbol{y}$ を推定する方法もある．また EM アルゴリズムはつぎのようにも実行される．各変量効果の分散に対して，

$$\hat{\sigma}_i^2=\frac{[\,\hat{\boldsymbol{u}}_i{}'\boldsymbol{u}_i+\hat{\sigma}_e^2tr(\boldsymbol{C}^{ii})]}{n_i}$$

ここで $\boldsymbol{C}^{ii}$ は係数行列の逆行列の対角要素である．また，式 (5-8) の $\boldsymbol{G}^{-1}$ を含む混合モデル方程式を想定した場合，

$$\hat{\sigma}_i^2=\frac{[\,\hat{\boldsymbol{u}}_i{}'\boldsymbol{G}^{-1}\hat{\boldsymbol{u}}_i+\hat{\sigma}_e^2tr(\boldsymbol{G}^{-1}\boldsymbol{C}^{ii})]}{n_i}$$

と書き表される．残差分散に対しては

$$\hat{\sigma}_e^2=\frac{\mathbf{y}'(\mathbf{y}-\boldsymbol{X}\hat{\boldsymbol{\beta}}-\sum_{i=1}^{s}\boldsymbol{Z}_i\hat{\boldsymbol{u}}_i)}{n-r(\boldsymbol{X})}$$

となる．これらの推定値はつぎのように反復的に求められる．

① $\hat{\sigma}_i^2$ と $\hat{\sigma}_e^2$ に初期値を代入する．

② 方程式を解き，新しい $\hat{\boldsymbol{u}}_i$ と $\hat{\boldsymbol{C}}_{ii}$ を設定する．

③　②を上記の EM 式に代入する．

④　②と③を収束条件を満たすまで反復する．

d．DF（Derivative Free）法

Smith と Graser (1986) が提唱した DF-REML 法は，これまで述べてきた方法に反して，偏微分も 2 次形式も使わずに，最大尤度を探し求める方法である．見かけ上の最大値ではなく，実際の最大値の尤度を探し出す方法として，最も単純な格子検索は効率が悪くシンプレックス (Simplex) 法がよく使われるが，必ずしも収束は速くない．尤度が実際の最大値であることを確認するために，収束後にプログラムを再実行する必要がある．Graser ら (1987) は DF-REML のアルゴリズムを詳しく説明しており，Meyer (1989) が開発した DFREML プログラムをもとに，Boldman ら (1995) は複数形質モデルに対応した MTDFREML プログラムを開発した (6.6.2 項および付録 F 参照)．

式 (5-8) の左辺に右辺と $\boldsymbol{y}'\boldsymbol{R}^{-1}\boldsymbol{y}$ の項を追加し，

$$\begin{bmatrix} \boldsymbol{X}'\boldsymbol{R}^{-1}\boldsymbol{X} & \boldsymbol{X}'\boldsymbol{R}^{-1}\boldsymbol{Z} & \boldsymbol{X}'\boldsymbol{R}^{-1}\boldsymbol{y} \\ \boldsymbol{Z}'\boldsymbol{R}^{-1}\boldsymbol{X} & \boldsymbol{Z}'\boldsymbol{R}^{-1}\boldsymbol{Z}+\boldsymbol{G}^{-1} & \boldsymbol{Z}'\boldsymbol{R}^{-1}\boldsymbol{y} \\ \boldsymbol{y}'\boldsymbol{R}^{-1}\boldsymbol{X} & \boldsymbol{y}'\boldsymbol{R}^{-1}\boldsymbol{Z} & \boldsymbol{y}'\boldsymbol{R}^{-1}\boldsymbol{y} \end{bmatrix} = \begin{bmatrix} C_{XX} & C_{XZ} & \boldsymbol{X}'\boldsymbol{R}^{-1}\boldsymbol{y} \\ C_{ZX} & C_{ZZ} & \boldsymbol{Z}'\boldsymbol{R}^{-1}\boldsymbol{y} \\ \boldsymbol{y}'\boldsymbol{R}^{-1}\boldsymbol{X} & \boldsymbol{y}'\boldsymbol{R}^{-1}\boldsymbol{Z} & \boldsymbol{y}'\boldsymbol{R}^{-1}\boldsymbol{y} \end{bmatrix}$$

の係数行列 $\boldsymbol{C}$ を $\boldsymbol{y}'\boldsymbol{R}^{-1}\boldsymbol{y}$ に代入すると，

$$\boldsymbol{y}'\boldsymbol{R}^{-1}\boldsymbol{y}-[\boldsymbol{y}'\boldsymbol{R}^{-1}\boldsymbol{X}\ \ \boldsymbol{y}'\boldsymbol{R}^{-1}\boldsymbol{Z}]\boldsymbol{C}^{-}\begin{bmatrix} \boldsymbol{X}'\boldsymbol{R}^{-1}\boldsymbol{y} \\ \boldsymbol{Z}'\boldsymbol{R}^{-1}\boldsymbol{y} \end{bmatrix} = \boldsymbol{y}'\boldsymbol{R}^{-1}\boldsymbol{y}-\hat{\boldsymbol{\beta}}'\boldsymbol{X}'\boldsymbol{R}^{-1}\boldsymbol{y}-\hat{\boldsymbol{u}}'\boldsymbol{Z}'\boldsymbol{R}^{-1}\boldsymbol{y}$$

となり，これは残差 SS，つまり $\boldsymbol{y}'\boldsymbol{P}\boldsymbol{y}$ である．したがって $\sigma_e^2=\dfrac{\boldsymbol{y}'\boldsymbol{P}\boldsymbol{y}}{n-r(\boldsymbol{X})}$ が導かれる．式 (5-12) の対数尤度に -2 を乗じ定数を無視した後の

$$-2\ln L_R=\ln|\boldsymbol{R}|+\ln|\boldsymbol{G}|+\ln|\boldsymbol{C}|+\boldsymbol{y}'\boldsymbol{P}\boldsymbol{y}$$

において $\ln|\boldsymbol{R}|=\ln|\boldsymbol{I}\sigma_e^2|=\ln(\sigma_e^2\sigma_e^2\cdots\sigma_e^2)=n\ln\sigma_e^2$，また $\ln|\boldsymbol{G}|=\sum_{i=1}^{s}n_i\ln\sigma_i^2$ である．仮に $\boldsymbol{G}=\boldsymbol{G}_0\otimes\boldsymbol{A}$（ここで $\boldsymbol{A}$ は分子血縁係数行列）とすると $\ln|\boldsymbol{G}|=\ln|\boldsymbol{G}_0\otimes\boldsymbol{A}|=q\ln|\boldsymbol{G}_0|+n_t\ln|\boldsymbol{A}|$ となる．ここで q は $\boldsymbol{A}$ 行列の次数，n_t は $\boldsymbol{G}_0$ 行列の次数を表す．また，$\otimes$ は直積を表す．

$$\ln|\boldsymbol{C}|=\ln|\boldsymbol{X}'\boldsymbol{R}^{-1}\boldsymbol{X}|+\ln|\boldsymbol{G}^{-1}+\boldsymbol{Z}'\boldsymbol{S}\boldsymbol{Z}|$$
$$=\ln|\boldsymbol{X}'\boldsymbol{X}|-r(\boldsymbol{X})\ln\sigma_e^2-q\ln\sigma_e^2+\ln|\sigma_e^2\boldsymbol{G}^{-1}+\boldsymbol{Z}'\boldsymbol{M}\boldsymbol{Z}|$$

となり，ここで $\boldsymbol{M}=\{\boldsymbol{I}-\boldsymbol{X}(\boldsymbol{X}'\boldsymbol{X})^{-}\boldsymbol{X}'\}$ である．この $-2\ln L_R$ は

$$-2\ln L_R=[n-r(\boldsymbol{X})-q]\ln\sigma_e^2+\sum_{i=1}^{s}n_i\ln\sigma_i^2+\ln\begin{vmatrix}\boldsymbol{X}'\boldsymbol{X} & \boldsymbol{X}'\boldsymbol{Z}\\ \boldsymbol{Z}'\boldsymbol{X} & \boldsymbol{Z}'\boldsymbol{Z}+\sigma_e^2\boldsymbol{G}^{-1}\end{vmatrix}+\boldsymbol{y}'\boldsymbol{P}\boldsymbol{y}$$

と表される．DF 法の一例としてつぎのような手順で実行することができる．

① 係数行列 $\boldsymbol{C}$ をコレスキー分解 (Cholesky decomposition) する．つまり，$\boldsymbol{C}=\boldsymbol{L}\boldsymbol{L}'$．

② 方程式 $\boldsymbol{L}\boldsymbol{L}'\boldsymbol{s}=\boldsymbol{r}$ を解く．

③ $\boldsymbol{y}'\boldsymbol{R}^{-1}\boldsymbol{y}-\boldsymbol{s}'\boldsymbol{r}=\boldsymbol{y}'\boldsymbol{P}\boldsymbol{y}$ を計算する．

④ $\ln|\boldsymbol{C}|=2\sum_{i=1}^{n}\ln(l_{ii})$を計算する ($j>i$ のとき $l_{ij}=0$)．

⑤ $\ln|\boldsymbol{R}|=n\ln\sigma_e^2$ 計算する．

⑥ $\ln|\boldsymbol{G}|=q\ln|\boldsymbol{G}_0|+n_t\ln|\boldsymbol{A}|$ を計算する．

⑦ シンプレックス法などにより最大尤度 ($-2\ln L_R$の場合最小値) を探す．

⑧ 以上を収束条件を満たすまで反復する．

REML に対する対数尤度の式 (5-12) の中で係数行列 $\boldsymbol{C}$ の行列式 $\ln|\boldsymbol{C}|$ の計算が最も大変であるが，ガウス消去法やコレスキー法などを使うことによって，逆行列を計算せずに効率良く行うことができる．最大尤度を探し出すためのシンプレックス法については，Meyer (1989) の論文または Boldman ら (1995) の MTDFREML プログラムマニュアルにおいて詳細に解説されている．

e．AI (Average Information) 法

NR 法で使われる対数尤度の 2 次導関数であるヘシアン行列および FS 法で使われるその負の期待値である情報行列 ($\boldsymbol{I}$) から，平均情報行列 ($\boldsymbol{AI}=\boldsymbol{I}_A$) は

$$\boldsymbol{I}_A=\frac{1}{2}(\boldsymbol{NR}+\boldsymbol{FS})$$
$$=\frac{1}{2}[-tr(\boldsymbol{P}\boldsymbol{Z}_j\boldsymbol{Z}_j'\boldsymbol{P}\boldsymbol{Z}_i\boldsymbol{Z}_i)+2\boldsymbol{y}'\boldsymbol{P}\boldsymbol{Z}_j\boldsymbol{Z}_j'\boldsymbol{P}\boldsymbol{Z}_i\boldsymbol{Z}_i\boldsymbol{P}\boldsymbol{y}+tr(\boldsymbol{P}\boldsymbol{Z}_j\boldsymbol{Z}_j'\boldsymbol{P}\boldsymbol{Z}_i\boldsymbol{Z}_i)]$$

表 5-2　AI 法，DF 法および EM 法の反復回数と計算時間についての比較

方法	反復回数		計算時間（秒）	
	初期値 1	初期値 2	初期値 1	初期値 2
AI	6	5	234	192
DF	169	119	1,238	872
EM	109	64	4,106	2,403

$$=\boldsymbol{y}'\boldsymbol{P}\boldsymbol{Z}_j\boldsymbol{Z}_j'\boldsymbol{P}\boldsymbol{Z}_i\boldsymbol{Z}_i\boldsymbol{P}\boldsymbol{y}$$

となる．この逆行列に 1 次導関数を掛け合わせ，

$$\hat{\boldsymbol{\sigma}}^{(m+1)}=\hat{\boldsymbol{\sigma}}^{(m)}-\boldsymbol{I}_A^{-1}\left[\frac{\partial \ln L}{\partial \sigma_i^2}\right]$$

であるから，反復法により分散成分 $\boldsymbol{\sigma}$ を推定することができる．収束するまでの反復回数はほかの方法に比べ桁違いに少ないが，特に分散共分散行列が正値定符号の条件を犯す危険のある場合には，推定値がパラメータ空間内にとどまらずに負の値をとり得るため，収束が非常に遅くなる可能性がある．Jensen ら（1996）はこの欠点を補うために，推定値が常にパラメータ空間内にある EM アルゴリズムの特徴を取り入れた AI 法を開発した．Johnson と Thompson（1995）は単一変量モデルを使った場合の AI 法を表 5-2 のように DF 法と EM 法と比較し，その収束の速さを示した．

5.3.2　尤度比によるモデルの比較

モデルの当てはまりの良さを比較する最も簡単な方法は，より小さい残差分散をもつモデルを選ぶことである．ただし，その差が統計的に意味のあるものかどうかを判断するためには，各種の統計量を計算し比較する必要がある．

a．尤度比検定（likelihood ratio test）

収束時点のモデル A での尤度（L_A）とモデル B での尤度（L_B）の尤度比（λ）を使って，つぎのような検定を行うことができる．

$$\lambda=L_A\,/\,L_B$$

またはその対数尤度比は

$$\ln\lambda=\ln(L_{\mathrm{A}})-\ln(L_{\mathrm{B}})\sim\chi_s^2$$

となり，自由度 s のカイ 2 乗検定を行うことによってモデルの比較が可能である．

b．赤池の情報量基準 (Akaike's information criterion : AIC)

モデル中の推定パラメータ数が異なる場合，Akaike (1973；1974) は各パラメータ数 (m) によって各尤度を補正するつぎの情報統計量を提唱した．

$$AIC=-2\ln(L)+2m$$

を使って，a．と同様にその対数尤度比 $\ln\lambda=AIC_{\mathrm{A}}-AIC_{\mathrm{B}}\sim\chi_s^2$ によってモデルの比較を行う．

c．ベイズ情報量基準 (Bayesian information criterion : BIC)

シュワルツ基準としても知られる BIC は Akaike の方法をさらに厳しくし，つぎのように観測値の (n) を考慮している．

$$BIC=-2\ln(L)+m\times\ln n$$

5.3.3 大規模データへの対応

1 次または 2 次導関数を必要とする NR 法，FS 法，EM 法，AI 法においては，これまで述べてきたように係数行列 $\boldsymbol{C}$ の逆行列を計算しなければならない．直接その逆行列を求められる程度の大きさのモデルの場合は，そのプログラミングも簡単であるが，家畜育種の分野においては，多くの場合現実的ではない．さらに DF 法においても係数行列 $\boldsymbol{C}$ の行列式の計算が必要であり，やはり現実的ではない．そこで，その逆行列，行列式を効率良く計算するために Graser ら (1987) はガウス消去法を使い，Boldman と Van Vleck (1991) はコレスキー法を用い，さらにゼロを多く含む係数行列に対してゼロ以外の行列要素だけを保存することによって，より効率よく計算することができることを示した．Misztal ら (2002) の REML および AI-REML による分散成分推定プログラムでは，Perez-Enciso ら (1994) の開発した FSPAK を利用することによって逆行列を効率的に求め，比較的大きなサイズのモデルにも対応している.

5.4 モンテカルロ・マルコフ連鎖法（MCMC 法）

5.4.1 ベイズ理論の背景

ベイズ理論（Bayes theory）は分散成分の推定に限らず，非常に幅広い分野において現在利用されている（Bayes, 1763）. ベイズ理論に基づく推測は，先験的な過去の情報を取り込むことができるという利点がある一方，頻度論者が指摘しているように，主観的な事前情報を利用することによって誤った解釈を導く可能性を持っている. 事後情報が事前情報と新たな情報（データ）から推測されるということは，一見理にかなっているようである. 初期における事前情報はあまり信頼できないものであるかもしれない. これをデータの積み重ねによって，常に修正しながら真の値に近づけることが可能であろう（ただ，多いデータが少ないデータよりも必ずしも信頼できるとは限らないが）. Gianola と Fernando（1986）は家畜育種学におけるベイズ法の利用について概説し，育種価とともに分散成分の推定に有効であることを紹介している. また Blasco（2001）も，家畜育種学におけるベイズ理論を頻度論と比較することによって理論的および実用的観点から解説している.

5.4.2 離散型確率変数

ベイズ理論を簡単に表すと，$Pr(H|\mathbf{y})=\dfrac{Pr(\boldsymbol{y}|H)Pr(H)}{Pr(\boldsymbol{y})}$ となる. ここで，$\boldsymbol{y}$ は観測値（データ），H はこのデータに対するある仮説であり，$Pr(H)$ はある仮説が真である場合の事前（prior）確率である. $Pr(\boldsymbol{y}|H)$ は仮説 H のもとで観測された $\boldsymbol{y}$ の条件付き確率，すなわち，仮説 H の事前情報である $Pr(H)$ をもとに，データ $\boldsymbol{y}$ が得られた後の事後（posterior）確率 $Pr(H|\boldsymbol{y})$ を得るための尤度である.

これらを一般的に言い換えると，$Pr(A|B)$ を事象 B が起こったときに事象 A が起こる条件付き確率あるいは事後確率とし，$Pr(A)$ を事象 A の起こる確率とすると，事象 A と事象 B の同時確率 $Pr(A\cap B)$ または $Pr(AB)$ は

$$Pr(A\cap B)=Pr(A|B)Pr(B)=Pr(B|A)Pr(A)$$

と表され，

$$Pr(A|B)=\frac{Pr(A\cap B)}{Pr(B)}=\frac{Pr(B|A)Pr(A)}{Pr(B)}$$

というベイズの定理が導かれる．もし事象 A と事象 B が独立しているときには，$Pr(A\cap B)=Pr(A)Pr(B)$ から $Pr(A|B)=Pr(A)$ または $Pr(B|A)=Pr(B)$ と表すこともできる．これを q 個の事象を持つ場合のより一般的な定理で表すと，

$$\begin{aligned}Pr(B)&=Pr(A_1\cap B)+Pr(A_2\cap B)+Pr(A_3\cap B)+\cdots\\&=Pr(B|A_1)Pr(A_1)+Pr(B|A_2)Pr(A_2)+Pr(B|A_3)Pr(A_3)+\cdots\\&=\sum_{i=1}^{q}Pr(B|A_i)Pr(A_i)\end{aligned}$$

から $Pr(A_i|B)=\dfrac{\mathrm{Pr}(B|A_i)Pr(A_i)}{\sum_{i=1}^{q}Pr(B|A_i)Pr(A_i)}$ となる．ここで分母の $Pr(B)$ を定数とすると，$Pr(A_i|B)\propto Pr(B|A_i)Pr(A_i)$ と表すこともできる．

これらをデータ（$\boldsymbol{y}$）とパラメータ（θ）に対して当てはめると，

$$Pr(\theta|\boldsymbol{y})=\frac{Pr(\boldsymbol{y}|\theta)Pr(\theta)}{Pr(\boldsymbol{y})} \tag{5-15}$$

となり，ここで $Pr(\theta)$ は事前確率，$Pr(\theta|\boldsymbol{y})$ はデータが得られた後の事後確率である．さらに，q 個の事象がある場合には，

$$Pr(\theta_i|\boldsymbol{y})=\frac{Pr(\boldsymbol{y}|\theta_i)Pr(\theta_i)}{Pr(\boldsymbol{y})}=\frac{Pr(\boldsymbol{y}|\theta_i)}{\sum_{i=1}^{q}Pr(\boldsymbol{y}|\theta_i)Pr(\theta_i)} \tag{5-16}$$

と拡張することができる．

5.4.3　連続型確率変数

以上の離散型確率変数に対する法則を連続型確率変数の場合に容易に拡張することができる．データを $\boldsymbol{y}$，パラメータを θ とした場合の同時確率分布は，pdf である $p(\theta, \boldsymbol{y})$ を使って一般的に $p(\theta, \boldsymbol{y})=p(\theta|\boldsymbol{y})p(\boldsymbol{y})=p(\boldsymbol{y}|\theta)p(\theta)$ と表すことが

でき，式 (5-15) のベイズの定理から，データ $\boldsymbol{y}$ が与えられたときのパラメータ θ の条件付き事後分布は $p(\theta|\boldsymbol{y})=\dfrac{p(\boldsymbol{y}|\theta)p(\theta)}{p(\boldsymbol{y})}$ と表される．ここで $p(\theta)$ はデータ $\boldsymbol{y}$ が得られる前のパラメータ θ に対する事前分布である．$p(\boldsymbol{y})$ はパラメータ θ の関数になっていないことから，データ $\boldsymbol{y}$ の周辺密度関数 (marginal density function) であり，定数とみなすことができる．これは，離散型確率変数に対する $p(\boldsymbol{y})=\sum_{i=1}^{q}p(\boldsymbol{y}|\theta_i)p(\theta_i)$ と同様に，連続型確率変数に対しては，総和の記号 Σ を積分記号 $\int$ に置き換えることによって $p(\boldsymbol{y})=\int p(\boldsymbol{y}|\theta)p(\theta)d\theta$ と表される．したがって，その事後密度関数は式 (5-16) から，$p(\theta|\boldsymbol{y})=\dfrac{p(\boldsymbol{y}|\theta)p(\theta)}{\int p(\boldsymbol{y}|\theta)p(\theta)d\theta}$ となる．ここで同様に分母を定数とみなすことによって，$p(\theta|\boldsymbol{y})\propto p(\boldsymbol{y}|\theta)p(\theta)$ が導かれる．つまり，これはデータ $\boldsymbol{y}$ が得られた後のパラメータ θ の事後分布 $p(\theta|\boldsymbol{y})$ は，パラメータ θ の事前情報 $p(\theta)$ とパラメータ θ が与えられたときのデータ $\boldsymbol{y}$ の条件付き確率分布 $p(\boldsymbol{y}|\theta)$ に比例することを意味している．さらに，この式はデータ $\boldsymbol{y}$ が得られた後に，尤度関数 $L(\theta|\boldsymbol{y})$ を使って $p(\theta|\boldsymbol{y})\propto L(\theta|\boldsymbol{y})p(\theta)$ または $p(\theta|\boldsymbol{y})=\dfrac{L(\theta|\boldsymbol{y})p(\theta)}{\int L(\theta|\boldsymbol{y})p(\theta)d\theta}$ と表され，事後確率∝尤度×事前確率，つまり，事後分布は，尤度関数×事前分布に比例することを示している．もしもこの事前分布が一様または平らであると仮定するならば，それを定数とみなすことによって，$p(\theta|\boldsymbol{y})\propto p(\boldsymbol{y}|\theta)$ が成り立つ．このことは，パラメータ θ の事後分布はその θ の尤度関数に比例するということを意味する．

ここまで，データ $\boldsymbol{y}$ とパラメータ θ に関してベクトル表記を使ってきたことから明らかなように，複数のパラメータに対しても同様にベイズ理論は成り立つ．たとえば，2 変量 $\boldsymbol{\theta}=[\theta_1 \quad \theta_2]$ に対する同時事後密度関数は，

$$
\begin{aligned}
p(\theta_1,\theta_2|\boldsymbol{y}) &= \frac{p(\boldsymbol{y}|\theta_1,\theta_2)p(\theta_1,\theta_2)}{\iint p(\boldsymbol{y}|\theta_1,\theta_2)p(\theta_1,\theta_2)d\theta_1 d\theta_2} \\
&\propto p(\boldsymbol{y}|\theta_1,\theta_2)p(\theta_1,\theta_2)
\end{aligned}
$$

と表され，また尤度関数を使って，

$$p(\theta_1, \theta_2|\boldsymbol{y})=\frac{L(\theta_1, \theta_2|\boldsymbol{y})p(\theta_1, \theta_2)}{\iint L(\theta_1, \theta_2|\boldsymbol{y})p(\theta_1, \theta_2)d\theta_1 d\theta_2} \propto L(\theta_1, \theta_2|\boldsymbol{y})p(\theta_1, \theta_2) \quad (5\text{-}15)$$

とも表される．もしもパラメータ θ_2 に関心がないのであれば迷惑パラメータとして扱い，つぎのように θ_2 に関して積分することによって，パラメータ θ_1 の周辺事後分布を得ることができる．

$$\begin{aligned} p(\theta_1|\boldsymbol{y}) &= \int p(\theta_1, \theta_2|\boldsymbol{y})d\theta_2 \\ &= \int p(\theta_1|\theta_2, \boldsymbol{y})p(\theta_2|\boldsymbol{y})d\theta_2 \\ &= E_{\theta_2|y}[p(\theta_1|\theta_2, \boldsymbol{y})] \end{aligned}$$

ここで $p(\theta_1|\theta_2, \boldsymbol{y})$ はパラメータ θ_2 が与えられたときの θ_1 の条件付き事後分布である．これはまた，パラメータ θ_1 の周辺事後分布は，迷惑パラメータ θ_2 が与えられたときのパラメータ θ_1 の条件付き事後分布の重み付き平均であると言い換えることもできる．このように，分析上興味のないパラメータを迷惑パラメータとして扱い，それを積分によって消去することによって，残ったパラメータに対する周辺事後分布を得ることができる．パラメータ θ_1 の条件付き事後分布は $p(\theta_1|\theta_2, \boldsymbol{y})=\dfrac{p(\theta_1, \theta_2|\boldsymbol{y})}{p(\theta_2|\boldsymbol{y})}$ から，パラメータ θ_2 を定数とみなすことによって，$p(\theta_1|\theta_2, \boldsymbol{y}) \propto p(\theta_1, \theta_2|\boldsymbol{y})$ と表され．式(5-15)より，

$$\begin{aligned} p(\theta_1, \theta_2|\boldsymbol{y}) &\propto L(\theta_1, \theta_2|\boldsymbol{y})p(\theta_1, \theta_2) \\ &\propto L(\theta_1, \theta_2|\boldsymbol{y})p(\theta_1|\theta_2) \\ &\propto L(\theta_1|\theta_2, \boldsymbol{y})p(\theta_1|\theta_2) \end{aligned}$$

となり，ここで $L(\theta_1|\theta_2, \boldsymbol{y})$ は θ_2 を既知とした場合の尤度関数であり，MCMC 法を使うことによって容易に周辺事後分布を得ることができる．

つぎに正規分布をもつ $\boldsymbol{y}$ から分散成分 ($\boldsymbol{\sigma}$) を推定する場合について考えてみよう．式(5-2) $\boldsymbol{y}=\boldsymbol{X\beta}+\boldsymbol{Zu}+\boldsymbol{e}$ において $\boldsymbol{y}$ は，$\boldsymbol{y} \sim N(\boldsymbol{X\beta}+\boldsymbol{Zu},\ \boldsymbol{R}=\boldsymbol{I}\sigma_e^2)$ の分布

をするものと仮定する．さらに$\boldsymbol{\beta}$, $\boldsymbol{u}$, $\boldsymbol{\sigma}$に対する $\boldsymbol{y}$ の条件付き分布$\{\boldsymbol{y}|\boldsymbol{\beta}, \boldsymbol{u}, \boldsymbol{\sigma}\}\sim N(\boldsymbol{X\beta}+\boldsymbol{Zu}, \boldsymbol{R})$から，

$$p(\boldsymbol{y}|\boldsymbol{\beta}, \boldsymbol{u}, \boldsymbol{\sigma})\propto\frac{1}{(2\pi)^{\frac{n}{2}}|\boldsymbol{R}|^{\frac{1}{2}}}\exp\left(-\frac{1}{2}(\boldsymbol{y}-\boldsymbol{X\beta}-\boldsymbol{Zu})'\boldsymbol{R}^{-1}(\boldsymbol{y}-\boldsymbol{X\beta}-\boldsymbol{Zu})\right)$$

が成り立つ．ベイズ理論においてはすべての効果は確率変数であり，母数効果というものは存在しない．今まで述べてきた混合モデル方程式において母数効果と定義された$\boldsymbol{\beta}$の事前分布を$\boldsymbol{\beta}\sim p(\boldsymbol{\beta})\propto\exp\left(-\frac{1}{2}(\beta-\beta_0)'V_\beta^{-1}(\beta-\beta_0)\right)$とし，

$\boldsymbol{V}_\beta\to\infty$つまり $\boldsymbol{V}_\beta^{-1}\to\boldsymbol{0}$ とすると，$\exp\left(-\frac{1}{2}(\boldsymbol{\beta}-\boldsymbol{\beta}_0)'\boldsymbol{0}(\boldsymbol{\beta}-\boldsymbol{\beta}_0)\right)=1$

となり，したがってその事前分布は一様であるといえる．つぎに $\mathbf{u}$ の事前分布を $\boldsymbol{u}\sim p(\boldsymbol{u}|\boldsymbol{G})\propto\exp\left(-\frac{1}{2}\boldsymbol{u}'\boldsymbol{G}^{-1}\boldsymbol{u}\right)$とすると，

$$\begin{aligned}p(\boldsymbol{\beta}, \boldsymbol{u}|\boldsymbol{R}, \boldsymbol{G}, \boldsymbol{y})&\propto p(\boldsymbol{y}|\boldsymbol{\beta}, \boldsymbol{u}, \boldsymbol{\sigma})p(\boldsymbol{u}|\boldsymbol{G})p(\boldsymbol{\beta})\\&\propto p(\boldsymbol{y}|\boldsymbol{\beta}, \boldsymbol{u}, \boldsymbol{\sigma})p(\boldsymbol{u}|\boldsymbol{G})=p(\boldsymbol{y}, \boldsymbol{u}|\boldsymbol{R}, \boldsymbol{G}, \boldsymbol{\beta})\\&\propto\exp\left(-\frac{1}{2}(\boldsymbol{y}-\boldsymbol{X\beta}-\boldsymbol{Zu})'\boldsymbol{R}^{-1}(\boldsymbol{y}-\boldsymbol{X\beta}-\boldsymbol{Zu})\right)\exp\left(-\frac{1}{2}\boldsymbol{u}'\boldsymbol{G}^{-1}\boldsymbol{u}\right)\end{aligned}$$

$$\boldsymbol{\beta}, \boldsymbol{u}|\boldsymbol{y}, \boldsymbol{R}, \boldsymbol{G}\sim N\left(\begin{bmatrix}\hat{\boldsymbol{\beta}}\\\hat{\boldsymbol{u}}\end{bmatrix}, \begin{bmatrix}\boldsymbol{X}'\boldsymbol{R}^{-1}\boldsymbol{X} & \boldsymbol{X}'\boldsymbol{R}^{-1}\boldsymbol{Z}\\\boldsymbol{Z}'\boldsymbol{R}^{-1}\boldsymbol{X} & \boldsymbol{Z}'\boldsymbol{R}^{-1}\boldsymbol{Z}+\boldsymbol{G}^{-1}\end{bmatrix}^{-1}\right)$$

となり，$\boldsymbol{\beta}$と $\boldsymbol{u}$ の事後平均は混合モデルにおけるそれぞれ BLUE と BLUP に相当する．前述したように

$$\begin{bmatrix}\boldsymbol{X}'\boldsymbol{R}^{-1}\boldsymbol{X}+\boldsymbol{V}_\beta^{-1} & \boldsymbol{X}'\boldsymbol{R}^{-1}\boldsymbol{Z}\\\boldsymbol{Z}'\boldsymbol{R}^{-1}\boldsymbol{X} & \boldsymbol{Z}'\boldsymbol{R}^{-1}\boldsymbol{Z}+\boldsymbol{G}^{-1}\end{bmatrix}\begin{bmatrix}\boldsymbol{\beta}\\\boldsymbol{u}\end{bmatrix}=\begin{bmatrix}\boldsymbol{X}'\boldsymbol{R}^{-1}\boldsymbol{y}+\boldsymbol{V}_\beta^{-1}\boldsymbol{\beta}_0\\\boldsymbol{Z}'\boldsymbol{R}^{-1}\boldsymbol{y}\end{bmatrix}$$

において，$\boldsymbol{V}_\beta\to\infty$つまり $\boldsymbol{V}_\beta^{-1}\to0$ とすると，この方程式は頻度論者 (frequentist) の扱う混合モデル方程式 (5-8) となる．

分散成分$\boldsymbol{\sigma}=(\sigma_u^2\quad\sigma_e^2)$の事後分布は

$$p(\boldsymbol{\sigma}|\boldsymbol{y})=p(\sigma_u^2, \sigma_e^2|\boldsymbol{y})=\int_\beta p(\sigma_u^2, \sigma_e^2, \boldsymbol{\beta}|\boldsymbol{y})d\boldsymbol{\beta}$$

$$=\int_{\beta}\int_{u} p(\sigma_u^2, \sigma_e^2, \boldsymbol{\beta}, \boldsymbol{u}|\boldsymbol{y})d\boldsymbol{u}d\boldsymbol{\beta}$$

であるから，$\boldsymbol{\beta}$と $\boldsymbol{u}$ に対して積分することによって，分散成分$\boldsymbol{\sigma}$の事後分布が得られる．この考え方は，REML における母数効果への制限と共通したものである．周辺事後分布を得るための同時分布の積分は非常に困難な場合が多く，MCMC 法によって条件付き事後分布を利用して標本抽出を行うことによって，この周辺化が容易になった．データ $\boldsymbol{y}$ が得られた後の分散成分$\boldsymbol{\sigma}$の周辺事後分布を得るために，初めにつぎのように位置パラメータ（location parameter）である$\boldsymbol{\beta}$に対して積分を行う．$p(\sigma_u^2, \sigma_e^2|\boldsymbol{y})=\int p(\boldsymbol{\beta}, \sigma_u^2, \sigma_e^2|\boldsymbol{y})d\boldsymbol{\beta}$は，

$$p(\sigma_u^2, \sigma_e^2|\boldsymbol{y})\propto\int p(\boldsymbol{y}|\boldsymbol{\beta}, \sigma_u^2, \sigma_e^2)d\boldsymbol{\beta}$$

$$=\int(2\pi)^{-\frac{n}{2}}|\boldsymbol{R}|^{-\frac{1}{2}}\exp\left(-\frac{1}{2}(\boldsymbol{y}-\boldsymbol{X\beta})'\boldsymbol{R}^{-1}(\boldsymbol{y}-\boldsymbol{X\beta})\right)$$

のように計算され，さらに

$$p(\sigma_u^2, \sigma_e^2|\boldsymbol{y})\propto(2\pi)^{-\frac{n-q}{2}}|\boldsymbol{R}|^{-\frac{1}{2}}\exp\left(-\frac{1}{2}(\boldsymbol{y}-\boldsymbol{X\beta})'\boldsymbol{R}^{-1}(\boldsymbol{y}-\boldsymbol{X\beta})\right)$$

と変形され，これは収束時において REML と同値となる．

5.4.4 事前情報

前述したように，何をどのように事前情報として利用するかは難しい問題である．Kass と Wasserman (1996) は事前分布の選択に関する論文をまとめた．基本的に主観的である事前情報をなるべく客観的なものとして扱うために，その分布は一様であると仮定し，

$$p(\theta|\boldsymbol{y})=L(\theta|\boldsymbol{y})\times\text{定数}$$

であるから $p(\theta|\boldsymbol{y})\propto L(\theta|\boldsymbol{y})$ と表現され，一様事前情報と言われる．事前情報に関する知識が全くないか，またはあってもほとんど信頼できないときにこのような一様分布を仮定する．データ規模が大きくその情報量が膨大である場合，事前分

布の選択についてはほとんど意味を持たなくなる．

5.4.5 モンテカルロ・マルコフ連鎖法（MCMC 法）

乱数発生プログラムを使って一連の確率変数を事後分布として生成する方法がモンテカルロ・マルコフ連鎖 (Markov chain Monte Calro：MCMC) 法である．前述したように，ある変数に対する積分が非常に困難な場合，MCMC 法による乱数発生によって条件付き分布を近似的に発生させ，その周辺化（積分）を実施することができる．このようにたとえ積分が困難であっても，多くの観測値が利用可能であれば，それらからある分布を近似できる．したがって事後分布から直接標本を抽出するマルコフ連鎖を用いることによって，収束時において積分の近似値を得ることが可能である．モデル

$\boldsymbol{y}=\boldsymbol{X\beta}+\sum_{i=1}^{q}\boldsymbol{Z}_i\boldsymbol{u}_i+\boldsymbol{e}$ において，データ $\boldsymbol{y}$ の条件付き分布は，

$$\{\boldsymbol{y}|\boldsymbol{\beta}, \boldsymbol{u}_1, \boldsymbol{u}_2, \cdots, \boldsymbol{u}_q, \boldsymbol{\sigma}, \sigma_e^2\}\sim N\left(\boldsymbol{X\beta}+\sum_{i=1}^{q}\boldsymbol{Z}_i\boldsymbol{u}_i, \boldsymbol{R}\sigma_e^2\right)$$

に従い，

$$p(\boldsymbol{y}|\boldsymbol{\beta}, \boldsymbol{u}, \boldsymbol{\sigma}, \sigma_e^2)\propto-\frac{1}{(\sigma_e^2)^{\frac{n}{2}}}\exp\left(-\frac{1}{2}(\boldsymbol{y}-\boldsymbol{X\beta}-\sum_{i=1}^{q}\boldsymbol{Z}_i\boldsymbol{u}_i)'\boldsymbol{R}^{-1}((\boldsymbol{y}-\boldsymbol{X\beta}-\sum_{i=1}^{q}\boldsymbol{Z}_i\boldsymbol{u}_i)\right)$$

の確率密度をもつ．ここで

$$\boldsymbol{u}=(u_1, u_2, \cdots, u_q),\quad \boldsymbol{\sigma}=(\sigma_{u_1}^2, \sigma_{u_2}^2, \cdots, \sigma_{u_q}^2)$$

である．$\boldsymbol{\beta}$に対する分布はつぎのように一様であると仮定する．

$$p(\boldsymbol{\beta}|\boldsymbol{u}, \boldsymbol{\sigma}, \sigma_e^2, \boldsymbol{y})\propto \text{定数}$$

$\boldsymbol{u}$ に対する分布は，つぎのように正規分布を仮定し標本抽出を行う．

$$\{\boldsymbol{u}_i|\boldsymbol{G}_i, \sigma_{u_i}^2\}\sim MVN(0, \boldsymbol{G}_i, \sigma_{u_i}^2)$$

その密度関数は，

$$p(\boldsymbol{u}_i|\boldsymbol{G}_i,\ \sigma_{u_i}^2)\propto\left[\frac{1}{(\sigma_{u_i}^2)^{\frac{nu_i}{2}}}\exp\left\{-\frac{1}{2\sigma_{u_i}^2}(\boldsymbol{u}_i'\boldsymbol{G}_i^{-1}\boldsymbol{u}_i)\right\}\right]$$

となる．分散成分（σ_e^2および $\sigma_{u_i}^2$）に対しては，つぎのように逆ガンマ（inverted gamma：IG）分布（多変量のときは逆ウィッシャート（inverted Wishart：IW）分布）を事前分布として標本抽出を行う．残差分散 σ_e^2に対して

$$p(\sigma_e^2|v_e,\ s_e^2)\propto(\sigma_e^2)^{\frac{-v_e}{2}-1}\exp\left(-\frac{v_e s_e^2}{2\sigma_e^2}\right)$$

とし，

$$\tilde{v}_e=n_r+v_e$$

かつ

$$\tilde{s}_e^2=\frac{(\boldsymbol{y}-\boldsymbol{X\beta}-\sum_{j=1,j\neq 1}^{q}\boldsymbol{Z}_j\boldsymbol{u}_j)'(\boldsymbol{y}-\boldsymbol{X\beta}-\sum_{i=1}^{q}\boldsymbol{Z}_i\boldsymbol{u}_i)}{\tilde{v}_e}=\frac{\boldsymbol{e}'\boldsymbol{e}}{\tilde{v}_e}$$

である．一方，他の分散 $\sigma_{u_i}^2$ に対して

$$p(\sigma_{u_i}^2|v_{u_i},\ s_{u_i}^2)\propto(\sigma_{u_i}^2)^{\frac{-nu_i}{2}-1}\exp\left(-\frac{v_{v_i}s_{uu_i}^2}{2\sigma_{u_i}^2}\right)$$

となり，ここで

$$\tilde{v}_{u_i}=q_i+v_{u_i}\ \text{かつ}\ \tilde{s}_{u_i}^2=\frac{\boldsymbol{u}_i'\boldsymbol{G}_i^{-1}\boldsymbol{u}_i}{\tilde{v}_{u_i}}$$

である．ここで s^2 は事前情報，ν は確信度（degree of belief）である．もしもこれらをゼロと仮定すると，一様事前情報を仮定したことになり，$p(\sigma_e^2)\propto(\sigma_e^2)^{-1}$ および $p(\sigma_{u_i}^2)\propto(\sigma_{u_i}^2)^{-1}$ と表される．

未知数（$\boldsymbol{\beta}$, $\boldsymbol{u}$, $\boldsymbol{\sigma}$, σ_e^2）に対する同時事後密度関数は

$$p(\boldsymbol{\beta},\ u_1,\ u_2,\ \cdots,\ u_q,\ \sigma_{u_1}^2,\ \sigma_{u_2}^2,\ \cdots,\ \sigma_{u_q}^2,\ \sigma_e^2|\boldsymbol{y})\propto p(\boldsymbol{y}|\boldsymbol{\beta},\ u_1,\ u_2,\ \cdots,\ u_q,\ \sigma_{u_1}^2,\ \sigma_{u_2}^2,\ \cdots,$$
$$\sigma_{u_q}^2,\ \sigma_e^2)p(\boldsymbol{\beta})\sum_{i=1}^{q}p(u_i,\ \sigma_{u_i}^2)p(\sigma_e^2)$$

または

$$p(\boldsymbol{\beta}, u_1, u_2, \cdots, u_q, \sigma_{u_1}^2, \sigma_{u_2}^2, \cdots, \sigma_{u_q}^2, \sigma_e^2 | \boldsymbol{y}) \propto \frac{1}{(\sigma_e^2)^{\frac{n}{2}+1}} \exp\left(-\frac{1}{2\sigma_e^2}(\boldsymbol{y}-\boldsymbol{X\beta}- \sum_{i=1}^{q}\boldsymbol{Z}_i\boldsymbol{u}_i)'(\boldsymbol{y}-\boldsymbol{X\beta}-\sum_{i=1}^{q}\boldsymbol{Z}_i\boldsymbol{u}_i)\right)$$

$$\times \prod_{i=1}^{q}\left[\frac{1}{(\sigma_{u_i}^2)^{\frac{-n_{ui}}{2}+1}} \exp\left\{-\frac{1}{2\sigma_{u_i}^2}(\boldsymbol{u}_i{}'\boldsymbol{G}_i^{-1}\boldsymbol{u}_i)\right\}\right]$$

と表される．各未知数の完全な条件付き密度（full conditional density：FCD）は，他のパラメータを既知とすること，つまり重要ではない（または興味のない）効果やパラメータに対して積分することによって得られる．$\boldsymbol{\beta}$に対する周辺分布は

$$p(\boldsymbol{\beta}|\boldsymbol{u}, \boldsymbol{\sigma}_{u_i}^2, \boldsymbol{\sigma}_e^2, \boldsymbol{y}) \propto \exp\left(-\frac{1}{2\boldsymbol{\sigma}_e^2}(\boldsymbol{y}-\boldsymbol{X\beta}-\sum_{i=1}^{q}\boldsymbol{Z}_i\boldsymbol{u}_i)'(\boldsymbol{y}-\boldsymbol{X\beta}-\sum_{i=1}^{q}\boldsymbol{Z}_i\boldsymbol{u}_i)\right)$$

であるから，

$$\{\boldsymbol{\beta}|\boldsymbol{u}, \sigma_{u_i}^2, \sigma_e^2, \boldsymbol{y}\} \sim N\{\tilde{\boldsymbol{\beta}}, (\boldsymbol{X}'\boldsymbol{X})^{-1}\sigma_e^2\}$$

が得られる（ここで$\tilde{\boldsymbol{\beta}}=(\boldsymbol{X}'\boldsymbol{X})^{-1}\boldsymbol{X}'(\boldsymbol{y}-\sum_{i=1}^{q}\boldsymbol{Z}_i\boldsymbol{u}_i)$）．同様に $\boldsymbol{u}$ に対して，

$$\{u_i|\boldsymbol{\beta}, u_{\neq i}, \sigma_{u_i}^2, \sigma_e^2, \boldsymbol{y}\} \sim N\left\{\tilde{u}_i, \left(\boldsymbol{Z}'\boldsymbol{Z}+\boldsymbol{G}_i^{-1}\frac{\sigma_e^2}{\sigma_{u_i}^2}\right)^{-1}\sigma_e^2\right\}$$

が得られる（ここで $\tilde{\boldsymbol{u}}_i=\left(\boldsymbol{Z}'\boldsymbol{Z}+\boldsymbol{G}_i^{-1}\frac{\sigma_e^2}{\sigma_{u_i}^2}\right)^{-1}\boldsymbol{Z}_i'(\boldsymbol{y}-\boldsymbol{X\beta}-\sum_{j=1, j\neq 1}^{q}\boldsymbol{Z}_j\boldsymbol{u}_j)$）．

また分散成分 $\sigma_{u_i}^2$ に対する FCD は，重要ではない未知数に対して積分し，

$$p(\sigma_{u_1}^2|\boldsymbol{y}) = \iint\cdots\iint p(\boldsymbol{\beta}, u_1, u_2, \cdots, u_q, \sigma_{u_1}^2, \sigma_{u_2}^2, \cdots, \sigma_{u_q}^2, \sigma_e^2|\boldsymbol{y})\, d\boldsymbol{\beta}\, du_1 du_2 \cdots du_q\, d\sigma_{u_2}^2 \cdots d\sigma_{u_q}^2 d\sigma_e^2$$

であるから

$$p(\sigma_{u_i}^2|\boldsymbol{\beta}, \boldsymbol{u}, \sigma_{u_j(j\neq 1)}^2, \sigma_e^2, \boldsymbol{y}) \propto \frac{1}{(\sigma_{u_i}^2)^{\frac{q_i}{2}-1}} \exp\left(\frac{-\boldsymbol{u}_i{}'\boldsymbol{G}_i^{-1}\boldsymbol{u}_i}{2\sigma_{u_i}^2}\right)$$

となる．σ_e^2に対するFCDは，

$$p(\sigma_e^2|\boldsymbol{y})=\iint\cdots\iint p(\boldsymbol{\beta}, u_1, u_2, \cdots, u_q, \sigma_{u_1}^2, \sigma_{u_2}^2, \cdots, \sigma_{u_q}^2, \sigma_e^2|\boldsymbol{y})\,d\boldsymbol{\beta}\,du_1du_2\cdots du_q \\ d\sigma_{u_1}^2 d\sigma_{u_2}^2\cdots d\sigma_{u_q}^2$$

であるから，

$$p(\sigma_e^2|\boldsymbol{\beta}, \boldsymbol{u}, \boldsymbol{\sigma}, \boldsymbol{y})\propto\frac{1}{(\sigma_e^2)^{\frac{n}{2}-1}}\exp\left\{-\frac{1}{2\sigma_e^2}(\boldsymbol{y}-\boldsymbol{X\beta}-\sum_{i=1}^{q}\boldsymbol{Z}_i\boldsymbol{u}_i)'(\boldsymbol{y}-\boldsymbol{X\beta}-\sum_{i=1}^{q}\boldsymbol{Z}_i\boldsymbol{u}_i)\right\}$$

となり，逆ガンマ分布を用いて

$$\{\sigma_e^2|\boldsymbol{\beta}, \boldsymbol{u}, \boldsymbol{\sigma}, \boldsymbol{y}\}\sim\tilde{v}_e\tilde{s}_e^2\tilde{\chi}_{\tilde{v}}^{-2}=IG(\sigma_e^2\,;\,\tilde{v}_e, \tilde{s}_e^2)$$

が得られる．ここで $\tilde{v}_e=n_r+v_e$ は確信度，かつ

$$\tilde{s}_e{}^2=\frac{(\boldsymbol{y}-\boldsymbol{X\beta}-\sum_{i=1}^{q}\boldsymbol{Z}_i\boldsymbol{u}_i)'(\boldsymbol{y}-\boldsymbol{X\beta}-\sum_{i=1}^{q}\boldsymbol{Z}_i\boldsymbol{u}_i)}{\tilde{v}_e}=\frac{\boldsymbol{e}'\boldsymbol{e}}{\tilde{v}_e}$$

は事前情報である．同様に分散成分$\boldsymbol{\sigma}_{ui}^2$ に対する条件付き分布は

$$p(\sigma_{u_i}^2|\boldsymbol{\beta}, \boldsymbol{u}, \boldsymbol{\sigma}, \sigma_e^2, \boldsymbol{y})\propto\frac{1}{(\sigma_{u_i}^2)^{\frac{q_i}{2}-1}}\exp\left(\frac{-\boldsymbol{u}_i'\boldsymbol{G}_i^{-1}\boldsymbol{u}_i}{2\sigma_{u_i}^2}\right)$$

であるから

$$\{\sigma_{u_i}^2|\boldsymbol{\beta}, \boldsymbol{u}, \sigma_{u_1}^2, \sigma_{u_2}^2, \cdots, \sigma_{u_q}^2, \sigma_e^2, \boldsymbol{y}\}\sim\tilde{v}_{u_i}\tilde{s}_{u_i}^2\tilde{\chi}_{\tilde{v}}^{-2}=IG(\sigma_{u_i}^2\,;\,\tilde{v}_{u_i}, \tilde{s}_{u_i}^2)$$

が得られる．ここで $\tilde{v}_{u_i}=q_i+v_{u_i}$ は確信度，かつ $\tilde{s}_{u_i}^2=\dfrac{\boldsymbol{u}_i'\boldsymbol{G}_i^{-1}\boldsymbol{u}_i}{\tilde{v}_{u_i}}$ は事前情報である．

5.4.6 ギブス・サンプリング法（GS 法）

MCMC 法の一つであるギブス・サンプリング（Gibbs sampling：GS）法は，画像解析手法として有名（Geman と Geman, 1984）であるが，家畜育種遺伝学の分野においても，REML 法とともに現在最も広く用いられている．近い将来にはGS

などの MCMC 法が，大規模データに対する分散成分と育種価の同時推定に利用されるかもしれない．Wang ら (1993) は，GS 法による分散成分の推定手順をつぎのようにまとめている．前述した条件付き分布に基づき，モデル $\boldsymbol{y}=\boldsymbol{X\beta}+\sum_{i=1}^{q}\boldsymbol{Z}_i\boldsymbol{u}_i+\boldsymbol{e}$ に対して，

① $\boldsymbol{\beta}^{(0)}, \boldsymbol{u}_1^{(0)}, \boldsymbol{u}_2^{(0)}, \cdots, \boldsymbol{u}_q^{(0)}, \sigma_{u_1}^{2(0)}, \sigma_{u_2}^{2(0)}, \cdots, \sigma_{u_q}^{2(0)}, \sigma_e^{2(0)}$ に初期値を設定する．

② $\boldsymbol{\beta}$ に対する条件付き分布は，$p(\boldsymbol{\beta}|\boldsymbol{u}_1^{(0)}, \boldsymbol{u}_2^{(0)}, \cdots, \boldsymbol{u}_q^{(0)}, \sigma_{u_1}^{2(0)}, \sigma_{u_2}^{2(0)}, \cdots, \sigma_{u_q}^{2(0)}, \sigma_e^{2(0)}, \boldsymbol{y})$ から $\boldsymbol{\beta}^{(1)}$ を発生させることによって得られる．

③ 同様に $\boldsymbol{u}_1$ に対しては，$p(\boldsymbol{u}_1|\boldsymbol{\beta}^{(1)}, \boldsymbol{u}_2^{(0)}, \cdots, \boldsymbol{u}_q^{(0)}, \sigma_{u_1}^{2(0)}, \sigma_{u_2}^{2(0)}, \cdots, \sigma_{u_q}^{2(0)}, \sigma_e^{2(0)}, \boldsymbol{y})$ から $\boldsymbol{u}_1^{(1)}$ を発生させる．

④ 同様に $\sigma_{u_1}^2$ に対しては，$p(\sigma_{u_1}^2|\boldsymbol{\beta}^{(1)}, \boldsymbol{u}_1^{(1)}, \boldsymbol{u}_2^{(1)}, \cdots, \boldsymbol{u}_q^{(1)}, \sigma_{u_2}^{2(0)}, \cdots, \sigma_{u_q}^{2(0)}, \sigma_e^{2(0)}, \boldsymbol{y})$ から $\sigma_{u_1}^{2(1)}$ を発生させる．

⑤ 同様に σ_e^2 に対しては，$p(\sigma_e^2|\boldsymbol{\beta}^{(1)}, \boldsymbol{u}_1^{(1)}, \boldsymbol{u}_2^{(1)}, \cdots, \boldsymbol{u}_q^{(1)}, \sigma_{u_1}^{2(1)}, \sigma_{u_2}^{2(1)}, \cdots, \sigma_{u_q}^{2(1)}, \boldsymbol{y})$ から $\sigma_e^{2(1)}$ を発生させる．

上記①から⑤を十分な回数繰り返し，収束条件を満たす周辺分布を発生させる．このように REML 法において仮定した母数効果 $\boldsymbol{\beta}$，変量効果 $\boldsymbol{u}$，分散 $\boldsymbol{\sigma}$ などのパラメータをそれぞれ無限集団からの任意抽出標本として順番に推定することができる．したがって GS 法では，基本的に BLUE と BLUP の区別はなくなる．さらに MCMC 法は，これまで述べてきた線形関数だけではなく非線形関数にも対応可能であり，ベイズ理論は幅広い分野においてその応用範囲を広げて行くであろう．

5.4.7 事後分析

分散成分などのパラメータの推定には，GS 法を実行して得られる標本を使うが，モデルの確かさを立証することは容易ではない．一つの長い連鎖を使うべきか，それとも複数の短い連鎖を使うべきであろうか？　一般には，一つの長い連鎖の方がより効率的で，安定していると言われる．分析に使うデータが集団からの任意抽出標本に近いものであれば，小規模データ（数千から数万記録）を使って，反復回数を多く（数万から数百万回）した方が，大規模データを使う（物理的に反復

回数は少なくなる）よりも効率が良いであろう．しかし，その標本抽出が不安定なものであれば，小規模データから十分な情報を得ることが難しくなり，結果として，なるべく大きなデータを使った方が，安定した収束が得られ易いかもしれない（その分，膨大な時間が必要となるであろう）．

表 5-3 と表 5-4 には，あるデータを使って求めた事後情報を示した．表 5-3 は 3 千個，表 5-4 は 40 万個（実際には 100 個ごとに保存した 4 千個）のそれぞれの標本に基づいて計算した結果である．事後平均と事後標準偏差はそれぞれの標本から単純に計算されたものであり，HPD（highest probability density）は，頻度論者の扱う信頼区間に相当するものである．残差分散以外の有効標本数が比較的少なく（7 から 14），標本間の自己相関も高いことがわかる．一般に発生標本数を増やすことによって有効標本数が増し，自己相関も低く（つまり標本間の独立性が強く）なる．AI-REML 法から得られた結果（分散 A＝58.7，分散 B＝727.4，遺伝分散 G＝378.9，残差分散 R＝238.6）と比較すると，分散 A 以外の推定値は類似していることがわかる．ただし，分散 A は正規分布ではなく，平均値と最頻値（最尤推定値に相当）は異なるため，その最頻値が REML 推定値により近い結果となった．

表 5-3　慣らし期間 2 千個を破棄した後の 3 千個の標本に基づく結果

分散成分	事後平均	事後標準偏差	95%HPD 区間		有効標本数	自己相関（標本間）		
						1	10	50
A	80.2	45.6	−9.1	169.5	14	0.99	0.93	0.71
B	748.6	107.7	537.5	959.8	8	0.93	0.80	0.65
G	351.5	142.7	71.9	631.2	7	0.99	0.96	0.82
R	238.8	14.0	211.4	266.2	450	0.71	0.03	0.02

表 5-4　慣らし期間 10 万個を破棄した後の 40 万個の標本に基づく結果

分散成分	事後平均	事後標準偏差	95%HPD 区間		有効標本数	自己相関（標本間）		
						1	10	50
A	74.8	49.5	−22.2	171.8	631	0.59	0.03	−0.04
B	728.5	105.6	521.5	935.4	688	0.52	0.05	0.02
G	378.4	130.4	122.8	634.1	549	0.69	0.06	0.00
R	240.0	14.1	212.3	267.8	2,000	0.00	−0.01	−0.02

a．慣らし期間

標本の発生を始めてから標本のばらつきが一定状態になるまでの期間を慣らし期間 (burn-in) と言い，事後平均および事後標準偏差などの計算時にはその期間における標本は破棄されるべきである．どの程度の期間を慣らし期間とするかについてはいくつかの方法が提唱されているが，グラフ化することによって視覚的に判断する連結法 (Johnson, 1996) は比較的容易である．異なる 2 種類の初期値を設定し，得られた標本が合流する時点までの期間を慣らし期間と見なし破棄する方法である．また，標本のばらつきに対する信頼幅の安定性によって判定する方法もある．

b．収束判定

MCMC 法によるパラメータ推定の収束判定として，確固たる理論的な方法は今のところ存在しない．Cowles と Carlin (1996) は，いくつかの方法について解説しており，それらの収束判定手法は，安定したマルコフ連鎖を使ってパラメータを推定する場合，どの程度の長さの連鎖（つまり発生させる標本の数）が必要かを決定するために利用される．

c．BF (Bayes factor)

BF は頻度論者の使う尤度比検定に相当するもので，モデルの当てはまりの程度の比較に用いられる．ベイズ理論から BF は，

$$
\begin{aligned}
BF &= \frac{p(\mathbf{M}_1|\boldsymbol{y})/p(\mathbf{M}_2|\boldsymbol{y})}{p(\mathbf{M}_1)/p(\mathbf{M}_2)} \\
&= \frac{\left[\dfrac{p(\boldsymbol{y}|\mathbf{M}_1)/p(\mathbf{M}_1)}{p(\boldsymbol{y})}\right] \Big/ \left[\dfrac{p(\boldsymbol{y}|\mathbf{M}_2)/p(\mathbf{M}_2)}{p(\boldsymbol{y})}\right]}{p(\mathbf{M}_1)/p(\mathbf{M}_2)} \\
&= \frac{p(\boldsymbol{y}|\mathbf{M}_1)}{p(\boldsymbol{y}|\mathbf{M}_2)}
\end{aligned}
$$

によって計算される．つまりモデル 1（M_1：減少モデル）とモデル 2（M_2：完全モデル）を当てはめたときの周辺密度の比と定義される．

d．ベイズ情報量基準 (Bayesian information criterion：BIC)

REML 法の項でも紹介した BIC は，上記の BF を使って $-2\ln(BF)$ からつぎのようにモデルの比較に用いられる．

$$BIC = -2\ln\left[\frac{p(\boldsymbol{y}|\mathbf{M}_1)}{p(\boldsymbol{y}|\mathbf{M}_2)}\right] + (p_2 - p_1)\ln(n)$$

ここで p_1 と p_2 はモデル 1 とモデル 2 におけるパラメータの数であり，n は観測値の数である．AIC と比較すると明らかなように，$\ln(n)$ を考慮した分だけより大きなペナルティーを科していることになる．

e．DIC (deviance information criterion)

Spiegelhalter ら (2002) は，Bayesian に対応した AIC の一般形として DIC をつぎのように定義し詳しく解説している．

$$\begin{aligned} DIC &= \bar{D} + p_D \\ &= D(\bar{\theta}) + 2p_D \\ &= 2\bar{D} - D(\bar{\theta}) \end{aligned}$$

ここで $p_D = \bar{D} - D(\bar{\theta})$ は有効パラメータ数と呼ばれ，

$$\begin{aligned} \bar{D} &= -2\int\{\ln p(\boldsymbol{y}|\theta)\}p(\theta|\boldsymbol{y})d\theta \\ &= E_{\theta|y}\{-2\ln p(\boldsymbol{y}|\theta)\} \\ &= E_{\theta|y}\{D(\theta)\} \end{aligned}$$

と表され，$D(\theta) = -2\ln\{p(\boldsymbol{y}|\theta)\}$ は周辺密度から計算される．小さい DIC をもつモデルの方が当てはまりが良いと判断される．

第6章
計算手順とコンピュータプログラム

BLUP法による変量効果の推定や，REML法などを用いた分散共分散の推定などの計算過程は，行列やベクトルを用いた数式で示される場合が多いが，これらの表現に慣れていないと具体的な計算手順を理解するのは難しい．付録Aで示したように，Excelの行列・ベクトル演算のための関数を利用して小規模な行列やベクトルの操作を実際に行ってみることも理解の助けにはなるが，自ら計算プログラムを作成し，実際のデータを解析してみることが，BLUP法による変量効果の推定の流れを理解する上では大いに役立つ．

そこで，この章ではBLUP法による変量効果の推定に関するプログラミングの方法を紹介する．また，付録にはC言語とjava言語で作成した例題プログラムのソースコードおよび遺伝育種分野で普及しているBLUP法による変量効果の推定や分散共分散成分の推定のためのアプリケーションの一つであるMTDFREMLプログラムの使用方法の概略を載せた．

従来，家畜育種の分野でのプログラミングにはFortran77言語が広く用いられている．後述する代表的なアプリケーションであるBlup90，MTDFREML，DFREMLなどはいずれもFortran77言語あるいはその後継言語であるFortran90/95言語で記述されている．このように，家畜育種分野でのプログラミングの経験のある人にとってはFortran言語がなじみのある言語と考え，本章の中でのアルゴリズムの説明にはFortran77言語に従ったコードを用いた．

一方，新たにプログラミングに取り組む人のために付録にはC言語およびjava言語で記述したソースコードを載せた．これは，C言語やjava言語のコンパイラやインタプリターはインターネットから無償で入手することができLinuxやWindowsXPで利用可能なこと，C言語やjava言語の解説やTipsプログラムがインターネット上に豊富に流れており，多くの書籍も出版されているので学習が容易なことなどの理由からである．

6.1 混合モデル方程式の解法

BLUP 法による変量効果推定のための一般的な混合モデルの線形関数は式 (6-1) のように表すことができる．

$$\boldsymbol{y} = \boldsymbol{X\beta} + \boldsymbol{Zu} + \boldsymbol{e} \tag{6-1}$$

ただし，$\boldsymbol{y}_{(n\times1)}$：ある形質の個体ごとの記録からなるベクトル

$\boldsymbol{X}_{(n\times f)}$：個々の記録が母数効果 $\boldsymbol{\beta}$ のどのクラスに属するかを示す 0 と 1 からなる既知の計画行列

$\boldsymbol{\beta}_{(f\times1)}$：未知である母数効果のベクトル

$\boldsymbol{Z}_{(n\times q)}$：個々の記録が $\boldsymbol{u}$ のどのクラスに属すかを示す 0 と 1 からなる既知の計画行列

$\boldsymbol{u}_{(q\times1)}$：未知である変量効果のベクトル

$\boldsymbol{e}_{(n\times1)}$：残差のベクトル

ここで，$\boldsymbol{u}$ および $\boldsymbol{e}$ が変量効果であり，

$$E\begin{pmatrix}\boldsymbol{u}\\\boldsymbol{e}\end{pmatrix}=\begin{bmatrix}\boldsymbol{0}\\\boldsymbol{0}\end{bmatrix},\quad Var\begin{pmatrix}\boldsymbol{u}\\\boldsymbol{e}\end{pmatrix}=\begin{bmatrix}\boldsymbol{G} & \boldsymbol{0}\\ & \boldsymbol{R}\end{bmatrix}=\begin{bmatrix}\boldsymbol{A}\sigma_u^2 & \boldsymbol{0}\\ & \boldsymbol{I}\sigma_e^2\end{bmatrix}$$

とみなされる．$\boldsymbol{A}$ は $\boldsymbol{u}$ に含まれるすべての個体の分子血縁係数行列，遺伝育種以外の分野では通常 $\boldsymbol{I}$ とみなされ，σ_u^2 は当該形質に関する変量効果の分散である．また $\boldsymbol{I}$ は単位行列，σ_e^2 は残差分散である．

式 (6-1) の混合モデル方程式は式 (6-2) のようになる．

$$\begin{bmatrix}\boldsymbol{X'X} & \boldsymbol{X'Z}\\ \boldsymbol{Z'X} & \boldsymbol{Z'Z}+\boldsymbol{A}^{-1}\lambda\end{bmatrix}\begin{bmatrix}\boldsymbol{\beta}^{\circ}\\ \hat{\boldsymbol{u}}\end{bmatrix}=\begin{bmatrix}\boldsymbol{X'y}\\ \boldsymbol{Z'y}\end{bmatrix} \tag{6-2}$$

ただし，$\boldsymbol{\lambda}$：σ_e^2/σ_u^2

式 (6-2) の，$\boldsymbol{X'X}$，$\boldsymbol{X'Z}$，$\boldsymbol{Z'X}$，$\boldsymbol{Z'Z}+\boldsymbol{\lambda A}^{-1}$ などは，いずれも小行列要素として表示している．それぞれの小行列のサイズは式 (6-1) に従うと，$\boldsymbol{X'X}_{(f\times f)}$，

$\boldsymbol{X}'\boldsymbol{Z}_{(f\times q)}$, $\boldsymbol{Z}'\boldsymbol{X}_{(q\times f)}$, $\boldsymbol{Z}'\boldsymbol{Z}+\lambda\boldsymbol{A}^{-1}_{(q\times q)}$ である．ここで，係数行列全体を $\boldsymbol{P}_{((f+q)\times(f+q))}$，$\boldsymbol{\beta}^{\circ}$ と $\hat{\boldsymbol{u}}$を要素とするベクトル全体を $\boldsymbol{x}_{((f+q)\times 1)}$，また右辺の $\boldsymbol{X}'\boldsymbol{y}_{(f\times 1)}$，$\boldsymbol{Z}'\boldsymbol{y}_{(q\times 1)}$ を要素とするベクトルを右辺ベクトル $\boldsymbol{b}_{((f+q)\times 1)}$ とすると，式(6-2)は $\boldsymbol{Px}=\boldsymbol{b}$ で表すことができる．この混合モデル方程式から$\boldsymbol{\beta}^{\circ}$と$\hat{\boldsymbol{u}}$を求める操作は連立方程式 $\boldsymbol{Px}=\boldsymbol{b}$ の解 $\boldsymbol{x}$ を求める操作に他ならない．$\boldsymbol{x}=\boldsymbol{P}^{-1}\boldsymbol{b}$ として，係数行列 $\boldsymbol{P}$ の逆行列 $\boldsymbol{P}^{-1}$ を右辺ベクトル $\boldsymbol{b}$ に乗じて $\boldsymbol{x}$ を求めることもできるが，単に解ベクトル $\boldsymbol{x}$ のみが必要であればガウスの消去法 (Gaussian elimination) と呼ばれているアルゴリズムを用いた方が効率的である．

結局，混合モデル方程式 (6-2) が作成できると残りの計算処理は一般的な連立方程式の解法がそのまま利用できる．ただし，母数効果に複数の要因を含めた場合は，係数行列 $\boldsymbol{P}$ が正則とならないので，連立方程式の解法を用いるための前処理として，係数行列 $\boldsymbol{P}$ を正則行列に変換する操作が必要となる．

6.2 正規方程式の作成アルゴリズム

この節以降で取り上げたアルゴリズムの解説ならびにプログラミング手法の説明には例題に示したデータおよび血統図を用いた．

例題

【データ】

個体 ID	農家[a]	性[a]	父 ID	母 ID	形質 A の観測値
DID 4(4)	200(1)	雌(2)	－(0)	DID 2(2)	4.5
SID 5(5)	201(2)	雄(1)	SID 3(3)	DID 4(4)	2.9
DID 6(6)	202(3)	雌(2)	SID 3(3)	－(0)	3.9
SID 7(7)	200(1)	雄(1)	SID 5(5)	DID 6(6)	3.5
SID 8(8)	201(2)	雄(1)	－(0)	DID 6(6)	5.0

a) カッコ内の数値は，それぞれの要因について各クラスを 1 から始まる通番でコード化したものを示す (個体 ID, 父 ID, 母 ID のコード化 (通番化) については以下の注参照)．

b) 父 ID，および母 ID の欄の—は父あるいは母の ID が不明（コードとして 0 を与える）であることを表す．

c) λ ：$\sigma_e^2/\sigma_u^2=40.0/20.0=2.0$ とする．

なお，形質 A として雌雄とも測定可能な形質（たとえば，離乳前の一定期間中の増体量など）を想定した．

線形関数として式 (6-3) を考えることにする．

$$y_{ijk}=F_i+S_j+u_k+e_{ijk} \tag{6-3}$$

ここで

y_{ijk}：i 番目の農家の j 番目の性の k 番目の個体の形質 A の観測値

F_i：i 番目の農家の効果（母数効果）

S_j：j 番目の性の効果（母数効果）

u_k：k 番目の個体の効果（変量効果）

e_{ijk}：残差

また，この例題に含まれる個体およびその祖先個体（SID1）の血統情報は以下のように整理される．

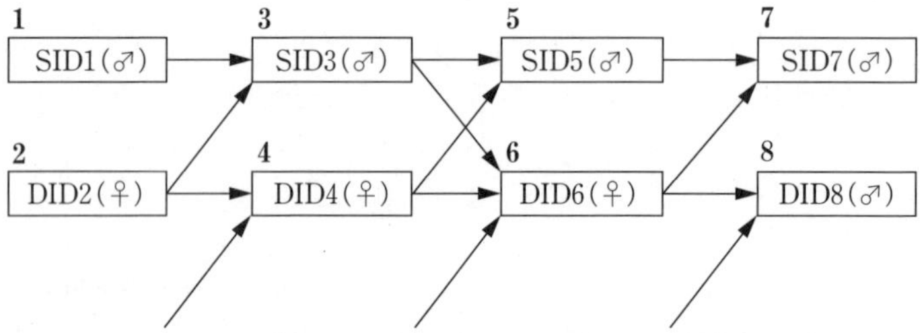

注）この血統図に含まれるすべての個体を混合モデル方程式 (6-2) の $\boldsymbol{u}$ ベクトルに含める．そのために，個体 ID の左上に示したように世代の古い方から，**1** から始まる通番でコード化する．

ここでは，例題のデータおよび血統情報を用いて，混合モデル方程式 (6-2) を作成する手順および混合モデル方程式を解いて例題の F_i°, S_j°, $\hat{u}_k$ を求める手順について説明する．

まず母数効果の計画行列 $\boldsymbol{X}$ を考える．この例題では母数効果として農家（クラスとしてコード 200 → 1，コード 201 → 2，コード 202 → 3 とする）と性（雄→ 1，雌→ 2 とする）の効果を取り上げる．計画行列 $\boldsymbol{X}$ の列要素は，1 列目から順に，コード 200，コード 201，コード 202，雄，および雌を割り当てる．また行要素としては，1 行目に記録を持つ個体 DID 4，以下順に各行に記録を持つ個体 ID を割り当てる（最後の行：5 行目は個体 SID 8 に相当する）．行列 $\boldsymbol{X}$ の各行の要素は，当該個体の農家および性に該当する要素に対して 1，それ以外なら 0 を割り当てる．したがって，行列 $\boldsymbol{X}$ のサイズは観測値の数を行とし，それぞれの母数効果のクラス数の和を列としたものとなる（4.2.1 項参照）．

例題のデータから計画行列 $\boldsymbol{X}$ を作成すると以下のようになる（$\boldsymbol{X}$ のサイズは 5 行 5 列となる）．

$$\boldsymbol{X}=\left[\begin{array}{ccc|cc} 1 & 0 & 0 & 0 & 1 \\ 0 & 1 & 0 & 1 & 0 \\ 0 & 0 & 1 & 0 & 1 \\ 1 & 0 & 0 & 1 & 0 \\ 0 & 1 & 0 & 1 & 0 \end{array}\right] \tag{6-4}$$

たとえば，個体 SID 5 については，農家コードが 201 なので 2 番目のクラス，性が雄なので，1 番目のクラスとなる．計画行列 $\boldsymbol{X}$ の 2 行 2 列目の要素 $X(2,2)$（以下，行列の要素を行列名（行，列）の形式で標記する．これは Fortran 言語での配列の表記法と同じ）および $X(2,4)$ の要素が 1，その他の要素（$X(2,1)$，$X(2,3)$，$X(2,5)$）は 0 である．

a．行列の積の定義に従った計算

この計画行列 $\boldsymbol{X}$ から行列積の計算の定義にしたがって $\boldsymbol{X}'\boldsymbol{X}$ を計算すると

$$\boldsymbol{X}'\boldsymbol{X}=\left[\begin{array}{ccc|cc} 2 & 0 & 0 & 1 & 1 \\ 0 & 2 & 0 & 2 & 0 \\ 0 & 0 & 1 & 0 & 1 \\ \hline 1 & 2 & 0 & 3 & 0 \\ 1 & 0 & 1 & 0 & 2 \end{array}\right]$$

となる．すなわち，生成される $\boldsymbol{X}'\boldsymbol{X}$ のサイズは各母数効果のクラス数の和の正方行列（上記の例では農家のクラスが3，性のクラスが2であるので，$\boldsymbol{X}'\boldsymbol{X}$ は5行5列）となる．係数行列 $\boldsymbol{X}'\boldsymbol{X}$ を母数効果ごとに縦・横の罫線で分割すると，左上の部分は農家ごとの記録数（コード200：2頭，コード201：2頭，コード202：1頭）を，また右下の部分は性ごとの記録数を表している．これらの部分は，対角要素のみが非零であり，非対角要素はすべて0という特徴がある．また，右上と左下の部分は対称であり，農家と性との組合せによる記録数の分布を表している．

このような $\boldsymbol{X}'\boldsymbol{X}$ の特徴を利用すると，計画行列 $\boldsymbol{X}$ をまず作成し，つぎに転置行列 $\boldsymbol{X}'$ を計画行列 $\boldsymbol{X}$ から作成し，最後に $\boldsymbol{X}'$ と $\boldsymbol{X}$ の行列積の演算により $\boldsymbol{X}'\boldsymbol{X}$ を求めるというアルゴリズムは無駄が多いことは明らかである．たとえば，$\boldsymbol{X}$ のサイズが $10{,}000\times20$ のようにクラス数の和（20）に比ベレコード数（10,000）が非常に多い場合，最終的に求める $\boldsymbol{X}'\boldsymbol{X}$ のサイズが 20×20 に過ぎないにもかかわらず，$10{,}000\times20$（要素数200,000）と $20\times10{,}000$（要素数200,000）の配列を用意する必要がある．

b．行ベクトルと列ベクトルの積による $X'X$ の計算

そこで，$\boldsymbol{X}'\boldsymbol{X}$ の作成において明示的に計画行列 $\boldsymbol{X}$ を作成することなく，$\boldsymbol{X}'\boldsymbol{X}$ を直接作成するアルゴリズムの例を以下に示す．

計画行列 $\boldsymbol{X}$ (6-4) は行ベクトル $\boldsymbol{x}_i$ を用いて

$$\boldsymbol{X}=\begin{bmatrix}1&0&0&0&1\\0&1&0&1&0\\0&0&1&0&1\\1&0&0&1&0\\0&1&0&1&0\end{bmatrix}=\begin{bmatrix}\boldsymbol{x}_1\\\boldsymbol{x}_2\\\boldsymbol{x}_3\\\boldsymbol{x}_4\\\boldsymbol{x}_5\end{bmatrix} \tag{6-5}$$

と表すことができる．ここで，$\boldsymbol{x}_i$ を $\boldsymbol{X}$ の i 行目の要素からなる行ベクトル，$\boldsymbol{x}_i'$ を $\boldsymbol{x}_i$ の転置ベクトル（列ベクトル）とすると，

$$\begin{aligned}\boldsymbol{X}'\boldsymbol{X}&=[\boldsymbol{x}_1'\quad\boldsymbol{x}_2'\quad\boldsymbol{x}_3'\quad\boldsymbol{x}_4'\quad\boldsymbol{x}_5']\begin{bmatrix}\boldsymbol{x}_1\\\boldsymbol{x}_2\\\boldsymbol{x}_3\\\boldsymbol{x}_4\\\boldsymbol{x}_5\end{bmatrix}\\&=[\boldsymbol{x}_1'\boldsymbol{x}_1+\boldsymbol{x}_2'\boldsymbol{x}_2+\boldsymbol{x}_3'\boldsymbol{x}_3+\boldsymbol{x}_4'\boldsymbol{x}_4+\boldsymbol{x}_5'\boldsymbol{x}_5]\end{aligned}$$

すなわち，$\boldsymbol{X}'\boldsymbol{X}$ は $\boldsymbol{x}_i{}'\boldsymbol{x}_i$ で生成される行列の和と同値である．

たとえば，計画行列 $\boldsymbol{X}$ (6–4) の 1 行目から生成される $\boldsymbol{x}_1'\boldsymbol{x}_1$ は

$$\boldsymbol{x}_1'\,\boldsymbol{x}_1=\begin{bmatrix}1\\0\\0\\0\\1\end{bmatrix}\begin{bmatrix}1 & 0 & 0 & 0 & 1\end{bmatrix}=\begin{bmatrix}1&0&0&0&1\\0&0&0&0&0\\0&0&0&0&0\\0&0&0&0&0\\1&0&0&0&1\end{bmatrix}$$

となる．以下同様にして，$\boldsymbol{x}_2'\boldsymbol{x}_2$，$\boldsymbol{x}_3'\boldsymbol{x}_3$，$\boldsymbol{x}_4'\boldsymbol{x}_4$，$\boldsymbol{x}_5'\boldsymbol{x}_5$ を計算し，これらの行列の和を求めると

$$\boldsymbol{x}_1'\boldsymbol{x}_1+\boldsymbol{x}_2'\boldsymbol{x}_2+\boldsymbol{x}_3'\boldsymbol{x}_3+\boldsymbol{x}_4'\boldsymbol{x}_4+\boldsymbol{x}_5'\boldsymbol{x}_5=$$

$$\begin{bmatrix}1&0&0&0&1\\0&0&0&0&0\\0&0&0&0&0\\0&0&0&0&0\\1&0&0&0&1\end{bmatrix}+\begin{bmatrix}0&0&0&0&0\\0&1&0&1&0\\0&0&0&0&0\\0&1&0&1&0\\0&0&0&0&0\end{bmatrix}+\begin{bmatrix}0&0&0&0&0\\0&0&0&0&0\\0&0&1&0&1\\0&0&0&0&0\\0&0&1&0&1\end{bmatrix}+\begin{bmatrix}1&0&0&1&0\\0&0&0&0&0\\0&0&0&0&0\\1&0&0&1&0\\0&0&0&0&0\end{bmatrix}$$

$$+\begin{bmatrix}0&0&0&0&0\\0&1&0&1&0\\0&0&0&0&0\\0&1&0&1&0\\0&0&0&0&0\end{bmatrix}=\begin{bmatrix}2&0&0&1&1\\0&2&0&2&0\\0&0&1&0&1\\1&2&0&3&0\\1&0&1&0&2\end{bmatrix}=\boldsymbol{X}'\boldsymbol{X}.$$

c．$\boldsymbol{X}'\boldsymbol{X}$ の当該要素を直接加算する方法

$\boldsymbol{x}_i'\boldsymbol{x}_i$ と $\boldsymbol{x}_i$ との関係に注目すると，行ベクトル $\boldsymbol{x}_i$ に含まれる要素が 1 の位置が i と j であれば，行列 $\boldsymbol{x}_i'\boldsymbol{x}_i$ の中で要素が 1 となる位置は (i, i)，(i, j)，(j, i)，(j, j) の 4 ヶ所のみとなる．たとえば $\boldsymbol{x}_1=[1\ 0\ 0\ 0\ 1]$ なので，行列 $\boldsymbol{x}_1'\boldsymbol{x}_1$ の要素の中で 1 となる位置は $(1, 1)$，$(1, 5)$，$(5, 1)$，$(5, 5)$ であり，他の要素は 0 である．このように，行ベクトル $\boldsymbol{x}_i$ に含まれる要素が 1 の位置に対応した $\boldsymbol{X}'\boldsymbol{X}$ の要素に 1 を加えることで，明示的に $\boldsymbol{X}$ を構成しなくても $\boldsymbol{X}'\boldsymbol{X}$ を生成することができる．

一方，例題のデータに対応した小行列 $\boldsymbol{Z}$ は

$$
\boldsymbol{Z}=\begin{bmatrix} 0 & 0 & 0 & 1 & 0 & 0 & 0 & 0 \\ 0 & 0 & 0 & 0 & 1 & 0 & 0 & 0 \\ 0 & 0 & 0 & 0 & 0 & 1 & 0 & 0 \\ 0 & 0 & 0 & 0 & 0 & 0 & 1 & 0 \\ 0 & 0 & 0 & 0 & 0 & 0 & 0 & 1 \end{bmatrix}
$$

と表すことができる．ここで，$\boldsymbol{Z}$ の行は記録を持つ個体 $\hat{u}_4 \sim \hat{u}_8$ に対応しており，列は血統情報として取り上げた個体も含めたすべての個体 $\hat{u}_1 \sim \hat{u}_8$ に対応している．また，記録を持つ個体に対応した要素のみが 1 であり，他の要素はすべて 0 である．たとえば，$\hat{u}_4$ については 1 行 4 列の要素のみが 1 となる．

小行列 $\boldsymbol{X}'\boldsymbol{Z}$，$\boldsymbol{Z}'\boldsymbol{X}$，$\boldsymbol{Z}'\boldsymbol{Z}$ についても $\boldsymbol{X}'\boldsymbol{X}$ と同じ考え方で生成することができる．さらに，右辺に現れる $\boldsymbol{X}'\boldsymbol{y}$，$\boldsymbol{Z}'\boldsymbol{y}$ についてはアルゴリズム c を用いると以下のように処理することができる．

式 (6-5) から

$$
\boldsymbol{X}'\boldsymbol{y}=[\boldsymbol{x}_1' \quad \boldsymbol{x}_2' \quad \boldsymbol{x}_3' \quad \boldsymbol{x}_4' \quad \boldsymbol{x}_5']\begin{bmatrix} y_1 \\ y_2 \\ y_3 \\ y_4 \\ y_5 \end{bmatrix}
$$

$$
=[y_1\boldsymbol{x}_1'+y_2\boldsymbol{x}_2'+y_3\boldsymbol{x}_3'+y_4\boldsymbol{x}_4'+y_5\boldsymbol{x}_5']
$$

となる．そこで，例題のデータと式 (6-5) を用いて具体的に $\boldsymbol{X}'\boldsymbol{y}$ を計算すると，

$$
\boldsymbol{X}'\boldsymbol{y}=4.5\begin{bmatrix} 1 \\ 0 \\ 0 \\ 0 \\ 1 \end{bmatrix}+2.9\begin{bmatrix} 0 \\ 1 \\ 0 \\ 1 \\ 0 \end{bmatrix}+3.9\begin{bmatrix} 0 \\ 0 \\ 1 \\ 0 \\ 1 \end{bmatrix}+3.5\begin{bmatrix} 1 \\ 0 \\ 0 \\ 1 \\ 0 \end{bmatrix}+5.0\begin{bmatrix} 0 \\ 1 \\ 0 \\ 1 \\ 0 \end{bmatrix}
$$

$$
=\begin{bmatrix} 4.5 \\ 0 \\ 0 \\ 0 \\ 4.5 \end{bmatrix}+\begin{bmatrix} 0 \\ 2.9 \\ 0 \\ 2.9 \\ 0 \end{bmatrix}+\begin{bmatrix} 0 \\ 0 \\ 3.9 \\ 0 \\ 3.9 \end{bmatrix}+\begin{bmatrix} 3.5 \\ 0 \\ 0 \\ 3.5 \\ 0 \end{bmatrix}+\begin{bmatrix} 0 \\ 5.0 \\ 0 \\ 5.0 \\ 0 \end{bmatrix}
$$

$$
=\begin{bmatrix} 8.0 \\ 7.9 \\ 3.9 \\ 11.4 \\ 8.4 \end{bmatrix}
$$

$\boldsymbol{X}'\boldsymbol{y}$ と同様の計算手順を用いると，$\boldsymbol{Z}'\boldsymbol{y}$ は

$$
\boldsymbol{Z}'\boldsymbol{y}=4.5\begin{bmatrix} 0 \\ 0 \\ 0 \\ 1 \\ 0 \\ 0 \\ 0 \\ 0 \end{bmatrix}+2.9\begin{bmatrix} 0 \\ 0 \\ 0 \\ 0 \\ 1 \\ 0 \\ 0 \\ 0 \end{bmatrix}+3.9\begin{bmatrix} 0 \\ 0 \\ 0 \\ 0 \\ 0 \\ 1 \\ 0 \\ 0 \end{bmatrix}+3.5\begin{bmatrix} 0 \\ 0 \\ 0 \\ 0 \\ 0 \\ 0 \\ 1 \\ 0 \end{bmatrix}+5.0\begin{bmatrix} 0 \\ 0 \\ 0 \\ 0 \\ 0 \\ 0 \\ 0 \\ 1 \end{bmatrix}
$$

$$
=\begin{bmatrix} 0 \\ 0 \\ 0 \\ 4.5 \\ 0 \\ 0 \\ 0 \\ 0 \end{bmatrix}+\begin{bmatrix} 0 \\ 0 \\ 0 \\ 0 \\ 2.9 \\ 0 \\ 0 \\ 0 \end{bmatrix}+\begin{bmatrix} 0 \\ 0 \\ 0 \\ 0 \\ 0 \\ 3.9 \\ 0 \\ 0 \end{bmatrix}+\begin{bmatrix} 0 \\ 0 \\ 0 \\ 0 \\ 0 \\ 0 \\ 3.5 \\ 0 \end{bmatrix}+\begin{bmatrix} 0 \\ 0 \\ 0 \\ 0 \\ 0 \\ 0 \\ 0 \\ 5.0 \end{bmatrix}
$$

$$
=\begin{bmatrix} 0 \\ 0 \\ 0 \\ 4.5 \\ 2.9 \\ 3.9 \\ 3.5 \\ 5.0 \end{bmatrix}
$$

となる．

これらの計算処理を利用して，データから直接式(6-2)の左辺の係数行列と右辺のベクトルを生成するためのアルゴリズムについて説明する．

1．母数効果ごとにクラスは1から始まる通番でコード化しておく．変量効果

(例題では個体IDのみ) についてもそれぞれ1から始まる通番でコード化しておく.

2. 1レコードは母数効果ごとのクラスコードの並び, 変量効果ごとのクラスコードの並び (例題では個体ID), 観測値の順で構成する.

3. 配列変数 Noff を用意する. Noff のサイズ n_F は母数効果の数+変量効果の数とする. したがって, i は1から n_F までの値をとる. Noff(i) には $i-1$ 番目までに現れる母数効果, 変量効果のクラス数の和を代入しておく. ただし, Noff(1)=0 とする.

4. 左辺の係数行列に対応した配列変数 XTX, 右辺のベクトルに対応した配列変数 XTy を用意し, これらの配列のすべての要素を0で初期化しておく.

例題のデータにあてはめると入力データは

```
1, 2, 4, 4.5
2, 1, 5, 2.9
3, 2, 6, 3.9
1, 1, 7, 3.5
2, 1, 8, 5.0
```

となる. これは, 農家コード, 性コード, 個体IDコード, 形質Aの観測値の順になっている. また, Noff(1)=0, Noff(2)=3, Noff(3)=5 であり, XTX, XTy はそれぞれ 13×13, 13 のサイズとなる.

左辺の係数行列に対応した配列変数 (XTX) および右辺のベクトルに対応した配列変数 (XTy) を計算するためのアルゴリズムを Fortran 77 言語を用いて記述すると以下のようになる (このソースコードは完全なプログラムである).

```
      integer matsize                          ┐
      integer nitem                            ├ 定数宣言部
      parameter (matsize=13,nitem=3)           ┘
      real*8 XTX(matsize,matsize)              ┐
      real*8 XTy(matsize)                      │
      real*8 X(nitem),yValue                   ├ 配列の宣言部
      integer Noff(nitem)                      │
      integer i,j                              ┘
      data Noff/0,3,5/                         →Noffの値を定数として宣言

      do 1 i=1,matsize                         ┐
        XTy(i)=0.0                             │
        do 2 j=1,matsize                       ├ 配列の初期化部分
 2        XTX(i,j)=0.0                         │
 1    continue                                 ┘
10    read(*,*,end=999) (X(i),i=1,nitem),yValue   →レコードの読み込み  ┐
      do 20 i=1,nitem      ┐ クラスコードの配列内での位置決定            │
20      X(i)=X(i)+Noff(i)  ┘ (ステップ1)                              │
                                                                      │
      do 30 i=1,nitem                                                 ├ 計算の繰り返し部分(主要なルーチン)
        XTy(X(i))=XTy(X(i))+yValue   →右辺ベクトルへ追加(ステップ2)     │
        do 31 j=1,nitem                                               │
31        XTX(X(i),X(j))=XTX(X(i),X(j))+1.0  →係数行列へ追加(ステップ3) │
30    continue                                                        │
      goto 10                                                         ┘

999   continue                                          ┐
      do 40 i=1,matsize                                 │
40      write(*,600) (XTX(i,j),j=1,matsize),XTy(i)      ├ 結果の出力部分
600   format(13F4.0,F5.1)                               ┘
      stop
      end
```

例題の先頭レコードの値を用いて，このアルゴリズムを説明する．

先頭レコードのデータを入力すると $X(1)=1$, $X(2)=2$, $X(3)=4$, $y\mathrm{Value}=4.5$ となる．

ステップ1の実行により，

$$\left.\begin{array}{l} X(1)=X(1)+\mathrm{Noff}(1)=1+0=1 \\ X(2)=X(2)+\mathrm{Noff}(2)=2+3=5 \\ X(3)=X(3)+\mathrm{Noff}(3)=4+5=9 \end{array}\right\}\text{ステップ 1}$$

となる．
ステップ2の実行により

$$\left.\begin{array}{l} XTy(X(1))=XTy(1)=XTy(1)+y\mathrm{Value}=0+4.5=4.5 \\ XTy(X(2))=XTy(5)=XTy(5)+y\mathrm{Value}=0+4.5=4.5 \\ XTy(X(3))=XTy(9)=XTy(9)+y\mathrm{Value}=0+4.5=4.5 \end{array}\right\}\text{ステップ 2}$$

となる．
ステップ3の実行により，

$$\left.\begin{array}{l} XTX(X(1),X(1))=XTX(1,1)=XTX(1,1)+1=0+1=1 \\ XTX(X(1),X(2))=XTX(1,5)=XTX(1,5)+1=0+1=1 \\ XTX(X(1),X(3))=XTX(1,9)=XTX(1,9)+1=0+1=1 \\ XTX(X(2),X(1))=XTX(3,1)=XTX(3,1)+1=0+1=1 \\ XTX(X(2),X(2))=XTX(3,3)=XTX(3,3)+1=0+1=1 \\ XTX(X(2),X(3))=XTX(3,9)=XTX(3,9)+1=0+1=1 \\ XTX(X(3),X(1))=XTX(9,1)=XTX(9,1)+1=0+1=1 \\ XTX(X(3),X(2))=XTX(9,3)=XTX(9,3)+1=0+1=1 \\ XTX(X(3),X(3))=XTX(9,9)=XTX(9,9)+1=0+1=1 \end{array}\right\}\text{ステップ 3}$$

このようにして，すべてのレコード（5件のレコード）を入力すると式(6-6)に示した左辺の係数行列と右辺のベクトルが得られる．このように配列変数 Noff で決定した $X(i)$ の値を用いて直接左辺の係数行列と右辺のベクトルの当該要素を更新する手法が，明示的に $\boldsymbol{X}$，$\boldsymbol{Z}$，$\boldsymbol{y}$ を構成せずに，正規方程式を生成するためのアルゴリズムとなっている．

式(6-6)は $\boldsymbol{Z}'\boldsymbol{Z}$ に加える $\boldsymbol{A}^{-1}\lambda$ の部分を除いた混合モデル方程式（正規方程式）に相当する．

$$
\left[\begin{array}{ccc:cc:cccccccc}
2 & 0 & 0 & 1 & 1 & 0 & 0 & 0 & 1 & 0 & 0 & 1 & 0 \\
0 & 2 & 0 & 1 & 0 & 0 & 0 & 0 & 0 & 1 & 0 & 0 & 1 \\
0 & 0 & 1 & 0 & 1 & 0 & 0 & 0 & 0 & 0 & 1 & 0 & 0 \\
\hdashline
1 & 2 & 0 & 3 & 0 & 0 & 0 & 0 & 0 & 1 & 0 & 1 & 1 \\
1 & 0 & 1 & 0 & 2 & 0 & 0 & 0 & 1 & 0 & 1 & 0 & 0 \\
\hdashline
0 & 0 & 0 & 0 & 0 & 0 & 0 & 0 & 0 & 0 & 0 & 0 & 0 \\
0 & 0 & 0 & 0 & 0 & 0 & 0 & 0 & 0 & 0 & 0 & 0 & 0 \\
0 & 0 & 0 & 0 & 0 & 0 & 0 & 0 & 0 & 0 & 0 & 0 & 0 \\
1 & 0 & 0 & 0 & 1 & 0 & 0 & 0 & 1 & 0 & 0 & 0 & 0 \\
0 & 1 & 0 & 1 & 0 & 0 & 0 & 0 & 0 & 1 & 0 & 0 & 0 \\
0 & 0 & 1 & 0 & 1 & 0 & 0 & 0 & 0 & 0 & 1 & 0 & 0 \\
1 & 0 & 0 & 1 & 0 & 0 & 0 & 0 & 0 & 0 & 0 & 1 & 0 \\
0 & 1 & 0 & 1 & 0 & 0 & 0 & 0 & 0 & 0 & 0 & 0 & 1
\end{array}\right]
\left[\begin{array}{c}
F_1^\circ \\ F_2^\circ \\ F_3^\circ \\ \hdashline S_1^\circ \\ S_2^\circ \\ \hdashline \hat{u}_1 \\ \hat{u}_2 \\ \hat{u}_3 \\ \hat{u}_4 \\ \hat{u}_5 \\ \hat{u}_6 \\ \hat{u}_7 \\ \hat{u}_8
\end{array}\right]
=
\left[\begin{array}{c}
8.0 \\ 7.9 \\ 3.9 \\ \hdashline 11.4 \\ 8.4 \\ \hdashline 0.0 \\ 0.0 \\ 0.0 \\ 4.5 \\ 2.9 \\ 3.9 \\ 3.5 \\ 5.0
\end{array}\right]
\qquad (6\text{-}6)
$$

6.3　分子血縁係数行列の逆行列

BLUP 法による育種価評価においては，評価個体間の遺伝的関連性を表す行列として分子血縁係数行列（$\boldsymbol{A}$ 行列）が重要であり，混合モデル方程式の中では，その逆行列 $\boldsymbol{A}^{-1}$ が用いられる．分子血縁係数行列は正方かつ対称行列であり，その次数は評価個体数に等しい．また，対角要素は $1+F_i$（F_i：個体 i の近交係数），非対角要素は個体 i と個体 j の血縁係数を求める式（Wright，1922；1923）の分子部分に相当する．コンピュータでの処理を念頭に置いた $\boldsymbol{A}$ の生成アルゴリズムとしては Henderson（1976 a）の方法がよく知られている．その概略は 3.3 節で記述した．そのアルゴリズムにしたがって 3 頭セットの血統データから分子血縁係数行

表 6-1　例題データについて amatrix. c で計算した分子血縁係数行列

個体 ID	1	2	3	4	5	6	7	8
1	1.0	0.0	0.5	0.0	0.25	0.25	0.250	0.125
2		1.0	0.5	0.5	0.5	0.25	0.375	0.125
3			1.0	0.25	0.625	0.5	0.563	0.25
4				1.0	0.625	0.125	0.375	0.063
5					1.125	0.313	0.719	0.156
6			Sym.			1.0	0.656	0.5
7							1.156	0.328
8								1.0

列を計算するC言語で記述したプログラムのソースコード (amatrix. c) を付録B に示した．このプログラム (amatrix. c) を用いて例題の血統情報から分子血縁係数行列を求めた実行結果を表 6-1 に示した．

6.3.1 分子血縁係数行列から逆行列を計算する

分子血縁係数行列の逆行列 ($\boldsymbol{A}^{-1}$) は，求めた分子血縁係数行列に対して逆行列の計算を行うことによって得られる．逆行列の計算アルゴリズムとしてはガウス・ジョルダン法が良く知られている．しかしながら，逆行列の計算時間は行列のサイズの 3 乗に比例するので，評価対象個体数が非常に多い場合，分子血縁係数行列を求め，さらにその逆行列を計算することは非常に効率が悪い．

6.3.2 直接分子血縁係数行列の逆行列を計算する

a．ヘンダーソンのアルゴリズム

そこで，Henderson (1976 a) は個体，父，母の個体識別番号 (ID) から直接 $\boldsymbol{A}^{-1}$ を計算するヘンダーソンのアルゴリズムを提示した．そのアルゴリズムの概要は以下のとおりである．

分子血縁係数行列を LU 分解したものを $\boldsymbol{A}=\boldsymbol{TDT}'$ (ここで $\boldsymbol{T}$ は下三角行列，$\boldsymbol{D}$ は対角行列) とすると，$\boldsymbol{A}^{-1}=(\boldsymbol{TDT}')^{-1}=(\boldsymbol{T}')^{-1}\boldsymbol{D}^{-1}\boldsymbol{T}^{-1}$ となる．そこで，近交係数を無視すると (分子血縁係数行列の対角要素がすべて 1.0 となる場合)，$\boldsymbol{A}^{-1}$ は明示的に $\boldsymbol{A}$ を作成しなくても以下のルールによって求めることができる．なお，以下の記述においては $\boldsymbol{A}^{-1}$ の行列を配列変数 a で表し，当該個体の ID を i，その両親に相当する個体 ID を s および d としている．なお，ID は 1 から始まる通番でコード化されているものとする．

直接 $\boldsymbol{A}^{-1}$ を求めるルール

分子血縁係数行列に含まれる全ての個体について，以下の手順を繰り返す．ここで，添字 i は i 番目の個体を意味している．

両親 (s，d) が既知の場合

$\alpha_i=2.0$ とする．

$a(i,i)$に α_i を加える

$a(s, i)$，$a(i, s)$，$a(d, i)$，$a(i, d)$ に $-\alpha_i/2$ を加える
$a(s, s)$，$a(s, d)$，$a(d, s)$，$a(d, d)$ に $\alpha_i/4$ を加える

片親 (s) が既知の場合
$\alpha_i=4/3$ とする．
$a(i, i)$ に α_i を加える
$a(s, i)$，$a(i, s)$ に $-\alpha_i/2$ を加える
$a(s, s)$ に $\alpha_i/4$ を加える

両親未知の場合
$\alpha_i=1.0$ を $a(i, i)$ に加える

例題に示した血統データからヘンダーソンのアルゴリズムを用いて分子血縁係数行列の逆行列を直接計算するC言語で記述したプログラムのソースコード(ainvorg. c) を付録Cに示した．また，このプログラム (ainvorg. c) の実行結果を表6-2に示した．

一方，表6-1の分子血縁係数行列から，その逆行列を計算した結果を表6-3に示す．

この結果からも明らかなように，分子血縁係数行列の対角要素が1.0でない個体 (近交係数が0でない個体) に関連した逆行列の要素は，分子血縁係数行列を計算してその逆行列を計算した場合と，ヘンダーソンのアルゴリズムを用いた場合で異なっている．この理由はヘンダーソンのアルゴリズムでは α_i の値を，2.0 (両親既知)，4/3 (片親既知)，1.0 (両親未知) の3通りしか設定していないことに起因

表6-2　ainvorg.c で計算した A^{-1}

個体 ID	1	2	3	4	5	6	7	8
1	1.5	0.5	−1.0	0.0	0.0	0.0	0.0	0.0
2		1.833	−1.0	−0.667	0.0	0.0	0.0	0.0
3			2.833	0.5	−1.0	−0.667	0.0	0.0
4				1.833	−1.0	0.0	0.0	0.0
5					2.5	0.5	−1.0	0.0
6			Sym.			2.167	−1.0	−0.667
7							2.0	0.0
8								1.333

表 6-3　表 6-1 の分子血縁係数行列からその逆行列を計算した結果

個体 ID	1	2	3	4	5	6	7	8
1	1.5	0.5	−1.0	0.0	0.0	0.0	0.0	0.0
2		1.833	−1.0	−0.667	0.0	0.0	0.0	0.0
3			2.833	0.5	−1.0	−0.667	0.0	0.0
4				1.833	−1.0	0.0	0.0	0.0
5					2.533	0.533	−1.067	0.0
6			Sym.			2.2	−1.067	−0.667
7							2.133	0.0
8								1.333

している．内交配が行われている集団では α_i の値はこれらの値以外もとりうる．

b．クオースのアルゴリズム

そこで Quaas (1976) は，内交配が行われている集団における $\boldsymbol{\alpha}_i$ の計算方法を提示した．このクオースのアルゴリズムで求めた $\boldsymbol{\alpha}_i$ の値をヘンダーソンのアルゴリズムで用いる $\boldsymbol{\alpha}_i$ に置き換えることで，内交配が行われている集団に対しても直接分子血縁係数行列の逆行列を求めることができる．

内交配が行われている集団で $\boldsymbol{\alpha}_i$ を計算するためのクオースのアルゴリズムを以下に示す．このアルゴリズムは $\boldsymbol{A}=\boldsymbol{TDT}'$ の代わりに $\boldsymbol{L}=\boldsymbol{T}\sqrt{\boldsymbol{D}}$ とおいて $\boldsymbol{A}=\boldsymbol{LL}'$ としたコレスキー分解に基づいている．ここで，$\boldsymbol{L}$ は下三角行列であり，$\boldsymbol{D}$ は対角行列である．

分子血縁係行列の i 番目の個体の対角要素 a_{ii} は下三角行列 $\boldsymbol{L}$ の要素を用いて $a_{ii}=\sum_{m=1}^{i} l_{im}^2$ とあらわすことができる．そこで，世代の古い個体から順に $a_{11}=l_{11}^2$, $a_{22}=l_{21}^2+l_{22}^2$, …, $a_{mm}=l_{m1}^2+l_{m2}^2+\cdots+l_{mm}^2$ を計算する．ここで，$a_{ii}=1+F_i$，$l_{ii}=\sqrt{d_i}$ であることから，$l_{ii}=\sqrt{0.5-0.25(F_s+F_d)}\Leftrightarrow l_{ii}=\sqrt{1.0-0.25(a_{ss}+a_{dd})}$ である．すなわち，$a_{ii}=\sum_{m=1}^{i} l_{im}^2$ の表記に従うと，$a_{ss}=\sum_{m=1}^{s} l_{sm}^2$，$a_{dd}=\sum_{m=1}^{d} l_{dm}^2$ と表すことができるので $l_{ii}=\sqrt{1.0-0.25(\sum_{m=1}^{s} l_{sm}^2+\sum_{m=1}^{d} l_{dm}^2)}$ となる．この l_{ii} の値を用いて，ヘンダーソンのアルゴリズムで用いる $\boldsymbol{\alpha}_i$ を $1/l_{ii}^2$ で置き換えることができる．さらに，$\boldsymbol{L}$ の非対角要素 l_{ij} は $l_{ij}=0.5(l_{sj}+l_{dj})$ となる．ただし，s, d は個体 i の両親である．

クオースのアルゴリズムを利用して，内交配が行われている集団でも分子血縁係数行列の逆行列を直接計算するためのC言語で記述したプログラムのソースコード（ainvinbred. c）を付録Dに示す．

クオースのアルゴリズムでは，α_i の計算に分子血縁係数行列の対角要素の値を用いることになるが，Meuwissen と Luo（1992）は大規模な集団について，この値を効率よく計算するためのアルゴリズムを報告した．さらに，Sargolzaei ら（2005）は血統情報の検索方法に改良を加え，世代が重複している集団に対しても計算時間の短縮および計算に必要な主記憶容量の削減を図った効率的なアルゴリズムを提示している．なお，付録Dに示したソースコード（ainvinbred. c）はクオースのアルゴリズムをそのまま利用したものである．

クオースのアルゴリズムを用いた上記のプログラム（ainvinbred. c）で計算した ***L*** 行列（表6-4）と，分子血縁係数行列の逆行列（表6-5）の結果を示した．分子血縁係数から逆行列を計算した表6-3の結果と表6-5の結果は一致している．

表6-4　*L* 行列

個体ID	1	2	3	4	5	6	7	8
1	1.0							
2	0.0	1.0						
3	0.5	0.5	0.707					
4	0.0	0.5	0.0	0.866				
5	0.25	0.5	0.354	0.433	0.707			
6	0.25	0.25	0.354	0.0	0.0	0.866		
7	0.25	0.375	0.354	0.217	0.354	0.433	0.685	
8	0.125	0.125	0.177	0.0	0.0	0.433	0.0	0.866

表6-5　クオースのアルゴリズムで計算した分子血縁係数行列の逆行列

個体ID	1	2	3	4	5	6	7	8
1	1.5	0.5	−1.0	0.0	0.0	0.0	0.0	0.0
2		1.833	−1.0	−0.667	0.0	0.0	0.0	0.0
3			2.833	0.5	−1.0	−0.667	0.0	0.0
4				1.833	−1.0	0.0	0.0	0.0
5					2.533	0.533	−1.067	0.0
6			Sym.			2.2	−1.067	−0.667
7							2.133	0.0
8								1.333

6.4　混合モデル方程式の解

式 (6-6) における評価個体に相当する小行列 $\boldsymbol{Z'Z}$ に $\boldsymbol{A}^{-1}\lambda$ を加えることで混合モデル方程式が完成する．式 (6-7) に表 6-5 の $\boldsymbol{A}^{-1}$ のすべての要素を 2.0 倍したもの($\lambda=2.0$：例題参照)を加えた結果を式 (6-8) に示した．

$$
\left[\begin{array}{ccc:c:cccccccc}
2 & 0 & 0 & 1 & 0 & 0 & 0 & 1 & 0 & 0 & 1 & 0 \\
0 & 2 & 0 & 2 & 0 & 0 & 0 & 0 & 1 & 0 & 0 & 1 \\
0 & 0 & 1 & 0 & 0 & 0 & 0 & 0 & 0 & 1 & 0 & 0 \\
\hdashline
1 & 2 & 0 & 3 & 0 & 0 & 0 & 0 & 1 & 0 & 1 & 1 \\
\hdashline
0 & 0 & 0 & 0 & 3.0 & 1.0 & -2.0 & 0.0 & 0.0 & 0.0 & 0.0 & 0.0 \\
0 & 0 & 0 & 0 & 1.0 & 3.67 & -2.0 & -1.33 & 0.0 & 0.0 & 0.0 & 0.0 \\
0 & 0 & 0 & 0 & -2.0 & -2.0 & 5.67 & 1.0 & -2.0 & -1.33 & 0.0 & 0.0 \\
1 & 0 & 0 & 0 & 0.0 & -1.33 & 1.0 & 4.67 & -2.0 & 0.0 & 0.0 & 0.0 \\
0 & 1 & 0 & 1 & 0.0 & 0.0 & -2.0 & -2.0 & 6.0 & 1.0 & -2.0 & 0.0 \\
0 & 0 & 1 & 0 & 0.0 & 0.0 & -1.33 & 0.0 & 1.0 & 5.33 & -2.0 & -1.33 \\
1 & 0 & 0 & 1 & 0.0 & 0.0 & 0.0 & 0.0 & -2.0 & -2.0 & 5.0 & 0.0 \\
0 & 1 & 0 & 1 & 0.0 & 0.0 & 0.0 & 0.0 & 0.0 & -1.33 & 0.0 & 3.67
\end{array}\right]
\left[\begin{array}{c}
F_1^\circ \\ F_2^\circ \\ F_3^\circ \\ \hdashline S_1^\circ \\ \hdashline \hat{u}_1 \\ \hat{u}_2 \\ \hat{u}_3 \\ \hat{u}_4 \\ \hat{u}_5 \\ \hat{u}_6 \\ \hat{u}_7 \\ \hat{u}_8
\end{array}\right]
=
\left[\begin{array}{c}
8.0 \\ 7.9 \\ 3.9 \\ \hdashline 11.4 \\ \hdashline 0.0 \\ 0.0 \\ 0.0 \\ 4.5 \\ 2.9 \\ 3.9 \\ 3.5 \\ 5.0
\end{array}\right]
\tag{6-8}
$$

前述したように，式 (6-8) は左辺の係数行列全体を $\boldsymbol{P}$，未知数ベクトル全体を $\boldsymbol{x}$，右辺ベクトルを $\boldsymbol{b}$ とみなすと $\boldsymbol{Px}=\boldsymbol{b}$ なので，$\boldsymbol{P}$ の逆行列 $\boldsymbol{P}^{-1}$ を用いて $\boldsymbol{x}=\boldsymbol{P}^{-1}\boldsymbol{b}$ と変形することができる．すなわち，左辺の係数行列の逆行列を右辺ベクトルに乗ずる操作で解が求まる．

ところが，式 (6-8) について左辺の係数行列の逆行列の計算を行うとエラーとなり，正しく逆行列が求まらない．これは式 (6-8) において，最初の 3 行（農家の効果の各クラス）の和と，次の 2 行（性の効果の各クラス）の和が等しくなることに起因している．すなわち，この係数行列には 1 次従属の関係が含まれるため，行列が正則とはならず，逆行列が計算できないことを意味している．一般に混合モデル方程式では，取り上げた母数効果（ただし，回帰の効果を除く）の数－1 だけ 1 次従属の関係が存在する．

そこで，複数の母数効果を考慮した混合モデル方程式を解く場合は(1)一般化逆行列を用いる，(2)各母数効果のクラスの和を 0 とする制約条件 (restriction, 式 (6-8) の例では$\sum F_i=0 \cap \sum S_j=0$) を加えて，ラグランジェの未定乗数法により，正則な行列に変形して解く，(3)母数効果（ただし，回帰の効果を除く）の数－1 個の母数効果内の任意のクラスに対応する行および列を取り除いて正則行列として解く，といった手法がある．このうち，(3)の方法は，機械的に任意の行，列の要素を除いて正則行列を作成するので，プログラミングが簡単であり，かつガウスの消去法のアルゴリズムがそのまま利用できるので便利である．(2)についても，制約条件を加えた後の行列は正則となるので，ガウスの消去法のアルゴリズムが利用できる．

以下，式 (6-8) について，(3)の手法で解を求める操作を説明する．式 (6-8) では，母数効果として農家と性を取り上げているので一つの 1 次従属の関係が存在する．そこで，式 (6-8) について，S_2° に関連した行，列をすべて取り除いた混合モデル方程式 (式 (6-9))を作成する．

式 (6-9) は正則なので逆行列が存在し，ガウスの消去法で解いた解は $[F_1^\circ, F_2^\circ, F_3^\circ, S_1^\circ, S_2^\circ, \hat{u}_1, \hat{u}_2, \hat{u}_3, \hat{u}_4, \hat{u}_5, \hat{u}_6, \hat{u}_7, \hat{u}_8]=[4.7032, 5.0347, 3.8323, -1.0621, 0.0, -0.0452, -0.1355, -0.1355, -0.2032, -0.3500, 0.0677, -0.1411, 0.3048]$ となる．なお，強制的に取り除いた水準（この例では S_2°）の解は 0 とおく．

$$
\left[\begin{array}{ccc:c:cccccccc}
2 & 0 & 0 & 1 & 0 & 0 & 0 & 1 & 0 & 0 & 1 & 0 \\
0 & 2 & 0 & 2 & 0 & 0 & 0 & 0 & 1 & 0 & 0 & 1 \\
0 & 0 & 1 & 0 & 0 & 0 & 0 & 0 & 0 & 1 & 0 & 0 \\
\hdashline
1 & 2 & 0 & 3 & 0 & 0 & 0 & 0 & 1 & 0 & 1 & 1 \\
\hdashline
0 & 0 & 0 & 0 & 3.0 & 1.0 & -2.0 & 0.0 & 0.0 & 0.0 & 0.0 & 0.0 \\
0 & 0 & 0 & 0 & 1.0 & 3.67 & -2.0 & -1.33 & 0.0 & 0.0 & 0.0 & 0.0 \\
0 & 0 & 0 & 0 & -2.0 & -2.0 & 5.67 & 1.0 & -2.0 & -1.33 & 0.0 & 0.0 \\
1 & 0 & 0 & 0 & 0.0 & -1.33 & 1.0 & 4.67 & -2.0 & 0.0 & 0.0 & 0.0 \\
0 & 1 & 0 & 1 & 0.0 & 0.0 & -2.0 & -2.0 & 6.0 & 1.0 & -2.0 & 0.0 \\
0 & 0 & 1 & 0 & 0.0 & 0.0 & -1.33 & 0.0 & 1.0 & 5.33 & -2.0 & -1.33 \\
1 & 0 & 0 & 1 & 0.0 & 0.0 & 0.0 & 0.0 & -2.0 & -2.0 & 5.0 & 0.0 \\
0 & 1 & 0 & 1 & 0.0 & 0.0 & 0.0 & 0.0 & 0.0 & -1.33 & 0.0 & 3.67
\end{array}\right]
\left[\begin{array}{c}
F_1^\circ \\ F_2^\circ \\ F_3^\circ \\ \hdashline S_1^\circ \\ \hdashline \hat{u}_1 \\ \hat{u}_2 \\ \hat{u}_3 \\ \hat{u}_4 \\ \hat{u}_5 \\ \hat{u}_6 \\ \hat{u}_7 \\ \hat{u}_8
\end{array}\right]
=
\left[\begin{array}{c}
8.0 \\ 7.9 \\ 3.9 \\ \hdashline 11.4 \\ \hdashline 0.0 \\ 0.0 \\ 0.0 \\ 4.5 \\ 2.9 \\ 3.9 \\ 3.5 \\ 5.0
\end{array}\right]
\tag{6-9}
$$

表 6-6　異なる制約条件を加えた時の式 (6-9) の解

解	制約条件を加えた要因	
	性(解 1)	農家(解 2)
F_1°	4.7032	0.8710
F_2°	5.0347	1.2024
F_3°	3.8323	0.0
S_1°	−1.0621	2.7702
S_2°	0.0	3.8323
$\hat{u}_1$	−0.0452	−0.0452
$\hat{u}_2$	−0.1355	−0.1355
$\hat{u}_3$	−0.1355	−0.1355
$\hat{u}_4$	−0.2032	−0.2032
$\hat{u}_5$	−0.3500	−0.3500
$\hat{u}_6$	0.0677	0.0677
$\hat{u}_7$	−0.1411	−0.1411
$\hat{u}_8$	0.3048	0.3048

なお，取り除くクラスは任意に選べる．たとえば，S_2° の代わりに F_3° を除いても解が得られる．得られた解の特徴をみるために，表 6-6 に S_2° を取り除いた場合の解 (解 1) と F_3° を取り除いた場合の解 (解 2) を示した．表 6-6 から明らかなように，変量効果である個体の解 ($\hat{u}_1 \sim \hat{u}_8$) は制約条件の設定の仕方のいかんにかかわらず同じであるのに対して，母数効果である農家 ($F_1^\circ \sim F_3^\circ$) および性 (S_1°, S_2°) については，解 1 と解 2 で異なる値を示している．ところが，$F_1^\circ - F_3^\circ$，$F_2^\circ - F_3^\circ$，$S_1^\circ - S_2^\circ$ は 0.8709，1.2024，−1.0621と解 1 と解 2 で同じ値を示す．このように，複数の母数効果を考慮した場合には，母数効果のクラスの解は一意に定まらないが，クラス間の差は一定になる．このような推定値は BLUE である (3.1 節参照)．

6.5　コンピュータプログラムの作成

混合モデル方程式に対して，ラグランジェの未定乗数法により制約条件を加えたり，特定の行列要素を除いたりして，正則な行列に変換するとガウスの消去法を用いて解を求めることができるが，式 (6-8) に示したように混合モデル方程式の左辺の係数行列は対称行列なので，対角要素を含む上三角行列の部分だけ

(ハーフストアード行列) を用いて計算処理を行うことができる．この場合，コンピュータのメモリー上に確保する領域はおおよそ半分に節約できる．さらに混合モデル方程式の係数行列には値が0となっている要素がたくさん存在するという特性があるので (このような行列を疎行列と呼ぶ)，非零の要素だけをコンピュータのメモリー上に確保して処理を行う方法 (疎行列演算) を用いるとメモリーの使用量を大幅に減らすことができる．また，ヤコビ法やガウスーサイデル法などの反復法を用いることでメモリーを節約して解を求めることができる．ただし，ハーフストアード行列や疎行列を用いた計算処理ではプログラムが複雑になる．また，反復法を用いた場合は，直接ガウスの消去法で解を求める場合に比べて計算時間が長くなる．

昨今，パーソナルコンピュータの性能が著しく向上したことにより，十数年前までは大型計算機 (汎用計算機) やワークステーションでなければ計算ができなかったような大規模な行列計算もパーソナルコンピュータで手軽にできるようになってきた．もちろん，全国レベルや，全県レベルのような大規模な種畜評価の場合には取り扱う行列のサイズが非常に大きいので，上述したようなメモリーを節約する解法を採用しなければならないが，行列のサイズが1万程度のものであれば，本章で示したアルゴリズムをそのまま利用しても十分パーソナルコンピュータで計算することができる．

この章で紹介したアルゴリズムを組合せて，BLUP法を用いた個体の育種価および母数効果のBLUEを求めるプログラムについて説明する．付録Eにjava言語を用いて記述したプログラム (Blup. java) のソースコードを示した．このプログラムでは，係数行列のサイズや，母数効果の数，母数効果のクラス数などの情報はすべて別に用意したパラメータファイル，血統ファイル，データファイルから取得するように設計しているので，分析ごとにソースコードを修正する必要は無い．

なお，付録Eに示したソースコード (Blup. java) では，結果の出力をディスプレイとカンマ区切りのcsvファイル (result. csv) に出力するようにしている．このrsult. csvを表示させたものを図6-1に示す．なお，Fortran77言語では通常配列の要素の添え字は1から始まるが，java言語では0から始まる．そのため，本章の中で示したFortran77言語のソースをjava言語で移植する場合は，配列の要素をすべて1減じたものとしなければならない．

6.6　変量効果推定のためのアプリケーションプログラム

6.6.1　SASによる分析

SAS (Statistical Analysis System) においては，以前からのGLM (General Linear Model) プロシジャーに加えて，バージョン6.05よりMIXEDプロシジャーが装備され，より汎用的な線形混合モデルの分析ができるようになり，変量効果の推定値を求めることも可能となった (SAS, 1992)．SASを用いた混合モデルによる変量効果の推定手順については7.3節で数値例を用いて解説する．

6.6.2　遺伝育種における変量効果推定のためのアプリケーションプログラム

SASのMIXEDプロシジャーは，非常に便利でパワフルな計算ツールである

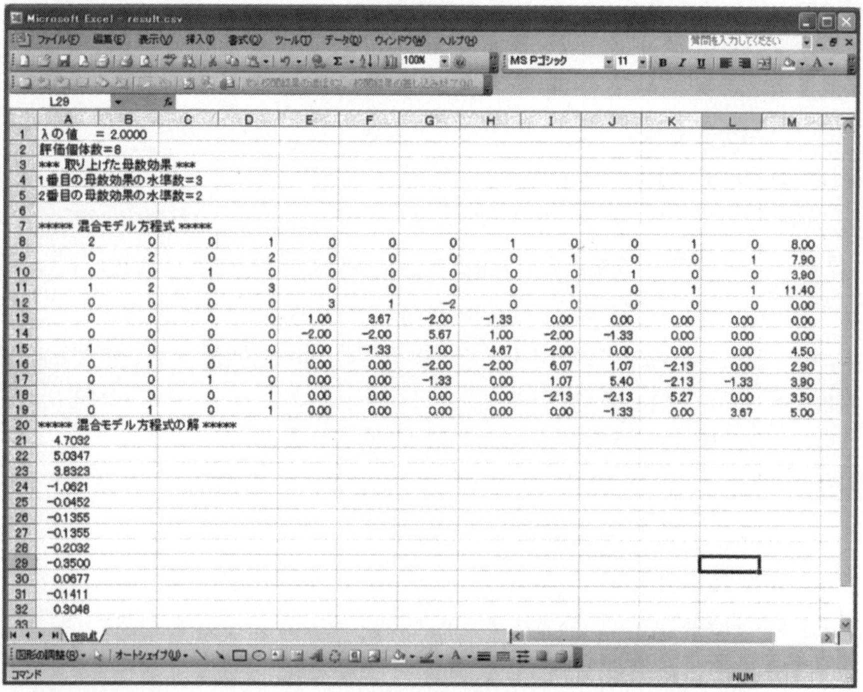

	A	B	C	D	E	F	G	H	I	J	K	L	M
1	λの値　= 2.0000												
2	評価個体数=8												
3	*** 取り上げた母数効果 ***												
4	1番目の母数効果の水準数=3												
5	2番目の母数効果の水準数=2												
6													
7	***** 混合モデル方程式 *****												
8	2	0	0	1	0	0	0	1	0	0	1	0	8.00
9	0	2	0	2	0	0	0	0	1	0	0	1	7.90
10	0	0	1	0	0	0	0	0	0	1	0	0	3.90
11	1	2	0	3	0	0	0	0	1	0	1	1	11.40
12	0	0	0	0	3	1	−2	0	0	0	0	0	0.00
13	0	0	0	0	1.00	3.67	−2.00	−1.33	0.00	0.00	0.00	0.00	0.00
14	0	0	0	0	−2.00	−2.00	5.67	1.00	−2.00	−1.33	0.00	0.00	0.00
15	1	0	0	0	0.00	−1.33	1.00	4.67	−2.00	0.00	0.00	0.00	4.50
16	0	1	0	1	0.00	0.00	−2.00	−2.00	6.07	1.07	−2.13	0.00	2.90
17	0	0	1	0	0.00	0.00	−1.33	0.00	1.07	5.40	−2.13	−1.33	3.90
18	1	0	0	1	0.00	0.00	0.00	0.00	−2.13	−2.13	5.27	0.00	3.50
19	0	1	0	1	0.00	0.00	0.00	0.00	0.00	−1.33	0.00	3.67	5.00
20	***** 混合モデル方程式の解 *****												
21	4.7032												
22	5.0347												
23	3.8323												
24	−1.0621												
25	−0.0452												
26	−0.1355												
27	−0.1355												
28	−0.2032												
29	−0.3500												
30	0.0677												
31	−0.1411												
32	0.3046												

図6-1　プログラムBlup. javaによる出力result. csvを表示させた結果

が，このプロシジャーを家畜育種の問題に対して用いようとするならば，血縁情報が考慮できないなどの致命的な限界があり，したがって家畜育種の問題を扱う場合には，既存の専用ソフトウエアを用いる方がよいと考えられる．

変量効果推定のためのアプリケーションプログラムとしては，MTDFREML (http://www.aipl.arsusda.gov/curtvt/mtdfreml.htm)，Blup90 ファミリー (http://nce.ads.uga.edu/~ignacy/newprograms.html)，DFREML (http://agbu.une.edu.au/~kmeyer/dfreml.html) などが，ネット上で公開されている．これらはいずれも研究目的であれば無料で利用することができる．

BLUP 法による育種価推定には，相加的遺伝分散と環境分散あるいはその比 (λ) が既知であることが前提であるが，一般には未知であることが多いし，既知であっても当該集団の値を所与のデータから推定する方が望ましい場合もある．分散成分の推定にも混合モデル方程式を利用することから，ここに挙げたアプリケーションプログラムではいずれも混合モデル方程式の解の計算と分散成分の推定（主に REML 法に基づく分散成分の推定）が実行できるようになっている．

MTDFREML のソースコードは FORTRAN77 で書かれており，Blup90 ファミリーと DFREML のソースコードは FORTRAN90/95 で書かれている．これらのアプリケーションプログラムはいずれも Linux，Unix，Windows などの OS で実行可能であり，ソースコードおよびマニュアルはそれぞれのホームページから入手できる．

これらのアプリケーションプログラムでは，複数形質モデルや母性効果モデルなどの複雑なモデルも処理できるようになっている．また，これまでに報告されているアプリケーションの特徴等についてまとめたものをミスツァール (Mistzal I) が pdf ファイル (http://nce.ads.uga.edu/~ignacy/numpub/oldpapers/wc94.PDF) としてネット上で公開している．

本書では，MTDFREML プログラムの使い方 (Boldman ら，1995) を付録 F に解説した．

第７章
データの構築と変量効果推定の実際

BLUP 法は個体のもつ真の値を推定するための変量効果の推定法として優れた特性を有している．しかしその特性は十分な量の観測値のデータが利用できて初めて発揮される．さらに，それらのデータに誤りがあると，その推定値への影響は誤りのあった個体にとどまらず全体の推定値に及ぶ．したがって，観測値およびそれに付随する記録のデータを，できるだけ多く，しかも正確に収集する必要がある．そこで，BLUP 法に基づいて変量効果を推定するには，まずデータの誤りがないかをチェックし，ついでデータ構造を解析し，それに基づいてデータの選別などを行うことが第一に重要となる．つぎに，観測値に影響を及ぼしている種々の因子を正しく取り込んだ最適な線形関数を設定することが重要となる．

この章では，観測値のデータを正確に，しかも大量に収集・管理するためのレコーディングシステムの構築から BLUP 法による変量効果推定までの具体的な考え方や手順について述べる．なお，変量効果の推定では，BLUP 法の利用を先進的に取り上げてきた肉牛育種における種牛評価，および一般的な変量効果の推定を例に取り上げて解説する．

7.1　レコーディングシステム

一般に統計処理を行う際には，観測値やそれに付随する記録のデータを，①正確に，②迅速に，③広範囲に，しかも④継続的に収集・利用することが欠かせない．とくに，生物関連分野における個体記録測定，医学・公衆衛生学分野における疫学調査や健康診断などでは，複数の年や組織に渡るデータ収集が求められることがある．もし，年ごとに，あるいは組織ごとにデータ収集・記載の方法が異

表 7-1　レコーディングシステムに対する基本的な考え方

1．必要な情報のみを最小の労力で最大限収集する．
2．情報の逐次累積を図る．
3．様々な角度からのエラーチェックを行う．
4．記録の提供者に対しては有益な情報をフィードバックする．

なっていたならば，収集された情報を十分に活用することは困難となる．そのため，年や組織を越えて一定の約束ごとを定める必要がある．このようにデータを収集する目的で組み立てられたシステムをレコーディングシステム (recording system) といい，さまざまな統計処理システムの根幹を成す．ここではレコーディングシステムを構築していく上で重要と考えられるガイドラインを紹介する．

7.1.1　レコーディングシステムに対する基本的な考え方

レコーディングシステムを作り上げる上での基本的な考え方を表 7-1 に示す．まず，必要な情報を最小の労力で最大限収集することが重要となる．データを収集しようとする場合，往々にしてあれもこれもと多くの項目を欲張り過ぎることがある．その結果，ある組織あるいはある年次では苦労して調査記入された項目が，その他の組織や年次では欠測値となっていることがあり，そのような項目のデータの利用価値は低くなる．また，ある項目の入力が特定の組織にとって業務上容易でない場合にも結果的に欠測値となってしまう．そこで，共通に収集するべき必要最小限の項目を厳選することが必要となる．

つぎに，情報の逐次累積を効率よく図っていくことが重要となる．まず，入力されたデータから計算により得られる 2 次情報は入力しないようにする．たとえば，期間や割合などは必要な基本情報が入力されればコンピュータが迅速かつ確実に計算してくれる．また，コンピュータ入力は入力作業の各段階で各々 1 回を原則とし，1 度入力された同じ情報を別の組織や別の時期などに再び入力することのないようにする．各種の記録は一度に得られるのではなく，同じ個体に関する記録であっても生涯の各時期に各々異なる記録が得られる．つぎの記録を調査するためにすでに得られている情報を必要とする場合もあり，入力する組織が時期によって異なることも多い．そこで，情報提供者と収集者との間で情報のやり取りならびに逐次累積をうまく行うことが必要となる．

また，さまざまな組織によってデータ収集が行われるが，データ収集を専門としない生産現場や疫学調査などから収集されるデータ，いわゆるフィールドデータ（field data）にはデータ入力時に間違いの入り込む可能性が高い．そこで，コンピュータを利用してさまざまな角度からエラーチェックを行い，間違いの発見・訂正に努めることが重要となる．

最後に，確実なデータが収集・整理されれば，それらのデータに対する統計処理を行うことで，さまざまな有益，かつ新たな情報を引き出すことができる．これらの情報をデータ提供者にフィードバックすることが重要となる．この点に力を入れることがひいてはデータ提供者の意識を高め，さらにしっかりしたデータが将来にわたって提供されるようになる．

7.1.2 記録方式の標準化

種々の記録は一般に記帳や印刷物などによって保存されるが，統計解析をすすめるためにはコンピュータへの入力が必須となる．多くの数字や文字がデータファイル内に格納されるため，どの記録がどのフィールド（列や桁）に入力されているかを示すフィールドの書式が必要となる．このことは，シンプルなテキストファイルとしてデータファイルを作製する際にとくに重要となる．また，表計算ソフトウェアを用いてデータを入力する場合には，1行目に列ごとにフィールド名を記しておくことが重要になる．

さらに，フィールド書式の標準化だけでは十分でない．たとえば，生年月日の年は西暦年か和暦年かを明らかにしておく必要がある．身長や体重，および総合判定などでは，単位や測定法，および判定の仕方などの説明が必要となる．しかも，これらの点についてデータ収集組織間で統一した記録方式が定められていなければ，異なる組織で異なる時期に入力されたデータを相互にやり取りし，それらを合わせて全体的に分析することは著しく困難となる．記録方式として標準化を図らなければならない点を整理するとつぎのようなものがある．

a．年次として西暦年を用いるか和暦年を用いるか

コンピュータを用いることで和暦年と西暦年を互いに容易に変換できるようになったが，年次を略式で入力する場合には，たとえば，「01」が「西暦 2001 年」を示すのか「平成1年」を示すのかなどの取り決めが必要となる．

b．ID 番号として何を用いるか

多段階でデータが入力される場合，それらの間を結ぶ個体識別番号（individual identification number : ID）が不可欠である．ID として用いられる番号は個体ごとに異なる一意の番号であることが前提であり，しかも組織間で共通な ID 番号を用いる必要がある．なお，従来から用いられているような既存の ID 番号の中には，同一 ID が異なる個体に用いられているケースがあるため注意を要する．

c．観測値の単位は何か，および小数点以下どこまで記録するか

単位を持つ観測値では入力する際の単位についての取り決めが重要となる．たとえば，ミリとセンチなど 1 桁違いの単位の間違いが生じた場合，ミスの検出が困難となることがある．また，観測値を小数点以下どこまで記録するか，および観測値の測定の仕方についての取り決めも重要となる．

7.1.3　記述変数のコード化

記録は年月日あるいは体重などのように数値で表現されているものばかりではない．たとえば，性という変数は男性か女性かというように文字で表現される．このような記述変数については数値を用いてコード化した方がコンピュータ処理が容易である．ただし，コードそのものは意味を持たないために，各組織で自由にコード化してしまうと組織間でのデータのやり取りに支障をきたしてしまう．また，異なる複数のコード体系が存在すると間違いが生じ易い．たとえば，調査 A では男性を 1，女性を 2 と入力し，調査 B では女性を 1，男性を 2 と入力するようなコード体系になっていたならば，間違いの生じる危険性は顕著に高まる．

そこで，統一したコード体系を定め，これを共通で使用することができれば一番望ましい．しかし，種々の組織が定めているコード体系は残念ながら千差万別であり，これらを統一することは重要な課題であるが容易に実現できるものではない．記述変数のコード化では，あるコード体系がひとたび採用されてしまうと，その後の変更や修正が著しく困難になる．記述変数のコード化を行う際には独自のコード化は避け，広く用いられているコード体系，あるいは既存のコード体系に準拠することが望ましい．また，同じレコーディングシステム内では共通のコード体系に基づいてデータ収集を図っていく取り決めを行うことが重要となる．

7.1.4 エラーチェック

収集されたデータには，入力やコード変換などの間違いが含まれている可能性がある．これらの間違いを最小限に抑えることが重要となるが，それでも生じてくる間違いの発見・訂正に努める必要がある．その際，コンピュータを利用して少なくともつぎに述べる三つの面からのエラーチェックを行うのが望ましい．

a．あり得ない数値のチェック

エラーチェックを行うポイントは，まずあり得ない数値が存在しないかどうかをみる．たとえば県コードの場合，北海道から沖縄までに対して1から47までの数値が割り当てられているのでこの範囲内の数値でなければならない（図7-1）．月は1から12まで，日は1から31までの値であり，さらに月と組合せて2月は28日まで，4，6，9および11月は30日までしかない．閏年では2月は29日までとなる．収集した年もあらかじめわかっているので，その範囲外のものがあれば誤りである．また，コード化された記述変数は必ずしも連続した数値になるとは限らず，一定の範囲をチェックするだけでは不十分である．この場合，クラスごとの度数分布をみることで異常なコードを発見できる．定められたコード以外

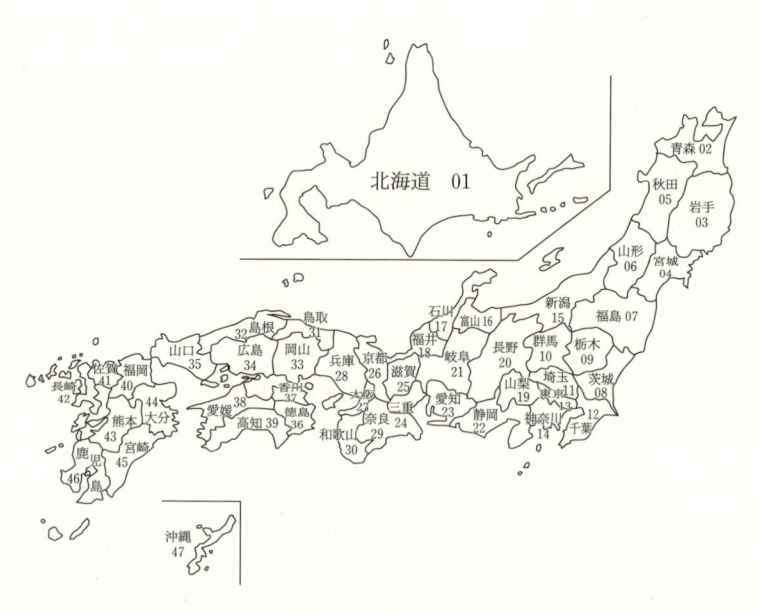

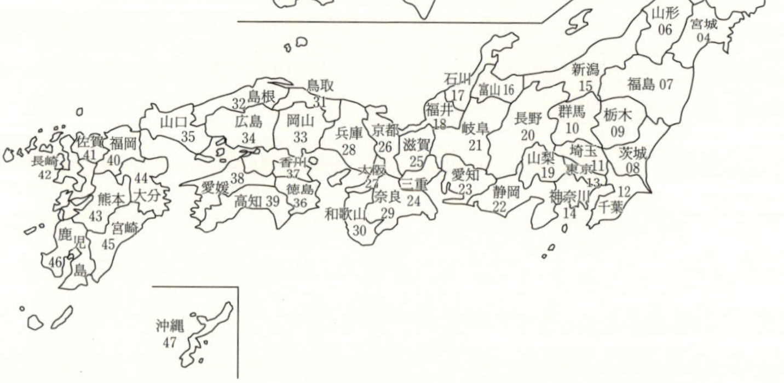

図7-1　県コード

の数値，たとえば性のコードを男性 1，女性 2 と定めているのに 7 という数値があれば誤りである．

b．連続変異を示す変数の範囲チェック

連続変異を示す観測値については小さい値から大きい値まで連続的に分布し，あり得ない値というものをはっきり定めることはできない．しかし，生物体について測定される観測値の多くは左右対称で平均的な値が多くなる正規分布をすることが知られている．この場合，平均値± 2 標準偏差の範囲内に約 95.5%の観測値が，さらに平均値± 3 標準偏差の範囲内に約 99.7%が入る．したがって，ある個体の観測値が平均値± 3（あるいは± 4）標準偏差の範囲を越えておれば何らかの誤りがあった可能性を疑ってみる必要がある．この範囲を越えた記録について野帳等を再調査し，入力ミスがあれば訂正する．

c．2 次情報についての範囲チェック

以上の 2 点でのチェックで発見されたエラーをすべて修正し，欠測値を除いたデータについて，期間，割合などの 2 次情報を算出し，これについて再び平均値± 3（あるいは± 4）標準偏差の範囲のチェックを行う．2 次情報についてチェックを行うことで，素データでは検出することのできなかった誤りを見つけだすことができる．たとえば，生年月日が昭和 59 年 9 月 1 日で，調査年月日が昭和 58 年 6 月 27 日であっても各々の値は妥当な範囲にある．しかし調査時日齢は－432 日となり，いずれかに誤りがあることが発見される．

7.1.5　組織間の連携

データを効率的に収集・活用していくためには，組織間でのデータのやりとりを円滑に進めるための連携・協力が重要となる．さまざまな分野でコンピュータの導入および IT（Information Technology）化が進み，それぞれの組織で独自のコンピュータシステムがすでに構築されている場合も多い．これらを振り出しに戻して全体を同じシステムとして構築し直さなければならないとなると，事は一歩も前進しなくなる．この場合に重要なことは，それぞれのシステムにおいて相手のシステムを考慮したインターフェースを用意することである．インターフェースは単に書式の変更で済むものから，コード体系の変換などを必要とするものまでさまざまである．互いのシステムの違いを考慮したインターフェースを用意することで，他組織との情報のやり取りを円滑に進めることができる．また，レコーディングシステムに対する，組織間での共通認識が一段と重要な意味を持ってくる．

インターネットの発達によって，組織間ネットワークの状況は著しく改善されてきている．しかし，データ送受信にインターネットを利用することについては慎重に対処する必要がある．収集されるデータには個人情報など重要なさまざまな情報が含まれ，しかもインターネットでは，通信内容が第三者に容易に傍受されうることや不特定多数へのデータ流出の危険性があることなどを十分考慮する必要がある．これらの危険性に対し適切な対策が講じられない場合，重要なデータの送受信にはインターネットを利用しないようにすることも視野に入れる必要がある．レコーディングシステムの構築にあたっては，データ取り扱いの倫理面についても考慮していく姿勢が求められる．

7.2　BLUP 法による育種価の推定

肉牛の産肉性に関する重要な経済形質を大別すると枝肉重量などの増体能力と脂肪交雑などの肉質能力とがある．これらの形質の発現には多数の相加的遺伝子が関与していると考えられている．そこで，能力を高める方向に働く遺伝子をより多く持つ個体からなる集団を人為的に作り上げていくことが遺伝的改良である．このための選抜基準として，個体の相加的遺伝子効果の総和である育種価が利用される．

ヘンダーソンによって 1973 年に集大成された BLUP 法 (Henderson, 1973) は，家畜育種学の分野において，育種価と呼ばれる変量効果推定のための統計遺伝学的解析法として，現在も世界的に広く用いられている．わが国でも 1980 年に初めて導入されて以来 (佐々木と祝前, 1980)，さまざまな家畜の遺伝的改良に大きく貢献している．とくに，わが国における代表的な肉用種である黒毛和種や褐毛和種など和牛の遺伝的改良に果たした役割は大きく，BLUP 法に基づくフィールドデータを用いた種牛評価法がわが国に定着する契機となった．従来の評価法と比較した場合の同評価法による遺伝的改良の有効性も明らかにされている (Sasaki ら, 2006)．ここでは，この肉牛における種牛評価を例に取り上げ，BLUP 法による変量効果推定の具体的な手順について解説する．

7.2.1　データ収集と評価用データファイルの作製

生産現場などから収集されるフィールドデータを利用する場合，まず前節でも述べたエラーチェックが重要となる．もう一つ重要なことは，収集されたすべてのデータをやみくもに使うのではなく，分析の目的に適ったデータを選別して利用することである．ここで，BLUP 分析を行うための分析用データファイル作製までの流れを図 7-2 に示す．

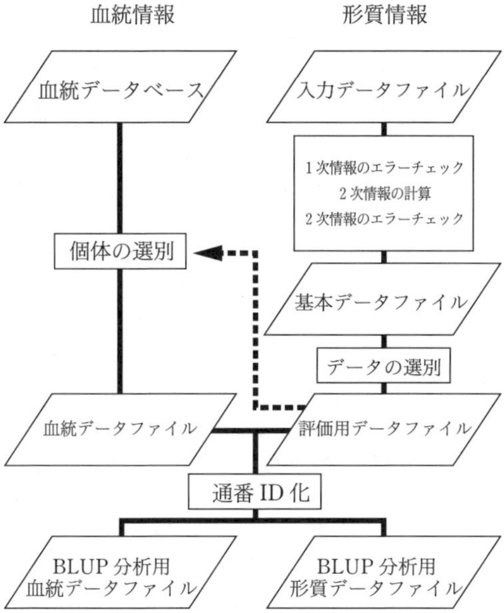

図 7-2　BLUP 分析用データファイル（血統・形質）作製までのデータ編集の流れ

収集されたデータが格納された入力データファイルの素情報（1 次情報）に対してエラーチェックを行ったのちに，年月日，体重などの 1 次情報をもとに日齢，肥育期間などの 2 次情報の計算を行う．新たに計算された 2 次情報に対してさらにエラーチェックを行うことで基本データファイルが作製される．なお，肉牛の育種価推定での 2 次情報の計算項目は以下のようになる．

・肥育期間＝枝肉市場への出荷年月日－子牛市場からの子牛導入年月日
・肥育終了時日齢＝枝肉市場への出荷年月日－生年月日
・DG(Daily Gain；一日当たり増体量)＝(肥育終了時体重－子牛導入時体重)/肥育期間
・枝肉歩留＝枝肉重量×100/屠殺前体重

このようにして，分析に必要な項目がすべて含まれ，かつ可能な限りエラーフリーであると期待される基本データファイルが作製されるが，これを直ちに分析用ファイルとして供することは望ましくない場合がある．生産現場から収集されるフィールドデータでは，一般に各クラスに属する記録数が不揃いであり，たとえば，ある農家では記録の数が著しく少なくなったりしている．このような場合，分析の目的にもよるがすべてのデータを利用することが最善であるとは限らない．とくに，種牛評価を行う場合，肥育農家当たりの出荷頭数がわずか2～3頭にしか過ぎない農家を分析に含めてしまうと種牛評価値の予測誤差分散は逆に増大してしまい，むしろ出荷頭数の少ない肥育農家を除いた方が信頼のおける結果が得られる場合がある．どのくらいの度数のクラスを残すべきかを決めることは難しいが，一例として，大分県黒毛和種の枝肉形質に関するフィールドデータを用いた種牛評価の場合，1肥育農家当たりの頭数を10頭以上になるように選別するのが望ましいことが明らかにされている（佐々木と佐々江，1988）．一般的には線形関数に母数効果として取り込む因子に関して極端に度数の少ないクラスを除くとよいのではないだろうか．一方，枝肉市場と出荷年度については，ある特定の枝肉市場にある特定の年度に出荷された肥育牛の数がそれら以外の副次級に比べて非常に少ない場合がしばしば認められる．このような分布を示すデータの場合，出荷年度と枝肉市場をそれぞれ主効果として取り上げるよりも，それらの組合せを主効果として取り上げる方法が優れていることが明らかにされている（佐々木と佐々江，1988）．したがって，出荷年度と枝肉市場の組合せ効果を取り上げ，農家別分布に基づき選別したのと同様に1クラス内度数が50頭以上になるようにデータを選別する．

このように，基本データファイルに対してデータの選別を行うことで評価用データファイルを作製し，このファイルをもとにID番号を通番化した分析用ファイルを種牛評価に供する．なお，肥育農家当たりの肥育牛出荷頭数が10頭以上の農家のデータだけを抽出する場合のように，ある度数以上のクラスに属するデータだけを抽出するにはPRETRTプログラムのFREQコマンドが便利である（佐々木，1985）．PRETRTはデータ編集に必要となるさまざまな操作を，コマンドを入力することで容易に利用可能にしたプログラムである．PRETRTのコマンドは数多く用意されているが，とくに有用なコマンドのいくつかを表7-2に示す．また，図7-3にPC（MS-Windowsコマンドプロンプト）でのFREQコマンドの使用例（農家当たりの肥育牛出荷頭数が10頭以上の農家のデータだけを抽出）を示す．

表7-2　PRETRTプログラムのコマンド（抜粋）

コマンド	目　的
CHOS	特定クラス（個体，農家などの）に属するデータを抽出（削除）する．
FREQ	カテゴリ変数に対して度数分布表を作成する．また，ある度数以上のクラスに属するデータを抽出する．
HIST	連続変数に対して度数分布図（ヒストグラム）を作製する．また，ある値以下（以上）のデータを削除する．
KETO	血統データベースの管理を行う．
ORDR	個体を世代順に並べ替える．
SRCH	血統データベースから血縁個体データを抽出する．遡及世代数を指定できる．

```
 1）コマンドプロンプト（>）を起動してデータファイルdata.datをFT03ファイルにコピーする。
> copy data.dat FT03

 2）コマンドプロンプト内でpretrtを実行する。
> pretrt

 3）実行パラメータを入力する。
FREQ                   ←FREQを指定
CHOOSE3 10(15x,i5)     ←CHOOSE3を指定（7桁）、度数（3桁）、項目フォーマット（50桁まで）
 15 80(15a,i5,80a)     ←項目の前・後のカラム数を指定（3桁ずつ）。データフォーマット
STOP                   ←プログラムの終了

 4）結果ファイルFT13が出力される。
```

図7-3　PRETRTのFREQコマンドの使用例

矢印はその行の解説．この例では，度数が10以上の農家（データファイル内に16～20カラム目に記載されているとする）のデータが抽出され，結果ファイルに出力される

7.2.2　血統データファイルの作製

BLUP法による育種価推定の場合は，推定個体間の血縁関係を分子血縁係数行列として考慮することができる．そのために，各個体の血統情報を血統データファイルとして準備する．血統情報は和牛登録簿に基づく血統データベースとして形質情報とは区別して整理されており，評価用データファイルに登場する個体に関連する血統情報のみを血統データファイルとして抽出する．この操作にはPRETRTのSRCHコマンドが利用できる（表7-2）．

血統データファイルは，評価用データファイルにおける記録を持つ肥育牛とその父および母のID番号からなる3頭セットの血統データであり，肥育牛の父母世代のみならず，それ以前の世代までの血統を遡って分析に加えることもできる．ID番号は登録簿に記載されている登録番号に基づくが，異なる複数の登録区分が存在しており，また同じ登録番号が雌雄で重複使用されている．そこで，ID番号を誤り無く一意に管理するために，以下のように10桁の正の整数を用いて各個体のID番号とする．肥育牛は登録簿に掲載されていないため，評価用データファイルにおける肥育牛番号をもとに，以下のような新たなID番号を付与する．32ビットコンピュータでは$2^{31}-1=2147483647$までの10桁の正の整数が使用できるため，これらのID番号は整数変数として直ちに利用可能となる．

肥育牛：　ID番号$=2\times10^9+$(肥育牛番号)
雄：　ID番号$=$(登録区分コード)$\times10^7+$(登録番号)
雌：　ID番号$=10^9+$(登録区分コード)$\times10^7+$(登録番号)

最後に，血統データファイルに含まれる個体をID番号順ではなく世代順に並べ換え，その順に1から始まる新たな通番IDを全個体に付け，各個体の父と母のID番号も対応する通番IDに変更し，これをBLUP分析用血統データファイルとする．また，評価用データファイルに含まれる肥育牛のID番号も対応する通番IDに変更し，これをBLUP分析用形質データファイルとする．この操作にはPRETRTのORDRコマンドが利用できる（表7-2）．ここまでの手順で，BLUP分析のために必要となる血統および形質ファイルの準備が整う．

7.2.3　BLUP 法のための線形関数の選択

フィールドデータの場合，一般に，観測値に対して推定したい変量効果以外に種々の母数効果が影響している．たとえば，生産現場から収集される肉牛の産肉性形質の記録には枝肉市場，出荷年度，肥育農家，肥育期間など種々の因子が影響している．これらの影響を取り除き，変量効果の推定を偏りなく正確に行うために，これらの因子を適切に含めた線形関数を選択しなければならない．収集されたデータに含まれる項目について，取り上げられうる因子は何か，それらはクラス分類されるのか連続変異するのか，前者の場合交叉型か巣ごもり型か，などについて検討し，各因子の実際的な意味をも加味して最大限に種々の因子を取り込んだ線形関数を設定する．さらに，その線形関数に基づいた分散分析などを行い，有意な因子のみを最終的に線形関数に含める必要がある．以下，種牛評価を例にとって，具体的な手順について述べる．

a．項目の検討

枝肉市場に出荷された肥育牛記録に基づき種牛評価を行う場合を考える．収集されたデータに含まれる項目としては，肥育牛の父（種雄牛）と母（繁殖雌牛）に加えて，性，枝肉市場，出荷年度，子牛市場，子牛産地，肥育農家，肥育開始時日齢，肥育期間，肥育終了時日齢などが記録されている．肥育牛や父母は変量効果として取り込まれる項目であり，何を取り込むかによって，肥育牛を取り込んだ個体モデル，肥育牛の代わりに両親を取り込んだ縮約化個体モデル，父のみを取り込んだ父親モデルなど種々のモデルの BLUP 法が提示されている．母数効果として取り上げられる項目について考慮すると，子牛市場と子牛産地とは通常一致しており，しかも肥育牛の母牛の遺伝的レベルを代表するものと考えられるため，母を考慮できる BLUP 法のモデルを採用すれば取り上げる必要性は少ない．さらに，肥育終了時日齢と肥育期間を取り上げれば，肥育開始時日齢は取り上げる必要はない．これらを勘案すると，取り上げうる母数効果としては，性，枝肉市場，出荷年度，肥育農家がクラス分類される因子として，また肥育期間や肥育終了時日齢が連続変異する因子として挙げられる．

b．データ構造の検討

まず，クラス分類される因子について，各因子間のデータ構造について検討を行う．性，枝肉市場，出荷年度および肥育農家のそれぞれ二つずつの因子についてクロス分布表をとって交叉型であるかどうかを調べ，交叉型であれば主効果として取り上げる．ある因子(B)が他の因子(A)に対して巣ごもり型になっている場合には，因子 A は主効果として，因子 B は因子 A 内巣ごもり型効果として取り上げることになる．また，巣ごもり型の類型として，基本的に交叉型ではあるが記録のない副次級が多く認められるような場合には組合せ効果として取り上げる．主効果として取り上げる因子間では相互作用を考慮するべきかどうかについて検討する．組合せ効果として取り上げた場合には相互作用が考慮されることになる．肉牛の産肉性に関するフィールドデータでは，各因子は互いに交叉型である場合が多い．ただしデータ選別でも述べたように，出荷年度と枝肉市場については交叉型からずれた構造をとり，しかも有意な相互作用が認められる場合が多い．このような場合，出荷年度と枝肉市場とを組合せ効果として考慮する．

また，種牛評価の場合，種雄牛や雌牛に関する因子間の遺伝的結合（結合度）が評価の正確度に大きく関与する．したがって，有効な後代牛数などに基づき，結合度について検討することが重要となる．たとえば，ある特定の種雄牛の後代がある農家だけで肥育され，その農家ではその他の種雄牛の後代を肥育していないような場合は，その農家からの肥育牛の記録をデータから削除することも検討する．

一方，肥育期間や肥育終了時日齢は連続変異する因子であり，このような因子は共変量，すなわち回帰の効果として取り上げられる．1 次式の場合，共変量が増加するにつれて当該形質が単純に増加あるいは減少すると仮定される．2 次式の場合，共変量の増加につれて当該形質が増加あるいは減少するがある時点で最大あるいは最小に達し，その後減少あるいは増加に向かうと仮定する．これら以外にも，形質に影響する実際的な意味を考慮しながら，さまざまな回帰曲線を仮定することができる．

c．各因子の有意性の検討

主効果や共変量を組合せることで可能となる種々の線形関数を用いて各因子の有意性検定を行い，有意な因子のみを含んだ線形関数を最終的に選択することが重要となる．一般的な変量効果の推定の場合には，SAS の MIXED プロシジャを用いて母数効果の有意性の検討ならびに線形関数間の適合度の比較を行い，最適な線形関数を選択する．種牛評価の場合には変量効果間の血縁関係を考慮する必要があるがSASのMIXEDプロシジャでは分子血縁係数行列を考慮できない．そこで，混合モデルに基づく母数効果の有意性検定のためのGLMTESTプログラム（Moriyaら，1998）を使用する．

GLMTESTプログラムは，GLMPREP，GLMSOLV，GLMHYPの三つの実行用プログラムから成り，この順に一度ずつ実行する．ただし，GLMTESTプログラムではMTDFREMLプログラム（付録F）の作業用ファイルを利用して有意性検定を行うため，GLMTESTプログラムを実行するためには，一度MTDFREMLプログラムを実行しておく必要がある．したがって，つぎに述べる分散成分の推定の手順と，このGLMTESTプログラムによる母数効果の有意性検定の手順を交互に行いながら，最適な線形関数の選択が行われることになる．GLMTESTプログラムの実行例は次項で解説する．

7.2.4　分散成分の推定

BLUP法による変量効果の推定を行う場合，分散成分に関する情報は既知であることが前提となる．たとえばBLUP法による種牛評価の場合，分散成分は対象形質の遺伝率の情報として与えられる．しかし，遺伝率は集団ごとに異なっており，また改良のステージでも異なってくる．また，一般的な変量効果推定の場合でも，分散成分の値は集団ごとに異なっていると考えられる．そのため，分散成分の情報は対象とする集団ごとにデータから推定されることが望ましい．

種牛評価のためのBLUP法のプログラムとして，いくつかのプログラムが公開されている（6.6.2項参照）．ここでは，MTDFREMLプログラム（Boldmanら，1995，付録F）を用いた場合の例を紹介する．MTDFREMLプログラムでは，MTDFNRM, MTDFPREP, MTDFRUNの三つの実行用プログラムを順次実行していくことで，ある線形関数に基づき，対象集団における分散成分を推定することができる（図7-4）．各プログラムを実行後に，MTDF**（**には数値が入る）という名前のさまざまなファイルが作製される．これらはおもに，各プログラムで利用される作業用ファイルであり，また，一部は結果が出力される結果用のファイルとなる．

入力ファイルとして，図7-2に示したBLUP分析用血統データファイル，および同形質データファイルを用いる．ただし，MTDFREMLプログラムが要求する

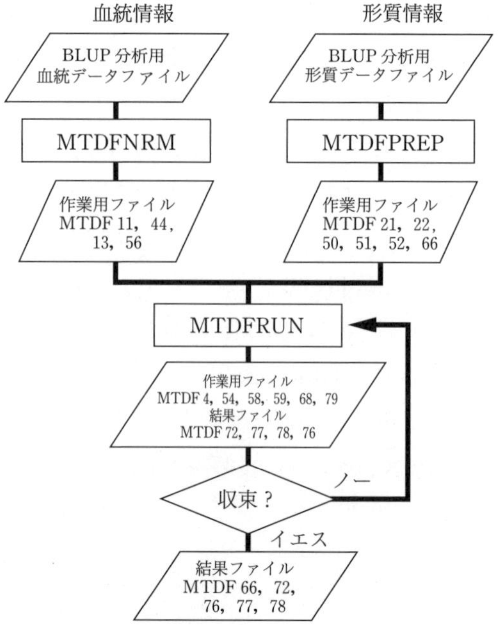

図 7-4　MTDFREML 分析の流れ図

MTDFNRM，MTDFPREP，MTDFRUN プログラムを順に実行する

データ書式としては，SAS におけるデータファイルと同様に，いずれも自由形式（項目と項目の間を半角スペース区切りとする）で記載されたテキストファイルとする．また BLUP 分析用形質データファイルでは，整数項目の列を左から順に記載し，その後，実数項目の列を順に記載する．行の並び替えは自由であるが，通番 ID は血統データファイルと対応している必要がある．また，データに欠測値がある場合にはありえない数値（0 や 999 など）を入力しておいて，データの列数を必ず揃えておかなければならない．

まず MTDFNRM および MTDFPREP を一度ずつ実行し，血統データおよび形質データの前処理を行う．実行時のパラメータは対話形式で手入力していく．MTDFNRM では，使用する BLUP 法のモデルとして個体モデル，あるいは母方祖父モデルを選択できる（図 7-5）．また総個体数を入力する．MTDFPREP では，どの因子を母数効果として取り込むかなどの線形関数の内容を整数項目および実数項目それぞれの列番号で指定していく．また，欠測値として上記のあり得ない数値を指定する．MTDFRUN は，推定値を求めるためのプログラムであり，いくつかのオプションがある (図 7-6)．分散成分を推定するためには，オプション 1 である「1 ... iterate for variance components」を選択する．この場合，1 回だけの実行ではなく，分散成分の推定値が収束するまで反復実行する必要がある．収束の判断は，MTDFRUN プログラムを実行する際に入力する分散成分の初期値と，出力ファイルである MTDF4 に記載された推定値とを比較して，それらが互いに同一であれば収束したものとみなす．収束しなかった場合には，現時点での推定値を初期値として用いて再度 MTDFRUN を実行する (具体的には MTDF4 ファイルを入力パラメータファイルとする)．また，収束基準値としては，分析開始時には 10^{-2} 程度の値を用い，その基準値のもとでの収束が得られたら，さらに基準値を厳しくしながら反復を繰り返す．最終的に 10^{-8} 程度の収束基準値のもとでの収束が得られるまで何度も MTDFRUN を繰り返し，結果用のファイルを得る (表 7-3)．分散成分の推定値の結果は MTDF76 ファイルに出力される．

```
OPTION FOR CALCULATION OF A-1
    FOR ANIMAL    SIRE    DAM    TYPE ....    0
    FOR ANIMAL    SIRE    MGS    TYPE ....    1
```

図 7-5　MTDFNRM における個体モデルあるいは母方祖父モデルの選択画面

```
OPTION FOR THIS RUN:
    1 ... iterate for variance components
    2 ... solution for MME only
    3 ... solution for sampling variance only
    4 ... solution for MME then sampling variances
    For expectations of solutions use options 3 or 4;
After contrasts are completed, you will be asked if expectations wanted
```

図 7-6　MTDFRUN における計算オプションの選択画面

表 7-3　MTDFREML プログラムによる結果ファイル（抜粋）

ファイル	内　容
MTDF 66	分析対象形質に関する統計量，および指定された線形関数に関する情報が出力される．
MTDF 72	個体の育種価の推定値（BLUP 値）および正確度が出力される．MTDFRUN でオプション 4 を使用した場合に作製される．
MTDF 76	集団の遺伝的パラメータ（分散成分）の結果が出力される．
MTDF 77	母数効果の推定値が出力される．
MTDF 78	個体の育種価の推定値（BLUP 値）が出力される．

MTDFREML プログラムを用いた分散成分の推定はこのような手順で行われるが，重要なこととして，分析に用いられた線形関数が最適であるかどうかを確かめるために，得られた分散成分の推定値をもとに，母数効果の有意性検定ならびに線形関数の適合度の検討を行う必要がある．図 7-7 に GLMTEST プログラムを用いた混合モデルに基づく母数効果の有意性検定の流れを示す．なお，

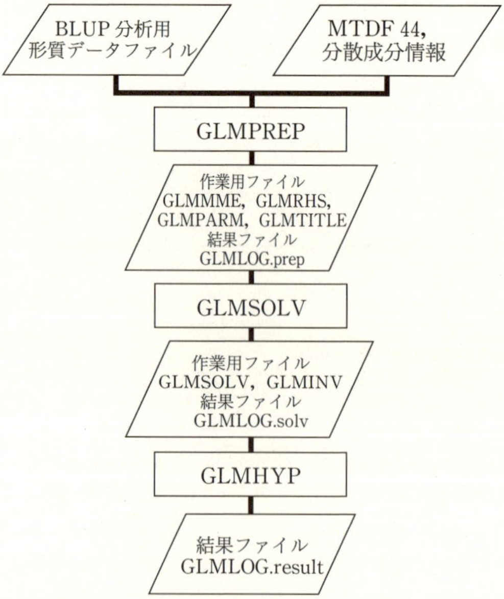

図 7-7　GLMTEST 分析の流れ図

GLMPREP，GLMSOLV，GLMHYP プログラムを順に実行する

MTDFREML分析で出力された作業用ファイルであるMTDF44ファイルがGLMTESTプログラムの入力ファイルとして使用される．また，推定された分散成分情報が用いられる．GLMPREPにおける実行時のパラメータはMTDFPREPとほぼ同形式で手入力する．GLMSOLVおよびGLMHYPでは実行時のパラメータ入力は要求されない．

線形関数選択の例として，褐毛和種の脂肪交雑（牛肉の霜降りの度合い）に関する種牛評価を想定し，比較を行う線形関数として母数効果をさまざまに取り込んだ八つのモデル（表7-4，Model 1～8）を考える．Model 1～4は，枝肉市場，出荷年度，性，肥育農家を主効果として取り込み，肥育期間と肥育終了時日齢については次数を変化させて回帰の効果として取り込んだものである．また，Model 5～8は，枝肉市場と出荷年度とを組合せ効果として取り込んだほかはModel 1～4と同様である．また，変量効果として個体の効果を取り込んだ個体モデルを用いる．

Model 1～8についての母数効果の有意性検定および適合度の結果を表7-5に示す．線形関数の適合度を示す統計量としては，線形関数の対数尤度（$-2\times$Log Likelihood）や赤池の情報量基準（Akaike's information criterion；AIC，Akaike, 1973；1974）などがよく用いられる．AICは公式 $AIC=-2\times\mathrm{Log\ Likelihood}+2\times npar$ で計算され，*npar* はパラメータ数（独立変数のクラス数）を示す．これらの値がより小さいならば，よりよい適合を意味する．変量効果を正確に推定するために有意な因子のみを線形関数内に含めるという観点から，肥育期間と肥育終了時日齢をともに1次までの回帰として取り込んだModel 4およびModel 8が最適な線形関数の候補に挙げられる．さらに，対数尤度の点ではModel 8が，AICの点ではModel 4が最適な線形関数となった．枝肉市場と出荷年度を組合せ効果として取り込んだModel 8では，それぞれを主効果として取り込んだModel 4に比べて必然的にクラス数が増加しており，それが *AIC* 増大の主な原因であった．先に述べたように，この例での枝肉市場と出荷年度のクロス分布も交叉型ではなく記録のないクラスが多く存在しており，これらは主効果ではなく組合せ効果として取り込むことが適当であると考えられる．このような検討および考察に基づき，本例では，最適な線形関数としてModel 8を選択する．

表 7-4　取り込む母数効果を様々に変化させた BLUP 法のための線形関数

Model 1	$Y_{ijklm}=\mu+M_i+N_j+S_k+F_l+\alpha_1(t_{1ijklm}-\bar{t}_1)+\beta_1(t_{1ijklm}-\bar{t}_1)^2+\alpha_2(t_{2ijklm}-\bar{t}_2)+\beta_2(t_{2ijklm}-\bar{t}_2)^2+a_m+e_{ijklm}$
Model 2	$Y_{ijklm}=\mu+M_i+N_j+S_k+F_l+\alpha_1(t_{1ijklm}-\bar{t}_1)+\beta_1(t_{1ijklm}-\bar{t}_1)^2+\alpha_2(t_{2ijklm}-\bar{t}_2)+a_m+e_{ijklm}$
Model 3	$Y_{ijklm}=\mu+M_i+N_j+S_k+F_l+\alpha_1(t_{1ijklm}-\bar{t}_1)+\alpha_2(t_{2ijklm}-\bar{t}_2)+\beta_2(t_{2ijklm}-\bar{t}_2)^2+a_m+e_{ijklm}$
Model 4	$Y_{ijklm}=\mu+M_i+N_j+S_k+F_l+\alpha_1(t_{1ijklm}-\bar{t}_1)+\alpha_2(t_{2ijklm}-\bar{t}_2)+a_m+e_{ijklm}$
Model 5	$Y_{ijklm}=\mu+MN_{ij}+S_k+F_l+\alpha_1(t_{1ijklm}-\bar{t}_1)+\beta_1(t_{1ijklm}-\bar{t}_1)^2+\alpha_2(t_{2ijklm}-\bar{t}_2)+\beta_2(t_{2ijklm}-\bar{t}_2)^2+a_m+e_{ijklm}$
Model 6	$Y_{ijklm}=\mu+MN_{ij}+S_k+F_l+\alpha_1(t_{1ijklm}-\bar{t}_1)+\beta_1(t_{1ijklm}-\bar{t}_1)^2+\alpha_2(t_{2ijklm}-\bar{t}_2)+a_m+e_{ijklm}$
Model 7	$Y_{ijklm}=\mu+MN_{ij}+S_k+F_l+\alpha_1(t_{1ijklm}-\bar{t}_1)+\alpha_2(t_{2ijklm}-\bar{t}_2)+\beta_2(t_{2ijklm}-\bar{t}_2)^2+a_m+e_{ijklm}$
Model 8	$Y_{ijklm}=\mu+MN_{ij}+S_k+F_l+\alpha_1(t_{1ijklm}-\bar{t}_1)+\alpha_2(t_{2ijklm}-\bar{t}_2)+a_m+e_{ijklm}$

ただし，Y_{ijklm}：各観測値，μ：全体の平均値，M_i：枝肉市場，N_j：出荷年度，MN_{ij}：枝肉市場と出荷年度の組合せ効果，S_k：性，F_l：農家，t_1：肥育期間，t_2：肥育終了時日齢，α_1：肥育期間への 1 次偏回帰係数，α_2：肥育終了時日齢への 1 次偏回帰係数，β_1：肥育期間への 2 次偏回帰係数，β_2：肥育終了時日齢への 2 次偏回帰係数，a_m：個体の育種価，e_{ijklm}：環境偏差

表 7-5　取り込む母数効果をさまざまに変化させた線形関数（表 7-4，Model 1～8）ごとの母数効果の有意性検定および適合度

因子	Model 1	Model 2	Model 3	Model 4	Model 5	Model 6	Model 7	Model 8
枝肉市場	**	**	**	**	—	—	—	—
出荷年度	**	**	**	**	—	—	—	—
市場＊年度	—	—	—	—	**	**	**	**
性	**	**	**	**	**	**	**	**
肥育農家	**	**	**	**	**	**	**	**
肥育期間（1 次回帰）	**	**	**	**	**	**	**	**
肥育期間（2 次回帰）	NS	NS	—	—	NS	NS	—	—
肥育終了時日齢（1 次回帰）	**	**	**	**	**	**	**	**
肥育終了時日齢（2 次回帰）	NS	—	NS	—	NS	—	NS	—
適合度								
対数尤度	67,738	67,743	67,742	67,768	67,713	67,719	67,718	67,748
AIC	68,206	68,209	68,208	68,232	68,233	68,237	68,236	68,264

**：$p<0.01$．NS：有意でないことを示す．－：モデル内に含まれないことを示す

7.2.5　変量効果の推定

ここまでの手順により最適な線形関数として Model 8，すなわち

$$Y_{ijklm}=\mu+MN_{ij}+S_k+F_l+\alpha_1(t_{1ijklm}-\bar{t}_1)+\alpha_2(t_{2ijklm}-\bar{t}_2)+a_m+e_{ijklm} \tag{7-1}$$

が選択されたので，この線形関数に基づいて分散成分の推定を行い，さらにその推定された分散成分の値を用いて変量効果の推定を行う．これは，4章で解説した通常の個体モデルであり，式 (7-1) をベクトル表記すると式 (7-2) のように表される．

$$\boldsymbol{y}=\boldsymbol{X}\beta+\boldsymbol{Za}+\boldsymbol{e} \tag{7-2}$$

ただし，$\boldsymbol{y}$：個体ごとのある形質の観測値のベクトル

$\boldsymbol{\beta}$：未知である母数効果のベクトル（すなわち，μ，MN_{ij}，S_k，F_l，α_1，α_2 が含まれる）

$\boldsymbol{X}$：個々の記録が母数効果 $\boldsymbol{\beta}$ のどのクラスに属するかを示す既知の計画行列

$\boldsymbol{a}$：未知である個体の育種価のベクトル

$\boldsymbol{Z}$：個々の記録が $\boldsymbol{a}$ のどの個体に属するかを示す既知の計画行列

$\boldsymbol{e}$：環境偏差のベクトル

混合モデル方程式は式 (7-3) のごとくなる．

$$\begin{bmatrix} \boldsymbol{X'X} & \boldsymbol{X'Z} \\ \boldsymbol{Z'X} & \boldsymbol{Z'Z}+\boldsymbol{A}^{-1}\sigma_e^2/\sigma_a^2 \end{bmatrix} \begin{bmatrix} \boldsymbol{\beta}^{\circ} \\ \hat{\boldsymbol{a}} \end{bmatrix} = \begin{bmatrix} \boldsymbol{X'y} \\ \boldsymbol{Z'y} \end{bmatrix} \tag{7-3}$$

MTDFREML プログラムを用いて具体的に変量効果の推定値およびその正確度を求めるためには，MTDFRUN のオプション 4 である「4 ... solution for MME then sampling variances」を選択する (図 7-6)．最適な線形関数を用いて MTDFRUN による分散成分の反復推定を行った直後に，オプション 4 とともに MTDFRUN を 1 度実行することで，推定された分散成分の値に基づき，変量効果の推定値とその正確度が MTDF72 ファイルに出力される．正確度は 0.0 から 1.0 までの値で示され，その値が大きいほど当該推定値の信頼性が高いことを意味する．i 番目の個体の正確度 (accuracy：r_i) は式 (7-4) により算出される．ただし，PEV_i は i 番目の個体の予測誤差分散，F_i は i 番目の個体の近交係数，σ_a^2 は相加的遺伝分散である．

$$r_i=\sqrt{1-\frac{PEV_i}{(1+F_i)\sigma_a^2}} \tag{7-4}$$

このようにして推定された変量効果では，母数効果や共変量の影響が除去され

ており，さらに，後代数の違い，血縁情報，当該形質の遺伝率などが考慮されている．供用年の異なる種牛間でも，また後代牛数の異なる種牛間でもその推定値の大小でもって遺伝的能力の優劣を直接比較することができる．

7.3　BLUP 法による一般的変量効果の推定

変量効果の推定法として，BLUP 法は先に述べた種牛評価以外のさまざまな分野にも応用が可能である．とくに，汎用統計解析ソフトウェアである SAS パッケージの MIXED プロシジャ (SAS, 1992) を利用することで，BLUP 法の応用範囲は顕著に広まってきている．ここでは，家畜育種などに代表される遺伝的能力の推定以外のさまざまな分野に BLUP 法を応用した変量効果の推定について，二つの具体例を用いながらその手順を紹介する．

7.3.1　オペレータの作業能力の推定

ここでは，2 台の機械と 3 人のオペレータの作業能率に関するデータを用いて，オペレータの作業能力の推定を行う．表 7-6 は，機械とオペレータの組合せがオペレータの作業能率に及ぼす影響を調べたものである (McLean ら, 1991)．原著では個々の観測値が何を意味しているのか書かれていないが，ここでは便宜的に作業能率を表す指数を意味すると考えておくことにする．この例は，シンプルではあるが混合モデルの線形関数の例と考えることができ，2 台の機械は母数効果，3 人のオペレータは変量効果と見なすことができる．

a．線形関数の設定

混合モデルによる変量効果の推定は，分析のための線形関数を設定することから始まる．この例で，機械とオペレータとの相性まで調べたいとするならば，線形関数は式 (7-5) のようになる．

$$y_{ijk}=F_i+a_j+(Fa)_{ij}+e_{ijk} \qquad (7\text{-}5)$$

ここで，y_{ijk} は観測値 (作業能率指数)，F_i は i 番目の機械の母数効果 ($i=1, 2$)，a_j は j 番目のオペレータの変量効果 ($j=1, 2, 3$)，$(Fa)_{ij}$ は機械とオペレータの相互作用の効果である．

b．データファイルの作成

図 7-8 は，表 7-6 のデータをもとに分析用データセットを作成したものである．第 1 列は機械のクラスコード，第 2 列はオペレータのクラスコード，第 3 列は作業能率指数である．ここでは，このデータを SAS の MIXED プロシジャによって分析する手順を示す．

表 7-6　2 台の機械と 3 人のオペレータの作業能率に関するデータ

	オペレータ			
機械	1	2	3	平均値
1	51.43 51.28	50.93 50.75	50.47 50.83	50.948
2	51.91 52.43	52.26	51.58 51.23	51.882
平均	51.762	51.313	51.028	51.373

c．SAS プログラム

図 7-9 は当該データを分析するための SAS プログラムを示したものである．

1 行目は SAS データセット名の宣言，2 行目は入力データセットの格納場所，3 行目は入力データの入力形式の定義，4 行目は MIXED プロシジャを呼び出すステートメントで，一般型は，

proc mixed 〈オプション〉；

である．なお，図 7-9 ではオプションとして covtest と ratio が用いられているが，これらのうち，前者は変量効果の分散成分の標準誤差を印刷するためのもので，後者は誤差分散に対する変量効果の分散の比を印刷するためのものである．また，MIXED プロシジャでは分散成分の推定は，デフォルトで REML 法が用いられるようになっているが

method＝手法；

で，最尤法 (ML) や MIVQUE 法 (MIVQUE) を用いることが可能である（5 章参照）．5 行目は class ステートメントで，クラス分類される離散変量を定義するも

のである．この例では機械とオペレータの両方とも離散変量であるので，ここで定義する必要がある．6行目はmodelステートメントで，一般型は

model　従属変数＝〈母数効果〉〈/オプション〉；

である．なお，MIXEDプロシジャでは，modelステートメントには変量効果に関する変数は含まれていない点に注意する必要がある．オプションにおいてsolution (あるいはs) を用いることによって母数効果の解を得ることができる．変量効果に関する変数は，つぎの7行目のrandomステートメントで定義される．randomステートメントの一般型は

```
1 1 51.43
1 1 51.28
1 2 50.93
1 2 50.75
1 3 50.47
1 3 50.83
2 1 51.91
2 1 52.43
2 2 52.26
2 3 51.58
2 3 51.23
```

図7-8　入力データ

```
data;
    infile '入力データ' ;
    input machine operator y;

proc mixed ratio covtest;
    class machine operator;
    model y=machine /s;
    random operator machine*operator /s;

run;
```

図7-9　SASプログラム例

random　変量効果〈/オプション〉;

となる．ここで，本例ではオプションとして solution (あるいは s) が用いられているが，これは変量効果の解，すなわち BLUP 値を印刷するためのオプションである．すなわち，MIXED プロシジャではデフォルトでは BLUP 値は印刷されない

```
                                 The MIXED Procedure

                                Class Level Information

                                Class      Levels  Values

                                MACHINE         2  1 2
                                OPERATOR        3  1 2 3

                          REML Estimation Iteration History

                    Iteration  Evaluations      Objective     Criterion

                            0            1    -3.22990810
                            1            3    -7.61191169    0.01464828
                            2            1    -7.67674402    0.00140609
                            3            1    -7.68253752    0.00002190
                            4            1    -7.68262268    0.00000001

                               Convergence criteria met.

                        Covariance Parameter Estimates (REML)
                                                   ①
   Cov Parm                       Ratio       Estimate     Std Error        Z  Pr > |Z|

   OPERATOR                  1.90668891     0.11530134    0.14294943     0.81    0.4199
   MACHINE*OPERATOR          0.32769729     0.01981652    0.06836417     0.29    0.7719
   Residual                  1.00000000     0.06047203    0.04035947     1.50    0.1340

                           Model Fitting Information for Y

                        Description                        Value

                        Observations                     11.0000
                        Res Log Likelihood               -4.4291
                        Akaike's Information Criterion   -7.4291
                        Schwarz's Bayesian Criterion     -7.7250
                        -2 Res Log Likelihood             8.8583

                              Solution for Fixed Effects
                                           ②
      Effect      MACHINE       Estimate       Std Error     DF        t  Pr > |t|

      INTERCEPT              51.90755279      0.24048545      2   215.84    0.0001
      MACHINE     1          -0.95921946      0.18995696      2    -5.05    0.0371
      MACHINE     2           0.00000000               .      .        .         .

                              Solution for Random Effects
                                                 ③
 Effect             MACHINE  OPERATOR        Estimate        SE Pred     DF        t   Pr > |t|

 OPERATOR                    1             0.27489148     0.22934856      5     1.20     0.2844
 OPERATOR                    2             0.05413588     0.23232655      5     0.23     0.8250
 OPERATOR                    3            -0.32902736     0.22934856      5    -1.43     0.2109
 MACHINE*OPERATOR   1        1             0.05217170     0.12964080      5     0.40     0.7040
 MACHINE*OPERATOR   1        2            -0.06432390     0.13046933      5    -0.49     0.6429
 MACHINE*OPERATOR   1        3             0.01215221     0.12964080      5     0.09     0.9290
 MACHINE*OPERATOR   2        1            -0.00492687     0.12993323      5    -0.04     0.9712
 MACHINE*OPERATOR   2        2             0.07362809     0.13162776      5     0.56     0.6000
 MACHINE*OPERATOR   2        3            -0.06870122     0.12993323      5    -0.53     0.6196
```

図 7-10　相互作用を考慮したモデルにおける出力結果

ので，BLUP値を求めるためには，このsolutionオプションが不可欠である．

d．分散成分の推定

図7-10は相互作用を考慮したモデルにおける出力結果を示したものである．この図中で①を付した数値は，REML法による分散成分の推定値である．オペレータに関する分散成分の推定値は0.1153で，相互作用の0.0198よりもかなり大きく，分散全体の約60%を占めていることが示された．

e．母数効果と変量効果の推定

図7-10で②の出力結果は母数効果の解を示したもので，③の出力結果は変量効果とみなしたオペレータ，および機械とオペレータの相互作用に関するBLUP値である．母数効果の解を見ると，機械2を用いた場合に機械1を用いた場合と比べて0.959作業能率が向上することが示唆される．また，BLUP値を比較した結果から，3人のオペレータのうち，1番目のオペレータが0.275と最も作業能率が高く，相互作用に関しては2番目の機械を2番目のオペレータが使うのが最も作業能率が高いといえる．

7.3.2　健康診断のデータに基づく対象者の成長曲線の推定

健康診断のデータに代表されるように，対象者について毎年繰り返しデータが収集される経時観測データの解析では，集団全体の傾向（たとえば集団全体での成長曲線など）を推定することが大きな目的の一つとなるが，同時に個々の対象者の能力（健康値あるいは対象者ごとの成長曲線など）を推定できたならば医薬系分野などにおける臨床や診断に有益な情報がもたらされる．対象者の能力を変量効果とする混合モデル方程式に基づくBLUP法を用いることで，集団全体の傾向を踏まえた上で偏りのない個人能力の評価・推定を行うことが可能となる．ここでは，健康診断のデータを用いて集団全体での成長曲線を推定し，さらに各対象者の能力の違いによって集団全体の傾向からずれる部分のばらつきを説明するために，対象者ごとの成長曲線を推定する．

a．評価用データファイルの作製

データ例として，Rotthoff と Roy (1964) が紹介したデータを用いる．これは，11人の少女と16人の少年を対象に，下垂体の中心から上顎骨までの長さを8歳から14歳まで2年ごとに測定した健康診断のデータである．これらのデータを表

7-7 に示す．なお，空欄で示されるように 10 歳時の記録に欠測値がいくつか含まれているが，それ以外のエラーチェックは完了しているものとする．この表 7-7 のデータを BLUP 分析用評価用データとして用いる．

b．BLUP 法のための線形関数の選択

表 7-7 における観測値が，性および年齢への回帰に基づくある成長曲線に従い，しかも対象者の能力の違いにも影響されると仮定し，対象者ごとに異なる回帰曲線をあてはめる．この場合，BLUP 法のモデルとしてはランダム回帰モデル（4.1.3 項参照）となる．対象者の能力は個別の線形回帰に基づくと仮定し，変量効果として各対象者のランダム切片およびランダム線形回帰を取り込む．各対象者の能力である変量効果を正しく推定するためには，集団全体に影響を及ぼす成長曲線の推定が正しく行われなければならない．そこで，変量効果以外の効果をさまざまに取り上げた線形関数を用いて母数効果の有意性検定ならびに線形関数の適合度について検討を行い，最適な成長曲線をまず明らかにする必要がある．

比較を行う線形関数として母数効果をさまざまに取り込んだ四つのモデル（表 7-8，Model 1～4）を考える．Model 1～2 は年齢への回帰を両性に共通に，2 次回

表 7-7　11 人の少女と 16 人の少年に関する健康診断のデータ

	年　齢					年　齢			
少女	8	10	12	14	少年	8	10	12	14
1	21.0	20.0	21.5	23.0	12	26.0	25.0	29.0	31.0
2	21.0	21.5	24.0	25.5	13	21.5		23.0	26.5
3	20.5		24.5	26.0	14	23.0	22.5	24.0	27.5
4	23.5	24.5	25.0	26.5	15	25.5	27.5	26.5	27.0
5	21.5	23.0	22.5	23.5	16	20.0		22.5	26.0
6	20.0		21.0	22.5	17	24.5	25.5	27.0	28.5
7	21.5	22.5	23.0	25.0	18	22.0	22.0	24.5	26.5
8	23.0	23.0	23.5	24.0	19	24.0	21.5	24.5	25.5
9	20.0		22.0	21.5	20	23.0	20.5	31.0	26.0
10	16.5		19.0	19.5	21	27.5	28.0	31.0	31.5
11	24.5	25.0	28.0	28.0	22	23.0	23.0	23.5	25.0
					23	21.5		24.0	28.0
					24	17.0		26.0	29.5
					25	22.5	25.5	25.5	26.0
					26	23.0	24.5	26.0	30.0
					27	22.0		23.5	25.0

表 7-8　取り込む母数効果をさまざまに変化させた BLUP 法のための線形関数

Model 1	$Y_{ijk}=\mu+S_i+\alpha t_{ijk}+\beta t_{ijk}^2+a_j+b_j t_{ijk}+e_{ijk}$
Model 2	$Y_{ijk}=\mu+S_i+\alpha t_{ijk}+a_j+b_j t_{ijk}+e_{ijk}$
Model 3	$Y_{ijk}=\mu+S_i+\alpha_i t_{ijk}+\beta_i t_{ijk}^2+a_j+b_j t_{ijk}+e_{ijk}$
Model 4	$Y_{ijk}=\mu+S_i+\alpha_i t_{ijk}+a_j+b_j t_{ijk}+e_{ijk}$

ただし，Y_{ijk}：各観測値，μ：全体の平均値，S_i：性，t_{ijk}：年齢，α：年齢への１偏次回帰係数，α_i：性別の年齢への１次偏回帰形数，β：年齢への２次偏回帰係数，β_i：性別の年齢への２次偏回帰係数，a_j：対象者のランダム切片，b_j：対象者のランダム１次偏回帰係数，e_{ijk}：環境偏差

帰まで次数を変化させて取り込んでいる．Model 3〜4 は年齢への回帰を性別に巣ごもり型として取り込んだものである．

これらの線形関数に関する BLUP 法に基づく分析は SAS の MIXED プロシジャを用いて以下のように行う．なお，id は対象者，sex は性（少年０，少女１），age は年齢，measure は観測値を示す．たとえば，性を母数効果，年齢への１次および２次回帰を考慮した線形関数のための SAS プログラムは図 7-11 のようになる．また，SAS の MIXED プロシジャにおける線形関数の適合度は図 7-12 のように出力される．ここで SAS では，AIC 出力は AIC＝Log Likelihood－$npar$ の形で出力され，より大きな値がより適合することに注意する．また，Schwarz's Bayesian criterion は BIC とも呼ばれ，公式では $BIC=-2\times$Log Likelihood＋$\ln(n)\times npar$ で計算され，n と $npar$ はそれぞれ観測値数とパラメータ数である．ただし AIC と同様に，SAS では BIC＝Log Likelihood－$0.5\times\ln(n)\times npar$ の形で出力され，より大きな値がより適合する．

model ステートメントの内容を上述の Model 1〜4 に対応させて MIXED プロシジャを実行し，どの線形関数が最適な成長曲線であるかを検証する．その結果を表 7-9 に示す．変量効果を正確に推定するために有意な因子のみを線形関数内

```
proc mixed;
    class sex id;
    model measure=sex age age*age/s;
    random intercept age/s type=un subject=id g;
run;
```

図 7-11　Model 1 のための SAS プログラム例

Model Fitting Information for MEASURE	
Description	Value
Observations	99.0000
Res Log Likelihood	-205.120
Akaike's Information Criterion	-209.120
Schwarz's Bayesian Criterion	-214.228
-2 Res Log Likelihood	410.2403

図 7-12　Model 1 の適合度に関する出力結果例

表 7-9　取り込む母数効果をさまざまに変化させた線形関数（表 7-8，Model 1〜4）ごとの母数効果の有意性検定および適合度

因　子	Model 1	Model 2	Model 3	Model 4
性	**	**	NS	NS
年齢への 1 次回帰	NS	**	—	—
年齢への 2 次回帰	NS	—	—	—
年齢への 1 次回帰（性への巣ごもり型）	—	—	NS	**
年齢への 2 次回帰（性への巣ごもり型）	—	—	NS	—
適合度				
対数尤度	410.2	407.0	411.1	404.9
AIC[a]	−209.1	−207.5	−209.6	−206.4

**：$p<0.01$．NS：有意でないことを示す．－：モデル内に含まれないことを示す
a：SAS での AIC 出力

に含めるという観点からは，Model 2 が最適な線形関数となった．ただし，対数尤度および *AIC* の点では Model 4 が最適であった．どちらを採用するべきかは，成長曲線の生物学的な意味などをも考慮しながら決定することが望ましいと考えられる．本例では，性別に異なる成長曲線が存在すると考えて，Model 4 を最適な線形関数として選択することにする．

c．分散成分および全体での成長曲線の推定

最適な線形関数が選択されたので，それをもとに分散成分の推定を行い，その分散成分の値に基づいて母数効果および変量効果の推定を行う．図 7-13 は Model 4 における分散成分の出力結果を示したものである．UN (1, 1) と UN (2, 2) がそれぞれ対象者のランダム切片およびランダム線形回帰の分散，UN (2, 1)

Covariance Parameter Estimates (REML)

Cov Parm	Subject	Estimate
UN(1,1)	ID	8.35502906
UN(2,1)	ID	-0.46525760
UN(2,2)	ID	0.04414967
Residual		1.76655997

図 7-13　Model 4 に関する分散成分の出力結果

がそれらの間の共分散の推定値を表しており，対象者個々人の能力が集団全体の傾向を中心にどの程度ばらついているかを判断できる．

また，Model 4 に関する線形関数内の母数効果および共変量に関する推定値は図 7-14 のように出力される．以下のように性別の成長曲線式が求められた．ただし，t は年齢である．

少女：$\hat{Y}=17.20+0.490t$

少年：$\hat{Y}=16.27+0.789t$

Solution for Fixed Effects

Effect	SEX	Estimate	Std Error	DF	t	Pr > |t|
INTERCEPT		17.20403819	1.34973621	25	12.75	0.0001
SEX	0	-0.93823655	1.75192929	45	-0.54	0.5949
SEX	1	0.00000000	.	.	.	.
AGE(SEX)	0	0.78905146	0.09162890	45	8.61	0.0001
AGE(SEX)	1	0.49008852	0.11063735	45	4.43	0.0001

図 7-14　Model 4 に関する母数効果および共変量の出力結果

d．変量効果の推定

ここまでの手順により最適な線形関数として Model 4，すなわち

$$Y_{ijk}=\mu+S_i+\alpha_i t_{ijk}+a_j+b_j t_{ijk}+e_{ijk} \tag{7-6}$$

が選択されたので，この線形関数に基づいて分散成分の推定を行い，さらにその推定された分散成分の値を用いて変量効果の推定を行う．これは，4 章で解説したランダム回帰モデルであり，この場合，回帰係数も変量効果となる．ベクトル

表記すると以下のように表される．

$$\boldsymbol{y}=\boldsymbol{X\beta}+\boldsymbol{Z}_a\boldsymbol{a}+\boldsymbol{Z}_b\boldsymbol{b}+\boldsymbol{e}$$

ただし，$\boldsymbol{y}$：各観測値のベクトル

$\boldsymbol{\beta}$：母数効果のベクトル（すなわち，μ，S_i，α_i が含まれる）

$\boldsymbol{X}$：個々の記録が母数効果 $\boldsymbol{\beta}$ のどのクラスに属するかを示す既知の計画行列

$\boldsymbol{a}$：対象者のランダム切片のベクトル

$\boldsymbol{b}$：個々の対象者におけるランダム線形回帰係数のベクトル

$\boldsymbol{Z}_a$：個々の記録が $\boldsymbol{a}$ のどの対象者に属するかを示す既知の計画行列

$\boldsymbol{Z}_b$：個々の記録が属する対象者の要素が年齢の値で，それ以外が 0 である既知の計画行列

$\boldsymbol{e}$：環境偏差のベクトル

混合モデル方程式は式 (7-7) のごとくなる．

$$\begin{bmatrix} \boldsymbol{X'X} & \boldsymbol{X'Z}_a & \boldsymbol{X'Z}_b \\ \boldsymbol{Z}_a'\boldsymbol{X} & \boldsymbol{Z}_a'\boldsymbol{Z}_a+\boldsymbol{I}\ \sigma_e^2/\sigma_a^2 & \boldsymbol{Z}_a'\boldsymbol{Z}_b+\boldsymbol{I}\ \sigma_e^2/\sigma_{ab} \\ \boldsymbol{Z}_b'\boldsymbol{X} & \boldsymbol{Z}_b'\boldsymbol{Z}_a+\boldsymbol{I}\ \sigma_e^2/\sigma_{ab} & \boldsymbol{Z}_b'\boldsymbol{Z}_b+\boldsymbol{I}\ \sigma_e^2/{\sigma_b}^2 \end{bmatrix} \begin{bmatrix} \boldsymbol{\beta}^\circ \\ \hat{\boldsymbol{a}} \\ \hat{\boldsymbol{b}} \end{bmatrix} = \begin{bmatrix} \boldsymbol{X'y} \\ \boldsymbol{Z'}_a\boldsymbol{y} \\ \boldsymbol{Z'}_b\boldsymbol{y} \end{bmatrix} \tag{7-7}$$

この方程式 (7-7) を解くことにより，対象者ごとのランダム切片およびランダム線形回帰係数の BLUP 値が得られる．これは，4 章での式 (4-14) における分子血縁係数行列 $\boldsymbol{A}$ を単位行列 $\boldsymbol{I}$ に置き換えたものとなる．もし，対象者間に血縁関係が存在する場合には式 4-14 と同様に $\boldsymbol{A}$ を用いてもよい．そうすると，対象者の健康値に関する遺伝的能力が推定されることになる．

SAS を用いて変量効果に対する BLUP 値を求めるためには，MIXED プロシジャの random ステートメントにおいて solution（あるいは s）オプションを指定する．MIXED プロシジャでは，変量効果をモデル内で設定するために random ステートメント，あるいは repeated ステートメントを用いることができる．BLUP 値を出力するためには random ステートメントを solution（あるいは s）オプションとともに使用する．一方，repeated ステートメントはモデルにおける誤差分散共分散行列を指定するためのステートメントであり，このステートメントによって変量効果自体がモデル内に取り込まれることはない．しかし，同値形式の誤差分散共分散行列をこのステートメントで指定することで，あたかもモデル内に変量効果を含めたような同値モデルを実現できる．

図 7-15 に，Model 4 を用いた場合の SAS プログラムを示す．対象者 (id) ごとのランダム切片およびランダム線形回帰係数を変量効果として設定するためには random ステートメントで切片 (intercept) および (age) を指定し，オプションで subject＝id を指定する．さらに，intercept と age 間の分散共分散行列の構造として type＝un を指定する．ここで共分散がゼロであると仮定する場合には type＝vc を指定すればよく，random ステートメントを「random id age (id)/s ; 」と記述した場合と同じ結果が得られる．また，g は分散共分散行列を出力するためのオプションである．なお本例のようにデータに欠測値がある場合には，SAS プロ

```
data;
  input id gender $ y1 y2 y3 y4;
  sex=(gender='F');
  measure=y1; age=8;  output;
  measure=y2; age=10; output;
  measure=y3; age=12; output;
  measure=y4; age=14; output;
  drop y1-y4;
cards;
 1  F 21.0 20.0 21.5 23.0
 2  F 21.0 21.5 24.0 25.5
 3  F 20.5  .   24.5 26.0
 4  F 23.5 24.5 25.0 26.5
 5  F 21.5 23.0 22.5 23.5
 6  F 20.0  .   21.0 22.5
 7  F 21.5 22.5 23.0 25.0
 8  F 23.0 23.0 23.5 24.0
 9  F 20.0  .   22.0 21.5
10  F 16.5  .   19.0 19.5
11  F 24.5 25.0 28.0 28.0
12  M 26.0 25.0 29.0 31.0
13  M 21.5  .   23.0 26.5
14  M 23.0 22.5 24.0 27.5
15  M 25.5 27.5 26.5 27.0
16  M 20.0  .   22.5 26.0
17  M 24.5 25.5 27.0 28.5
18  M 22.0 22.0 24.5 26.5
19  M 24.0 21.5 24.5 25.5
20  M 23.0 20.5 31.0 26.0
21  M 27.5 28.0 31.0 31.5
22  M 23.0 23.0 23.5 25.0
23  M 21.5  .   24.0 28.0
24  M 17.0  .   26.0 29.5
25  M 22.5 25.5 25.5 26.0
26  M 23.0 24.5 26.0 30.0
27  M 22.0  .   23.5 25.0
;

proc mixed;
  class sex id;
  model measure=sex age*sex/s;
  random intercept age/s type=un subject=id g;
run;
```

図 7-15　表 7-7 の健康診断データに基づく対象者の変量効果推定のための SAS プログラムリスト (Model 4)

Solution for Random Effects

Effect	ID	Estimate	SE Pred	DF	t	Pr > |t|
INTERCEPT	1	-0.61586249	2.08082318	45	-0.30	0.7686
AGE	1	-0.04254536	0.17535794	45	-0.24	0.8094
INTERCEPT	2	-0.78526798	2.08082318	45	-0.38	0.7077
AGE	2	0.10452688	0.17535794	45	0.60	0.5541
INTERCEPT	3	-0.84148928	2.15054415	45	-0.39	0.6974
AGE	3	0.14418788	0.17669795	45	0.82	0.4188
INTERCEPT	4	1.98933875	2.08082318	45	0.96	0.3442
AGE	4	0.00292695	0.17535794	45	0.02	0.9868
INTERCEPT	5	0.80891183	2.08082318	45	0.39	0.6993
AGE	5	-0.07146075	0.17535794	45	-0.41	0.6856
INTERCEPT	6	-0.90915066	2.15054415	45	-0.42	0.6745
AGE	6	-0.04017032	0.17669795	45	-0.23	0.8212
INTERCEPT	7	0.12536810	2.08082318	45	0.06	0.9522
AGE	7	0.02134569	0.17535794	45	0.12	0.9037
INTERCEPT	8	1.80947819	2.08082318	45	0.87	0.3891
AGE	8	-0.10211898	0.17535794	45	-0.58	0.5632
INTERCEPT	9	-0.52861421	2.15054415	45	-0.25	0.8070
AGE	9	-0.07409389	0.17669795	45	-0.42	0.6770
INTERCEPT	10	-3.58616598	2.15054415	45	-1.67	0.1023
AGE	10	-0.01729851	0.17669795	45	-0.10	0.9224
INTERCEPT	11	2.53345374	2.08082318	45	1.22	0.2298
AGE	11	0.07470041	0.17535794	45	0.43	0.6721
INTERCEPT	12	1.79323246	2.04905016	45	0.88	0.3861
AGE	12	0.06332758	0.17413499	45	0.36	0.7178
INTERCEPT	13	-1.13981056	2.12462016	45	-0.54	0.5943
AGE	13	-0.01580071	0.17557721	45	-0.09	0.9287
INTERCEPT	14	-0.44771434	2.04905016	45	-0.22	0.8280
AGE	14	-0.01541721	0.17413499	45	-0.09	0.9298
INTERCEPT	15	3.66173642	2.04905016	45	1.79	0.0807
AGE	15	-0.19845550	0.17413499	45	-1.14	0.2605
INTERCEPT	16	-2.43081919	2.12462016	45	-1.14	0.2586
AGE	16	0.03582514	0.17557721	45	0.20	0.8392
INTERCEPT	17	1.62836028	2.04905016	45	0.79	0.4310
AGE	17	-0.03296453	0.17413499	45	-0.19	0.8507
INTERCEPT	18	-1.05404951	2.04905016	45	-0.51	0.6095
AGE	18	-0.00052380	0.17413499	45	-0.00	0.9976
INTERCEPT	19	0.60008381	2.04905016	45	0.29	0.7710
AGE	19	-0.14149613	0.17413499	45	-0.81	0.4207
INTERCEPT	20	-0.52492290	2.04905016	45	-0.26	0.7990
AGE	20	0.06249583	0.17413499	45	0.36	0.7214
INTERCEPT	21	4.00646915	2.04905016	45	1.96	0.0568
AGE	21	0.00288254	0.17413499	45	0.02	0.9869
INTERCEPT	22	0.57010705	2.04905016	45	0.28	0.7821
AGE	22	-0.15900378	0.17413499	45	-0.91	0.3661
INTERCEPT	23	-1.37094773	2.12462016	45	-0.65	0.5220
AGE	23	0.06826774	0.17557721	45	0.39	0.6992
INTERCEPT	24	-5.50244746	2.12462016	45	-2.59	0.0129
AGE	24	0.41119206	0.17557721	45	2.34	0.0237
INTERCEPT	25	0.90211807	2.04905016	45	0.44	0.6619
AGE	25	-0.08810174	0.17413499	45	-0.51	0.6154
INTERCEPT	26	-0.43499262	2.04905016	45	-0.21	0.8328
AGE	26	0.11501879	0.17413499	45	0.66	0.5123
INTERCEPT	27	-0.25640293	2.12462016	45	-0.12	0.9045
AGE	27	-0.10724627	0.17557721	45	-0.61	0.5444

図 7-16　Model 4 に基づく対象者の変量効果（ランダム切片およびランダム線形回帰係数）の出力結果

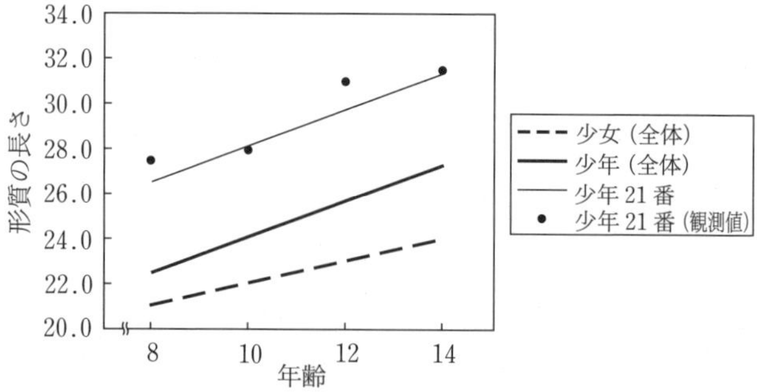

図 7-17　推定された性別の成長曲線および少年 21 番についての成長曲線

グラムの DATA ステップにおいて欠測値部分を「.」として入力しておく．

図 7-15 の SAS プログラムを実行することで，変量効果の BLUP 値が対象者ごとに図 7-16 のように出力される．なお，推定された変量効果（ランダム切片およびランダム線形回帰係数）は，推定された集団全体での性別の成長曲線を中心にばらつくことに注意する．推定された集団全体での性別の成長曲線，および少年 21 番についての成長曲線を図 7-17 に示す．少年 21 番の観測値自体は少年に関する平均的な成長曲線よりかなり高い値を示しているが，少年自身の成長曲線の周囲にばらついている．このことから，この少年が示した高い観測値はこの少年自身の本来持っている能力の高さによることが推測される．この少年の観測値が異常値であるかどうかは，集団全体の傾向および少年自身の能力の傾向を両方考慮することで総合的に判断することが望ましいであろう．これらの情報をもとに，もし，少年の将来の観測値が，この少年の成長曲線から期待される予測値と大きく異なっていたならば，そのときにこそ，その値が異常値である可能性が示唆されることになる．このように，BLUP 法に基づく変量効果の推定によって対象者の能力を個別に推定することが可能となり，各対象者に対してよりきめ細かな診断などを行うことが可能となる．

SAS の MIXED プロシジャを用いることで，BLUP 法はさまざまな分野で簡単に利用することができる統計解析法となってきている．BLUP 法の特徴が認識されるにつれて，さまざまな分野で BLUP 法が広く用いられていくことが期待される．

展 開 編

第8章
DNAマーカー情報を利用したBLUP法

家畜のような資源動物における肉量や乳量などの量的形質は，一般に多数の量的形質遺伝子座（quantitative trait loci：QTLs）によって支配されており，このような形質の遺伝的改良を効率的に推進していく上では，選抜対象個体における育種価（breeding value，相加的遺伝子型値，当該形質に関与するすべてのQTLでの相加的遺伝子効果の和）などの遺伝的メリットを正確に予測することが重要である．前述されているように，家畜個体の遺伝的能力の評価では，形質情報（すなわち表現型値情報）と血統情報とを利用したBLUP法によって育種価の評価が行われ，この評価値を選抜基準とした選抜育種により，遺伝的改良速度の顕著な上昇が実現されてきている．

一方，近年においては，分子生物学が飛躍的に進展し，RFLP，マイクロサテライト，ミニサテライト，RAPD，SSR，AFLP，SNPsなどの多数のDNAレベルでの遺伝子マーカー（以下，マーカーと呼ぶ）が開発されており，ゲノムの全域にわたるマーカーの高密度連鎖地図が作成されるに至っている．ある特定のマーカー座の近傍にQTLが位置し，両者が強く連鎖していれば，そのQTLの対立遺伝子は当該マーカー座のアリルと同時分離し，個体間でのマーカー型の違いは，保有するQTL対立遺伝子の違いを反映して，表現型値の違いに関係すると期待される．現代のQTL解析では，このようなマーカー―QTL関連が利用され，動物個体の形質情報や血統情報とともにマーカーの伝達情報を利用することにより，マーカーの近傍に存在するQTLの検出とそのマッピングが進められている．

QTL解析で実際にマッピングされるのは，通常は量的形質に対して相対的に大きな効果をもつメジャージーンQTL（もしくはQTLのクラスター）である．そこで，量的形質の遺伝的変異に対して寄与の程度の高いQTLに密接に連鎖したマーカーの伝達情報を利用し，当のマーカーによってマークされたQTLの効果を取り上げた育種価予測の方法論が発達してきている．QTLに連鎖しているマーカーの情報を利用した育種価予測や当該マーカーを利用した選抜すなわちマーカーアシスト選抜（marker-assisted selection：MAS）は，マーカーの近傍にQTLが精密にマッピングされている場合はもちろん，QTLの位置が正確に知られていなくても，マーカーによってQTLの存在する染色体領域がマークされている場合には実施することができる．

QTLに強く連鎖したマーカー座と当のQTLとが集団レベルで連鎖不平衡の状態にある交雑集団などの場合には，個体のマーカー型のデータは，当該個体のマークされたQTLでの遺伝的メリット（育種価）に関する情報を与える一方，マーカーとQTLとが集団レベルでほぼ連鎖平衡に達している外交配集団の場合には，家系内での連鎖不平衡を利用して，マーカーアリルの家系内での伝達情報が育種価の予測に用いられる．すなわち，QTLに強く連鎖したマーカーの情報を利用すれば，当該QTLが含まれるゲノム領域についてのより正確な“血縁関係”すなわち同祖性（identity-by-descent：IBD）の情報が得られ，このような情報をBLUP法による育種価の予測に利用することができる．

Fernando と Grossman (1989) は，QTLに連鎖した単一マーカーの情報を取り上げ，マーカー情報を取り込んだBLUPのためのモデル（“配偶子効果モデル”と呼ばれる）と方法論のフレームワークを初めて示した．このアプローチは，Goddard (1992) により，単一のQTLが二つのマーカー座によって両側から挟まれた状況（すなわちフランキングマーカーの状況）および複数マーカーの情報を利用する手法へと拡張された．また，この種のBLUP法では，通常，マーカー座に連鎖した単一QTLの正確な位置に関する情報が必要とされるが，存在するQTLをマークしたマーカー区間の情報は不可欠であるものの，QTLの数と位置の情報が必要とされないタイプのBLUP法も提案されており，“マーカーハプロタイプモデル”や“染色体セグメントモデル”と呼ばれるモデルによる育種価の予測法も開発されている．

本章では，Fernando と Grossman (1989) の手法を中心に，マーカーの情報を取り込んだBLUP法，すなわちマーカーによってマークされたQTLやQTLを含む染色体領域の効果をも取り上げたBLUP (marker-assisted best linear unbiased prediction：MABLUP）法について概説する．家畜の場合，MABLUP 法による育種価の評価値は，経済形質の MAS における選抜基準として利用される．

なお，“marker-assisted best linear unbiased prediction”という用語は，Saito と Iwaisaki（1997 b）によって用いられ，その後，他の研究者たちによっても関連の論文において用いられている．マーカー情報を取り込んだ BLUP 法を最初に提案したフェルナンド（R. L. Fernando）によっても，近年，marker-assisted BLUP（MABLUP）法という呼称が使用されていることから（Fernando, 2003），本章においてもマーカー情報と形質情報とを利用した BLUP 法を MABLUP 法と略称する．

8.1　QTL 対立遺伝子の遺伝とマーカー情報の利用

図 8-1 は，一つの QTL（Q）とそれを両側から挟んでいるフランキングマーカー座（M と N）について，QTL 対立遺伝子（Q_s^1 と Q_s^2，Q_d^1 と Q_d^2）およびマーカーアリル（M_s^1 と M_s^2，M_d^1 と M_d^2，N_s^1 と N_s^2，N_d^1 と N_d^2）とハプロタイプが親個体から子に伝えられる様子を模式的に示したものである．上付きの添え字の 1 と 2

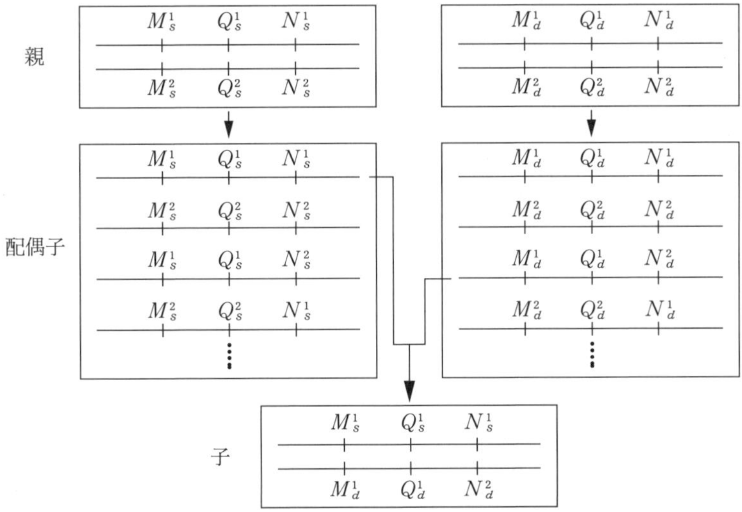

図 8-1　QTL 対立遺伝子とマーカーアリルの親から子への遺伝

は，それぞれ親個体の父親由来および母親由来の染色体における QTL 対立遺伝子やマーカーアリルであることを示している．

ここで，親は自身の保有している二つの QTL 対立遺伝子のうちのいずれか一方の複製を子に伝達するが，現在のところでは，その真の伝達状況を把握することが一般には難しいのが実情である．しかし，マーカーについては，個体ごとのジェノタイピングが可能であることから，QTL に強く連鎖したマーカーハプロタイプの伝達情報を利用すれば，マーカーによってマークされた QTL での対立遺伝子の伝達状況を“確率的”に把握することが可能である．

QTL 対立遺伝子の伝達をトレースするためにはマーカー情報が必要であり，マーカーアリルをトレースする上では，基本的な点であるが血統情報が必要である．ただし，基礎個体では，血統情報が未知のため，通常はマーカーの連鎖相やマーカーアリルの親由来の状況もわからない．また，非基礎個体の場合には，マーカー間の二重組換えやマーカー情報が不完備な状況が起こり得るので，QTL 対立遺伝子の伝達状況を確実にトレースすることは不可能である．すなわち，この例の場合，父親および母親から配偶子を介して子に伝えられたハプロタイプはそれぞれ $M_s^1N_s^1$ および $M_d^1N_d^2$ であり，父親からは Q_s^1 が伝えられ，母親からは Q_d^1 が伝えられている．しかし，父親から非組換え型 $M_s^1N_s^1$ が伝えられたとしても，二重組換え（左マーカーと QTL 間および QTL と右マーカー間）が起こった場合には，子には Q_s^2 が伝えられることになる．また，母親の配偶子についても，左マーカーと QTL 間で組換えが生起していれば，$M_d^1Q_d^2N_d^2$ が伝えられることがわかる．したがって，このような伝達現象を考慮に入れる必要はあるが，マーカー情報を利用して，マーカーによってマークされた QTL 対立遺伝子の伝達確率を計算することが可能であり，多型性の高いマーカーが QTL に強く連鎖しており，当のマーカーの情報が完備している場合には，マークされた QTL の対立遺伝子の伝達を高い正確度でトレースすることが可能である．

8.2 Fernando と Grossman の“配偶子効果モデル”

マーカーの近傍に位置し，当該マーカーによってマークされた QTL がある場合，その QTL についての二つの配偶子（対立遺伝子）効果を取り上げた混合モデルによるBLUP法の実行が可能である．FernandoとGrossman (1989) は，単一マーカーに連鎖したQTLの対立遺伝子効果を取り上げ，それらの効果を変量効果として取り扱った混合モデルを初めて提案した．このFernandoとGrossmanの“配偶子効果モデル”は，Goddard (1992) により，フランキングマーカーの情報を取り込んだモデルへと拡張されている．この種のモデルでは，マーカーとQTLとの間の組換え率が必要とされ，QTLマッピングにより，QTLの染色体上の正確な位置が知られていなければならない．

8.2.1　個体モデルの拡張

いま，図8-2のように，個体iについて二つのフランキングマーカーによってマークされた単一QTLの対立遺伝子効果を取り上げたモデルを考える．M_i^1とM_i^2およびN_i^1とN_i^2はそれぞれ二つのマーカー座でのアリルを，Q_i^1とQ_i^2はQTLでの対立遺伝子を示す．上付きの添え字1および2は，それぞれ父親由来および母親由来の染色体におけるQTL対立遺伝子（もしくはマーカーアリル）であることを示す．また，lはフランキングマーカー間の地図距離を，ls_1およびls_2はそれぞれ左側マーカーおよび右側マーカーとQTLとの間の地図距離を示す．

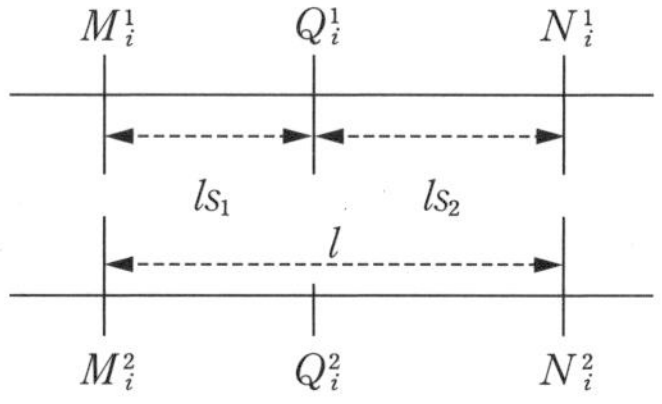

図8-2　二つのフランキングマーカーによってマークされたQTL

M_i^k, N_i^k：マーカーアリル；Q_i^k：QTL対立遺伝子．父親由来=1，母親由来=2．l：地図距離(cM)；$s_1+s_2=1$

この場合，個体iの育種価を，マーカーによってマークされた単一QTL (marked QTL, MQTL) の対立遺伝子の相加的効果と，マーカーによってマークされていない残りのすべてのQTLs (remaining QTLs：RQTLs，ポリジーンとも呼ばれる）による相加的効果とに分けて考えれば，個体 i の育種価（a_i）は，MQTL についての父方配偶子の効果（v_i^p）および母方配偶子の効果（v_i^m）とRQTLs の効果（u_i）との和として，

$$a_i = v_i^p + v_i^m + u_i \tag{8-1}$$

と表される．そこで，"通常の個体モデル"にこのような構造を取り込んでモデルを拡張し，父方配偶子の効果および母方配偶子の効果（MQTL の二つの対立遺伝子の効果）を取り上げた Fernando と Grossman の"配偶子効果モデル"は，式(8-2)のように表される．

$$\begin{aligned} \boldsymbol{y} &= \boldsymbol{X\beta} + \boldsymbol{Zu} + \boldsymbol{Z}(\boldsymbol{I}_q \otimes \boldsymbol{1}')\boldsymbol{v} + \boldsymbol{e} \\ &= \boldsymbol{X\beta} + \boldsymbol{Zu} + \boldsymbol{ZQv} + \boldsymbol{e} \\ &= \boldsymbol{X\beta} + \boldsymbol{Zu} + \boldsymbol{Wv} + \boldsymbol{e} \end{aligned} \tag{8-2}$$

ただし，$\boldsymbol{y}_{(n\times1)}$：観測値のベクトル

$\boldsymbol{\beta}_{(p\times1)}$：通常の個体モデルの場合のように，大環境効果（母数効果）のベクトル

$\boldsymbol{v}_{(2q\times1)}$：MQTL 対立遺伝子の相加的効果（父方配偶子の効果と母方配偶子の効果）のベクトル

$\boldsymbol{u}_{(q\times1)}$：RQTLs の個体レベルでの相加的効果のベクトル

$\boldsymbol{e}$：残差のベクトル

$\boldsymbol{1}'$：$[1 \quad 1]$

$\boldsymbol{X}$，$\boldsymbol{Z}$ および $\boldsymbol{W}$：それぞれ $\boldsymbol{y}$ を $\boldsymbol{\beta}$，$\boldsymbol{u}$ および $\boldsymbol{v}$ に関連づける計画行列

ここでの $\boldsymbol{u}$ および $\boldsymbol{v}$ ベクトルは，$\boldsymbol{u}=[u_1 \quad u_2 \quad \cdots \quad u_n]$ および $\boldsymbol{v}=[v_1^1 \quad v_1^2 \quad v_2^1 \quad v_2^2 \quad \cdots \quad v_n^1 \quad v_n^2]$ として定義される．

このモデルに関する期待値と共分散構造は，

$$E\begin{pmatrix}\boldsymbol{y}\\ \boldsymbol{u}\\ \boldsymbol{v}\\ \boldsymbol{e}\end{pmatrix}=\begin{bmatrix}\boldsymbol{X\beta}\\ \boldsymbol{0}\\ \boldsymbol{0}\\ \boldsymbol{0}\end{bmatrix} \text{および } Var\begin{pmatrix}\boldsymbol{u}\\ \boldsymbol{v}\\ \boldsymbol{e}\end{pmatrix}=\begin{bmatrix}\boldsymbol{A}\sigma_u^2 & \boldsymbol{0} & \boldsymbol{0}\\ & \boldsymbol{G}\sigma_v^2 & \boldsymbol{0}\\ & & \boldsymbol{I}{\sigma_e}^2\end{bmatrix}$$

と仮定される．ただし，$\boldsymbol{A}$ は RQTLs による相加的効果に関する相加的血縁行列すなわち分子血縁係数行列であるが，$\boldsymbol{G}$ は MQTL に関する配偶子関係行列（gametic relationship matrix）と呼ばれる行列であり，より一般的には配偶子レベルでの IBD 行列である．$\boldsymbol{I}$ は単位行列であり，$\boldsymbol{\sigma_u^2}$，$\boldsymbol{\sigma_v^2}$ および $\boldsymbol{\sigma_e^2}$ はそれぞれ

RQTLs 効果，MQTL 対立遺伝子効果および残差効果についての分散成分である．観測値のベクトル $\boldsymbol{y}$ の分散は，

$$Var(\boldsymbol{y})=\boldsymbol{ZAZ}'\sigma_u^2+\boldsymbol{WGW}'\sigma_v^2+\boldsymbol{I}\sigma_e^2$$

として与えられる．

この場合，$\boldsymbol{\beta}$ の推定可能関数の BLUE ならびに $\boldsymbol{u}$ および $\boldsymbol{v}$ として取り上げられた変量効果の BLUP は，つぎの混合モデル方程式を解くことによって算出される．

$$\begin{bmatrix} \boldsymbol{X}'\boldsymbol{X} & \boldsymbol{X}'\boldsymbol{Z} & \boldsymbol{X}'\boldsymbol{W} \\ \boldsymbol{Z}'\boldsymbol{X} & \boldsymbol{Z}'\boldsymbol{Z}+\boldsymbol{A}^{-1}\alpha & \boldsymbol{Z}'\boldsymbol{W} \\ \boldsymbol{W}'\boldsymbol{X} & \boldsymbol{W}'\boldsymbol{Z} & \boldsymbol{W}'\boldsymbol{W}+\boldsymbol{G}^{-1}\lambda \end{bmatrix}\begin{bmatrix} \hat{\boldsymbol{\beta}} \\ \hat{\boldsymbol{u}} \\ \hat{\boldsymbol{v}} \end{bmatrix}=\begin{bmatrix} \boldsymbol{X}'\boldsymbol{y} \\ \boldsymbol{Z}'\boldsymbol{y} \\ \boldsymbol{W}'\boldsymbol{y} \end{bmatrix} \tag{8-3}$$

ただし，$\alpha=\sigma_e^2/\sigma_u^2$ および $\lambda=\sigma_e^2/\sigma_v^2$

a．マーカー情報の下での QTL 対立遺伝子の IBD 確率

先に述べたように，MQTL の対立遺伝子効果を変量効果として取り扱ったとき，個体数が q であれば，$2q$ 個の対立遺伝子効果の間の共分散行列は $\boldsymbol{G}\sigma_v^2$ として与えられる．この場合，IBD 行列 ($\boldsymbol{G}$) は，マーカーの伝達情報 $\mathcal{M}$ が与えられた下での，個体 i における QTL 対立遺伝子 $Q_i^{k_i}$ が個体 j における QTL 対立遺伝子 $Q_j^{k_j}$ と IBD (同祖的) である条件付き確率：

$$Pr(Q_i^{k_i}\equiv Q_j^{k_j}|\mathcal{M})$$

を要素とする行列である．ここで，k_i，$k_j=1$，2 であり，≡は IBD であることを示す．これらの IBD 確率は再帰的に計算され，さまざまな状況に応じた計算のルールが示されている (たとえば，De Boer と Hoeschele，1993；Wang ら，1995；Davis ら，1996)．

個体 j が個体 i の子でないとき，個体 i の父親および母親をそれぞれ s および d で示せば，1) $Q_s^{k_s}$ が $Q_j^{k_j}$ と IBD であり，$Q_i^{k_i}$ が $Q_s^{k_s}$ のコピーである場合か，もしくは 2) $Q_d^{k_d}$ が $Q_j^{k_j}$ と IBD であり，$Q_i^{k_i}$ が $Q_d^{k_d}$ のコピーである場合に，$Q_i^{k_i}$ は $Q_j^{k_j}$ と IBD となる．すなわち，

$$Pr(Q_i^{k_i}\equiv Q_j^{k_j}|\mathcal{M})=Pr(Q_i^{k_i}\Leftarrow Q_s^1,\ Q_s^1\equiv Q_j^{k_j}|\mathcal{M})+Pr(Q_i^{k_i}\Leftarrow Q_s^2,\ Q_s^2\equiv Q_j^{k_j}|\mathcal{M})$$

$$+Pr(Q_i^{k_i} \Leftarrow Q_d^1, Q_d^1 \equiv Q_j^{k_j} | \mathcal{M}) + Pr(Q_i^{k_i} \Leftarrow Q_d^2, Q_d^2 \equiv Q_j^{k_j} | \mathcal{M}) \tag{8-4}$$

と表される．ここで，⇐は遺伝子のコピーが伝達されたことを示す．この場合，$Q_i^{k_i}$ の s あるいは d からの“条件付き抽出”と $Q_j^{k_j}$ のそれとは独立であり，s および d がマーカー情報を完備しているときには，

$$Pr(Q_i^{k_i} \equiv Q_j^{k_j} | \mathcal{M}) = Pr(Q_i^{k_i} \Leftarrow Q_s^1 | \mathcal{M}) Pr(Q_s^1 \equiv Q_j^{k_j} | \mathcal{M}) + Pr(Q_i^{k_i} \Leftarrow Q_s^2 | \mathcal{M}) Pr(Q_s^2 \equiv Q_j^{k_j} | \mathcal{M})$$
$$+ Pr(Q_i^{k_i} \Leftarrow Q_d^1 | \mathcal{M}) Pr(Q_d^1 \equiv Q_j^{k_j} | \mathcal{M}) + Pr(Q_i^{k_i} \Leftarrow Q_d^2 | \mathcal{M}) Pr(Q_d^2 \equiv Q_j^{k_j} | \mathcal{M}) \tag{8-5}$$

と表される．$Pr(Q_i^{k_i} \Leftarrow Q_p^{k_p} | \mathcal{M})$（$p$ は，s または d である）は，QTL 対立遺伝子の条件付き伝達確率（PDQ と呼ばれる）であり，ある個体がその両親から二つの QTL 対立遺伝子を伝達される径路にはつぎの 8 通りがある．すなわち，

$Pr(Q_i^1 \Leftarrow Q_{s_i}^1 | \mathcal{M})$；$Pr(Q_i^2 \Leftarrow Q_{s_i}^1 | \mathcal{M})$
$Pr(Q_i^1 \Leftarrow Q_{s_i}^2 | \mathcal{M})$；$Pr(Q_i^2 \Leftarrow Q_{s_i}^2 | \mathcal{M})$
$Pr(Q_i^1 \Leftarrow Q_{d_i}^1 | \mathcal{M})$；$Pr(Q_i^2 \Leftarrow Q_{d_i}^1 | \mathcal{M})$
$Pr(Q_i^1 \Leftarrow Q_{d_i}^2 | \mathcal{M})$；$Pr(Q_i^2 \Leftarrow Q_{d_i}^2 | \mathcal{M})$

であり，MQTL 対立遺伝子のこれらの径路における PDQ は，マーカー型の伝達情報から推論される．PDQ の計算法については，Liu ら（2002）に詳述されているので，参照されたい．

b．IBD 行列（*G*）の作成

ここでは，Wang ら（1995）に基づいて Liu ら（2002）が記述した，システマティックな計算手法について概説する．いま，個体 i に関して，八つの径路における PDQ を要素とする行列を

$$\boldsymbol{B}_i = \begin{bmatrix} Pr(Q_i^1 \Leftarrow Q_{s_i}^1 | \mathcal{M}) & Pr(Q_i^2 \Leftarrow Q_{s_i}^1 | \mathcal{M}) \\ Pr(Q_i^1 \Leftarrow Q_{s_i}^2 | \mathcal{M}) & Pr(Q_i^2 \Leftarrow Q_{s_i}^2 | \mathcal{M}) \\ Pr(Q_i^1 \Leftarrow Q_{d_i}^1 | \mathcal{M}) & Pr(Q_i^2 \Leftarrow Q_{d_i}^1 | \mathcal{M}) \\ Pr(Q_i^1 \Leftarrow Q_{d_i}^2 | \mathcal{M}) & Pr(Q_i^2 \Leftarrow Q_{d_i}^2 | \mathcal{M}) \end{bmatrix}$$

とする．この方法では，マーカーハプロタイプの親由来は既知とは仮定されず，二つのフランキングマーカー間の連鎖相（シスもしくはトランス）が不確定な場合

には，親と子の血統情報とマーカー情報とに基づいて，連鎖相の期待確率が求められる．親の連鎖相の確率は，親のハプロタイプを ii/jj と ij/ji で示せば，

$$Pr(ii/jj)=\theta^{x-y}/\{\theta^{x-y}+(1-\theta)^{x-y}\}\;;\;Pr(ij/ji)=1-Pr(ii/jj) \qquad (8\text{-}6)$$

として表される（たとえば，Windig と Meuwissen，2004）．ただし，x および y は，それぞれ子における ij/ji および ii/jj の連鎖相の頻度である．

まず，所与の血統およびマーカー情報の下で，ベイズの定理により，個体 i のマーカーハプロタイプが両親のそれらから由来する 16 の条件付き確率が

$$\boldsymbol{S}_i=\begin{bmatrix} Pr(M_i^1N_i^1\Leftarrow M_{s_i}^1N_{s_i}^1|\mathcal{M}) & Pr(M_i^2N_i^2\Leftarrow M_{s_i}^1N_{s_i}^1|\mathcal{M}) \\ Pr(M_i^1N_i^1\Leftarrow M_{s_i}^1N_{s_i}^2|\mathcal{M}) & Pr(M_i^2N_i^2\Leftarrow M_{s_i}^1N_{s_i}^2|\mathcal{M}) \\ Pr(M_i^1N_i^1\Leftarrow M_{s_i}^2N_{s_i}^1|\mathcal{M}) & Pr(M_i^2N_i^2\Leftarrow M_{s_i}^2N_{s_i}^1|\mathcal{M}) \\ Pr(M_i^1N_i^1\Leftarrow M_{s_i}^2N_{s_i}^2|\mathcal{M}) & Pr(M_i^2N_i^2\Leftarrow M_{s_i}^2N_{s_i}^2|\mathcal{M}) \\ Pr(M_i^1N_i^1\Leftarrow M_{d_i}^1N_{d_i}^1|\mathcal{M}) & Pr(M_i^2N_i^2\Leftarrow M_{d_i}^1N_{d_i}^1|\mathcal{M}) \\ Pr(M_i^1N_i^1\Leftarrow M_{d_i}^1N_{d_i}^2|\mathcal{M}) & Pr(M_i^2N_i^2\Leftarrow M_{d_i}^1N_{d_i}^2|\mathcal{M}) \\ Pr(M_i^1N_i^1\Leftarrow M_{d_i}^2N_{d_i}^1|\mathcal{M}) & Pr(M_i^2N_i^2\Leftarrow M_{d_i}^2N_{d_i}^1|\mathcal{M}) \\ Pr(M_i^1N_i^1\Leftarrow M_{d_i}^2N_{d_i}^2|\mathcal{M}) & Pr(M_i^2N_i^2\Leftarrow M_{d_i}^2N_{d_i}^2|\mathcal{M}) \end{bmatrix}$$

として算出される．つぎに，この行列 $\boldsymbol{S}_i$ を用いて，八つの QTL 対立遺伝子の伝達確率が式 (8-7) のように計算される：

$$\boldsymbol{B}_i=\begin{bmatrix} \boldsymbol{\Theta} & \boldsymbol{0} \\ \boldsymbol{0} & \boldsymbol{\Theta} \end{bmatrix}\boldsymbol{S}_i \qquad (8\text{-}7)$$

ここで，$\boldsymbol{\Theta}$は，組換え率の関数を要素とする行列：

$$\boldsymbol{\Theta}=\begin{bmatrix} \dfrac{(1-\theta_1)(1-\theta_2)}{1-\theta} & \dfrac{(1-\theta_1)\theta_2}{\theta} & \dfrac{\theta_1(1-\theta_2)}{\theta} & \dfrac{\theta_1\theta_2}{1-\theta} \\ \dfrac{\theta_1\theta_2}{1-\theta} & \dfrac{\theta_1(1-\theta_2)}{\theta} & \dfrac{(1-\theta_1)\theta_2}{\theta} & \dfrac{(1-\theta_1)(1-\theta_2)}{1-\theta} \end{bmatrix}$$

である．たとえば，図 8-2 のようなフランキングマーカーの場合では，Haldane (1919) の地図関数を用いれば，

$$\theta=0.5(1-e^{-2l}),\quad \theta_1=0.5(1-e^{-2ls_1})\text{および } \theta_2=0.5(1-e^{-2ls_2})$$

として求められる．

そこで，配偶子レベルでの IBD 行列は，Wang ら (1995) に従い，分子血縁係数行列を計算するための手法と同様な“tabular method”を用いて説明すれば，つぎのように再帰的に計算されうる (Liu ら，2002)．

いま，個体 i と j との間の四つの配偶子レベルでの IBD 確率を要素とする 2 行 2 列の行列を $\boldsymbol{G}_{ij}$ として，$\boldsymbol{G}=\{\boldsymbol{G}_{ij}\}$ と示せば，$\boldsymbol{G}$ は各個体についての父親由来および母親由来の配偶子間，それらの配偶子自体の間ならびに他のすべての個体における当該配偶子との間の IBD 確率を要素とするブロック対称行列である．基礎個体について，非近交かつ互いに血縁関係がないと仮定される場合には，$\boldsymbol{G}$ の基礎個体に関する部分行列は単位行列となる．その他の $\boldsymbol{G}$ の要素については，最初の非基礎個体から出発して，世代順にソートされた個体の順に，“左から右へ”，“上から下へ”と計算される．すなわち，$\boldsymbol{G}_{ij}$ は，

$$\boldsymbol{G}_{ij}=\boldsymbol{G}_{ji}'=\boldsymbol{B}_i'\begin{bmatrix}\boldsymbol{G}_{s_ij}\\ \boldsymbol{G}_{d_ij}\end{bmatrix}\quad (j=1,2,\cdots,i-1)$$

$$\boldsymbol{G}_{ii}=\begin{bmatrix}1 & f_i\\ f_i & 1\end{bmatrix} \tag{8-8}$$

により求められ，f_i は個体内での父親由来配偶子と母親由来配偶子の IBD 確率，すなわち個体 i についての条件付き近交係数であり，$\boldsymbol{B}_i=\{b_{jk}\}(j=1,2,3,4\,;k=1,2)$ と書けば，f_i は

$$f_i=\frac{[\,b_{11}\quad b_{21}\,]\,\boldsymbol{G}_{s_id_i}\begin{bmatrix}b_{32}\\ b_{42}\end{bmatrix}}{b_{11}+b_{21}}+\frac{[\,b_{31}\quad b_{41}\,]\,\boldsymbol{G}_{d_is_i}\begin{bmatrix}b_{12}\\ b_{22}\end{bmatrix}}{b_{31}+b_{41}} \tag{8-9}$$

として与えられる．ここで，この式は二つの項の和から成っているが，各項の分母のうちの一方が 0 であるときには，当該項は 0 をとる．

c．IBD 行列 (G) の逆行列の計算

MABLUP 法による解析を実施する上では，先に述べたように $\boldsymbol{G}^{-1}$ が必須であり，これまでに $\boldsymbol{G}^{-1}$ の作成手法に関する重要な研究が積み重ねられてきている (たとえば，Fernando と Grossman, 1989；Goddard, 1992；van Arendonk ら，1994；

Ruane と Colleau, 1995；Wang ら, 1995；Abdel-Azim と Freeman, 2001). ここでは, これらを踏まえて, $\boldsymbol{G}^{-1}$ を直接的に作成するための一手法の概要について述べる. なお, 以下では, マーカー情報が完備されており, 非基礎個体の両親は既知であると仮定し, MQTL とマーカー座との間の組換え率は 0 ではないと仮定する.

Henderson (1976 a) による分子血縁係数行列の分解の場合と同様に, $\boldsymbol{G}$ 行列は

$$\boldsymbol{G}=\boldsymbol{LDL}' \tag{8-10}$$

と分解される. ここで, $\boldsymbol{L}=\{\boldsymbol{L}_{ij}\}$ はユニット下ブロック三角行列であり, 血統およびマーカー情報から再帰的に求めることができる. また, $\boldsymbol{D}=Diagonal\{\boldsymbol{D}_{ii}\}$ はブロック対角行列であり, $\boldsymbol{D}_{ii}$ は,

$$\boldsymbol{D}_{ii}=\boldsymbol{G}_{ii}-\boldsymbol{B}_i'\begin{bmatrix}\boldsymbol{G}_{s_is_i} & \boldsymbol{G}_{s_id_i}\\ \boldsymbol{G}_{d_is_i} & \boldsymbol{G}_{d_id_i}\end{bmatrix}\boldsymbol{B}_i \tag{8-11}$$

として与えられ, 各個体の両親 (s と d) の配偶子についての IBD 情報を用いて計算することが可能である. ただし, 前述したように, $\boldsymbol{B}_i$ は 4 行 2 列の PDQ を要素とする行列であり, さらに

$$\boldsymbol{B}_i=[\,\boldsymbol{B}_i^{s}{}' \quad \boldsymbol{B}_i^{d}{}'\,]'$$

と表される. ここで, $\boldsymbol{B}_i^s$ と $\boldsymbol{B}_i^d$ はそれぞれ父親由来および母親由来の PDQ を含む部分行列である. なお,

$$\boldsymbol{M}_i=\boldsymbol{D}_{ii}\sigma_v^2$$

は, 個体 i に関して, マーカー情報が与えられた条件下での MQTL に関するメンデリアンサンプリング効果の共分散行列と呼ばれる行列である.

$\boldsymbol{G}$ の逆行列の演算は, 式 (8-10) より,

$$\boldsymbol{G}^{-1}=(\boldsymbol{L}^{-1})'\boldsymbol{D}^{-1}\boldsymbol{L}^{-1} \tag{8-12}$$

と表記され, $\boldsymbol{L}^{-1}$ は, 個体 i をその父親 s および母親 d にリンクする "位置" にそれぞれ $-\boldsymbol{B}_i^{s}{}'$ および $-\boldsymbol{B}_i^{d}{}'$ を含む行列となることから, $\boldsymbol{L}$ を形成することな

く，直接的に得られる．また，$\boldsymbol{D}^{-1}$ は，式 (8-11) による．

以上より，さらに，$\boldsymbol{G}^{-1}$ を，$\boldsymbol{L}^{-1}$ および $\boldsymbol{D}^{-1}$ を求めることなく，直接的に作成することが可能である．すなわち，$\boldsymbol{L}^{-1}$ の個体 i に対応する行の非零要素は $[-\boldsymbol{B}_i \quad \boldsymbol{I}]$ として与えられることから，各個体の $\boldsymbol{G}^{-1}$ に対する“関与”は

$$\boldsymbol{W}_i = [-\boldsymbol{B}_i \quad \boldsymbol{I}]' \boldsymbol{D}_i^{-1} [-\boldsymbol{B}_i' \quad \boldsymbol{I}] \tag{8-13}$$

と表される．したがって，$\boldsymbol{G}^{-1}$ の作成においては，個体の通番（世代順）にしたがって $\boldsymbol{W}_i$ を計算し，$\boldsymbol{G}^{-1}$ の

$$\begin{matrix}
(\delta_s^1, \delta_s^1) & (\delta_s^1, \delta_s^2) & (\delta_s^1, \delta_d^1) & (\delta_s^1, \delta_d^2) & (\delta_s^1, \delta_i^1) & (\delta_s^1, \delta_i^2) \\
(\delta_s^2, \delta_s^1) & (\delta_s^2, \delta_s^2) & (\delta_s^2, \delta_d^1) & (\delta_s^2, \delta_d^2) & (\delta_s^2, \delta_i^1) & (\delta_s^2, \delta_i^2) \\
(\delta_d^1, \delta_s^1) & (\delta_d^1, \delta_s^2) & (\delta_d^1, \delta_d^1) & (\delta_d^1, \delta_d^2) & (\delta_d^1, \delta_i^1) & (\delta_d^1, \delta_i^2) \\
(\delta_d^2, \delta_s^1) & (\delta_d^2, \delta_s^2) & (\delta_d^2, \delta_d^1) & (\delta_d^2, \delta_d^2) & (\delta_d^2, \delta_i^1) & (\delta_d^2, \delta_i^2) \\
(\delta_i^1, \delta_s^1) & (\delta_i^1, \delta_s^2) & (\delta_i^1, \delta_d^1) & (\delta_i^1, \delta_d^2) & (\delta_i^1, \delta_i^1) & (\delta_i^1, \delta_i^2) \\
(\delta_i^2, \delta_s^1) & (\delta_i^2, \delta_s^2) & (\delta_i^2, \delta_d^1) & (\delta_i^2, \delta_d^2) & (\delta_i^2, \delta_i^1) & (\delta_i^2, \delta_i^2)
\end{matrix}$$

の要素に $\boldsymbol{W}_i$ の対応する要素の値を加える作業を，すべての個体がプロセスされるまで繰り返せば，最終的に $\boldsymbol{G}^{-1}$ が形成される．

なお，$\boldsymbol{G}^{-1}$ は，“分割行列”の演算技法を用いても計算することができるので，この点については Wang ら (1995) を参照されたい．また，$\boldsymbol{G}^{-1}$ の最も効率的な計算法として，Colleau (2002) による“間接法”を応用した手法が開発されている (Sargolzaei ら，2006)．

d．数値例

ここでは，簡単な数値データ（表 8-1）を用いて，計算の主な途中経過および結果の概要を示す．ただし，個体 1 および 2 の親個体は，非選抜，非近交であり，相互間に血縁関係はないと仮定する．各分散成分の値は，$\sigma_u^2=35$，$\sigma_v^2=7$ ($\sigma_{QTL}^2=2\sigma_v^2=14$) および $\sigma_e^2=70$ であるとする．また，図 8-2 のような状況を想定し，フランキングマーカーによるマーカー区間は 20 cM ($l=20$) であり，マークされた QTL は区間の中央に位置している ($ls_1=ls_2=10$) と仮定する．

いま，Haldane (1919) の地図関数によれば，

表 8-1　マーカー情報を含む数値データ

個体	父親	母親	フランキング マーカー型	ハプロタイプの 親由来	母数因子の クラス	観測値
1	—	—	$M1M2N1N2$	未知	1	20
2	—	—	$M3M4N3N4$	未知	2	38
3	1	2	$M1N1/M4N4$	既知	1	26
4	1	2	$M1N2/M3N3$	既知	2	30
5	3	4	$M3N3/M4N4$	既知	1	35

表 8-2　親の連鎖相の確率

個体	連鎖相	確率	連鎖相	確率
1	$M1N1/M2N2$	0.5	$M1N2/M2N1$	0.5
2	$M3N3/M4N4$	0.9625	$M3N4/M4N3$	0.0375
3	$M1N1/M4N4$	1.0	$M1N4/M4N1$	0.0
4	$M1N2/M3N3$	1.0	$M1N3/M3N2$	0.0
5	$M3N3/M4N4$	1.0	$M3N4/M4N3$	0.0

$$\theta=0.16484 \text{ および } \theta_1=\theta_2=0.09064$$

であり，個体 1 および 2 の場合を含む親の連鎖相の確率は，表 8-2 のように与えられる．たとえば，個体 2 については，

$$Pr(M3N3/M4N4)=\frac{0.16484^{-2}}{0.16484^{-2}+(1-0.16484)^{-2}}=0.9625$$

$$Pr(M3N4/M4N3)=1-0.9625=0.0375$$

である．そこで，具体的に，親からの MQTL 対立遺伝子の伝達確率 $\boldsymbol{B}'_i$ を求めれば，

$$\boldsymbol{S}'_1=\boldsymbol{S}'_2=\{0\}$$

$$\boldsymbol{S}'_3=\begin{bmatrix} 0.5 & 0.5 & 0.0 & 0.0 & 0.0 & 0.0 & 0.0 & 0.0 \\ 0.0 & 0.0 & 0.0 & 0.0 & 0.0 & 0.0 & 0.0375 & 0.9625 \end{bmatrix}$$

$$\boldsymbol{S}'_4=\begin{bmatrix} 0.5 & 0.5 & 0.0 & 0.0 & 0.0 & 0.0 & 0.0 & 0.0 \\ 0.0 & 0.0 & 0.0 & 0.0 & 0.9625 & 0.0375 & 0.0 & 0.0 \end{bmatrix}$$

$$\boldsymbol{S}'_5=\begin{bmatrix} 0.0 & 0.0 & 0.0 & 0.0 & 0.0 & 0.0 & 0.0 & 1.0 \\ 0.0 & 0.0 & 0.0 & 1.0 & 0.0 & 0.0 & 0.0 & 0.0 \end{bmatrix}$$

より，

$$B'_1 = B'_2 = \{0\}$$

$$B'_3 = \begin{bmatrix} 0.7450 & 0.2549 & 0.0 & 0.0 \\ 0.0 & 0.0 & 0.0282 & 0.9717 \end{bmatrix}$$

$$B'_4 = \begin{bmatrix} 0.7450 & 0.2549 & 0.0 & 0.0 \\ 0.0 & 0.0 & 0.9717 & 0.0282 \end{bmatrix}$$

$$B'_5 = \begin{bmatrix} 0.0 & 0.0 & 0.0098 & 0.9901 \\ 0.0098 & 0.9901 & 0.0 & 0.0 \end{bmatrix}$$

となる．

つぎに，ここでは，いわゆる“tabular method”による配偶子関係行列 $\boldsymbol{G}$ の作成手順を簡潔に説明する．なお，ここでの個体IDについては，個体を世代順に並べたときの通番として，事前に整理されている必要がある点に留意を要する．

$\boldsymbol{G}$ は $2n \times 2n$ の対称行列であるが，まず，基礎個体の数を b とすれば，$\boldsymbol{G}$ の左上の $2b \times 2b$ の部分行列をつぎのように単位行列に設定する：

親		0	0	0	0	1	2	1	2	3	4
個体		1		2		3		4		5	
	配偶子	1	2	1	2	1	2	1	2	1	2
1	1	1.0	0.0	0.0	0.0						
	2	0.0	1.0	0.0	0.0						
2	1	0.0	0.0	1.0	0.0						
	2	0.0	0.0	0.0	1.0						
3	1										
	2										
4	1										
	2										
5	1										
	2										

つぎに，最初の非基礎個体（すなわち個体3）から始めて個体 n まで，式(8-8)および(8-9)を用いながら，$\boldsymbol{G}$ 行列の要素を，左から右へ，上から下へと順次求めていく．個体3について計算した後の状態は，以下のごとくである：

親		0	0	0	0	1	2	1	2	3	4
個体		1		2		3		4		5	
	配偶子	1	2	1	2	1	2	1	2	1	2
1	1	1.0	0.0	0.0	0.0	0.745	0.0				
	2	0.0	1.0	0.0	0.0	0.255	0.0				
2	1	0.0	0.0	1.0	0.0	0.0	0.028				
	2	0.0	0.0	0.0	1.0	0.0	0.972				
3	1	0.745	0.255	0.0	0.0	1.0	0.0				
	2	0.0	0.0	0.028	0.972	0.0	1.0				
4	1										
	2										
5	1										
	2										

さらに続けて，個体5まで処理すれば，最終的に $\boldsymbol{G}$ 行列は，

$$
\boldsymbol{G}=\begin{bmatrix}
1.0 & 0.0 & 0.0 & 0.0 & 0.7450 & 0.0 & 0.7450 & 0.0 & 0.0073 & 0.0073 \\
 & 1.0 & 0.0 & 0.0 & 0.2549 & 0.0 & 0.2549 & 0.0 & 0.0025 & 0.0025 \\
 & & 1.0 & 0.0 & 0.0 & 0.0282 & 0.0 & 0.9717 & 0.9622 & 0.0279 \\
 & & & 1.0 & 0.0 & 0.9717 & 0.0 & 0.0282 & 0.0279 & 0.9622 \\
 & & & & 1.0 & 0.0 & 0.6201 & 0.0 & 0.0061 & 0.0098 \\
 & & & & & 1.0 & 0.0 & 0.0548 & 0.0542 & 0.9901 \\
 & & & & & & 1.0 & 0.0 & 0.0098 & 0.0061 \\
 & & & & & & & 1.0 & 0.9901 & 0.0542 \\
 & & & & & & & & 1.0 & 0.0538 \\
 & & & & & & & & & 1.0
\end{bmatrix}
$$

として得られる．

$\boldsymbol{G}$ の逆行列は，実際には $\boldsymbol{G}$ を形成することなく直接的に求められるが，参考のために $\boldsymbol{L}^{-1}$ および $\boldsymbol{D}$ 行列の要素を示せば，

$$
\boldsymbol{L}^{-1}=\begin{bmatrix}
1.0 & & & & & & & & & \\
0.0 & 1.0 & & & & & & & & \\
0.0 & 0.0 & 1.0 & & & & 0.0 & & & \\
0.0 & 0.0 & 0.0 & 1.0 & & & & & & \\
-0.7450 & -0.2549 & 0.0 & 0.0 & 1.0 & & & & & \\
0.0 & 0.0 & -0.0282 & -0.9717 & 0.0 & 1.0 & & & & \\
-0.7450 & -0.2549 & 0.0 & 0.0 & 0.0 & 0.0 & 1.0 & & & \\
0.0 & 0.0 & -0.9717 & -0.0282 & 0.0 & 0.0 & 0.0 & 1.0 & & \\
0.0 & 0.0 & 0.0 & 0.0 & 0.0 & 0.0 & -0.0098 & -0.9901 & 1.0 & \\
0.0 & 0.0 & 0.0 & 0.0 & -0.0098 & -0.9901 & 0.0 & 0.0 & 0.0 & 1.0
\end{bmatrix}
$$

および

$$
\boldsymbol{D}=\begin{bmatrix}
1.0 & 0.0 & & & & & & & & \\
0.0 & 1.0 & & & & & & & & \\
 & & 1.0 & 0.0 & & & & & 0.0 & \\
 & & 0.0 & 1.0 & & & & & & \\
 & & & & 0.3798 & 0.0 & & & & \\
 & & & & 0.0 & 0.0548 & & & & \\
 & & & & & & 0.3798 & 0.0 & & \\
 & & 0.0 & & & & 0.0 & 0.0548 & & \\
 & & & & & & & & 0.0194 & 0.0 \\
 & & & & & & & & 0.0 & 0.0194
\end{bmatrix}
$$

であり，逆行列は，

$$
\boldsymbol{G}^{-1}=\begin{bmatrix}
3.9228 & 1.0 & 0.0 & 0.0 & -1.9614 & 0.0 & -1.9614 & 0.0 & 0.0 & 0.0 \\
 & 1.3421 & 0.0 & 0.0 & -0.6710 & 0.0 & -0.6710 & 0.0 & 0.0 & 0.0 \\
 & & 18.2349 & 0.9999 & 0.0 & -0.5145 & 0.0 & -17.7204 & 0.0 & 0.0 \\
 & & & 18.2349 & 0.0 & -17.7204 & 0.0 & 0.0 & 0.0 & 0.0 \\
 & & & & 2.6374 & 0.4999 & 0.0 & 0.0 & 0.0 & -0.5049 \\
 & & & & & 68.5644 & 0.0 & -0.5145 & 0.0001 & -50.8295 \\
 & & & & & & 2.6374 & 0.4999 & -0.5049 & 0.0 \\
 & & & & & & & 68.5644 & -50.8295 & 0.0001 \\
 & & & & & & & & 51.3345 & -0.0001 \\
 & & & & & & & & & 51.3345
\end{bmatrix}
$$

として与えられる．

分子血縁係数行列の逆行列 $\boldsymbol{A}^{-1}$ は，

$$
\boldsymbol{A}^{-1}=\begin{bmatrix} 1.0 & 0.0 & 0.5 & 0.5 & 0.5 \\ & 1.0 & 0.5 & 0.5 & 0.5 \\ & & 1.0 & 0.5 & 0.75 \\ & & & 1.0 & 0.75 \\ & & & & 1.25 \end{bmatrix}^{-1}=\begin{bmatrix} 2.0 & 1.0 & -1.0 & -1.0 & 0.0 \\ & 2.0 & -1.0 & -1.0 & 0.0 \\ & & 2.5 & 0.5 & -1.0 \\ & & & 2.5 & -1.0 \\ & & & & 2.0 \end{bmatrix}
$$

であるので，MABLUP 法において解くべき混合モデル方程式は，

$$
\left[\begin{array}{rrrrrrrrrrrrrrrrr}
3.0 & 0.0 & 1.0 & 0.0 & 1.0 & 0.0 & 1.0 & 1.0 & 1.0 & 0.0 & 0.0 & 1.0 & 1.0 & 0.0 & 0.0 & 1.0 & 1.0 \\
 & 2.0 & 0.0 & 1.0 & 0.0 & 1.0 & 0.0 & 0.0 & 0.0 & 1.0 & 1.0 & 0.0 & 0.0 & 1.0 & 1.0 & 0.0 & 0.0 \\
 & & 5.0 & 2.0 & -2.0 & -2.0 & 0.0 & 1.0 & 1.0 & 0.0 & 0.0 & 0.0 & 0.0 & 0.0 & 0.0 & 0.0 & 0.0 \\
 & & & 5.0 & -2.0 & -2.0 & 0.0 & 0.0 & 0.0 & 1.0 & 1.0 & 0.0 & 0.0 & 0.0 & 0.0 & 0.0 & 0.0 \\
 & & & & 6.0 & 1.0 & -2.0 & 0.0 & 0.0 & 0.0 & 0.0 & 1.0 & 1.0 & 0.0 & 0.0 & 0.0 & 0.0 \\
 & & & & & 6.0 & -2.0 & 0.0 & 0.0 & 0.0 & 0.0 & 0.0 & 0.0 & 1.0 & 1.0 & 0.0 & 0.0 \\
 & & & & & & 5.0 & 0.0 & 0.0 & 0.0 & 0.0 & 0.0 & 0.0 & 0.0 & 0.0 & 1.0 & 1.0 \\
 & & & & & & & 40.2284 & 11.0000 & 0.0 & 0.0 & -19.6142 & 0.0 & -19.6142 & 0.0 & 0.0 & 0.0 \\
 & & & & & & & & 14.4213 & 0.0 & 0.0 & -6.7107 & 0.0 & -6.7107 & 0.0 & 0.0 & 0.0 \\
 & & & & & & & & & 183.3494 & 10.9998 & 0.0 & -5.1450 & 0.0 & -177.2043 & 0.0 & 0.0 \\
 & & & & & & & & & & 183.3494 & 0.0 & -177.2043 & 0.0 & -5.1450 & 0.0 & 0.0 \\
 & & & & & & & & & & & 27.3745 & 5.9996 & 0.0 & 0.0 & 0.0 & -5.0493 \\
 & & & & & & & & & & & & 686.6448 & 0.0 & 0.0 & 0.001 & -508.2953 \\
 & & & & & & & & & & & & & 27.3745 & 5.9996 & -5.0493 & 0.0 \\
 & & & & & & & & & & & & & & 686.6448 & -508.2953 & 0.001 \\
 & & & & & & & & & & & & & & & 514.3450 & -1.0010 \\
 & & & & & & & & & & & & & & & & 514.3450
\end{array}\right]
\begin{bmatrix} \hat{\boldsymbol{\beta}}_1 \\ \hat{\boldsymbol{\beta}}_2 \\ \hat{u}_1 \\ \hat{u}_2 \\ \hat{u}_3 \\ \hat{u}_4 \\ \hat{u}_5 \\ \hat{v}_1^1 \\ \hat{v}_1^2 \\ \hat{v}_2^1 \\ \hat{v}_2^2 \\ \hat{v}_3^1 \\ \hat{v}_3^2 \\ \hat{v}_4^1 \\ \hat{v}_4^2 \\ \hat{v}_5^1 \\ \hat{v}_5^2 \end{bmatrix}
=\begin{bmatrix} 81 \\ 68 \\ 20 \\ 38 \\ 26 \\ 30 \\ 35 \\ 20 \\ 20 \\ 38 \\ 38 \\ 26 \\ 26 \\ 30 \\ 30 \\ 35 \\ 35 \end{bmatrix}
$$

のごとくとなる．

そこで，この連立方程式を適当な方法で解けば，解ベクトルは，

$$\hat{\boldsymbol{\beta}}'=[26.2346 \quad 32.1767]$$

$$\hat{\boldsymbol{u}}'=[-1.7371 \quad 1.7371 \quad 0.4138 \quad 0.0588 \quad 1.6184]$$

$$\hat{\boldsymbol{v}}'=[-0.7025 \ 0.6247 \ 0.7220 \ 0.8350 \ -0.4036 \ 0.8640 \ -0.4575 \ 0.7507 \ 0.7530 \ 0.8652]$$

として得られる．結果的に，各個体の育種価は，MQTL における対立遺伝子の伝達径路が確率的に考慮された結果，

$$\hat{\boldsymbol{a}}'=\{\hat{v}_i^1+\hat{v}_i^2+\hat{u}_i\}=[-1.8149 \quad 3.2941 \quad 0.8742 \quad 0.3520 \quad 3.2366]$$

と予測される．

なお，通常の個体モデルを用いて BLUP 法による予測を行った場合には，各個体の予測育種価は，

$$\hat{\boldsymbol{a}}'=[-2.5046 \quad 2.5046 \quad 0.5205 \quad 0.0449 \quad 2.3118]$$

となる．

8.2.2 混合モデル方程式系のサイズの低減

先にみたように，MABLUP 法のための Fernando と Grossman (1989) の配偶子効果モデルでは，個体あたりで一つの RQTLs 効果および二つの MQTL 対立遺伝子効果が取り上げられる．そのため，通常の個体モデルの BLUP 法の場合に比べて解くべき混合モデル方程式系のサイズが大きくなり，対象個体数が多くなると計算労力が飛躍的に増大する．分析対象の個体数を q とすれば，変量効果についての方程式系のサイズは，通常の個体モデルでは q であるが，Fernando と Grossman (1989) のモデルでは $3q$ となる．そこで，方程式系のサイズを減らすための種々の同値モデルのアプローチが開発されている．本項では，トータル育種価モデルおよび縮約化モデルの手法について概説する．

a．トータル育種価モデル

MABLUP 法において，トータル育種価すなわち RQTLs 効果と MQTL 効果との和を予測したい場合には，トータル育種価のみを変量効果として取り上げた

モデルも可能である (van Arendonk ら，1994)．

すなわち，Fernando と Grossman のモデルは，

$$\begin{aligned}\boldsymbol{y} &= \boldsymbol{X\beta} + \boldsymbol{Zu} + \boldsymbol{Wv} + \boldsymbol{e} \\ &= \boldsymbol{X\beta} + \boldsymbol{Zu} + \boldsymbol{Z}(\boldsymbol{I}_q \otimes \boldsymbol{1}')\boldsymbol{v} + \boldsymbol{e} \\ &= \boldsymbol{X\beta} + \boldsymbol{Z}(\boldsymbol{u} + (\boldsymbol{I}_q \otimes \boldsymbol{1}')\boldsymbol{v}) + \boldsymbol{e} \\ &= \boldsymbol{X\beta} + \boldsymbol{Zt} + \boldsymbol{e}\end{aligned} \tag{8-14}$$

と再定義することができる．ここで，$\boldsymbol{t}=\{t_i\}$ はトータル育種価の $q\times1$ ベクトルであって，t_i は式 (8-1) における a_i と同等であり，$\boldsymbol{t}$ および $\boldsymbol{e}$ の期待値と分散は，

$$E\begin{pmatrix}\boldsymbol{t}\\ \boldsymbol{e}\end{pmatrix}=\begin{bmatrix}\boldsymbol{0}\\ \boldsymbol{0}\end{bmatrix} \quad \text{および} \quad Var\begin{pmatrix}\boldsymbol{t}\\ \boldsymbol{e}\end{pmatrix}=\begin{bmatrix}\boldsymbol{T}\sigma_a^2 & \boldsymbol{0}\\ & \boldsymbol{I}\sigma_e^2\end{bmatrix}$$

と仮定される．このモデルでは，MQTL に関する情報は，配偶子レベルではなく，個体レベルで扱う必要があり，MQTL に関する配偶子関係行列 $\boldsymbol{G}$ を MQTL に関する相加的血縁行列 $\boldsymbol{A}_v$ として表す必要がある．すなわち，$\boldsymbol{P}=\boldsymbol{I}_q\otimes\boldsymbol{1}'$ として，

$$\boldsymbol{t} = \boldsymbol{u} + \boldsymbol{Pv} \tag{8-15}$$

より，

$$\begin{aligned}Var(\boldsymbol{t}) &= Var(\boldsymbol{u}+\boldsymbol{Pv}) \\ &= \boldsymbol{A}\sigma_u^2 + \boldsymbol{PGP}'\sigma_v^2 \\ &= \boldsymbol{A}\sigma_u^2 + 2\boldsymbol{A}_v\sigma_v^2\end{aligned}$$

と表される．したがって，MQTL に関する情報を取り込んだ相加的血縁行列 $\boldsymbol{T}$ は，

$$\boldsymbol{T} = \boldsymbol{A}\sigma_u^2\sigma_a^{-2} + \boldsymbol{A}_v\sigma_{QTL}^2\sigma_a^{-2} \tag{8-16}$$

として与えられ，

$$\begin{aligned}\sigma_a^2 &= \sigma_u^2 + 2\sigma_v^2 \\ &= \sigma_u^2 + \sigma_{QTL}^2\end{aligned} \tag{8-17}$$

である．⊗ は直積，$\boldsymbol{A}$ は RQTLs に関する相加的血縁行列を示す．

結果的に，個体のトータル育種価を予測する上で解くべき混合モデル方程式は，

$$\begin{bmatrix} \boldsymbol{X}'\boldsymbol{X} & \boldsymbol{X}'\boldsymbol{Z} \\ \boldsymbol{Z}'\boldsymbol{X} & \boldsymbol{Z}'\boldsymbol{Z}+\boldsymbol{T}^{-1}\alpha_a \end{bmatrix}\begin{bmatrix} \hat{\boldsymbol{\beta}} \\ \hat{\boldsymbol{t}} \end{bmatrix}\begin{bmatrix} \boldsymbol{X}'\boldsymbol{y} \\ \boldsymbol{Z}'\boldsymbol{y} \end{bmatrix} \quad (8\text{-}18)$$

として与えられる．ここで，$\alpha_a=\sigma_e^2/\sigma_a^2$ であり，この方程式系の $\hat{\boldsymbol{t}}$ に係わる方程式のサイズは評価対象の個体数に等しくなる．

b．縮約化モデル

通常の BLUP 法の場合のように，Fernando と Grossman の配偶子効果モデルの MABLUP 法についても，縮約化モデル（RAM）による解法が開発されている（Cantet と Smith，1991）．

分析対象の各個体がそれぞれ単一記録を備えているとき，モデル (8-2) における RQTLs の相加的効果のベクトル $\boldsymbol{u}$ および MQTL 対立遺伝子の相加的効果のベクトル $\boldsymbol{v}$ を，それぞれ後代をもつ個体（添字 p）および後代をもたない個体（添字 o）に関するベクトルに分割すれば，$\boldsymbol{y}=[\boldsymbol{y}_p' \quad \boldsymbol{y}_o']'$ として，

$$\boldsymbol{u}=[\boldsymbol{u}_p' \quad \boldsymbol{u}_o']' \text{および } \boldsymbol{v}=[\boldsymbol{v}_p' \quad \boldsymbol{v}_o']'$$

と記述される．さらに，$\boldsymbol{u}_o$ および $\boldsymbol{v}_o$ は，それぞれ

$$\boldsymbol{u}_o=\boldsymbol{T}_r\boldsymbol{u}_p+\boldsymbol{m} \quad (8\text{-}19)$$

および

$$\boldsymbol{v}_o=\boldsymbol{B}\boldsymbol{v}_p+\boldsymbol{\varepsilon} \quad (8\text{-}20)$$

と表される．ここで，$\boldsymbol{T}_r$ は $\boldsymbol{u}_o$ を $\boldsymbol{u}_p$ に関連づける行列，$\boldsymbol{B}$ は $\boldsymbol{v}_o$ を $\boldsymbol{v}_p$ に関連づける行列であり，後代 i の父および母をそれぞれ s および d で示せば，$\boldsymbol{B}$ の部分行列 $\boldsymbol{B}_i$ は，マーカー情報に基づく親から後代への MQTL 対立遺伝子の伝達確率を要素とする行列：

$$\begin{bmatrix} \cdots & Pr(Q_i^1\equiv Q_s^1) & Pr(Q_i^1\equiv Q_s^2) & \cdots & Pr(Q_i^1\equiv Q_d^1) & Pr(Q_i^1\equiv Q_d^2) & \cdots \\ \cdots & Pr(Q_i^2\equiv Q_s^1) & Pr(Q_i^2\equiv Q_s^2) & \cdots & Pr(Q_i^2\equiv Q_d^1) & Pr(Q_i^2\equiv Q_d^2) & \cdots \end{bmatrix}$$

である．$\boldsymbol{m}$ は RQTLs 効果に関するメンデリアンサンプリングのベクトルを，$\boldsymbol{\varepsilon}$ は

MQTL 対立遺伝子の相加的効果に関する分離の効果を示す．

そこで，Fernando と Grossman のモデルは，縮約化モデルとして

$$\begin{bmatrix} \boldsymbol{y}_p \\ \boldsymbol{y}_o \end{bmatrix} = \begin{bmatrix} \boldsymbol{X}_p \\ \boldsymbol{X}_o \end{bmatrix} \boldsymbol{\beta} + \begin{bmatrix} \boldsymbol{Z}_p \\ \boldsymbol{Z}_o \boldsymbol{T}_r \end{bmatrix} \boldsymbol{u}_p + \begin{bmatrix} \boldsymbol{Z}_p \boldsymbol{E}_p \\ \boldsymbol{Z}_o \boldsymbol{E}_o \boldsymbol{B} \end{bmatrix} \boldsymbol{v}_p + \begin{bmatrix} \boldsymbol{e}_p \\ \boldsymbol{Z}_o \boldsymbol{m} + \boldsymbol{Z}_o \boldsymbol{E}_o \boldsymbol{\varepsilon} + \boldsymbol{e}_o \end{bmatrix} \tag{8-21}$$

と書ける．ここで，

$$\begin{aligned} \boldsymbol{I}_q \otimes \boldsymbol{1}' &= \begin{bmatrix} \boldsymbol{I}_p \otimes \boldsymbol{1}' & \boldsymbol{0} \\ \boldsymbol{0} & \boldsymbol{1}_o \otimes \boldsymbol{1}' \end{bmatrix} \\ &= \boldsymbol{E}_p \oplus \boldsymbol{E}_o \end{aligned} \tag{8-22}$$

であり，⊗および⊕はそれぞれ直積および直和を示す．

この式を

$$\boldsymbol{y} = \boldsymbol{X\beta} + \boldsymbol{Z}_t \boldsymbol{u}_p + \boldsymbol{Z}_B \boldsymbol{v}_p + \boldsymbol{\phi} \tag{8-23}$$

と表し，

$$E\begin{pmatrix} \boldsymbol{y} \\ \boldsymbol{u}_p \\ \boldsymbol{v}_p \\ \boldsymbol{\phi} \end{pmatrix} = \begin{bmatrix} \boldsymbol{X\beta} \\ \boldsymbol{0} \\ \boldsymbol{0} \\ \boldsymbol{0} \end{bmatrix} \text{および } Var\begin{pmatrix} \boldsymbol{u}_p \\ \boldsymbol{v}_p \\ \boldsymbol{\phi} \end{pmatrix} = \begin{bmatrix} \boldsymbol{A}_p \sigma_u^2 & \boldsymbol{0} & \boldsymbol{0} \\ & \boldsymbol{G}_p \sigma_v^2 & \boldsymbol{0} \\ & & \boldsymbol{R}_r \end{bmatrix}$$

と仮定すれば，$\boldsymbol{A}_p$ および $\boldsymbol{G}_p$ はそれぞれモデル (8-2) に関する $\boldsymbol{A}$ 行列および $\boldsymbol{G}$ 行列の部分行列であり，

$$\boldsymbol{R}_r = \begin{bmatrix} \boldsymbol{I}_p \sigma_e^2 & \boldsymbol{0} \\ \boldsymbol{0} & \boldsymbol{D}\sigma_u^2 + \boldsymbol{E}_o \boldsymbol{G}_\varepsilon \boldsymbol{E}_o' \sigma_v^2 + \boldsymbol{I}_o \sigma_e^2 \end{bmatrix}$$

と表される．ただし，$\boldsymbol{D} = Diagonal\{d_i\}$ であり，$d_i = 0.5 - 0.25(F_s + F_d)$ である．F_s および F_d は，それぞれ個体 i の父親 s および母親 d における RQTLs 効果に関する近交係数を示す．また，$\boldsymbol{G}_\varepsilon$ はブロック対角行列であり，各ブロックの要素は，

$$\boldsymbol{G}_{\varepsilon(i)} = \begin{bmatrix} 1 & f_i \\ f_i & 1 \end{bmatrix} - \boldsymbol{B}_{(i)} \boldsymbol{G}_{p(i)} \boldsymbol{B}'_{(i)} \tag{8-24}$$

であり，f_i は個体 i における MQTL に関する条件付き近交係数である．

したがって，縮約化モデルの下で解くべき混合モデル方程式（の一形態）は，

$$\begin{bmatrix} \boldsymbol{X}'\boldsymbol{R}_r^{-1}\boldsymbol{X} & \boldsymbol{X}'\boldsymbol{R}_r^{-1}\boldsymbol{Z}_t & \boldsymbol{X}'\boldsymbol{R}_r^{-1}\boldsymbol{Z}_B \\ \boldsymbol{Z}_t'\boldsymbol{R}_r^{-1}\boldsymbol{X} & \boldsymbol{Z}_t'\boldsymbol{R}_r^{-1}\boldsymbol{Z}_t+\boldsymbol{A}_p^{-1}\sigma_u^{-2} & \boldsymbol{Z}_t'\boldsymbol{R}_r^{-1}\boldsymbol{Z}_B \\ \boldsymbol{Z}_B'\boldsymbol{R}_r^{-1}\boldsymbol{X} & \boldsymbol{Z}_B'\boldsymbol{R}_r^{-1}\boldsymbol{Z}_t & \boldsymbol{Z}_B'\boldsymbol{R}_r^{-1}\boldsymbol{Z}_B+\boldsymbol{G}_p^{-1}\sigma_v^{-2} \end{bmatrix} \begin{bmatrix} \hat{\boldsymbol{\beta}} \\ \hat{\boldsymbol{u}}_p \\ \hat{\boldsymbol{v}}_p \end{bmatrix} = \begin{bmatrix} \boldsymbol{X}'\boldsymbol{R}_r^{-1}\boldsymbol{y} \\ \boldsymbol{Z}_t'\boldsymbol{R}_r^{-1}\boldsymbol{y} \\ \boldsymbol{Z}_B'\boldsymbol{R}_r^{-1}\boldsymbol{y} \end{bmatrix} \tag{8-25}$$

として与えられ，この方程式を解いて得られる $\hat{\boldsymbol{u}}_p$ および $\hat{\boldsymbol{v}}_p$ は，混合モデル方程式 (8-3) の解ベクトルの対応する要素の値に等しくなる．

Fernando と Grossman の配偶子効果モデルに関する縮約化モデルとしては，以上のような Cantet と Smith (1991) のモデル以外にも，不完備なマーカー情報を利用したモデル (Hoeschele, 1993) の縮約化モデル (Saito と Iwaisaki, 1996)，トータル育種価のモデル（本項の a.）の縮約化モデル (Saito と Iwaisaki, 1997 a, b)，家畜の枝肉形質の場合のように，表現型値情報の利用できる個体は通常は親とはならないケースを想定した場合の縮約化モデル (Saito ら, 1998) なども開発されており，参考になろう．なお，これらの縮約化モデルによる MABLUP 法の数値例については，それぞれの論文を参照されたい．

8.2.3　近交系間交雑に対応させた配偶子効果モデル

Fernando と Grossman の配偶子効果モデルは，近交系間交雑によるデータにも対応させることができる (Goddard, 1992)．ここでは，単一 MQTL の異なる対立遺伝子がホモ型である 2 近交系間の交雑を行って F_1 後代を生産させ，F_1 後代をさらに親系統の一方にバッククロスして F_2 バッククロスを生産させた場合を取り上げて，モデルの特徴のみを紹介しよう．

いま，図 8-2 の状況を仮定し，四つの可能なハプロタイプを y_{11}，y_{12}，y_{21} および y_{22} として，問題をより簡単に取り扱うために，縮約化モデルを考えてみよう．二重組換えはないと仮定すれば，

$$\boldsymbol{y}=\begin{bmatrix} y_{11} \\ y_{12} \\ y_{21} \\ y_{22} \end{bmatrix}=\boldsymbol{X\beta}+\boldsymbol{p}v+\boldsymbol{e}^* \tag{8-26}$$

と表され，$\boldsymbol{p}$ の要素は，-1，$-(1-2\theta_1/\theta)$，$(1-2\theta_1/\theta)$ および 1 となる．ただし，v はスカラーである．ここで，$(1-2\,\theta_1/\theta)v$ を変量とし，$v\sim N(0,\sigma_v^2)$ および $\theta_1/\theta\sim U[0,1]$ と仮定すれば，モデル (8-26) は，

$$\begin{aligned}\boldsymbol{y}&=\boldsymbol{X\beta}+\boldsymbol{W\omega}+\boldsymbol{e}^*\\ &=\boldsymbol{X\beta}+\begin{bmatrix} -1 & -1 \\ -1 & 1 \\ 1 & -1 \\ 1 & 1 \end{bmatrix}\begin{bmatrix} (1-\theta_1/\theta)v \\ \theta_1 v/\theta \end{bmatrix}+\boldsymbol{e}^*\end{aligned} \tag{8-27}$$

と記述される．ただし，$Var(\boldsymbol{\omega})=\begin{bmatrix} 1/3 & 1/6 \\ 1/6 & 1/3 \end{bmatrix}\sigma_v^2$ である．

したがって，このモデルは，$\boldsymbol{\omega}$ の要素をランダム（変量）回帰係数としたマーカーへの回帰モデルとなっていることがわかる．

8.2.4 QTL 分散および QTL の位置の推定

MABLUP 法では，分散比（$\alpha=\sigma_e^2/\sigma_u^2$ および $\lambda=\sigma_e^2/\sigma_v^2$ など）が既知であり，組換え率（θ_1，θ_2 および θ）すなわち MQTL の染色体上の位置も既知である必要がある．そこで、これらのパラメータの値が未知である場合には，REML 法（Patterson と Thompson, 1971, 5.3 節参照）やベイズ推定の手法（MCMC アルゴリズム，5.4 節参照）によって事前に推定されねばならない．

REML 法による分散成分の推定手順については，第 5 章で説明されている手順と同様であるが，式 (8-2) に係わる REML 法での対数尤度（$\ln l$）を示せば，

$$\begin{aligned}\ln l=const.-0.5\{&\ln|\boldsymbol{C}|-\ln|\boldsymbol{A}^{-1}|-\ln|\boldsymbol{G}^{-1}|+q\ln(\sigma_u^2)+2q\ln(\sigma_v^2)\\ &+(n-p^*-3q)\ln(\sigma_e^2)+\boldsymbol{y}'\boldsymbol{Py}\sigma_e^{-2}\}\end{aligned} \tag{8-28}$$

として与えられ，$\boldsymbol{P}=\boldsymbol{V}^{-1}-\boldsymbol{V}^{-1}\boldsymbol{X}(\boldsymbol{X}'\boldsymbol{V}^{-1}\boldsymbol{X})^{-}\boldsymbol{X}'\boldsymbol{V}^{-1}$ である．ただし，$\boldsymbol{C}$ は，混合モデル方程式 (8-3) の係数行列に関して，$\boldsymbol{X}$ をフルランクの部分行列 $\boldsymbol{X}^*$ です

べて置き換えた行列であり，p^* は $\boldsymbol{X}$ のランクである．$|\cdot|$ は行列式を示している．

たとえば，典型的なQTLマッピング法である区間マッピング (Lander と Botstein, 1989) を REML 法を利用して行う際には，仮想 QTL の位置をマーカー区間の端から，順次，一定間隔 (たとえば，1 cM) で移動させ，REML 対数尤度の最大値を与えるパラメータ値を探索することになる．有意性検定は，対数尤度比検定による．

外交配集団を想定した Fernando と Grossman (1989) のモデルによる REML 推定に関しては，DF アルゴリズム (Grignola ら，1996)，EM アルゴリズム (たとえば，Iwaisaki と Saito，2000)，AI アルゴリズム (Saito と Iwaisaki，2000) などが示されている．Grignola ら (1996) では，縮約化モデル (8-23) による REML 推定の理論が記述されている一方，Iwaisaki と Saito (2000) や Saito と Iwaisaki (2000) ではモデル (8-2) が取り扱われている．

なお，Fernando と Grossman (1989) モデルに関する MCMC アルゴリズムによる QTL マッピング法には，Bink ら (2000) などがある．

8.3 遺伝的メリットの予測のためのその他のモデル

8.3.1 マーカーハプロタイプモデル

このモデルは，Fernando と Grossman (1989) の配偶子効果モデルを変容させた近似モデルとして，Meuwissen と Goddard (1996) によって提案されたモデルである．この方法では，マーカー区間内に QTL が存在すると仮定されるが，QTL の位置自体は確定されている必要はなく，QTL を含むマーカーハプロタイプとしての効果が考慮される．

いま，説明を簡単にするために，QTL を含む単一のマーカー区間を考えれば，モデルは，

$$\boldsymbol{y}=\boldsymbol{X\beta}+\boldsymbol{Zu}+\boldsymbol{ZQw}+\boldsymbol{e} \tag{8-29}$$

と記述される．ここで，$\boldsymbol{w}$ はマーカーハプロタイプ効果 (QTL 対立遺伝子効果) のベクトル，$\boldsymbol{ZQ}$ は $\boldsymbol{y}$ を $\boldsymbol{w}$ に関連づける計画行列であり，その他の項の定義については，Fernando と Grossman (1989) のモデル (8-2) の場合と同様である．共分散

行列は,

$$Var\begin{pmatrix} \boldsymbol{u} \\ \boldsymbol{w} \\ \boldsymbol{e} \end{pmatrix} = \begin{bmatrix} \boldsymbol{A}\sigma_u^2 & \boldsymbol{0} & \boldsymbol{0} \\ & \boldsymbol{G}_w\sigma_w^2 & \boldsymbol{0} \\ & & \boldsymbol{I}\sigma_e^2 \end{bmatrix}$$

と仮定される.なお,複数のマーカー区間を取り上げる場合には,$\boldsymbol{ZQw}$ を $\Sigma_i \boldsymbol{Z}\boldsymbol{Q}_i\boldsymbol{w}_i$ で置き換えればよい.

この方法では,マーカーハプロタイプの伝達情報により,MQTL 対立遺伝子の伝達が推測されるが,マーカー区間内の二重組換えは考慮されない.いま,親のフランキングマーカー座のアリルを $(M1, M2)$ および $(N1, N2)$,MQTL での対立遺伝子を $(Q1, Q2)$ として,マーカー－QTL の連鎖相が $M1Q1N1/M2Q2N2$ であるとすれば,$Q1$ 遺伝子の伝達確率は,子が受け取ったマーカーハプロタイプが非組換え型の $M1N1$ および $M2N2$ ならばそれぞれ 1 および 0,組換え型の $M1N2$ あるいは $M2N1$ ならば 0.5 と近似される.また,片側または両側のマーカーが無情報の場合やすべてのマーカー情報を利用しても MQTL 対立遺伝子の由来がたどれない場合には,親の二つの MQTL 対立遺伝子との間の関係が 0.5 と近似される.

表 8-1 の数値データを用い,ここでは説明を簡単にするために,基礎個体 1 および 2 についてのマーカー連鎖相が既知で,それぞれ $M1N1/M2N2$ および $M3N3/M4N4$ であり,マーカーハプロタイプ (MQTL 対立遺伝子) の効果を (w_1, w_2) および (w_3, w_4) として説明する.個体 4 では,マーカー型が $M1N2/M3N3$ であり,ハプロタイプ $M1N2$ を受け取っていることから,新しい対立遺伝子効果 w_5 が,期待値と分散をそれぞれ

$$E(w_5) = 0.5(w_1 + w_2) \text{ および } Var(w_5) = \sigma_w^2$$

として考慮される.したがって,$\boldsymbol{Qw}$ を示せば,

$$
\boldsymbol{Qw}=\begin{bmatrix}1&1&0&0&0\\0&0&1&1&0\\1&0&0&1&0\\0&0&1&0&1\\0&0&1&1&0\end{bmatrix}\begin{bmatrix}w_1\\w_2\\w_3\\w_4\\w_5\end{bmatrix}
$$

のごとくであり，この場合，$Cov(w_5, w_1)=Cov(w_5, w_2)=0.5$ であることから，$\boldsymbol{G}_w$ は，

$$
\boldsymbol{G}_w=\begin{bmatrix}1.0&0.0&0.0&0.0&0.5\\&1.0&0.0&0.0&0.5\\&&1.0&0.0&0.0\\&&&1.0&0.0\\&&&&1.0\end{bmatrix}
$$

として与えられる．この $\boldsymbol{G}_w$ 行列には，その構造から明らかなように，逆行列 $\boldsymbol{G}_w^{-1}$ が Henderson (1976) によるルールを用いて ($\boldsymbol{A}^{-1}$ の計算の場合と同様に) 容易に求められるという特徴がある．

この場合の混合モデル方程式は，

$$
\begin{bmatrix}\boldsymbol{X'X}&\boldsymbol{X'Z}&\boldsymbol{X'ZQ}\\\boldsymbol{Z'X}&\boldsymbol{Z'Z}+\boldsymbol{A}^{-1}\alpha&\boldsymbol{Z'ZQ}\\\boldsymbol{Q'Z'X}&\boldsymbol{Q'Z'Z}&\boldsymbol{Q'Z'ZQ}+\boldsymbol{G}_w{}^{-1}\lambda\end{bmatrix}\begin{bmatrix}\hat{\boldsymbol{\beta}}\\\hat{\boldsymbol{u}}\\\hat{\boldsymbol{w}}\end{bmatrix}=\begin{bmatrix}\boldsymbol{X'y}\\\boldsymbol{Z'y}\\\boldsymbol{Q'Z'y}\end{bmatrix} \qquad (8\text{-}30)
$$

であり，$\alpha=\sigma_e^2/\sigma_u^2$，$\lambda=\sigma_e^2/\sigma_w^2$，$\sigma_a^2=\sigma_u^2+\sigma_w^2$ である．

8.3.2 Pagnacco と Jansen のモデル

Meuwissen と Goddard (1996) のモデルと同類の近似モデルであり，個体とマーカーハプロタイプとの関係を記述した行列 $\boldsymbol{Q}$ が同じように用いられる．$\boldsymbol{Q}$ 行列の行数および列数は，それぞれ個体数およびユニークなマーカーハプロタイプの数であり，1 個体に対応する行では，当該個体が受け取った二つのマーカーハプロタイプに対応する要素のそれぞれに 1 が与えられ，その他の要素は 0 とされるが，個体に伝達されたマーカーハプロタイプが IBD である場合には，そのマーカーハプロタイプに対応する要素に 2 の値が与えられる．ハプロタイプに

よってMQTL対立遺伝子の伝達が辿れないような場合には，親と子の配偶子間の関係は0と近似される．

表8-1の数値データを用い，前項のマーカーハプロタイプモデルの場合と同じように，基礎個体1および2についてのマーカーの連鎖相がそれぞれ$M1N1/M2N2$および$M3N3/M4N4$で既知であると仮定して説明すれば，$\boldsymbol{Q}$行列は，

$$\boldsymbol{Q}=\begin{bmatrix}1 & 1 & 0 & 0 & 0\\ 0 & 0 & 1 & 1 & 0\\ 1 & 0 & 0 & 1 & 0\\ 0 & 0 & 1 & 0 & 1\\ 0 & 0 & 1 & 1 & 0\end{bmatrix}$$

となる．ただし，この方法では，$\boldsymbol{Q}$行列から，MQTL対立遺伝子についての個体レベルでのIBD行列$\boldsymbol{K}$が

$$\boldsymbol{K}=\boldsymbol{QQ}'/2 \tag{8-31}$$

のように定義される：

$$\boldsymbol{K}=\begin{bmatrix}1 & 0 & 0.5 & 0 & 0\\ & 1 & 0.5 & 0.5 & 1\\ & & 1 & 0 & 0.5\\ & & & 1 & 0.5\\ & & & & 1\end{bmatrix}$$

Pagnacco と Jansen (2001) は，個体モデルの混合モデルを

$$\boldsymbol{y}=\boldsymbol{X\beta}+\boldsymbol{Zt}+\boldsymbol{e} \tag{8-32}$$

と記述して解いている．ここでの$\boldsymbol{t}$は，トータル育種価のベクトルであり，

$$Var\begin{pmatrix}\boldsymbol{t}\\ \boldsymbol{e}\end{pmatrix}=\begin{bmatrix}\boldsymbol{T}_a & \boldsymbol{0}\\ & \boldsymbol{I}\sigma_e^2\end{bmatrix}$$

と仮定され，$\boldsymbol{T}_a$行列は，

$$\boldsymbol{T}_a=\boldsymbol{A}(\sigma_t^2-\sigma_{QTL}^2)+\boldsymbol{K}\sigma_{QTL}^2 \tag{8-33}$$

として与えられる．σ_t^2 および σ_{QTL}^2 はそれぞれトータル育種価の分散および MQTL 分散を表している．解くべき混合モデル方程式は，Henderson (1984) による形態を利用し，

$$\begin{bmatrix} \boldsymbol{X'X} & \boldsymbol{X'Z} \\ \boldsymbol{T_a Z'X} & \boldsymbol{T_a Z'Z}+\boldsymbol{I}\lambda \end{bmatrix}\begin{bmatrix} \hat{\boldsymbol{\beta}} \\ \hat{\boldsymbol{t}} \end{bmatrix}=\begin{bmatrix} \boldsymbol{X'y} \\ \boldsymbol{T_a Z'y} \end{bmatrix} \tag{8-34}$$

として与えられている．ただし，$\lambda=\sigma_e^2/\sigma_t^2$ である．

8.3.3 染色体セグメントモデル

Meuwissen と Goddard (1996) のマーカーハプロタイプモデルや Pagnacco と Jansen (2001) のモデルでは，マーカー区間内に単一 QTL の存在が想定されるが，その位置は特定されず，マーカーハプロタイプの効果として取り上げられている．IBD 行列の計算の仕方からわかるように，これらの方法における IBD の計算は“近似的”である．

一方，Fernando と Grossman (1989) のモデルではマーカー区間内に単一の MQTL が仮定されるが，マークされた染色体領域には複数の QTL や QTL のクラスターが存在する場合も知られており，これらを含む染色体セグメントの効果を予測するための MABLUP 法も開発されている (Matsuda と Iwaisaki，1998，2000，2001，2002 a，b，c)．この方法では，Fernando と Grossman (1989) のモデルの場合と同類の混合モデルが用いられるが，マーカー区間内の QTL の数とそれらの位置に関する情報は必要とされず，染色体セグメントについての配偶子レベルでの IBD 確率が精密に計算され，IBD 行列の要素として考慮される．したがって，この方法は，Meuwissen と Goddard (1996) や Pagnacco と Jansen (2001) の手法よりもより的確に染色体セグメントの効果を予測することのできる方法である．

いま，二つのフランキングマーカー座に挟まれた領域に QTL のクラスターが存在する状況を想定し，説明を簡単にするために，マーカーの連鎖相は既知であるとしよう．この場合，Fernando と Grossman (1989) の配偶子効果モデルの場合と同様に，マークされた QTL クラスターの相加的効果をそれぞれ v_i^1 および v_i^2 (父親および母親由来配偶子) とし，マーカー座に連鎖していない RQTLs に関する

相加的効果を u_i とすれば，個体 i の育種価 a_i は，$a_i=u_i+v_i^1+v_i^2$ と表される．そこで，個体モデルの混合モデルは，式 (8-35) のように行列表示される．

$$\boldsymbol{y}=\boldsymbol{X\beta}+\boldsymbol{Zu}+\boldsymbol{Wv}+\boldsymbol{e} \tag{8-35}$$

ただし，$\boldsymbol{y}_{(n\times1)}$：観測値のベクトル

$\boldsymbol{\beta}_{(p\times1)}$：母数効果のベクトル

$\boldsymbol{u}_{(q\times1)}$：RQTLs に関する相加的効果のベクトル

$\boldsymbol{v}_{(2q\times1)}$：マークされた QTL クラスターの相加的効果のベクトル

$\boldsymbol{e}_{(n\times1)}$：残差のベクトル

$\boldsymbol{X}_{(n\times p)}$，$\boldsymbol{Z}_{(n\times q)}$ および $\boldsymbol{W}_{(n\times 2q)}$：それぞれ $\boldsymbol{y}$ を $\boldsymbol{\beta}$，$\boldsymbol{u}$ および $\boldsymbol{v}$ に関連づける計画行列

通常，外交配集団ではマーカーと QTL とが連鎖平衡であることから，マーカー型は育種価の期待値についての情報を与えないが，分散に関する情報面では寄与する．よって，$\boldsymbol{u}$，$\boldsymbol{v}$，$\boldsymbol{e}$ の期待値は，

$$E\begin{pmatrix}\boldsymbol{u}\\ \boldsymbol{v}\\ \boldsymbol{e}\end{pmatrix}=\begin{bmatrix}\boldsymbol{0}\\ \boldsymbol{0}\\ \boldsymbol{0}\end{bmatrix}$$

であり，分散は，

$$Var\begin{pmatrix}\boldsymbol{u}\\ \boldsymbol{v}\\ \boldsymbol{e}\end{pmatrix}=\begin{bmatrix}\boldsymbol{A}\sigma_u^2 & \boldsymbol{0} & \boldsymbol{0}\\ & \boldsymbol{G}_s\sigma_v^2 & \boldsymbol{0}\\ & & \boldsymbol{I}\sigma_e^2\end{bmatrix}$$

と仮定される．ここで，$\boldsymbol{G}_s$ はマークされた染色体セグメント（QTL クラスター）に関する配偶子関係行列であり，その他の項の定義は，Fernando と Grossman (1989) の配偶子効果モデルの場合と同様である．$2\,\sigma_v^2$ はマークされた染色体セグメント（QTL クラスター）による分散を示す．ただし，この方法の場合，$\boldsymbol{G}_s$ の要素には，単一 QTL が存在する場合とは異なり，当の染色体領域の遺伝物質が血縁個体の配偶子間で同一になる割合（IBDP，Goldgar，1990；Guo，1995）の期待値が用いられる．

フランキングマーカー座 M および N のモルガン単位での相対位置をそれぞれ 0 および l，QTL クラスターを含む染色体領域を $t\,(0\leq t\leq l)$ とし，この染色体

領域においてk番目の交叉が起こったポイントまでの染色体の長さをS_kとする．この場合，子の父方（または母方）染色体は，0（父（または母）の父方染色体）もしくは1（父（または母）の母方染色体）の値をとる時間パラメータが連続的に変わるマルコフ連鎖$g(t)$として，

$$g(t)=\begin{cases} C & (S_{2k}\leq t<S_{2k+1}\leq l) \\ 1-C & (S_{2k+1}\leq t<S_{2k+2}\leq l) \end{cases}$$

のように表される．ただし，Cは同じ確率で0または1をとる変数である．このモデルでは，このような確率過程$g(t)$が配偶子形成過程として取り扱われる．すべての減数分裂は独立であるので，血統内での配偶子形成過程は独立であることから，いま，Haldane (1919) の地図関数を用いれば，$g(t)$に関する推移確率は，

$$Pr(t)=(p_{ij}(t))=\frac{1}{2}\begin{pmatrix} 1+e^{-2t} & 1-e^{-2t} \\ 1-e^{-2t} & 1+e^{-2t} \end{pmatrix}$$

と表される．

つぎに，血縁個体の配偶子間の関係を調べるに当たって考慮すべきm個の配偶子形成過程を，接合配偶子形成過程$\boldsymbol{v}(t)=(g_1(t), g_2(t), \cdots, g_m(t))$とする．この変量ベクトルである接合配偶子形成過程は，m次元ベクトル空間$Z^m=\{(\eta_1, \eta_2, \cdots, \eta_m):\eta_i=0$ または $1\}$上のランダムウォークを構成する．さらに，Z^m上の点の集まりとしてIBD状態のセット（IBDセット）Dを定義すれば，血統構造およびIBDセットDが与えられたときのIBDPは，つぎのように定義される：

$$R(l)=\frac{1}{l}\int_0^l \delta[\,v(t)\in D\,]\,dt \tag{8-36}$$

ただし，Eが真ならば$\delta(E)=1$であり，そうでなければ$\delta(E)=0$である．

そこで，いま，フランキングマーカー座での情報をそれぞれ，$v(0)=v_0$，$v(l)=v_l$とすると，これらのマーカー情報$\mathcal{M}$が与えられた条件下における血縁個体の配偶子間でのIBDPの期待値は，Guo (1995) による計算方法を応用して，以下のように求められる：

$$
\begin{aligned}
E(R(l)|\mathcal{M}) &= E\left[\frac{1}{l}\int_0^l \delta[\,v(t)\in D\,]\,dt \,|\, v(0)=v_0,\ v(l)=v_l\right] \\
&= \frac{1}{l}\int_0^l P[\,v(t)\in D\,|\,v(0)=v_0,\ v(l)=v_l\,]\,dt \\
&= \frac{1}{l}\sum_{v_x\in D}\int_0^l P[\,v(t)=v_x\,|\,v(0)=v_0,\ v(l)=v_l\,]\,dt \\
&= \frac{1}{l[\,p_{00}(l)\,]^{m-|v_l-\nu_0|}\,[\,p_{01}(l)\,]^{|v_l-\nu_0|}} \\
&\quad \times \sum_{v_x\in D}\int_0^l P[\,v(t)=v_x\,|\,v(0)=v_0\,]\,P[\,v(l)=v_l\,|\,v(t)=v_x\,]\,dt \\
&= \frac{1}{l[\,p_{00}(l)\,]^{m-|v_l-\nu_0|}\,[\,p_{01}(l)\,]^{|v_l-\nu_0|}} \\
&\quad \times \sum_{v_x\in D}\int_0^l \{[\,P_{00}(t)\,]^{m-|v_x-\nu_0|}\,[\,P_{01}(t)\,]^{|v_x-\nu_0|}\,[\,P_{00}(l-t)\,]^{m-|v_x-\nu_l|} \\
&\quad [\,P_{01}(l-t)\,]^{|v_x-\nu_l|}\,\}\,dt
\end{aligned}
\qquad (8\text{-}37)
$$

ただし，$|\cdot|$は二つの接合配偶子形成過程を $\eta_j=(\eta_{j1},\cdots,\eta_{ji},\cdots,\eta_{jm})$ および $\eta_{j'}=(\eta_{j'1},\cdots,\eta_{j'i},\cdots,\eta_{j'm})$ とした場合の$\sum|\eta_{ji}-\eta_{j'i}|$ を示す．

したがって，このような IBDP の期待値を用いて $\boldsymbol{G}_s$ を定義することにより，解くべき混合モデル方程式は，

$$
\begin{bmatrix}
\boldsymbol{X}'\boldsymbol{X} & \boldsymbol{X}'\boldsymbol{Z} & \boldsymbol{X}'\boldsymbol{W} \\
\boldsymbol{Z}'\boldsymbol{X} & \boldsymbol{Z}'\boldsymbol{Z}+\boldsymbol{A}^{-1}\alpha_u & \boldsymbol{Z}'\boldsymbol{W} \\
\boldsymbol{W}'\boldsymbol{X} & \boldsymbol{W}'\boldsymbol{Z} & \boldsymbol{W}'\boldsymbol{W}+\boldsymbol{G}_s^{-1}\alpha_v
\end{bmatrix}
\begin{bmatrix}\hat{\boldsymbol{\beta}} \\ \hat{\boldsymbol{u}} \\ \hat{\boldsymbol{v}}\end{bmatrix}
=
\begin{bmatrix}\boldsymbol{X}'\boldsymbol{y} \\ \boldsymbol{Z}'\boldsymbol{y} \\ \boldsymbol{W}'\boldsymbol{y}\end{bmatrix}
\qquad (8\text{-}38)
$$

として与えられる．ただし，α_u および α_v はそれぞれ分散比 σ_e^2/σ_u^2および σ_e^2/σ_v^2 であり，RQTLs 効果およびマークされた染色体セグメント（QTL クラスター）の効果の BLUP は，それぞれ$\hat{\boldsymbol{u}}$および$\hat{\boldsymbol{v}}$として得られる．

表 8-1 のデータを用いて，具体的に $\boldsymbol{G}_s$ を求めてみれば，その計算の概要は以下のとおりである．ただし，ここでは，個体 1 および 2 についてのハプロタイプの親由来は既知であり，連鎖相がそれぞれ $M1N1/M2N2$ および $M3N3/M4N4$ であるとして説明する．また，フランキングマーカー座 M および N の間の距離，すなわち QTL クラスターを含む染色体領域は 0.1 モルガン（10 cM）であると仮定する．

まず，個体1および2は基礎個体であり，これらの両親は未知である．そこで，個体1に関して，$M1N1$ を父方配偶子，$M2N2$ を母方配偶子とし，同様に，個体2に関しても，$M3N3$ を父方配偶子，$M4N4$ を母方配偶子とする．$\boldsymbol{G}_s$ の個体2までの部分行列は，単位行列となる．

G_s のすべての対角要素は1である．非対角要素については，たとえば，個体1の父親由来の配偶子と個体3の父方配偶子の間のIBDセットは，親子の配偶子間のIBDセットであるため，単純に $D(1^0, 3^0)=\{0\}$ となる．ここでのマーカー座における接合配偶子形成過程は $v_0=(0)$ および $v_l=(0)$ であり，結果として，IBDPの期待値は式(8-37)により，

$$\frac{1}{0.1p_{00}(0.1)}\int_0^{0.1}[p_{00}(t)p_{00}(0.1-t)]\,dt=0.9983$$

として求められる．同様に，個体1の母方配偶子と個体3の父方配偶子の間のIBDPの期待値は，IBDセット $D(1^1, 3^0)=\{1\}$ ならびにマーカーの接合配偶子形成過程 $v_0=(0)$ および $v_l=(0)$ より，0.0017となる．

全きょうだいである個体3と4に関して，両個体の父方配偶子間のIBDセットは，$D(4^0, 3^0)=\{(0,0), (1,1)\}$ と設定される．ここで，マーカーの接合配偶子形成過程は $v_0=(0,0)$ および $v_l=(0,1)$ であるため，個体3の父方配偶子と個体4の父方配偶子の間のIBDPの期待値は，

$$\frac{1}{0.1p_{00}(0.1)p_{01}(0.1)}\int_0^{0.1}[p_{00}^2(t)p_{00}(0.1-t)p_{01}(0.1-t)+p_{01}^2(t)p_{00}(0.1-t)p_{01}(0.1-t)]\,dt$$
$$=0.49917+0.00083=0.5$$

となる．さらに，個体3の父方配偶子と個体5の母方配偶子の間のIBDPの期待値は，IBDセット $D(5^1, 3^0)=\{(0,0,0), (1,1,0)\}$ ならびに当該配偶子間のマーカーの接合配偶子形成過程 $v_0=(0,0,1)$ および $v_l=(0,1,1)$ より，

$$\frac{1}{0.1p_{00}^2(0.1)p_{01}(0.1)}\int_0^{0.1}[p_{00}^2(t)p_{01}(t)p_{00}(0.1-t)p_{01}^2(0.1-t)+p_{01}^3(t)p_{00}(0.1-t)p_{01}^2(0.1-t)]\,dt$$
$$=0.0008$$

として得られる．

以上のような計算過程により，最終的に，$\boldsymbol{G}_s$ は，

$$
\boldsymbol{G}_s=\begin{bmatrix}
1.0 & 0.0 & 0.0 & 0.0 & 0.9983 & 0.0 & 0.5 & 0.0 & 0.0017 & 0.0008 \\
 & 1.0 & 0.0 & 0.0 & 0.0017 & 0.0 & 0.5 & 0.0 & 0.0000 & 0.0008 \\
 & & 1.0 & 0.0 & 0.0 & 0.0017 & 0.0 & 0.9983 & 0.0017 & 0.9967 \\
 & & & 1.0 & 0.0 & 0.9983 & 0.0 & 0.0017 & 0.9967 & 0.0017 \\
 & & & & 1.0 & 0.0 & 0.5 & 0.0 & 0.0017 & 0.0008 \\
 & & & & & 1.0 & 0.0 & 0.0033 & 0.9983 & 0.0033 \\
 & & & & & & 1.0 & 0.0 & 0.0008 & 0.0017 \\
 & & & & & & & 1.0 & 0.0033 & 0.9983 \\
 & & & & & & & & 1.0 & 0.0033 \\
 & & & & & & & & & 1.0
\end{bmatrix}
$$

として与えられる．

なお，ここでのIBDPの期待値の計算は，対象個体数が増えると非常に煩雑になるので，最近，Romberg積分を応用したより効率的な計算法が開発されている（Sargolzaei と Iwaisaki，2005）．配偶子関係行列 $\boldsymbol{G}_s$ の逆行列の計算技法については，Matsuda と Iwaisaki（2002 a）に詳しく説明されている．

8.3.4 QTL遺伝子型効果を取り上げた混合遺伝モデル

QTL効果とポリジーン効果とを取り上げたモデルは，混合遺伝モデル（mixed inheritance model）と総称される．ここでは，単一QTLの効果を含む混合遺伝モデルの一形態を示せば，

$$
\boldsymbol{y}=\boldsymbol{X\beta}+\boldsymbol{Zu}+\boldsymbol{W\kappa}+\boldsymbol{e} \tag{8-39}
$$

と行列表示される．ここで，$\boldsymbol{u}$ はポリジーン効果のベクトルを示す一方，$\boldsymbol{\kappa}$ はQTL効果のベクトルを表している．$\boldsymbol{\beta}$および $\boldsymbol{e}$ は，これまでに説明してきたモデルの場合のように，それぞれ母数効果および残差のベクトルである．このモデルにおける $\boldsymbol{y}$ の期待値と分散は，

$$
E(\boldsymbol{y})=\boldsymbol{X\beta}+E(\boldsymbol{W\kappa})\text{および } Var(\boldsymbol{y})=Var(\boldsymbol{W\kappa})+\boldsymbol{Z}Var(\boldsymbol{u})\boldsymbol{Z}'+Var(\boldsymbol{e})
$$

と書ける．$Var(\boldsymbol{u})=\boldsymbol{A}\sigma_u^2$である．

ここで，Fernando と Grossman（1989）の配偶子効果モデル（およびその類型モ

デル）は，$\boldsymbol{\kappa}$ を変量ベクトルとして取り扱い，一つのQTLの効果を二つの配偶子効果（変量効果）の和としてモデル化したものである．一方，$\boldsymbol{\kappa}$ をQTLの遺伝子型効果とし，変量効果と見做したモデル（たとえば，Almasy と Blangero，1998）や母数効果として取り扱ったモデル（たとえば，Meuwissen と Goddard, 1997）の方法論も示されている．ここでは，$E(\boldsymbol{W\kappa})=\boldsymbol{W\kappa}$ および $Var(\boldsymbol{W\kappa})=0$ とした Meuwissen と Goddard (1997) のアプローチを取り上げ，その概要についてのみ触れる．

Meuwissen と Goddard (1997) のモデルは，一つのQTLとポリジーンの効果を取り上げた場合，

$$\boldsymbol{y}=\boldsymbol{X\beta}+\boldsymbol{Zu}+\boldsymbol{ZF\kappa}+\boldsymbol{e} \tag{8-40}$$

と表される．ただし，$\boldsymbol{y}_{(n\times1)}$ は観測値のベクトルであり，これまでのモデルの場合と同様に，$\boldsymbol{\beta}_{(p\times1)}$ は母数効果のベクトル，$\boldsymbol{u}_{(q\times1)}$ はポリジーン効果の変量ベクトルであるが，$\boldsymbol{\kappa}_{(k\times1)}$ はQTL遺伝子型の母数効果のベクトルを示し，$\boldsymbol{F}$ は，個体 j がQTLについて k 番目の遺伝子型 ($k=1, 2, \cdots, s$) である場合には，要素 (j, k) を1とし，その他の要素を0とする計画行列である．また，$\boldsymbol{e}$ は残差ベクトルである．$Var(\boldsymbol{u})=\boldsymbol{A}\sigma_u^2$ であり，通常は $Var(\boldsymbol{e})=\boldsymbol{I}\sigma_e^2$ として，$Var(\boldsymbol{y})=\boldsymbol{ZAZ}'\sigma_u^2+\boldsymbol{I}\sigma_e^2$ と仮定される．

解くべき混合モデル方程式は，

$$\begin{bmatrix} \boldsymbol{D}^* & \boldsymbol{W'X} & \boldsymbol{0} \\ \boldsymbol{X'W} & \boldsymbol{X'X} & \boldsymbol{X'Z} \\ \boldsymbol{Z'W} & \boldsymbol{Z'X} & \boldsymbol{Z'Z}+\boldsymbol{A}^{-1}\lambda \end{bmatrix}\begin{bmatrix} \hat{\boldsymbol{\kappa}} \\ \hat{\boldsymbol{\beta}} \\ \hat{\boldsymbol{u}} \end{bmatrix}=\begin{bmatrix} \boldsymbol{W'y} \\ \boldsymbol{X'y} \\ \boldsymbol{Z'y} \end{bmatrix}-\begin{bmatrix} \boldsymbol{r} \\ \boldsymbol{0} \\ \boldsymbol{0} \end{bmatrix} \tag{8-41}$$

として与えられ，

$$\boldsymbol{D}^*=\begin{bmatrix} \sum_i \boldsymbol{W}_{i1} & 0 & \cdots & 0 \\ & \sum_i \boldsymbol{W}_{i2} & \cdots & 0 \\ & & \ddots & \vdots \\ & & & \sum_i \boldsymbol{W}_{is} \end{bmatrix}$$

および

$$
\boldsymbol{r}=\begin{bmatrix} \sum_i \boldsymbol{W}_{i1}\hat{\boldsymbol{u}}_j(1) \\ \sum_i \boldsymbol{W}_{i2}\hat{\boldsymbol{u}}_j(2) \\ \vdots \\ \sum_i \boldsymbol{W}_{is}\hat{\boldsymbol{u}}_j(s) \end{bmatrix}
$$

と定義されている．

8.4　IBD 行列の分割と MABLUP 法

これまでの節において，主に MABLUP 法のために開発されている種々の手法と対応する混合モデルの概要を紹介したが，これらのモデルでは共通の変量効果として，RQTLs に関する効果（ポリジーン効果）$\boldsymbol{u}$ とともに，MQTL に関する効果（本節では，“ハプロタイプ効果”$\boldsymbol{h}$ と記す）が取り上げられている．この変量ベクトル $\boldsymbol{h}$ の分散行列は，これまでみてきたように，

$$
Var(\boldsymbol{h})=\boldsymbol{H}\sigma_h^2
$$

として与えられ，$\boldsymbol{H}$ 行列は，“ハプロタイプ効果”に関して，マークされた QTL 間の IBD の確率を要素にもつ IBD 行列である．

この IBD 行列 $\boldsymbol{H}$ は，基礎個体に関する部分とそれ以外の個体に関する部分の二つのパートから構成され，

$$
\boldsymbol{H}=\begin{bmatrix} \boldsymbol{H}_{f\times f} & \boldsymbol{H}_{f\times nf} \\ \boldsymbol{H}_{nf\times f} & \boldsymbol{H}_{nf\times nf} \end{bmatrix}
$$

のごとくに分割され得る．ここで，f および nf は，それぞれ基礎個体および非基礎個体に関する行数（列数）を示す．基礎集団に関する部分行列 $\boldsymbol{H}_{f\times f}$ は，MQTL と当該マーカーとの間に集団レベルでの連鎖平衡が仮定される場合には単位行列（すなわち $\boldsymbol{H}_{f\times f}=\boldsymbol{I}$）となり，MABLUP 法で利用されるマーカー情報は家系内におけるマーカーアリルの伝達情報となる．したがって，本章における数値例では，一貫して $\boldsymbol{H}_{f\times f}=\boldsymbol{I}$ を仮定したことになる．

一方，MQTL とマーカーとが集団レベルで連鎖不平衡の状態にある場合は $\boldsymbol{H}_{f\times f}\neq\boldsymbol{I}$ となり，何百～何千世代も前に起こった突然変異から現時点までのヒス

トリカルな組換えの情報が利用されることになる．その場合，$\boldsymbol{H}_{f\times f}$を遺伝子落下実験（gene dropping simulation）やコアレスセンス理論（Coalescence theory）によって求めることが提案されている（Meuwissen と Goddard，2000，2001）．なお，非基礎集団の部分に関する IBD 行列は，$\boldsymbol{H}_{f\times f}$ の部分が決まれば，親から子への MQTL 対立遺伝子（配偶子）の伝達確率（$Pr(Q_i^h \Leftarrow Q_P^p|\mathcal{M})$）をもとにした通常の手法により，再帰的に計算することが可能である．

第9章
BLUP 法による多形質選抜の実際

これまで BLUP 法によって育種価の推定値を得る方法について論じてきた．現在，家畜の選抜において BLUP 法が最も優れた手法であることに対して誰も異論はないであろう．実際，ほとんどの畜種において BLUP 法は幅広く用いられ，家畜の改良に多大な成果を上げている．ここでは，BLUP 法を実際の選抜に利用する方法について述べる．

家畜の経済価値は，一般に，複数の形質を組合せた総合的なもので決められる．すなわち，家畜を評価し改良しようとする場合，発育形質，繁殖形質，産肉形質，産乳形質など複数の形質を総合的に判断し，評価の高い家畜が選抜され後代を残すことになる．したがって，選抜対象個体の遺伝的能力を正確に把握し，選抜対象形質に対する重み付けを正確かつ客観的に決定することは，古今東西を問わず，家畜の育種に携わる者にとって重要な関心事である．ここでは，選抜の対象となる複数形質における育種価の BLUP が得られた場合の具体的な選抜方法を，制限を付加しない従来型の選抜と，特定の形質に制限を付加した選抜の 2 通りに分けて解説する．

9.1　従来型の多形質選抜

9.1.1　選抜指数法

選抜指数法 (selection index) は，Hazel (1943) によって考案され，家畜育種に適用された．Hazel (1943) は総合育種価と呼ばれる真の指標 (H) を n 個の形質の育種価 ($\boldsymbol{g}$) と経済的重み付け値 ($\boldsymbol{v}$) の積和として，

$$H = \boldsymbol{vg} = v_1 g_1 + v_2 g_2 + \cdots + v_n g_n \tag{9-1}$$

と定義した．ただし，H は総合育種価を表す．しかし，各形質の育種価は未知であるため，式(9-1)によって H を算出することはできない．そこで，各形質の育種価の代わりに表現型値（観測値）を用いて H を推定することを考える．いま，m 個の形質の表現型値（観測値：$\boldsymbol{x}$）とその重み付け値（$\boldsymbol{b}$）の積和で表される選抜指数式（I），

$$I = \boldsymbol{bx} = b_1 x_1 + b_2 x_2 + \cdots + b_m x_m \tag{9-2}$$

において，式(9-1)の H と式(9-2)の I との相関，

$$r_{HI} = \frac{\sigma_{HI}}{\sigma_H \sigma_I} = \frac{\boldsymbol{b}'\boldsymbol{Cv}}{\sqrt{\boldsymbol{v}'\boldsymbol{Gv}}\sqrt{\boldsymbol{b}'\boldsymbol{Pb}}} \tag{9-3}$$

が最大になるような $\boldsymbol{b}$ を求める．ただし，

$$\sigma_I^2 = \boldsymbol{b}'\boldsymbol{Pb} \tag{9-4}$$

$$\sigma_H^2 = \boldsymbol{v}'\boldsymbol{Gv} \tag{9-5}$$

$$\sigma_{HI}^2 = \boldsymbol{b}'\boldsymbol{Cv} \tag{9-6}$$

で，$\boldsymbol{P}$ は m 形質の表現型分散共分散行列（$m \times m$），$\boldsymbol{G}$ は n 形質の遺伝分散共分散行列（$n \times n$），$\boldsymbol{C}$ は m 形質の表現型値と n 形質の育種価の共分散行列（$m \times n$），$\boldsymbol{v}$ は n 形質の経済的重み付け値（9.1.3 項参照）である．

選抜指数式の重み付け値のベクトル $\boldsymbol{b}$ は以下のように導かれる．まず，式(9-3)式の両辺の対数をとると，

$$\ln r_{HI} = \ln \boldsymbol{b}'\boldsymbol{Cv} - \left(\frac{1}{2}\right)\ln \boldsymbol{v}'\boldsymbol{Gv} - \left(\frac{1}{2}\right)\ln \boldsymbol{b}'\boldsymbol{Pb} \tag{9-7}$$

となる．この $\ln r_{HI}$ を最大にするための必要十分条件は，

$$\frac{\partial \ln r_{IH}}{\partial \boldsymbol{b}} = \frac{1}{\boldsymbol{b}'\boldsymbol{Cv}}\boldsymbol{Cv} - \frac{1}{2}\frac{1}{\boldsymbol{b}'\boldsymbol{Pb}} \times 2\boldsymbol{Pb} = \boldsymbol{0} \tag{9-8}$$

である．したがって，

$$\boldsymbol{Pb}=\frac{\boldsymbol{b}'\boldsymbol{Pb}}{\boldsymbol{b}'\boldsymbol{Cv}}\boldsymbol{Cv} \tag{9-9}$$

が得られる．$\boldsymbol{b}'\boldsymbol{Pb}/\boldsymbol{b}'\boldsymbol{Cv}$ はスカラーで，$\boldsymbol{b}$ の各要素における相対的な比率には影響しないため，これを 1 とおくと，

$$\boldsymbol{Pb}=\boldsymbol{Cv} \tag{9-10}$$

$$\boldsymbol{b}=\boldsymbol{P}^{-1}\boldsymbol{Cv} \tag{9-11}$$

となる．この $\boldsymbol{b}$ の要素を式 (9-2) に代入すれば，選抜指数式 (I) が得られる．すなわち，表現型分散共分散行列 $\boldsymbol{P}$，表現型値と育種価の共分散行列 $\boldsymbol{C}$ および経済的重み付け値 $\boldsymbol{v}$ がわかれば，選抜指数式を求めることができる．

9.1.2　複数形質モデルの BLUP 法

BLUP 法は選抜指数法を発展させたものであると考えることができる．選抜指数法では選抜候補個体間の血縁関係はないものとみなされ，個体の性別や出生年次などの属性やデータが収集された地域や季節などの系統的環境要因も考慮されない．しかし，多くの場合選抜対象個体の間には血縁関係が存在し，また，個体の属性や系統的環境効果の影響も無視できない．BLUP 法は複雑な血縁関係や母数効果の影響を直接考慮できるため，選抜指数法よりも優れた手法であるといえる．

複数の形質を同時に選抜する場合には，複数形質モデルの BLUP 法 (4.4 節参照) によって得られた i 番目の形質の k 番目の個体の推定育種価 ($\hat{g}_{ik}$) を用いて，

$$\hat{H}_k=v_1\hat{g}_{1k}+v_2\hat{g}_{2k}+\cdots+v_n\hat{g}_{nk} \tag{9-12}$$

の $\hat{H}_k$ の順位に基づいて選抜が行われる．この式において，v_i は i 番目の形質の経済的重み付け値である．

総合育種価の推定値 ($\hat{H}_k$) に基づいて選抜がなされ，選抜個体の次世代への遺伝的寄与が等しいと仮定した場合，総合育種価の改良量の推定値 ($\Delta\hat{H}$) は，

$$\Delta\hat{H}=\sum_{i=1}^{n}\sum_{k=1}^{K}v_i(\hat{g}^*_{ik}-\bar{\hat{g}}_i)/K \tag{9-13}$$

によって求めることができる．ここで，$\hat{g}^*_{ik}$ は選抜集団の i 番目の形質における k 番目の個体の推定育種価，n は総合育種価を推定するための形質数，K は選抜された個体数である．この場合，総合育種価の改良量は，選抜による経済的なメリットと考えることができる．また，総合育種価の推定値に基づいて選抜がなされたとき，i 番目の形質の遺伝的改良量の推定値（$\Delta\hat{G}_i$）は，

$$\Delta\hat{G}_i=\sum_{k=1}^{K}(\hat{g}^*_{ik}-\bar{\hat{g}}_i)/K \qquad (9\text{-}14)$$

によって求められる．

9.1.3 経済的重み付け値の推定

複数形質の選抜では，各形質の重み付け値，すなわち経済的重み付け値の推定法は重要な課題の一つである．Hazel (1943) は，選抜指数式を紹介した論文において，当該形質を１単位改良したときに生じる総合育種価（すなわち，総合的な経済価値）の変化量を経済的重み付け値 (economic value) として定義している．この定義に従えば，式(9-1)の総合育種価（H）は利益と考えるのが一般的で，i 番目の形質の経済的重み付け値（v_i）は，総合育種価である利益 H を，対象とする i 番目の形質の育種価の推定値（$\hat{g}_i$）で偏微分したものと考えることができる．

$$v_i=\frac{\partial H}{\partial\hat{g}_i} \qquad (9\text{-}15)$$

経済的重み付け値は，ブリーダー（育種家）が経済条件や常識的な判断から主観的に決めることが多かったが，今日では経済的重み付け値を，経済統計資料，フィールドデータあるいはシミュレーションモデルによって客観的に求める３種類の方法が提案されている．

第１の経済統計資料を用いる方法では，たとえば肉牛の肥育時における１日平均増体量の経済的重み付け値を推定する場合，１日平均増体量を１単位改良することによって短縮される肥育日数を求め，それによって削減できる飼料費や労働費などの生産コストを経済的重み付け値と考えることができる．これらの生産コストは，畜産物生産費報告書などの統計資料から得ることができる．

第2のフィールドデータを用いる方法は，近年，生産現場で生産性の向上や育種検定のためにフィールドデータが収集され，それらが利用できるようになった結果可能となった方法である．ブタやニワトリではこれまでにも生産企業や農場においてデータが収集されてきたが，肉牛や乳牛では現場のフィールドデータが収集され，それらの情報が利用できるようになってきたのは1980年代に入ってからである．たとえば，現在わが国の肉用牛の枝肉成績は，多くの都道府県の枝肉市場でルーチンワークとして蓄積されている．そこで，枝肉価格を従属変数（現実には，個体ごとの生産費までは把握できないため，利益の代わりに枝肉価格を総合育種価として用いる），経済形質を独立変数として重回帰式を組み立てれば，個々の形質の偏回帰係数はその形質の経済的重み付け値とみなすことができる．しかし，厳密に言えば，このようにして得られた経済的重み付け値は，従属変数も独立変数もいずれも観測値（表現型値）間の関係を示しているため，Hazel (1943) の定義における経済的重み付け値の推定値ではなく，近似値であると考えられる．広岡と松本 (1996) は，従属変数である枝肉価格の推定育種価と個々の形質の推定育種価が得られれば，それらの関係を重回帰式で表し，Hazel (1943) の定義により近い経済的重み付け値を推定する方法を提唱している．

第3のシミュレーションモデルに基づく方法とは，まず，選抜の対象となる経済形質を入力変数とし，利益などを予測するための対象生産システムに関する生物経済モデルを構築する．つぎにそのモデルを用いて，選抜対象形質以外の他の入力条件を一定として，経済的重み付け値を推定したい形質を1単位改良した場合の利益の変化量を算出し，それを経済的重み付け値とする方法である．このような方法によって，ブタではTessら (1983)，乳牛ではGroen (1988)，肉牛ではHirookaら (1998) が経済的重み付け値を推定している．

9.2　制限付き選抜

これまでは，集団の総合育種価を最大にする選抜法について述べてきた．一方，いくつかの形質の改良量にあらかじめ制限を加えた上で経済的メリットを最大にする選抜も考えられる．たとえば，育種改良の対象となる形質が最適な水準に達しているならば，それ以上の選抜による集団平均の変化は損失を招くだろう．また，選抜しようとする形質と他の形質との間に望ましくない遺伝相関が存在するため，ある形質の改良が，相関反応によって他の重要な形質の改良を阻害することもある．さらに，ブリーダーが改良後の理想像をイメージして育種改良に望もうとするならば，経済的な側面よりも各形質の改良量を制御して，その理想像に近づくほうがよい場合もある．これらの場合，選抜しようとする形質の改良量に制限を付けることが望ましい．

このような場面に対処するための選抜（制限付き選抜）に関する理論が，選抜指数法の中で研究され，多くの方法が提案されている．制限付き選抜理論のいくつかは，BLUP 法にも応用することができる．そこで，まず選抜指数法における制限付き選抜について触れ，つぎに BLUP 法の制限付き選抜への応用について解説する．

9.2.1 制限付き選抜指数

制限付き選抜指数（restricted selection index）の考え方を最初に導入したのは，Kempthorne と Nordskog (1959) である．彼らはある特定の形質における改良量をゼロに制限し，集団の経済的価値を最大にする制限付き選抜指数法を考案した（ゼロ制限）．その後，James (1968) は改良量をゼロ以外の値に制限する方法を提唱し，Cunningham ら (1970) は Kempthorne と Nordskog (1959) よりも容易に制限付き選抜指数式を組み立てる方法を示している．さらに，Harville (1975) はいくつかの形質を望ましい方向に改良するという制限のもとで，集団の経済的価値を最大にする選抜指数法を提唱した（比例制限）．また，Brascamp (1984) は，いくつかの形質について改良量を決め，それらを全く改良しない場合（ゼロ制限）を 0，最大限に改良する場合を 1 とし，$R(0 \leqq R \leqq 1)$ を適当に定めて，集団の経済的な価値を最大にする選抜法を提唱している．

このように特定の形質の改良量や改良方向に制限を加える選抜が必要とされることも多い．たとえば，肉牛では生時体重が重ければ，その後の発育も良好である．しかし，生時体重を重くすると難産が増加するという矛盾が生じる．したがって，生時体重には経済的な最適値が存在する．もし，生時体重の集団平均が最適値にあるならば，制限付き選抜によって，生時体重の改良量をゼロに制限することが望ましい．同様にわが国においては，産卵鶏の卵重や豚の背脂肪厚なども経済的な最適値を持つ形質として知られている．

一方，すべての形質にあらかじめ望ましい改良量を決め，それを達成するための選抜法 (desired gain selection) を，Pesek と Baker (1969) が植物育種の分野で，また Yamada ら (1975) が家畜育種の分野でそれぞれ独立に提案した（希望改良量に基づく制限）．この方法は，経済性よりもむしろブリーダーの意図を反映する選抜法とみなすことができる．この希望改良量を達成するための選抜指数法は，提案者である山田が日本の研究者であったこともあり，わが国における家畜の育種法に大きな影響を与えてきた．たとえば，ブタやニワトリの系統造成の多くはこの選抜法にもとづいて実施されている．この方法のメリットは経済的重み付け値を必要としない点にあり，ブリーダーは各形質の希望改良量を定めるだけでよい．

9.2.2 制限付き BLUP 法

BLUP 法においていくつかの形質に制限を付加する方法が制限付き BLUP 法 (restricted BLUP metod) である．制限付き BLUP 法は Quaas と Henderson (1976) によって考案された．

いま，q 形質の混合モデルは以下の通りである．

$$\boldsymbol{y}=\boldsymbol{X\beta}+\boldsymbol{Zu}+\boldsymbol{e} \tag{9-16}$$

ただし，$\boldsymbol{y}$：観測値のベクトル
$\boldsymbol{\beta}$：母数効果のベクトル
$\boldsymbol{X}$：$\boldsymbol{y}$ と $\boldsymbol{\beta}$ の関係を表す計画行列
$\boldsymbol{u}$：育種価のベクトル
$\boldsymbol{Z}$：$\boldsymbol{y}$ と $\boldsymbol{u}$ との関係を表す計画行列
$\boldsymbol{e}$：残差のベクトル

また，$\boldsymbol{u}$ と $\boldsymbol{e}$ は $E(\boldsymbol{u})=E(\boldsymbol{e})=\boldsymbol{0}$，$Var(\boldsymbol{u})=\boldsymbol{G}$，$Var(\boldsymbol{e})=\boldsymbol{R}$ および $Cov(\boldsymbol{u}, \boldsymbol{e}')=\boldsymbol{0}$ の多変量正規分布に従うものとする．なお，$\boldsymbol{G}=\boldsymbol{G}_0\otimes\boldsymbol{A}$ で，$\boldsymbol{G}_0$ は q 形質の相加的遺伝分散共分散行列，$\boldsymbol{A}$ は n 個体における分子血縁係数行列，$\otimes$ は直積，$\boldsymbol{R}$ は残差分散共分散行列である．

いま，$\boldsymbol{u}$ に対する制限を $\boldsymbol{C}'\boldsymbol{u}=\boldsymbol{0}$ とする．すべての個体に同じ制限が付加されるならば，$\boldsymbol{C}=\boldsymbol{C}_0\otimes\boldsymbol{I}$ となる．ここで，$\boldsymbol{C}_0$ は $q\times r$ の列に関してフルランクの行列 (Mallard, 1972) で，制限行列とよぶ．$\boldsymbol{C}_0$ の列数 r は Kempthorne と Nordskog

(1959) のゼロ制限, Harville (1975) の比例制限, Yamada ら (1975) の改良目標に基づく選抜における制限の数である (Satoh, 1998). たとえば, 1 番目の形質と 3 番目の形質における育種価の改良量を 0 に制限したいならば, $r=2$ で, $\boldsymbol{C}_0$ は $q\times 2$ の次のような行列となる.

$$\boldsymbol{C}_0'=\begin{bmatrix}1 & 0 & 0 & 0 & \cdots & 0\\ 0 & 0 & 1 & 0 & \cdots & 0\end{bmatrix} \tag{9-17}$$

また, p 形質の育種価の改良量に比例制限を付加する場合, 1 番目から p 番目までの形質における育種価の希望改良量の比率を $c_1:c_2:\cdots:c_{p-1}:c_p$ とすると, $\boldsymbol{C}_0$ の一つは,

$$\boldsymbol{C}_0'=\begin{bmatrix}c_p & 0 & \cdots & 0 & -c_1 & 0 & 0 & \cdots & 0\\ 0 & c_p & \cdots & 0 & -c_2 & 0 & 0 & \cdots & 0\\ \vdots & \vdots & \ddots & \vdots & \vdots & \vdots & \vdots & \ddots & \vdots\\ 0 & 0 & \cdots & c_p & -c_{p-1} & 0 & 0 & \cdots & 0\end{bmatrix} \tag{9-18}$$

によって表される. たとえば, いくつかの形質のうち, 最初の 3 形質の改良量を 1:2:3 にしたいならば,

$$\boldsymbol{C}_0'=\begin{bmatrix}3 & 0 & -1 & 0 & \cdots & 0\\ 0 & 3 & -2 & 0 & \cdots & 0\end{bmatrix} \tag{9-19}$$

となる. 制限としてゼロ制限と比例制限の両者を用いる場合, たとえば 1 番目の形質の育種価の改良量を 0 に制限し, 2 番目の形質と 3 番目の形質の育種価の改良量を 3:4 にしたいならば,

$$\boldsymbol{C}_0'=\begin{bmatrix}1 & 0 & 0 & 0 & \cdots & 0\\ 0 & 4 & -3 & 0 & \cdots & 0\end{bmatrix} \tag{9-20}$$

となる. なお, $\boldsymbol{C}_0'$ の行の順序は任意である.

式 (9-16) における $\boldsymbol{y}$ の線形関数を $\boldsymbol{p}'\boldsymbol{y}$ とするとき,

$$E(\boldsymbol{C}'\boldsymbol{u}|\boldsymbol{p}'\boldsymbol{y})=\boldsymbol{0} \tag{9-21}$$

となる制限を付加する. 式 (9-16) において, すべての個体に同じ制限が付加され

るとき，式(9-21)の制限下における $\boldsymbol{u}$ のBLUP(制限付きBLUP：$\tilde{\boldsymbol{u}}$)は次式を解くことによって得られる(QuaasとHenderson，1976).

$$\begin{bmatrix} X'R^{-1}X & X'R^{-1}Z & X'R^{-1}ZGC \\ Z'R^{-1}X & Z'R^{-1}Z+G^{-1} & Z'R^{-1}ZGC \\ C'GZ'R^{-1}X & C'GZ'R^{-1}Z & C'GZ'R^{-1}ZGC \end{bmatrix} \begin{bmatrix} \hat{\beta} \\ \tilde{u} \\ \hat{t} \end{bmatrix} = \begin{bmatrix} X'R^{-1}y \\ Z'R^{-1}y \\ C'GZ'R^{-1}y \end{bmatrix} \tag{9-22}$$

ここで，$\hat{\boldsymbol{\beta}}$ は $\boldsymbol{\beta}$ に対応する解のベクトル，$\hat{\boldsymbol{t}}$はラグランジェの未定乗数ベクトルである．式(9-22)には分子血縁係数行列 $\boldsymbol{A}$ が含まれている．行列 $\boldsymbol{A}$ は密行列(要素の多くが0でない行列)であるため，方程式が大きい場合，解の算出がきわめて困難になる．QuaasとHenderson (1976)は式(9-22)を変形し，次の方程式の解が式(9-22)の解と同じになることを示した．

$$\begin{bmatrix} X'R^{-1}X & X'R^{-1}Z & X'R^{-1}ZP \\ Z'R^{-1}X & Z'R^{-1}Z+G^{-1} & Z'R^{-1}ZP \\ P'Z'R^{-1}X & P'Z'R^{-1}Z & P'Z'R^{-1}ZP \end{bmatrix} \begin{bmatrix} \hat{\beta} \\ \tilde{u} \\ \hat{\theta} \end{bmatrix} = \begin{bmatrix} X'R^{-1}y \\ Z'R^{-1}y \\ P'Z'R^{-1}y \end{bmatrix} \tag{9-23}$$

ここで，$\boldsymbol{P}=\boldsymbol{C}_0\boldsymbol{G}_0\otimes\boldsymbol{I}_n$，$\hat{\theta}=(\boldsymbol{I}_r\otimes\boldsymbol{A}_n)\hat{\boldsymbol{t}}$である．すべての形質に対して同じ線形関数が適用され，部分欠測記録のない個体モデルでは，正準変換を用いることにより，式(9-23)のサイズを小さくすることができる(ItohとIwaisaki，1990)．また，そのような制約条件がなくても，式(9-23)のサイズを縮小することが可能である(Satoh，1998)．

次世代の種畜を選ぶためには，種畜となる候補個体の遺伝的能力を評価することによって，選抜の順位付けを行う必要がある．選抜指数法では，種畜候補ごとに選抜指数値を算出することになるため，種畜候補以外の個体の育種価を推定する必要はない．一方，BLUP法では種畜候補個体とその血縁個体の情報を用いて構築した混合モデル方程式を解くことによって育種価を推定するため，種畜候補以外の個体における育種価も同時に推定される．制限付きBLUP法も種畜候補とその血縁個体の情報から混合モデル方程式を構築するが，選抜に関する制限は種畜候補にのみ付加することが可能である．たとえば，食肉として処理された個体など，すでに死亡した個体に制限を付加する必要はないだろう．また，去勢された家畜や肥育素畜として育成されている家畜は，将来種畜になることはないので，制限を付加する対象個体にはならない．

そこで，選抜の対象となる個体にのみ制限を付加する場合，すなわち，集団の一部の個体にのみ制限を付加することを考える．この場合，$\boldsymbol{C}=\boldsymbol{C}_0\otimes\boldsymbol{J}_m$ となる．ここで，$\boldsymbol{J}_m$ は単位行列から制限を付加しない $(n-m)$ 個体に対応する列を削除した行列である．この行列 $\boldsymbol{C}$ を用いると，式 (9-22) は $\boldsymbol{A}$ の部分行列の 2 乗を必要とし，また式 (9-23) への変換ができないため，解の算出には多くのメモリと演算時間を必要とする．Satoh (2004) は集団の一部の個体に制限を付加する場合，式 (9-22) を 2 段階に分けて解く演算法を考案し，演算時間を大幅に短縮させることを可能にした．この方法を用いることにより，より効率的な制限付き選抜が可能になる．

世界的にみると，制限付き選抜は決してメジャーな手法であるとはいえない．しかし，今後さまざまな形質で改良がすすむにつれ，制限付き選抜の有用性は増加するであろう．たとえば，霜降り肉を追求して筋肉内脂肪の量が必要以上に多くなれば，健康志向を抜きにしても，もはやこれ以上脂肪の多い肉は好まれないという限界点が存在するはずである．これは豚肉にもあてはまる．肉質，抗病性，肢蹄の強さなど，今後改良が見込まれる形質にも最適値が存在する形質は多いと考えられる．たとえば肉質では筋肉内脂肪含量のみならず，pH，肉色 (明度，赤度，黄度)，脂肪酸組成なども最適値あるいは適度な組合せの比の存在が考えられる．

つぎに，Quaas と Henderson (1976) による生時体重，離乳時体重および飼料摂取量における 5 頭の記録を用いた制限付き BLUP 法による計算例を示す．これらの記録は表 9-1 のとおりである．また，以下の遺伝分散共分散行列 ($\boldsymbol{G}_0$) および環境分散共分散行列 ($\boldsymbol{R}_0$) を用いた．

表 9-1　計算例として用いた記録

動物	季節	生時体重	離乳時体重	飼料摂取量
1	1	61	362	1.96
2	1	72	401	2.05
3	2	68	350	1.81
4	2	78	410	2.01
5	2	65	340	1.74

$$
\boldsymbol{G}_0=\begin{bmatrix} 28.60 & 73.77 & 0.50 \\ 73.77 & 566.0 & 2.29 \\ 0.50 & 2.29 & 0.0276 \end{bmatrix},
$$

$$
\boldsymbol{R}_0=\begin{bmatrix} 36.3 & 67.43 & 0.06 \\ 67.43 & 1454.0 & -0.53 \\ 0.06 & -0.53 & 0.0254 \end{bmatrix}
$$

生時体重について取り上げた母数効果は全平均のみ，離乳時体重と飼料摂取量について取り上げた母数効果は季節である．すなわち，

$$
\boldsymbol{X}_1'=[1 \quad 1 \quad 1 \quad 1 \quad 1]
$$

および

$$
\boldsymbol{X}_2'=\boldsymbol{X}_3'=\begin{bmatrix} 1 & 1 & 0 & 0 & 0 \\ 0 & 0 & 1 & 1 & 1 \end{bmatrix}
$$

すべての動物は 3 形質のすべてに記録を持つので，

$$
\boldsymbol{Z}_1=\boldsymbol{Z}_2=\boldsymbol{Z}_3=\boldsymbol{I}_5.
$$

また，動物 1，2 と 3 および 4 と 5 はそれぞれ半きょうだいとし，1，2，3 と 4，5 との間に血縁関係はないものとする．このとき，分子血縁係数行列（$\boldsymbol{A}$）は以下のようになる．

$$
\boldsymbol{A}=\begin{bmatrix} 1.0 & 0.25 & 0.25 & 0.0 & 0.0 \\ & 1.0 & 0.25 & 0.0 & 0.0 \\ & & 1.0 & 0.0 & 0.0 \\ & & & 1.0 & 0.25 \\ & & & & 1.0 \end{bmatrix}.
$$

生時体重を一定にして，離乳時体重と飼料摂取量を 1 遺伝標準偏差，すなわち 23.79：0.1661 の割合で改良したいものとする．このとき，制限行列 $\boldsymbol{C}_0$ は，

$$
\boldsymbol{C}_0'=\begin{bmatrix} 1.0 & 0.0 & 0.0 \\ 0.0 & 0.1661 & -23.79 \end{bmatrix}.
$$

式(9-23)における行列 $\boldsymbol{X'R^{-1}X}$, $\boldsymbol{X'R^{-1}Z}$, $\boldsymbol{X'R^{-1}ZGC}$, $\boldsymbol{Z'R^{-1}Z+G^{-1}}$, $\boldsymbol{Z'R^{-1}ZGC}$ および $\boldsymbol{C'GZ'R^{-1}ZGC}$ は，それぞれ式(9-24a)，(9-24b)，(9-24c)，(9-24d)，(9-24e) および (9-24f) となる．

$$\boldsymbol{X'R^{-1}X}=\begin{bmatrix} 0.1520 & -0.0029 & -0.0043 & -0.2040 & -0.3061 \\ & 0.0015 & 0.0 & 0.0386 & 0.0 \\ & & 0.0023 & 0.0 & 0.0580 \\ & & & 80.0283 & 0.0 \\ & & & & 120.0424 \end{bmatrix} \tag{9-24a}$$

$$\boldsymbol{X'R^{-1}Z}=$$

$$\begin{bmatrix} 0.0304 & 0.0304 & 0.0304 & 0.0304 & 0.0304 & -0.0014 & -0.0014 & -0.0014 & 0.0 & 0.0 & 0.0193 & 0.0193 & 0.0 & 0.0 & 0.0 \\ -0.0014 & 0.0014 & 0.0 & 0.0 & 0.0 & 0.0008 & 0.0008 & 0.0 & 0.0008 & 0.0008 & 0.0 & 0.0 & 0.0193 & 0.0193 & 0.0193 \\ 0.0 & 0.0 & -0.0014 & -0.0014 & -0.0014 & 0.0 & 0.0 & 0.0008 & 0.0008 & 0.0008 & 0.0 & 0.0 & 0.0193 & 0.0193 & 0.0193 \\ -0.1020 & -0.1020 & 0.0 & 0.0 & 0.0 & 0.0193 & 0.0193 & 0.0 & 0.0 & 0.0 & 40.0141 & 40.0141 & 0.0 & 0.0 & 0.0 \\ 0.0 & 0.0 & -0.1020 & -0.1020 & -0.1020 & 0.0 & 0.0 & 0.0193 & 0.0193 & 0.0193 & 0.0 & 0.0 & 40.0141 & 40.0141 & 40.0141 \end{bmatrix} \tag{9-24b}$$

$$\boldsymbol{X'R^{-1}ZGC}=$$

$$\begin{bmatrix} 1.0677 & 1.0677 & 1.0677 & 0.8898 & 0.8898 & -0.0272 & -0.0272 & -0.0272 & -0.0227 & -0.0227 \\ 0.0306 & 0.0306 & 0.0122 & 0.0 & 0.0 & 0.0303 & 0.0303 & 0.0121 & 0.0 & 0.0 \\ 0.0061 & 0.0061 & 0.0245 & 0.0306 & 0.0306 & 0.0061 & 0.0061 & 0.0243 & 0.0303 & 0.0303 \\ 23.1428 & 23.1428 & 9.2571 & 0.0 & 0.0 & -12.9077 & -12.9077 & -5.1631 & 0.0 & 0.0 \\ 4.6286 & 4.6286 & 18.5143 & 23.1428 & 23.1428 & -2.5815 & -2.5815 & -10.3262 & -12.9077 & -12.9077 \end{bmatrix} \tag{9-24c}$$

$$\boldsymbol{Z'R^{-1}Z+G^{-1}}=$$

$$\begin{bmatrix}
0.0967 & -0.0133 & -0.0133 & 0.0 & 0.0 & -0.0071 & -0.0011 & 0.0011 & 0.0 & 0.0 \\
-0.0133 & 0.0967 & -0.0133 & 0.0 & 0.0 & -0.0011 & -0.0071 & 0.0011 & 0.0 & 0.0 \\
-0.0133 & -0.0133 & 0.0967 & 0.0 & 0.0 & -0.0011 & -0.0011 & 0.0071 & 0.0 & 0.0 \\
0.0 & 0.0 & 0.0 & 0.0940 & -0.0159 & 0.0 & 0.0 & 0.0 & -0.0069 & 0.0014 \\
0.0 & 0.0 & 0.0 & -0.0159 & 0.0949 & 0.0 & 0.0 & 0.0 & 0.0014 & -0.0069 \\
-0.8303 & 0.1457 & 0.1457 & 0.0 & 0.0 & -0.1633 & 0.0365 & 0.0365 & 0.0 & 0.0 \\
0.1457 & -0.8303 & 0.1457 & 0.0 & 0.0 & 0.0365 & -0.1633 & 0.0365 & 0.0 & 0.0 \\
0.1457 & 0.1457 & -0.8303 & 0.0 & 0.0 & 0.0365 & 0.0365 & -0.1633 & 0.0 & 0.0 \\
0.0 & 0.0 & 0.0 & -0.0069 & 0.0014 & 0.0 & 0.0 & 0.0 & 0.0041 & -0.0008 \\
0.0 & 0.0 & 0.0 & 0.0014 & -0.0069 & 0.0 & 0.0 & 0.0 & -0.0008 & 0.0041 \\
-0.8303 & 0.1457 & 0.1457 & 0.0 & 0.0 & -0.1633 & 0.0365 & 0.0365 & 0.0 & 0.0 \\
0.1457 & -0.8303 & 0.1457 & 0.0 & 0.0 & 0.0365 & -0.1633 & 0.0365 & 0.0 & 0.0 \\
0.1457 & 0.1457 & -0.8303 & 0.0 & 0.0 & 0.0365 & 0.1633 & -0.1633 & 0.0 & 0.0 \\
0.0 & 0.0 & 0.0 & -0.8012 & 0.1748 & 0.0 & 0.0 & 0.0 & -0.1560 & 0.0438 \\
0.0 & 0.0 & 0.0 & 0.1748 & -0.8012 & 0.0 & 0.0 & 0.0 & 0.0438 & -0.1560 \\
0.8303 & 0.1457 & 0.1457 & 0.0 & 0.0 \\
0.1457 & 0.8303 & 0.1457 & 0.0 & 0.0 \\
0.1457 & 0.1457 & 0.8303 & 0.0 & 0.0 \\
0.0 & 0.0 & 0.0 & -0.8012 & 0.1748 \\
0.0 & 0.0 & 0.0 & 0.1748 & -0.8012 \\
-0.1633 & 0.0365 & 0.0365 & 0.0 & 0.0 \\
0.0365 & -0.1633 & 0.0365 & 0.0 & 0.0 \\
0.0365 & 0.0365 & -0.1633 & 0.0 & 0.0 \\
0.0 & 0.0 & 0.0 & -0.1560 & 0.0438 \\
0.0 & 0.0 & 0.0 & 0.0438 & -0.1560 \\
108.6203 & -13.7212 & -13.7212 & 0.0 & 0.0 \\
-13.7212 & 108.6203 & -13.7212 & 0.0 & 0.0 \\
-13.7212 & -13.7212 & 108.62032 & 0.0 & 0.0 \\
0.0 & 0.0 & 0.0 & 105.8760 & -16.4655 \\
0.0 & 0.0 & 0.0 & -16.4655 & 105.8760
\end{bmatrix} \quad (9\text{-}24\text{d})$$

$Z'R^{-1}ZGC=$

$$\begin{bmatrix}
0.7118 & 0.1780 & 0.1780 & 0.0 & 0.0 & -0.0181 & -0.0045 & -0.0045 & 0.0 & 0.0 \\
0.1780 & 0.7118 & 0.1780 & 0.0 & 0.0 & -0.0045 & -0.0181 & -0.0045 & 0.0 & 0.0 \\
0.1780 & 0.1780 & 0.7118 & 0.0 & 0.0 & -0.0045 & -0.0045 & -0.0181 & 0.0 & 0.0 \\
0.0 & 0.0 & 0.0 & 0.7118 & 0.1780 & 0.0 & 0.0 & 0.0 & -0.0181 & -0.0045 \\
0.0 & 0.0 & 0.0 & 0.1780 & 0.7118 & 0.0 & 0.0 & 0.0 & -0.0045 & -0.0181 \\
0.0245 & 0.0061 & 0.0061 & 0.0 & 0.0 & 0.0243 & 0.0061 & 0.0061 & 0.0 & 0.0 \\
0.0061 & 0.0245 & 0.0061 & 0.0 & 0.0 & 0.0061 & 0.0243 & 0.0061 & 0.0 & 0.0 \\
0.0061 & 0.0061 & 0.0245 & 0.0 & 0.0 & 0.0061 & 0.0061 & 0.0243 & 0.0 & 0.0 \\
0.0 & 0.0 & 0.0 & 0.0245 & 0.0061 & 0.0 & 0.0 & 0.0 & 0.0243 & 0.0061 \\
0.0 & 0.0 & 0.0 & 0.0061 & 0.0245 & 0.0 & 0.0 & 0.0 & 0.0061 & 0.0243 \\
18.5143 & 4.6286 & 4.6286 & 0.0 & 0.0 & -10.3262 & -2.5815 & -2.5815 & 0.0 & 0.0 \\
4.6286 & 18.5143 & 4.6286 & 0.0 & 0.0 & -2.5815 & -10.3262 & -2.5815 & 0.0 & 0.0 \\
4.6286 & 4.6286 & 18.5143 & 0.0 & 0.0 & -2.5815 & -2.5815 & -10.3262 & 0.0 & 0.0 \\
0.0 & 0.0 & 0.0 & 18.5143 & 4.6286 & 0.0 & 0.0 & 0.0 & -10.3262 & -2.5815 \\
0.0 & 0.0 & 0.0 & 4.6286 & 18.5143 & 0.0 & 0.0 & 0.0 & -2.5815 & -10.3262
\end{bmatrix} \tag{9-24e}$$

$\boldsymbol{C'GZ'R^{-1}ZGC}=$

$$\begin{bmatrix}
35.3480 & 17.6740 & 17.6740 & 0.0 & 0.0 & -4.3783 & -2.1891 & -2.1891 & 0.0 & 0.0 \\
 & 35.3480 & 17.6740 & 0.0 & 0.0 & -2.1891 & -4.3783 & -2.1891 & 0.0 & 0.0 \\
 & & 35.3480 & 0.0 & 0.0 & -2.1891 & -2.1891 & -4.3783 & 0.0 & 0.0 \\
 & & & 33.3842 & 15.7102 & 0.0 & 0.0 & 0.0 & -4.1350 & -1.9459 \\
 & & & & 33.3842 & 0.0 & 0.0 & 0.0 & -1.9459 & -4.1350 \\
 & & & & & 4.2810 & 2.1405 & 2.1405 & 0.0 & 0.0 \\
 & & & & & & 4.2810 & 2.1405 & 0.0 & 0.0 \\
 & & & & & & & 4.2810 & 0.0 & 0.0 \\
 & & & & & & & & 4.0431 & 1.9027 \\
 & & & & & & & & & 4.0431
\end{bmatrix} \tag{9-24f}$$

式(9-23)におけるベクトル $\boldsymbol{X'R^{-1}y}$, $\boldsymbol{Z'R^{-1}Z}$ および $\boldsymbol{C'GZ'R^{-1}y}$ は,

$$\boldsymbol{X'R^{-1}y}=[6.7868 \quad 0.4663 \quad 0.6401 \quad 161.6266 \quad 22.2007]',$$

$$\boldsymbol{Z'R^{-1}y}=[1.1309 \quad 1.3997 \quad 1.3764 \quad 1.5732 \quad 0.3068 \quad 0.2254 \quad 0.2409$$
$$0.2032 \quad 0.2383 \quad 0.1986 \quad 79.1971 \quad 82.4295 \quad 72.2491$$
$$80.3907 \quad 69.5610]',$$

$$\boldsymbol{C'GZ'R^{-1}y}=[143.7809 \quad 137.3768 \quad 124.4704 \quad 112.4962 \quad -18.6050$$
$$-18.7419 \quad -17.7570 \quad -14.9453 \quad -13.9514]'$$

表 9-2　各個体における育種価の制限付き BLUP 値

動物	生時体重	離乳時体重	飼料摂取量
1	0.0	−0.227	−0.0016
2	0.0	−0.708	−0.0049
3	0.0	−1.870	−0.0131
4	0.0	4.203	0.0293
5	0.0	−1.866	0.0130

となる．rank $(\boldsymbol{X}'\boldsymbol{ZSZ}'\boldsymbol{X})=2$ なので，$\boldsymbol{Z}'\boldsymbol{X}$ における線形独立な列を除くため，たとえば $\boldsymbol{X}_1$ と $\boldsymbol{X}_2$ を除いた後にこれらの解を算出すると表 9-2 のようになる．

9.2.3　線形計画法を用いた制限付き選抜

線形計画 (linear programming：LP) 法とは，一連の制約条件下で資源の最適配分を行うための手法で，経営学のオペレーションリサーチの分野で開発された方法である．また，他の研究分野にも広く普及しており，SAS を始めとする多くのソフトウエアにおいて簡単に利用でき，さらに多くのプログラム言語によるサブルーチンも開発されている．

すでに得られた育種価の BLUP 値を用いて LP 法によって制限付き選抜を行う方法は，広岡ら (1995) によって最初に提案された．いま，i 番目の形質の改良量を Q_i に制限したいとする．このとき，線形計画法を用いて，つぎのように表すことができる．

$$\sum_{k=1}^{K} f_k \hat{H}_k \quad \rightarrow \quad \text{最大} \tag{9-25}$$

制約条件は，

$$\sum_{k=1}^{K} f_k(\hat{g}_{ik}-\bar{\hat{g}}_i)=Q_i \tag{9-26}$$

$$\sum_{k=1}^{K} f_k=1.0 \tag{9-27}$$

$$0\leq f_k \leq \frac{1}{M} \tag{9-28}$$

ただし，K：選抜前の集団の個体数

$\hat{H}_k$：k 番目の個体の総合育種価の推定値
$\hat{g}_{ik}$：i 番目の形質における k 番目の個体の推定育種価
$\bar{\hat{g}}_i$：i 番目の形質の推定育種価の平均
f_k：k 番目の個体における次世代への遺伝的寄与率を表し，具体的には供用頻度を表す

式 (9-25) は，K 頭の個体の総合育種価の推定値と供用頻度の積（すなわち，選抜個体集団における総合育種価の推定値）を最大にすることを意味している．式 (9-26) は，K 頭の個体における i 番目の形質の改良量を Q_i に制約するための式である．もし，複数の形質に対して同様の制約を付加したいならば，それらの形質について式 (9-26) と同様の制約式を付加すればよい．式 (9-27) は K 頭の個体に関する供用頻度の和が 1 となる制約式である．式 (9-28) は選抜したい個体の数を決定するために必要で，M は選抜個体数である．この例は制限付き選抜指数法（Kempthorn と Nordskog, 1959）に対応するもので，上記の条件方程式を解くことで，供用頻度 f_k が得られ，その大きさの順に個体を選抜する．

また，i 番目の形質と j 番目の形質の改良量を Q_i：Q_j の割合で制限したいとき，式 (9-26) の代りに

$$Q_j \sum_{k=1}^{N} f_k(\hat{g}_{ik} - \bar{\hat{g}}_i) = Q_i \sum_{k=1}^{N} f(\hat{g}_{jk} - \bar{\hat{g}}_j) \tag{9-29}$$

が用いられる．三つ以上の形質について比例制限を付加する場合，式 (9-29) と同様の式を，それぞれの形質間で付加すればよい．これは，比例制限付き選抜指数法（Harville, 1975）に対応する．さらにすべての形質に関して，改良量が特定の値となるような制限を加える場合や比例制限を加える場合には，改良目標に基づく選抜指数法に対応する（広岡ら，1995）．

LP 法による種雄牛の選抜例として，わが国の肉用牛の枝肉形質に育種価の評価値を用いることにする（表 9-3）．多形質の個体モデル BLUP 法によって推定されたこれらの育種価は，家畜改良事業団によって公表されており，自由に利用することができる（家畜改良事業団，黒毛和種種雄牛案内，1998）．形質として，BMS ナンバー，ロース芯面積，皮下脂肪厚およびバラの厚さを取り上げた．枝肉単価を総合育種価とし，Hirooka と Sasaki (1998) の報告に基づき，BMS ナンバー，ロース芯面積，皮下脂肪厚，バラの厚さについて，それぞれ 116.2，3.35，−

表 9-3　種雄牛別の枝肉形質に関する推定育種価ならびにそれに基づく実際および
ケースごとの選抜牛一覧

種雄牛	BMS[a] ナンバー	ロース芯面積(cm^2)	皮下脂肪厚(cm)	バラの厚さ(cm)	選抜牛[b] 実際	ケース1	ケース2	ケース3	ケース4	ケース5
多菊	2.099	−0.718	−0.063	0.153	○	○	○	○		○
菊茂福	1.030	−1.368	−0.268	−0.690						
安次郎	2.577	−3.576	0.258	−0.143	○	○	○	○		
福安	2.779	−1.298	0.070	0.123		○	○	○		○
福栄	3.486	−1.243	−0.068	−0.306	○	○	○	○	○	○
菊照森	2.006	−1.539	0.093	-0.689		○	○			
茅照	2.243	3.479	-0.396	−0.459	○	○	○	○	○	
福照	2.404	1.100	0.029	−0.580	○	○	○	○		
鶴道	0.052	−3.045	0.170	−0.210						
安鶴谷	1.922	−0.527	−0.533	−0.499	○	○	○	○	○	○
糸気高	0.921	−5.015	−0.083	0.270				○		○
糸花桜	−0.706	2.013	−0.457	−0.097						○
初鶴	0.322	−2.865	0.845	0.244						
糸栄晴	0.291	−4.659	−0.210	−0.526						
隆安美	0.242	−1.919	0.188	0.213						
神滝	0.599	2.859	−0.302	−0.151					○	
大山	0.234	−1.057	0.157	0.573	○					
北幸福	−0.188	−3.647	−0.203	−0.464						
岡晴	0.807	3.850	−0.240	0.118		○			○	
賢明	−0.068	6.032	−0.851	−0.388	○				○	○
前秀5	0.195	5.751	−0.480	0.043					○	○
末落合	0.486	−1.906	−0.420	−0.382					○	○
福谷福	4.762	8.612	−0.339	0.062	○	○	○	○	○	○
茂金	1.275	4.980	−0.168	−0.203	○	○	○	○	○	
泉曙	0.729	−1.831	−0.076	−0.216						

[a] BMS ナンバーは霜降りの度合いを表す指標で 1 から 12 まで 12 段階の評価で最上のものが 12 である
[b] 各ケースの説明は本文参照
○は選抜される種雄牛を示す

2.44，26.9 の経済的重みづけ値を想定した．この例では 25 頭の候補牛が用いられ，間接検定によって 11 頭が実際に選抜されている (表 9-3)．ここでは，以下にあげたそれぞれのケースについて，25 頭中 10 頭を選抜するものとした．

選抜方法は，式 (9-13) による総合育種価 (枝肉単価) の順位にしたがって選抜する方法 (ケース 1)，BMS ナンバーのみの順位にしたがって選抜する方法 (ケース 2)，バラの厚さの改良量をゼロに制限する選抜方法 (ケース 3)，BMS ナンバーと皮下脂肪厚の改良量の比を1：−0.6に制限する選抜方法（ケース4）およびBMSナンバー，ロース芯面積，皮下脂肪厚，バラの厚さの改良量の比を1：4.12：−0.6：0.27に制限する選抜方法（ケース5）を想定した．

実際に家畜改良事業団によって選抜された候補牛およびケース1〜5の方法によって選抜される候補牛は表9-3に示すとおりである．総合育種価の推定値に基づく選抜（ケース1）とBMSナンバーのみに基づく選抜（ケース2）では，選抜される候補牛は一致した．これらのケースは，わが国の枝肉形質を重視した選抜の一例と考えられる．これらのケースでは選ばれなかったが，「大山」，「国晴」，「賢明」の3頭は，実際には選抜されている．その理由として，「大山」と「国晴」は本事例で考慮していない1日平均増体量の優れた候補牛であり，また「賢明」はロース芯面積が極端に優れた候補牛であったことが考えられる．これらのことから，実際の選抜では枝肉形質のみならず1日平均増体量のような発育形質も考慮され，また特定の形質が極端に優れた個体も選抜されたと考えられる．一方，「菊照森」はケース1やケース2では選ばれるにもかかわらず，実際には選抜されなかった．「菊照森」が選抜されなかった理由は，1日平均増体量の能力が極めて劣っていたからのようである．いずれのケースでも選抜される候補牛として，「福栄」，「安鶴谷」，「福谷福」の3頭が挙げられた．

表9-4は，ケースごとの各形質における改良量の推定値および総合育種価における改良量の推定値を示したものである．ケース1やケース2では，BMSナンバーやロース芯面積は大きな改良量が得られるが，皮下脂肪厚の改良量はほぼゼロに等しく，バラの厚さの改良量は負になると推定された．そこで，バラの厚さ

表9-4　各形質の遺伝的改良量の推定値（$\Delta\hat{g}$）および総合育種価の改良量の推定値（$\Delta\hat{H}$）

	遺伝的改良量の推定値（$\Delta\hat{g}$）				
	BMSナンバー	ロース芯面積	皮下脂肪厚	バラの厚さ	$\Delta\hat{H}$
ケース1	1.335	0.282	0.022	−0.086	155.6
ケース2	1.335	0.282	0.022	−0.086	155.6
ケース3	1.227	0.480	0.005	0.010	144.4
ケース4	0.351	3.090	−0.246	−0.049	50.4
ケース5	0.368	1.071	−0.188	0.066	48.5

各ケースは本文を参照

がゼロになるような制限を加えた場合（ケース 3），バラの厚さは期待どおりほぼゼロ（0.01）に制限できた．しかし，制限を加えないケース 1 やケース 2 と比べて，BMS ナンバーやロース芯面積の改良量が少なかったため，総合育種価の改良量はケース 1 やケース 2 に比べて約 7％少なかった．BMS ナンバーと皮下脂肪厚の改良量に 1：−0.6 の比で制限を加えた場合（ケース 4）は，両形質の遺伝的改良量の推定値は 1：−0.7 となり，あらかじめ設定した形質間の比とほぼ一致した．しかし，総合育種価の改良量はケース 1 やケース 2 の約 1/3 にとどまるものと推定された．すべての形質に制限を加えた場合（ケース 5）では，総合育種価の改良量はさらに小さく推定された．

9.2.4 制限付き BLUP 法と LP 法の比較

制限付き BLUP 法によって直接制限を加える方法と BLUP 法から得られた育種価の BLUP 値を用いて LP 法によって制限を付加する方法の適用範囲はよく似通っている．表 9-5 は各選抜法における制限付き BLUP 法と LP 法の対応を示したものである．いずれの方法もそれぞれの制限付き選抜にうまく適用することができる．しかし，これら二つの方法は理論的に同値ではないので，結果には相違が生じる．したがって，さまざまな条件下で両者の結果の相違を示すことは重要である．

Ieiri ら（2004）は，モンテカルロシミュレーション（乱数を発生させて行う模擬実験）により，10 頭の雄，60 頭の雌から各性 2 頭ずつの後代を 3 世代にわたって発生させた．その際，育種価の BLUP 値と LP 法の組合せによる選抜と制限付き BLUP 法による選抜を比較した（図 9-1）．選抜は 2 形質とし，それらの遺伝率はともに 0.3，両者の遺伝相関は 0.8 とした．二つの形質を逆の方向に選抜しようとした場合（すなわち，2 形質を −5：1 や −1：1 に制限する場合）には，二つの形質に対

表 9-5　各制限付き選抜法に対する制限付き BLUP 法および LP 法の対応

選抜法	制限付き BLUP 法	LP 法
ゼロ制限	式（9.17）参照	式（9.26）で $Q_i=0$
特定値への制限	−	式（9.26）で Q_i=特定値
比例制限	式（9.18）を参照	式（9.29）を参照
改良目標に基づく制限	式（9.18）を参照	式（9.29）を参照

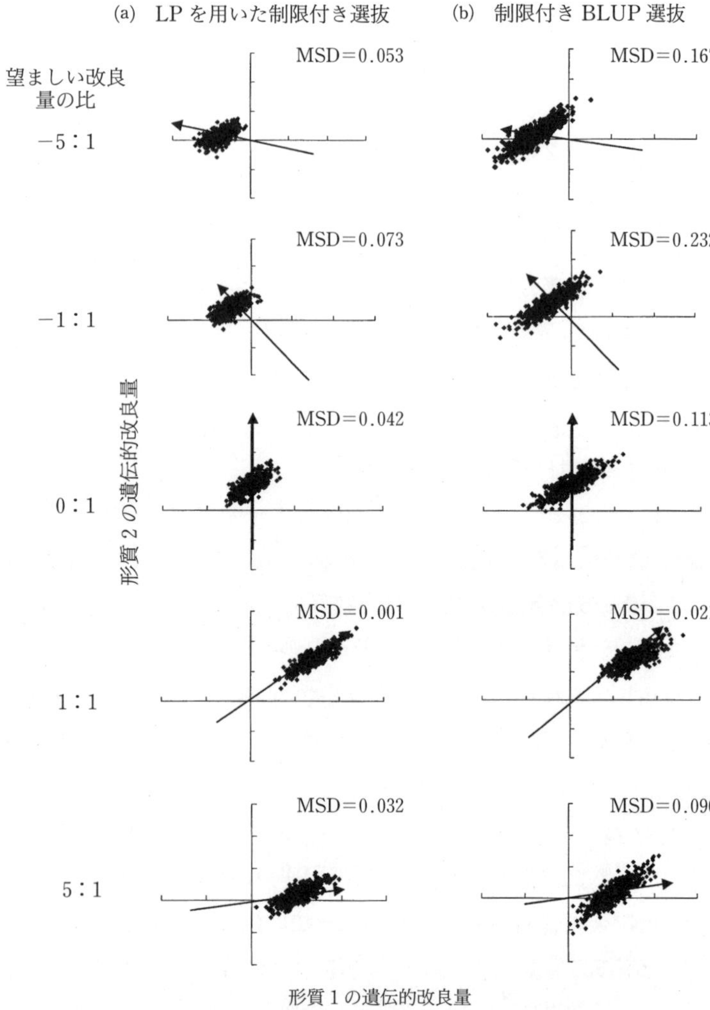

図9-1　LPを用いた制限付選抜と制限付きBLUPによる選抜下における500回のモンテカルロシミュレーションの遺伝的改良量の比較（Ieiriら，2004）

すべての数値は表型標準偏差で表されている
両形質の遺伝率は0.3，遺伝相関は0.8
矢印は選抜の方向を表し，MSDは意図した遺伝的改良量からの偏差の平均値

してあらかじめ設定した改良量の比とシミュレーションから得られた改良量の比 ($\Delta G_1/\Delta G_2$) の平均平方偏差 (MSD) (両者の乖離の大きさを表す指標の一つ) は，概して大きくなる傾向が認められた．いずれの条件下でも LP 法は制限付き BLUP 法に比べて，意図した改良量に対する選抜反応のバラツキは小さいことが示唆された．遺伝的改良量のバラツキの大きさは選抜計画のリスクの指標になると考えられ，バラツキが小さいということは，意図した方向に改良されやすいと判断できる．一方，改良方向に対する改良量の平均は，制限付き BLUP 法が LP 法より大きくなる傾向にあった．繰り返し選抜を行う場合，改良方向のズレは世代ごとに補正することができる．したがって，選抜を複数世代繰り返す場合には，それぞれの方法の特徴を理解した上で選抜法を選択する必要がある．

希望改良量を達成するための制限付き BLUP 法では，個体の観測値が 1 形質でも欠測している場合，当該個体における他の観測値は育種価の制限付き BLUP の算出に利用されない．一方，LP 法に関する分析上の制約から，LP 法が取り扱うことのできる頭数は多くとも数百頭のオーダーに限られている．制限付き選抜では，制限付き BLUP 法や LP 法の得失をよく理解した上でそれらを利用することが望ましい．

第10章

BLUP選抜と集団の有効な大きさ

1世代の選抜による選抜反応あるいは遺伝的改良量 (ΔG) は,

$$\Delta G = i r_{IA} \sigma_A \qquad (10\text{-}1)$$

によって予測できる (Falconer と Mackay, 1996). ここで, i は選抜強度, r_{IA} は選抜の正確度, σ_A は相加的遺伝分散の平方根である. しかし, 閉鎖集団において継続して選抜を行った場合, 世代当たりの遺伝的改良量は, 相加的遺伝分散の減少によって, 最初の世代に式(10-1)から期待された値よりも次第に小さくなっていく. BLUP法による推定育種価に基づく選抜 (BLUP選抜) においては, このような相加的遺伝分散の減少による遺伝的改良量の低下量が, 他の選抜方法よりも大きくなることが示されている (たとえば, Quinton ら (1992)). さらに, BLUP選抜の下では近交係数の上昇が, 他の選抜方法よりも速やかになることも指摘されている (たとえば, Caballero ら, 1996).

このようなBLUP選抜が持つ問題点は, 集団の有効な大きさと呼ばれるパラメータと関連付けて考えると理解しやすい. そこで本章では, まず集団の有効な大きさの定義と概念を説明し, 家畜育種において重要な繁殖構造上の特徴が集団の有効な大きさに与える影響について述べる. つぎに, 単純化した条件の下で選抜が集団の有効な大きさに与える影響を解説した上で, その応用としてブタやニワトリなどの中小家畜の閉鎖群育種において継続的にBLUP選抜を行った場合の遺伝的改良量と近交係数について考察する. 最後に, 大家畜の育種におけるBLUP選抜の利用が集団の有効な大きさに与える影響について, 黒毛和種牛におけるケーススタディーを紹介する.

10.1　集団の有効な大きさ

10.1.1　定義

N 個体の親の間に繁殖能力に差がなく，ランダムに交配する集団（これを「理想化された集団」と呼ぶ）を考えよう．この集団における連続した 2 世代の近交係数（F_{t-1} と F_t）は

$$F_t = \frac{1}{2N} + \left(1 - \frac{1}{2N}\right) F_{t-1} \tag{10-2}$$

という漸化式に従う（Falconer と Mackay，1996）．また，近交係数の世代当たりの上昇率（ΔF）を

$$\Delta F = \frac{F_t - F_{t-1}}{1 - F_{t-1}}$$

とすれば漸化式 (10-2) を用いると，

$$\Delta F = \frac{1}{2N} \tag{10-3}$$

と表すことができる．なお，近交係数の上昇率に関する式 $\Delta F = (F_t - F_{t-1})/(1 - F_{t-1})$ は，つぎのように考えると，その意味が理解しやすい．内交配が進み集団が完全にホモ化した集団では $F=1$ である．したがって，分母の $1 - F_{t-1}$ は，親世代（世代 $t-1$）において，集団が完全にホモ化するまでにどれだけの余裕があるかを示している．一方，分子の $F_t - F_{t-1}$ は，その余裕が子世代（世代 t）でどれだけ食いつぶされるのかを示している．近交係数が低い段階での近似として，$\Delta F \approx F_t - F_{t-1}$ が用いられることもある．

遺伝的浮動（genetic drift）による遺伝子頻度の変化の性質も，以下のように個体数 N を用いて表すことができる．すなわち，中立な遺伝子座における，ある遺伝子の頻度を p_0，その遺伝子の 1 世代後の頻度を p_1 とすれば，変化量 $\Delta p = p_1 - p_0$ の期待値はゼロであり，分散は

$$\sigma_{\Delta p}^2 = \frac{p_0(1 - p_0)}{2N} \tag{10-4}$$

である (Falconer と Mackay, 1996)．集団遺伝学においては，このほかにも突然変異遺伝子の固定確率など集団の遺伝子構成の変化を予測する理論式が「理想化された集団」の親数 N の関数として導かれてきた (Crow と Kimura：1970)．

ところが，現実の生物集団の繁殖構造は，「理想化された集団」よりもはるかに複雑である．とくに，家畜集団においては，雄親は雌親よりもはるかに少なく，また雄親の間には供用頻度に著しい差があり次世代に残す子どもの数に大きな違いがあることが多い．集団の有効な大きさ (effective population size：N_e) とは，このような複雑な繁殖構造を持つ現実の集団の親数を，「ある基準」に基づいて「理想化された集団」の親数に換算したものである．家畜育種において最も一般に用いられる基準は，近交係数の上昇率と遺伝的浮動による遺伝子頻度の変化量の分散である．すなわち，集団の有効な大きさは，式 (10-3) から

$$N_e = \frac{1}{2\Delta F} \tag{10-5}$$

あるいは，式 (10-4) から

$$N_e = \frac{p_0(1-p_0)}{2\sigma_{\Delta p}^2} \tag{10-6}$$

として与えられる．これらは，それぞれ内交配に関する有効な大きさ (inbreeding effective size) および遺伝的浮動に関する有効な大きさ (variance effective size) と呼ばれる．集団の有効な大きさは，Wright (1938) によってはじめて導入された概念であるが，当初，ライトは上記の二つの有効な大きさは常に同じ値を与えるものと考えていた．しかし，木村 (1960) および Kimura と Crow (1963) が示し，また後でも簡単に述べるように，二つの有効な大きさは全く異なる値をとることがある．

10.1.2 家畜集団の繁殖構造と有効な大きさ

家畜集団の有効な大きさに重要な影響を与える要因として，いくつかのものをあげて解説する．なお，選抜が集団の有効な大きさに与える影響については，10.2 節で詳しく扱うことにする．

a．家系サイズの分散

家系サイズとは，ある個体の子どものうち，次世代の繁殖個体になることのできた子どもの数である．理想化された集団では，次世代への寄与にあたって，すべての親は等しい機会を持つ．この場合，家系サイズは平均 $\mu_k=2$，分散

$$V_k=2\left(1-\frac{1}{N}\right)$$

を持つ 2 項分布にしたがう．しかし現実の家畜集団では，とくに育種家による人為的な関与によって，親が次世代に寄与する機会は等しくならない．これによって，家系サイズの分散は増大し，少数の親の次世代への寄与が大きくなることで集団の有効な大きさは小さくなる．

式 (10-5) の定義に従えば，内交配に関する有効な大きさは

$$\frac{1}{N_e}=\frac{\mu_k-1+\dfrac{V_k}{\mu_k}}{N_{t-1}\mu_k-1} \tag{10-7}$$

として得られる (Caballero, 1994)．ここで，N_{t-1} は親の数である．一方，式 (10-6) の定義に従がえば，遺伝的浮動に関する有効な大きさが

$$\frac{1}{N_e}=\frac{2\left(1+\dfrac{V_k}{\mu_k}\right)}{4N_t-\mu_k} \tag{10-8}$$

として与えられる (Crow と Kimura, 1970)．ここで，N_t は繁殖個体になることのできた子どもの数である．理想化された集団では，$N_{t-1}=N_t=N$，$\mu_k=2$ および $V_k=2(1-1/N)$ であるから，上の二つの式はともに $N_e=N$ となる．

内交配に関する有効な大きさは親の数 (N_{t-1}) に依存しているのに対し，遺伝的浮動に関する有効な大きさが子どもの数 (N_t) に依存していることに注目されたい．このことから，個体数が増加しつつある集団では，内交配に関する有効な大きさは，遺伝的浮動に関する有効な大きさよりも小さくなる．もし個体数が一定なら，$N_t=N_{t-1}=N$ および $\mu_k=2$ であるから，式 (10-7) および (10-8) はともに

$$N_e=\frac{4N-2}{2+V_k} \tag{10-9}$$

と書ける．したがって，個体数の変動があまり大きくないなら，集団の有効な大きさに関する二つの定義は同じ結果を導くと考えてよい．なお，二つの有効な大きさが異なる値をとる場面についての詳細な議論は，木村（1960）あるいはCrowとKimura（1970）を参照されたい．

多くの家畜集団のように，親が次世代の繁殖個体として残す子どもの数の分散，すなわち家系サイズの分散 V_k が雄（m）と雌（f）で異なるなら，集団の有効な大きさは

$$\frac{1}{N_e}=\frac{1}{16N_m}\left[2+V_{kmm}+2\left(\frac{N_m}{N_f}\right)Cov(k_{mm},k_{mf})+\left(\frac{N_m}{N_f}\right)^2V_{kmf}\right] \\ +\frac{1}{16N_f}\left[2+V_{kff}+2\left(\frac{N_f}{N_m}\right)Cov(k_{fm},k_{ff})+\left(\frac{N_f}{N_m}\right)^2V_{kfm}\right] \tag{10-10}$$

と表せる（Latter, 1959）．ここで，$N_s(s=m \text{ or } f)$ は性 s の親の数，V_{ksm} は性 s の親が寄与する雄の子どもの数の分散（V_{ksf} についても同様），$Cov(k_{sm},k_{sf})$ は性 s の親が寄与する雄の子どもと雌の子どもの数の共分散である．

b．雄親と雌親の数の違い

多くの家畜集団では，繁殖に関与する雄の数は雌の数よりもはるかに少ない．雄親の数を N_m，雌親の数を N_f とすれば，このような集団の有効な大きさは

$$N_e=\frac{4N_mN_f}{N_m+N_f} \tag{10-11}$$

によって与えられる（Falconer と Mackay, 1996）．この式にはいくつかの導き方があるが，それぞれの性における家系サイズの分散をポアソン分布で近似すれば，この分布の性質より平均値と分散が等しいので $V_{ksm}=N_m/N_s$ および $V_{ksf}=N_f/N_s$ となり，さらに $Cov(k_{sm},k_{sf})=0$ とすれば，式（10-10）から導くこともできる．

つぎのような三つの集団を考えてみよう．

集団A：$N_m=20$，$N_f=1000$

集団B：$N_m=20$，$N_f=200$

集団 C：$N_m=4$，$N_f=1000$

式 (10-11) より，これらの集団の有効な大きさは

集団 A：$N_e=78.4$
集団 B：$N_e=72.7$
集団 C：$N_e=15.9$

となる．集団の有効な大きさは，個体数の少ない性の親数に大きく依存していることに注目されたい．一般には，家畜集団では N_m は N_f よりもはるかに小さいので，$N_m/N_f \to 0$ とすれば，式 (10-11) は近似的に

$$N_e=4N_m \tag{10-12}$$

と書ける．また，近交係数の上昇率も

$$\Delta F=\frac{1}{8N_m}$$

で近似できる．ちなみに，上で考えた三つの集団について，式 (10-12) から集団の有効な大きさを求めてみると，集団 A と B はともに 80，集団 C では 16 となり，式 (10-11) から求めた値にかなり近い値が得られる．

c．親数の世代間での変動

世代 i の親数を N_i とすれば，t 世代間の平均的な集団の有効な大きさは，N_i の調和平均 (harmonic mean)

$$\frac{1}{N_e}=\frac{1}{t}\sum_{i=1}^{t}\frac{1}{N_i} \tag{10-13}$$

として与えられる (Falconer と Mackay, 1996)．もし雄親と雌親の数を分けて考えるなら，式 (10-13) は

$$\frac{1}{N_e}=\frac{1}{t}\sum_{i=1}^{t}\left(\frac{1}{4N_{m,i}}+\frac{1}{4N_{f,i}}\right) \tag{10-14}$$

のように拡張できる (Crow と Kimura，1970)．ここで，$N_{m,i}$ および $N_{f,i}$ はそれぞ

れ世代 i の雄親および雌親の数である．式 (10-13) と (10-14) は，集団の有効な大きさが親数の少なかった世代に大きく影響されることを示している．言い換えれば，ボトルネック (bottle neck) によって引き起こされた遺伝的変異の減少は，その後集団の個体数が増加しても回復が困難であることを示している．

たとえば，ウシのある品種が，$N_{m,1}=1$ および $N_{f,1}=10$ という個体数で導入されたとしよう．その後，4 世代の間に集団の大きさが

世代 2：$N_{m,2}=10$，$N_{f,2}=100$
世代 3：$N_{m,3}=20$，$N_{f,3}=200$
世代 4：$N_{m,4}=30$，$N_{f,4}=200$

のように拡大されたとすれば，式 (10-14) から，4 世代にわたる集団の有効な大きさの平均値は約 16 に過ぎないことがわかる．このことは，新しい集団を造成する際の最初の個体数の重要性を示している．このような最初の個体数の効果を，創始者効果 (founder effect) という．

d．世代の重複

多くの大家畜では重複した世代を持つ．M および F をそれぞれ単位時間 (たとえば 1 年間) に繁殖グループに新たに加わる雄と雌の数，L を世代間隔とすると，重複した世代を持つ集団の有効な大きさは，式 (10-10) の N_m と N_f をそれぞれ ML と FL で置き換えることによって得られる (Hill，1979)．すなわち，

$$\frac{1}{N_e}=\frac{1}{16ML}\left[2+V_{k_{mm}}+2\left(\frac{M}{F}\right)Cov(k_{mm},\ k_{mf})+\left(\frac{M}{F}\right)^2 V_{k_{mf}}\right] + \frac{1}{16FL}\left[2+V_{k_{ff}}+2\left(\frac{F}{M}\right)Cov(k_{fm},\ k_{ff})+\left(\frac{F}{M}\right)^2 V_{k_{fm}}\right] \quad (10\text{-}15)$$

もちろん，この式の中の分散と共分散は生涯の子どもの数についてのものである．式 (10-11) を導いたときと同様に，生涯の子どもの数がそれぞれの配偶子径路 (父から息子など) で独立にポアソン分布に従うとすれば，式 (10-15) は

$$N_e=\frac{4MFL}{M+F}$$

となる．さらに，$M \ll F$ なら

$$N_e = 4ML$$

と書ける．また，年当たりの集団の有効な大きさ (N_{ea}) および年当たりの近交係数の上昇率 (ΔF_a) は

$$N_{ea} = N_e L = \frac{4MFL^2}{M+F} \approx 4ML^2$$

および

$$\Delta F_a = \frac{\Delta F}{L} = \frac{1}{8ML^2} + \frac{1}{8FL^2} \approx \frac{1}{8ML^2}$$

によって与えられる．

10.1.3 集団の有効な大きさと育種の効率

a．相加的遺伝分散の減少

連続した 2 世代 ($t-1$ および t) における相加的遺伝分散それぞれ $V_{A,t-1}$ および $V_{A,t}$ は，集団の有効な大きさ (N_e) を用いて漸化式

$$V_{A,t} = V_{A,t-1}\left(1 - \frac{1}{2N_e}\right) = V_{A,0}\left(1 - \frac{1}{2N_e}\right)^t \tag{10-16}$$

によって表される．図 10-1 は，世代 0 における相加的遺伝分散を 1 ($V_{A,0}=1$) として，いくつかの N_e について，世代に伴う相加的遺伝分散の減少を示したものである．N_e が小さい集団ほど相加的遺伝分散の減少が速やかなことがわかる．

現実の育種においては，施設や予算の制約上，一定数の個体しか検定できないことが多い．この場合，何個体を次世代の親として選抜すればよいか，という問題に直面する．選抜強度を強くすれば (すなわち，選抜する個体数を少なくすれば)，次世代に期待される遺伝的改良量を大きくできるが，集団の有効な大きさが小さくなるため，相加的遺伝分散の低下量が大きくなり，中あるいは長期的な改良量は低下するであろう．この問題に対して最初に理論的考察を加えたのは，Robertson (1960) である．それ以前の研究は，ほとんどが次世代に期待される遺伝的改良量を最大化することに集中してきた．Robertson (1960) の理論は，その最大化が

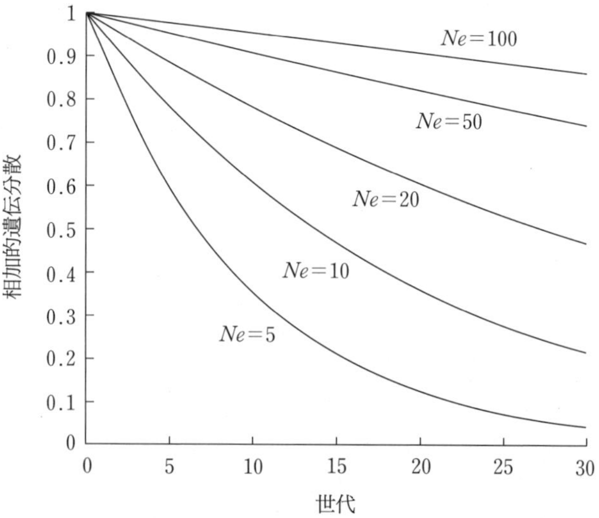

図 10-1　様々な集団の有効な大きさ (N_e) の下での相加的遺伝分散の変化

選抜限界 (selection limit) を低下させることを示したものである．この理論は育種における集団の大きさの重要性をはじめて指摘した点で，近代育種理論の中で最も優れた業績の一つといわれている．ロバートソンの理論にしたがえば，選抜率を 0.5 とする (すなわち，上位半分を選抜する) と，最大の選抜限界が得られることになる．

なお，Robertson (1970) や James (1972) は，短期的な遺伝的改良量と長期的な遺伝的改良量を同時に考慮した最適選抜強度を，式 (10-16) に基づいて算出している．

b．近交係数の上昇

多くの動物種では，近交係数が上昇すると繁殖能力や生存力などの適応度 (fitness) に関連した形質の低下，すなわち近交退化 (inbreeding depression) が認められる．乳量や体重など育種において改良の対象となる形質にも近交退化が生じることがある．

内交配に関する有効な大きさの定義より，有効な大きさが N_e であるランダム交配 (自殖を含む) 集団の連続した 2 世代の近交係数は，式 (10-2) の N を N_e で置き換えて，

$$F_t = \frac{1}{2N_e} + \left(1 - \frac{1}{2N_e}\right)F_{t-1} \tag{10-17}$$

で表される．自殖を除外すると，式(10-17)は

$$F_t = F_{t-1} + \frac{1}{2N_e}(1 - 2F_{t-1} + F_{t-2}) \tag{10-18}$$

となる(Wright，1931；Caballero，1994)．式(10-18)における近交係数の上昇率(ΔF)は，近似的に

$$\Delta F = \frac{1}{2N_e + 1}$$

となり，自殖を含めた場合(式(10-5)参照)よりも，ΔFはわずかに小さくなる．ただし，N_eが極端に小さくない限り，両者の差はわずかである．

図10-2には，$F_0 = F_1 = 0$として，いくつかのN_eについて，式(10-18)を用いて近交係数を計算した結果を示しておく．

c．遺伝的改良量の機会的変動

式(10-1)によって計算される1世代の選抜による遺伝的改良量は，多くの反復

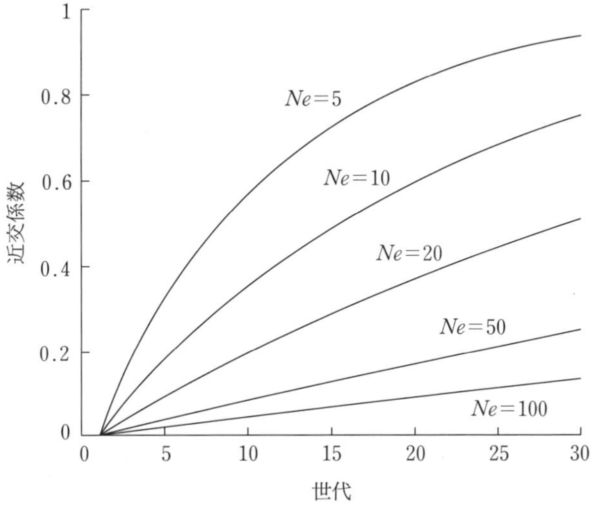

図10-2　様々な集団の有効な大きさ(N_e)の下での近交係数の変化

実験を行った場合の平均値（期待値）であり，個々の実験における遺伝的改良量は式(10-1)による期待値の回りにランダムな変動（機会的変動）を示す．この変動の大きさは，集団の有効な大きさが小さいときほど大きくなる．世代 t までの累積改良量を R_t として，R_t の機会的変動を分散で表すと，近似的に

$$Var(R_t)=\frac{tV_A}{N_e}$$

と書ける（Hill，1985）．ここで，$V_A(=\sigma_A^2)$ は相加的遺伝分散である．

通常，大家畜の育種では，実験動物を用いた選抜実験とは異なり，反復実験が行われないために，実際に得られた遺伝的改良量が機会的変動によって期待した値を下回ったとき，育種に携わってきた者は失望するであろうし，また生産現場からの育種手法に対する信頼を損なう可能性もある．この点に関して，Nicholas (1987) は，遺伝的改良量の変動係数

$$CV(R_t)=\frac{\sqrt{Var(R_t)}}{R_t}$$

を許容値以下に抑えるために必要な集団の有効な大きさを見積もる方法を提案している．

たとえば，累積改良量が無選抜で維持されているコントロール集団からの偏差として評価される選抜計画において，t 世代後の累積改良量 R_t の変動係数を $CV(R_t)$ 以下に抑えるのに必要な集団の有効な大きさは

$$N_e\geq\frac{2}{ti^2h^2[CV(R_t)]^2}$$

ここで，i：選抜強度

h^2：選抜の対象形質の遺伝率

として決めることができる（Nicholas，1980；Falconer と Mackay，1996）．毎世代，上位1/4を選抜する計画を考えると，適当な数表（たとえば，Falconer と Mackay (1996) あるいは Becker (1985)）より，$i=1.271$ である．選抜の対象形質の遺伝率を0.3とし，10世代後の累積改良量の変動係数を20%（$CV(R_{10})=0.2$）以下に抑えるのに必要な集団の有効な大きさは，上式より，$N_e\geq10.3$ となる．もし，累積

改良量の変動係数を5％($CV(R_{10})=0.05$) 以下に抑えようとするなら，集団の有効な大きさとして $N_e \geq 165.1$ が必要になる．

10.2 選抜の働く集団の有効な大きさ

前節においては，家畜集団の繁殖構造上のいくつかの特徴が集団の有効な大きさに与える影響を解説した．そこでは，選抜の影響は無視してきたが，選抜は集団の有効な大きさに対して最も重要な影響を及ぼす要因である．選抜が働く集団では，優れた親は多くの子どもを次世代の親として残すため，家系サイズの分散は選抜が働かない集団よりも大きくなる．このため，選抜が働くと集団の有効な大きさは小さくなる(式(10-9)参照)．遺伝性の形質に対して選抜が複数世代にわたって働くと，後で示すように，選抜が集団の有効な大きさに対して累積効果を持つため，集団の有効な大きさはさらに小さくなる．選抜の影響を集団の有効な大きさの予測式に組み込む仕事は，Robertson (1961) によってはじめて行われた．その後，この方面の研究には大きな進展は見られなかったが，1990年代に入り，個体モデルのBLUP法の普及に伴い，近交度の上昇などが懸念されるようになってから多くの研究が行われるようになった．

本節では，まず表現型値に基づく個体選抜（表現型選抜）が集団の有効な大きさに及ぼす影響について示す．さらに，BLUP選抜の影響を考察するための前準備として，血縁個体の情報を取り入れた選抜指数による選抜（指数選抜）の集団の有効な大きさへの影響について解説する．

10.2.1 表現型選抜

a．1世代の選抜

問題を単純化するために，雌雄同数の N 個体 ($N_m=N_f=N/2$) の親がランダムにペア交配する集団を考える．各ペアからは，雌雄各 n 個体が測定され，全測定個体（雌雄各 $nN/2$ 個体）から，雌雄各 $N/2$ 個体が次世代の親として選抜されるものとする．したがって，選抜率は $1/n$ である．

1世代の選抜後の集団の有効な大きさは，式(10-9)より，近似的に

$$N_e=\frac{4N}{2+V_k}$$

として得られる．選抜が働く場合，家系サイズの分散（V_k）は

$$V_k=S_k^2+4C^2$$

として，二つの成分に分けられる．ここで，S_k^2 は選抜が働かないとき（親がランダムに選ばれるとき）の家系サイズの分散，C^2 は個体の選抜に対する優越度（自然選択における適応度に相当する）の分散である．いまの場合，S_k^2 は近似的に $S_k^2=2(1-1/n)$ と書ける．したがって，1世代後の集団の有効な大きさは

$$N_e=\frac{4N}{2+S_k^2+4C^2} \tag{10-19}$$

として予測できる．

Robertson (1961) は，C^2 の近似式として

$$C^2=i^2\rho \tag{10-20}$$

を与えている．ここで，i は選抜強度，ρ は全きょうだいの級内相関である．

b．継続した選抜の下での定常値

選抜が複数の世代にわたって働く場合，式 (10-19) による予測は，集団の有効な大きさを過小評価する．これは，式 (10-19) には選抜の累積効果が考慮されていないからである．選抜の累積効果とは，つぎのようなものである．

選抜が働くと，優れた親から多くの子どもが選ばれる．これによって，すでに述べたように，家系サイズの分散は無選抜下よりも大きくなる．しかし，遺伝性の形質に対して選抜が働く場合には，選抜は親世代の家系サイズに影響を及ぼすだけではなく，さらに遡った世代の家系サイズにも影響を及ぼす．たとえば，祖父母世代においても，遺伝的に優れた祖父母から多くの孫が選ばれるので，祖父母が残す孫の数の分散も無選抜下で期待されるものよりも大きくなる．

このように，選抜は親世代だけでなく，さらに遡った世代の祖先の寄与にも影響を与える．したがって，ある世代で選抜された個体が，その後の世代の近交度や遺伝的浮動に及ぼす影響を調べるためには，その個体の寄与が以後の世代の選

抜によって受ける影響も加味して考える必要がある．Robertson (1961) は，継続した選抜下での選抜の累積効果を，幾何級数の和

$$Q=1+\frac{1}{2}+\left(\frac{1}{2}\right)^2+\left(\frac{1}{2}\right)^3+\cdots=2 \qquad (10\text{-}21)$$

として表した．この級数和は，ある個体の選抜に対する優越度が相加的遺伝モデルの下では，毎世代，分離によって半減して後代に伝えられることに基づいたものである．ある個体の，ある世代における選抜に対する優越度を f_i とすると，その個体の後代の選抜に対する優越度の累積値は Qf_i である．この累積値の分散は Q^2C^2 であるから，選抜の累積効果を考慮した集団の有効な大きさの予測式は，式 (10-19) の C^2 を Q^2C^2 で置き換えた式

$$N_e=\frac{4N}{2+S_k^2+4Q^2C^2} \qquad (10\text{-}22)$$

によって与えられる．

1990 年代に入り，この方面の研究は大きく進展した．とくに，Wray と Thompson (1990) および Santiago と Caballero (1995) の 2 編の論文は，級数和 (10-21) に，より明解な意味を与えた．さらにこれらの論文では，式 (10-21) には選抜による相加的遺伝分散の減少 (Bulmer 効果：Bulmer，1980) が考慮されていないことが指摘され，より正確な累積効果の表現として，

$$Q=1+\frac{G}{2}+\left(\frac{G}{2}\right)^2+\left(\frac{G}{2}\right)^2+\cdots=\frac{2}{2-G} \qquad (10\text{-}23)$$

を予測に用いるべきであることが示されている．ここで，G は選抜後の相加的遺伝分散の残存率であり，i を選抜強度，x を標準正規分布上での選抜の切断点，$k=i(i-x)$ とすれば，$G=1-kh^2$ である．なお，Wray と Thompson (1990) および Santiago と Caballero (1995) の導出は，それぞれ内交配に関する有効な大きさおよび遺伝的浮動に関する有効な大きさの定義に基づいたものである．二つの導出方法の関係については，Nomura (1999 a；2005) に議論されている．

計算例 1　$N=40(N_m=N_f=20)$, $n=3$ の集団を考えよう．選抜開始時の集団における選抜形質の遺伝率 h^2 は 0.4，相加的遺伝分散 V_A は 0.4 とする（したがって，環

境分散は $V_E=0.6$）．適当な数表（たとえば，Falconer と Mackay, 1996；Becker, 1985）より，$i=1.076$ および $x=0.408$ を得る．これより，$k=i(i-x)=0.719$ である．選抜が継続して働くと，近交係数の上昇と個々の遺伝子の効果間に生じる負の共分散（Bulmer 効果：Bulmer, 1980）によって，相加的遺伝分散は低下する．集団の大きさが極端に小さくない限り，後者の影響のみを考慮して得られる相加的遺伝分散の定常値を近似値として計算に利用できる（Santiago と Caballero, 1995）．無限遺伝子座モデル（infinitesimal model：Bulmer, 1980）の下での相加的遺伝分散の定常値（V_A^*）は，2次方程式

$$(1+k)V_A^{*2}+(V_E-V_A)V_A^*-V_AV_E=0 \tag{10-24}$$

の解として得られる（Bulmer, 1980）．いまの例では，V_A^* は 0.320 であり，遺伝率の定常値（h^{2*}）は 0.348 となる．親は選抜を受けているため，家系（全きょうだい）間の相加的遺伝分散の定常値（$V_{A_b}^*$）は

$$V_{A_b}^*=\frac{V_A^*(1-kh^{2*})}{2}=0.120$$

であることに注意すれば，全きょうだいの級内相関は，

$$\rho=\frac{V_{A_b}^*}{V_A^*+V_E}=0.130$$

であり，選抜に対する優越度の分散は，式(10-20)より

$$C^2=i^2\rho=0.151$$

である．また，$G=1-kh^{2*}=0.750$ を式(10-22)に代入して，$Q=1.60$ を得る．以上の結果と $S_k^2=2(1-1/n)=1.33$ を式(10-19)に代入すると，集団の有効な大きさの予測値として

$$N_e=32.8$$

を得る．

もし選抜が働かなければ，

$$N_e=\frac{4N}{2+S_k^2}=48.0$$

であるから，選抜によって集団の有効な大きさが約 31.7%小さくなることになる．

c．雌雄の数が異なる集団への拡張

N_m 個体の雄が $N_f(>N_m)$ 個体の雌にランダムに交配される集団を考えよう．ブタやブロイラーの閉鎖群育種のように，1 雄に交配される雌は N_f/N_m 個体に固定されているものとする．各雌からは雌雄各 n_f 個体の子どもが測定されるものとする．したがって，各雄からは雌雄各 $n_m=n_fN_f/N_m$ 個体が測定される．選抜率は雄については $1/n_m$，雌については $1/n_f$ である．Santiago と Caballero (1995) は，性 $s(=m$ あるいは $f)$ に関する集団の有効な大きさを予測する式として

$$N_{e,s}=4N_s\Big/\left[\frac{1}{\mu_{sm}}+\frac{1}{\mu_{sf}}+\frac{S_{sm}^2}{\mu_{sm}^2}+\frac{S_{sf}^2}{\mu_{sf}^2}+4Q^2C_s^2\right] \qquad (10\text{-}25)$$

を導いた．ここで，$\mu_{su}(=N_u/N_s)$ および S_{su}^2 は，それぞれ無選抜の下で期待される性 s の親が寄与する性 $u(=m$ あるいは $f)$ の子どもの数の平均および分散，C_s^2 は性 s の親の選抜に対する優越度の分散である．S_{su}^2 および C_s^2 は以下の近似式で計算できる．

$$S_{su}^2=\left(\frac{N_u}{N_s}\right)\left[1-\frac{1}{n_s}\left(\frac{N_u}{N_s}\right)\right]$$

$$C_s^2=\left(\frac{C_{sm}+C_{sf}}{2}\right)^2$$

ここで，$C_{su}^2=i_u^2\rho_s$ であり，i_u は性 u に関する選抜強度，ρ_s は性 s の親が構成する家系 ($s=m$ のときは同父半きょうだいと全きょうだい，$s=f$ のときは全きょうだい) 内の級内相関である．また，係数 Q は式 (10-22) に

$$G=\frac{G_m+G_f}{2}$$

を代入して得られる．ここで，$G_s=1-k_sh^2$，$k_s=i_s(i_s-x_s)$ および x_s は性 s の選抜に関する標準正規分布上での切断点である．

集団全体の有効な大きさは，

$$N_e=\frac{4N_{e,m}N_{e,f}}{N_{e,m}+N_{e,f}} \tag{10-26}$$

として得られる．

計算例 2　$N_m=20$，$N_f=100$ および $n_f=6$ の集団を考えよう．先の例と同じく，選抜開始時の集団における選抜形質の遺伝率 h^2 は 0.4，相加的遺伝分散 V_A は 0.4 とする．数表より，$i_m=2.23$，$i_f=1.50$，$x_m=1.83$ および $x_f=0.97$ を得る．したがって，$k_m=i_m(i_m-x_m)=0.89$，$k_f=i_f(i_f-x_f)=0.80$，さらに $k=(k_m+k_f)/2=0.84$ である．式 (10-24) より，相加的遺伝分散の定常値として $V_A^*=0.310$ が得られ，遺伝率の定常値 h^{2*} は 0.341 となる．雄親の家系間の相加的遺伝分散の定常値（V_{Abm}^*）は

$$V_{Abm}^*=\frac{1}{4}V_A^*(1-k_mh^{2*})+\frac{1}{4}V_A^*(1-k_fh^{2*})\frac{N_m}{N_f}=0.065$$

であり，雌親の家系（全きょうだい）間の相加的遺伝分散の定常値（V_{Abf}^*）は

$$V_{Abf}^*=\frac{1}{4}V_A^*(1-k_mh^{2*})+\frac{1}{4}V_A^*(1-k_fh^{2*})=0.110$$

である．これらより，雄親および雌親の家系の級内相関がそれぞれ

$$\rho_m=\frac{V_{Abm}^*}{V_A^*+V_E}=0.072$$

$$\rho_f=\frac{V_{Abf}^*}{V_A^*+V_E}=0.121$$

として得られる．さらに，$C_{mm}^2=i_m^2\rho_m=0.357$，$C_{mf}^2=i_f^2\rho_m=0.161$，$C_{fm}^2=i_m^2\rho_f=0.603$，$C_{ff}^2=i_f^2\rho_f=0.273$ より，選抜に対する優越度の分散が

$$C_m^2=\left(\frac{C_{mm}+C_{mf}}{2}\right)^2=0.249$$

$$C_f^2=\left(\frac{C_{fm}+C_{ff}}{2}\right)^2=0.422$$

として得られる．また，$G_m=1-k_m h^{2*}=0.696$ および $G_f=1-k_f h^{2*}=0.727$ より，$G=(G_m+G_f)/2=0.711$ であるから，式(10-23)より $Q=1.552$ となる．最後に，$\mu_{mm}=\mu_{ff}=1$，$\mu_{mf}=5$，$\mu_{fm}=1/5$，$S_{mm}^2=0.967$，$S_{mf}^2=4.167$，$S_{fm}^2=0.192$ および $S_{ff}^2=0.833$ である．以上の結果を式(10-25)に代入して，$N_{e,m}=16.9$ および $N_{e,f}=25.5$ を得る．さらに，集団全体の有効な大きさ N_e は式(10-26)より40.7となる．

ブタやブロイラーの系統造成においては，選抜の影響を無視した式(10-11)を用いて，近交係数の上昇率が

$$\Delta F=\frac{1}{8N_m}+\frac{1}{8N_f}$$

として予測されてきた．いまの例では，この式から $\Delta F=0.0075$ となるが，これは上で計算された N_e から予測される値 $\Delta F=1/2N_e=0.0123$ を約39%過小評価している．

10.2.2　指数選抜

血縁個体の情報を用いた選抜が集団の有効な大きさに及ぼす影響を調べるために，個体の表現型値と全きょうだいの平均値を組合せた選抜指数による選抜を考えよう．表現型選抜の場合と同じように，雌雄同数の N 個体 ($N_m=N_f=N/2$) の親がランダムにペア交配する集団を考えることで問題を単純化する．各ペアからは，雌雄各 n 個体が測定され，全測定個体（雌雄各 $nN/2$ 個体）から，雌雄各 $N/2$ 個体が次世代の親として選抜されるものとする．用いる選抜指数は

$$I=\beta_1(P-\bar{P}_D)+\beta_2\bar{P}_D \tag{10-27}$$

である．ここで，β_1 および β_2 は各情報への重み付け値，P は個体の表現型値，$\bar{P}_D$ はその全きょうだい（当該個体自身も含む）の表現型値の平均値である．個体の育種価と指数値の相関（選抜の正確度）を最大にする指数（最適指数）を用いるなら，β_1 および β_2 は

$$\beta_1=\frac{1-r}{1-t}h^2$$

$$\beta_2=\frac{1+(n-1)r}{1+(n-1)t}h^2$$

である (Falconer と Mackay, 1996). ここで, r は全きょうだいの育種価間の相関係数 ($r=1/2$), t は全きょうだいの表現型値間の相関係数である. 表現型分散を V_P, 全きょうだいの共通環境分散を V_C とすれば,

$$t=\frac{h^2}{2}+\frac{V_C}{V_P}$$

である. 全きょうだいの指数値に関する級内相関係数は

$$\rho=\left[-\beta_1^2\frac{1}{n}(V_{Aw}+V_E)+\beta_2^2\left\{V_{Ab}+V_C+\frac{1}{n}(V_{Aw}+V_E)\right\}\right]\Big/V_I \quad (10\text{-}28)$$

と書ける. ここで, V_{Ab} は家系 (全きょうだい) 間の相加的遺伝分散, V_{Aw} は家系内の相加的遺伝分散, V_I は指数値の分散である. この級内相関を式 (10-20) に代入して, 選抜に対する優越度の分散 (C^2) が得られ, 1 世代の選抜後の集団の有効な大きさは式 (10-19) より予測できる.

継続した選抜下での集団の有効な大きさの定常値を求めるには, 選抜の累積効果を考慮しなければならないが, 指数選抜においては累積効果の取り扱いが少々複雑になる. まず, 特殊な場合として, $V_C=0$, $\beta_1=\beta_2=h^2$ とした選抜を考えよう. これは, 先に示した表現型選抜に相当する. この場合には, 式 (10-28) は $\rho=V_{Ab}/V_P$ となり, 級内相関は親の育種価のみが原因となって生じることがわかる (家系間の相加的遺伝分散 V_{Ab} は両親の育種価の平均値の分散であるから). すでに述べたように, 選抜の累積効果は親の育種価の後代への伝達によって生じるのであるから, 式 (10-20) によって示される選抜に対する優越度の分散 $C^2=i^2\rho$ の全成分が累積効果を持つ. したがって, 集団の有効な大きさへの累積効果は, $Q^2C^2=Q^2i^2\rho$ となる (式 (10-22) 参照).

指数選抜の下でも選抜に対する優越度の分散 (C^2) のうち, V_{Ab} に起因する部分は集団の有効な大きさに対して累積効果を持つが, 両親の育種価に起因しない他の分散成分による部分は累積効果を持たない. したがって,

$$\left.\begin{aligned}\rho_A&=\frac{\beta_2^2\ V_{Ab}}{V_I}\\ \rho_E&=\frac{\beta_2^2 V_C+(\beta_2^2-\beta_1^2)(V_{Aw}+V_E)/n}{V_I}\end{aligned}\right\}\tag{10-29}$$

とおいて，式(10-28)を

$$\rho=\rho_A+\rho_E$$

と書けば，累積効果を考慮した選抜に対する優越度の分散は

$$i^2\rho_E+i^2Q^2\rho_A=i^2\rho+i^2(Q^2-1)\rho_A$$

として得られる (Wray ら，1994)．式(10-22)の Q^2C^2 を上の式で置き換えれば，指数選抜の下での集団の有効な大きさの予測式

$$N_e=\frac{4N}{2+S_k^2+4i^2\rho+4i^2(Q^2-1)\rho_A}\tag{10-30}$$

が得られる．

計算例 3　計算例 1 と同じ集団に指数選抜を行った場合を考えよう．集団の大きさ N は 40，各交配ペアからは雌雄各 3 個体 ($n=3$) が測定され，雌雄それぞれ上位 $N/2(=20)$ 個体が選抜される．選抜開始時の集団における選抜形質の遺伝率 h^2 は 0.4，相加的遺伝分散 V_A は 0.4 である（したがって，環境分散 V_E は 0.6)．全きょうだいに共通環境は働かないものとする ($V_C=0$)．選抜強度 i は 1.076，標準正規分布上での選抜の切断点 x は 0.408 であり，$k=i(i-x)=0.719$ である．選抜指数は，選抜開始時の集団のパラメータに基づく最適指数によるものとする．したがって，式(10-27)における重み付け値は $\beta_1=0.250$ および $\beta_2=0.571$ である．無限遺伝子座モデルの下での相加的遺伝分散の定常値 (V_A^*) を与える式は，指数選抜の場合には式(10-24)のような単純な形にはならない．そこで，つぎのような反復計算により得た値を定常値として用いる．

世代 t の相加的遺伝分散 ($V_{A,t}$) は，無限遺伝子座モデルの仮定の下では，

$$V_{A,t}=\frac{1}{2}V_{A,t-1}(1-kr_{IA,t-1}^2)+\frac{1}{2}V_{A,0}\tag{10-31}$$

と書ける．ここで，$r_{IA,t-1}$ は世代 $t-1$ の選抜の正確度，$V_{A,0}(=V_A)$ は選抜開始時の相加的遺伝分散である．右辺の第 1 項は家系間の相加的遺伝分散，第 2 項は家系内の相加的遺伝分散である．無限遺伝子座モデルの下では，家系内の相加的遺伝分散（すなわち，メンデリアンサンプリングによる分散）は選抜の影響を受けないこと（Bulmer，1980）に注意されたい．式（10-31）を用いて反復計算を行うと，相加的遺伝分散は数世代で定常値に達することがわかる．いまの例では，6 世代で実質的に定常値 $V_A^*=0.306$ に達する．このときの選抜の正確度 r_{IA}^*，家系間の相加的遺伝分散 V_{Ab}^* および指数値の分散 V_I^* は，それぞれ 0.652，0.106 および 0.155 である．

これらを用いて，式（10-28）より $\rho=0.678$，式（10-30）より $\rho_A=0.224$ が得られる．さらに，$G=1-kr_{IA}^2=0.694$，$Q=2/(2-G)=1.532$，$S_k^2=2(1-1/n)=1.33$ である．これらを式（10-30）に代入すると，集団の有効な大きさの予測値が

$$N_e=20.3$$

として得られる．表現型選抜の下での予測値（$N_e=32.8$：計算例 1）よりも，さらに小さくなっていることに注目されたい．

図 10-3 は，計算例 3 と同様の計算をさまざまな遺伝率の下で行い，結果を表現型選抜と比較したものである．この図から，血縁個体の情報を利用した指数選抜は，個体の表現型値のみを用いた表現型選抜よりも常に集団の有効な大きさを小さくすること，とくに選抜形質の遺伝率が低いときに，集団の有効な大きさの縮小が顕著であることがわかる．

選抜形質の遺伝率が低いときに，指数選抜が集団の有効な大きさを著しく縮小する理由を説明するために，式（10-27）を

$$I=\beta_1(P-\bar{P}_D)+\beta_2\bar{P}_D=b_1P+b_2\bar{P}_D$$

と書き直そう．ここで，$b_1(=\beta_1)$ は個体の表現型値に対する重み付け値，$b_2(=\beta_2-\beta_1)$ は全きょうだいの表現型値の平均値に対する重み付け値である．図 10-4 は，図 10-3 の指数選抜で用いられた重み付け値の比 b_2/b_1 を示したものである．図から，遺伝率が低いときほど全きょうだいの平均値に相対的に大きな重み付け値が

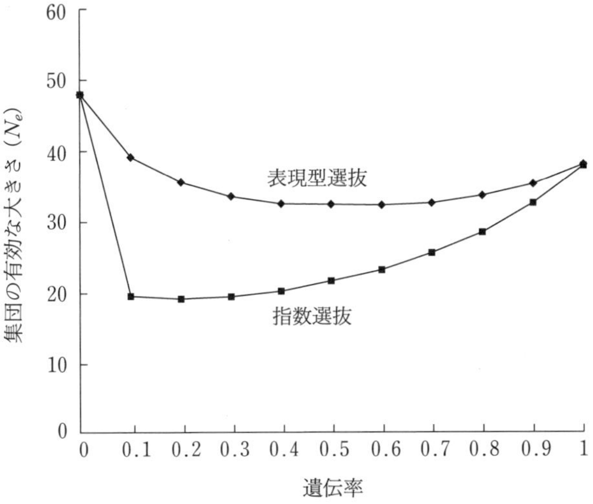

図 10-3　様々な遺伝率における表現型選抜と指数選抜の下での集団の有効な大きさ

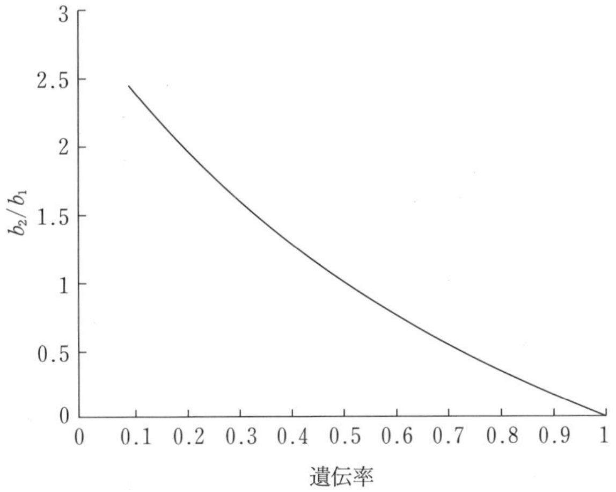

図 10-4　様々な遺伝率の下での最適選抜指数における個体の表現型値への重み付け値に対する全きょうだいの平均値への重み付け値の比 (b_2/b_1)

与えられることわかる．したがって，遺伝率が低いときの指数（式（10-27）参照）による選抜では，全きょうだいの平均値が高い家系から多くの個体が選抜されるため，家系サイズの分散が増大し，集団の有効な大きさが著しく縮小されることになる．図 10-4 に示された重み付け値と遺伝率の関係は，遺伝率が低いときには 1 回の表現型の記録（個体の表現型値）よりも複数回の平均値（全きょうだいの平均値）のほうが育種価の予測に際して信頼性が高いこと，逆に遺伝率が高いときには 1 回の表現型でも育種価の予測に際して十分な情報となることを考えれば，直感的に理解できよう．

10.3　閉鎖群育種における BLUP 選抜

10.3.1　BLUP 選抜の下での近交係数と遺伝的改良量

表 10-1 は，$N=16(N_m=N_f=8)$ の集団において，表現型選抜，指数（10-27）に基づく指数選抜，および個体モデルによる BLUP 法から得られた推定育種価に基づく選抜（BLUP 選抜）を行った場合の集団の有効な大きさと 5 世代および 10 世代までの累積改良量を，コンピュータシミュレーションによって調べた結果であ

表 10-1　表現型選抜，指数選抜および BLUP 選抜の下での集団の有効な大きさ（N_e）と 5 世代目および 10 世代目までの累積改良量（それぞれ R_5 および R_{10}）

遺伝率	選抜率	選抜方法	N_e	R_5	R_{10}
0.1	1/4	表現型	16.86	0.53	0.98
		指数	6.67	0.65	1.11
		BLUP	5.76	0.69	1.14
	1/8	表現型	14.81	0.69	1.26
		指数	4.13	0.88	1.34
		BLUP	3.91	*0.86*	*1.32*
0.4	1/4	表現型	14.17	1.96	3.60
		指数	8.32	2.12	3.68
		BLUP	7.92	2.16	3.74
	1/8	表現型	12.56	2.51	4.51
		指数	6.13	2.71	4.55
		BLUP	5.24	*2.63*	*4.45*

（Nomura，1999 b）

る (Nomura, 1999 b). この結果から，血縁個体の情報を組み込んだ指数による選抜下では，前節で見たように集団の有効な大きさが縮小されるが，BLUP 選抜の下ではその縮小がさらに著しくなることがわかる．さらにこの表において注目すべきは，斜体で示した数値のように，継続した BLUP 選抜の下での累積改良量が指数選抜の下での累積改良量を下回る場合があることである．これは，集団の有効な大きさの縮小により相加的遺伝分散が急激に低下して (式 (10-16) 参照), 後半世代の遺伝的改良量が減少したためである．この比較は，世代や季節などの母数効果を考慮しないコンピュータシミュレーションによるものであるが，実際の選抜計画においては種々の母数効果が存在し，それらは既知ではない．このような場合の育種価評価には，母数効果の推定・補正を同時に行うことができる BLUP 選抜が明らかに優れている．しかし表 10-1 の結果が示唆するように，閉鎖群育種における BLUP 選抜の実施に際しては，集団規模をはじめとする選抜計画の十分な検討が必要である．

Wray と Hill (1989) は，個体モデルの BLUP 法による推定育種価 (EBV) を，擬似 BLUP (Pseudo-BLUP) と呼ばれる選抜指数で近似し，BLUP 選抜の下での遺伝的改良量を予測する方法を開発している．擬似 BLUP とは，個体の表現型値，全きょうだいおよび半きょうだいの表現型値の平均値に加えて，父親および母親の EBV および父親に交配された全雌の EBV の平均値を，式 (10-27) と同様の選抜指数として組合せたものである．Nomura (1998) は，擬似 BLUP を用いて BLUP 選抜下での集団の有効な大きさを予測し，それに基づいて近交係数と遺伝的改良量を同時に予測する方法を開発している．この方法は，反復計算が必要なため計算量が多くなるが，閉鎖群育種の実施に先立って，集団規模の策定などを行うときに有効である．以下に，この方法の二つの応用例を示しておく．

独立行政法人家畜改良センター兵庫牧場で実施されているブロイラーの閉鎖群育種における主要系統では，$N_m=40$ 羽の雄を $N_f=280$ 羽の雌にランダムに交配 (1 雄あたりに交配する雌は N_f/N_m 羽に固定) し，各雌あたり雌雄各 $n_f=5$ 羽の雛を次世代の選抜候補としている．この系統における主要な選抜形質である 6 週齢体重の遺伝率の推定値は 0.34 である．表 10-2 の計画 A には，現行の集団規模で 6 週齢体重を BLUP 選抜によって改良した場合に予測される遺伝的改良量と近交係数の世代あたりの上昇率 ($\Delta F=1/2N_e$) を，コンピュータシミュレーションで

表 10-2　ブロイラーの閉鎖系統において BLUP 選抜を行った場合の世代あたりの遺伝的改良量（ΔG）および近交係数の上昇率（ΔF）の予測値とコンピュータシミュレーションでの観測値（括弧内の数値）

計画	ΔG (g)	ΔF (%)
A	103.8（103.8 ）	1.43（1.50）
B	99.9（ 98.09）	0.84（0.99）

（Nomura ら，1999）

の観測値と比較してある（Nomura ら，1999 より）．また，計画 B として，他の条件は同じであるが選抜する雄親の数を（N_m=70）に増やした場合の結果も合わせて示してある．いずれの予測値もシミュレーションでの観測値とよく一致しており，予測の精度が高いことがわかる．ブロイラーの閉鎖系統では，近交係数の世代あたりの上昇を 1 %以下に抑えることが望ましいとされている（Morris と Pollott, 1997）が，現行の集団規模（計画 A）では近交係数の上昇はこの値を上回っている．これに対して，雄親の数を増やした計画 B では，計画 A に比べて遺伝的改良量はわずかに小さくなるものの，近交係数の上昇率は 1 %以下に抑えられている．

Quinton ら（1992）は，同じ近交度の下で達成される累積改良量に基づいて，選抜方法を比較することを提案している．図 10-5 は，ブタの系統造成を想定して，このような比較を行った結果（Nomura，1998）である．雌親の頭数は N_f=120 に固定し，一腹から雌雄各 n_f=3 頭が測定されるものとした．雄親の頭数は，N_m=5，10，15，20，30，40 および 60 の 7 通りを考え，表現型選抜および BLUP 選抜下での 10 世代目の近交係数および累積改良量を，それぞれ横軸および縦軸にとってグラフにしてある．この図から，雄親の数が同じときには BLUP 選抜は常に表現型選抜よりも大きな累積改良量を生じることがわかる．しかし，一定値の近交係数の下で二つの選抜方法を比較すると，表現型選抜のほうが優れている場合があることがわかる．すなわち，図 10-5 において，10 世代目の近交係数を 10%以下に抑えようとすれば，BLUP 選抜のほうが表現型選抜よりも多くの雄を選抜する必要があり，これによる選抜強度の低下のために累積改良量は表現型選抜のほうが大きくなる．この結果は，近交係数の上昇が閉鎖群育種の成否に対して限定要因として働く場合には，BLUP 選抜が必ずしも最適な選抜方法になり得ない場

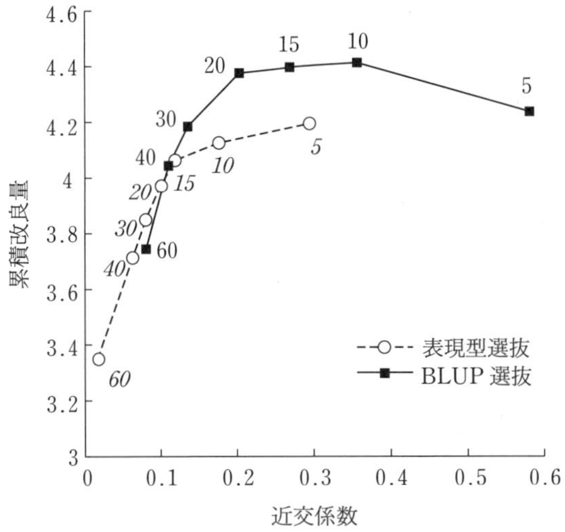

図 10-5　表現型選抜および BLUP 選抜の下での 10 世代目の累積改良量と近交係数 (Nomura, 1998 を改変)

図中の数字 (5, 10, 15, 20, 30, 40 および 60) は，世代あたりに選抜される雄の数を示す

合があることを示している．

10.3.2　BLUP 選抜の下での近交度を低く保つための方策

選抜による遺伝的改良量に大きな低下を招くことなく，近交係数の上昇をできるだけ低く抑えるための方策は，近年の家畜育種における重要な研究課題であり，これまでに多くの方法が開発されてきた (たとえば，Caballero ら (1996) 参照)．ここでは，BLUP 選抜の下でとくに有効と思われる三つの方法をとりあげ，集団の有効な大きさと関連付けて解説する．

a．相補交配

前節で示したように，選抜が継続して働く集団の有効な大きさは，式 (10-22) より

$$N_e = \frac{4N}{2 + S_k^2 + 4Q^2C^2}$$

として予測できる．ランダム交配下での選抜の累積効果を示す係数 Q は，式(10-23)で示されるが，一般には

$$Q=1+\frac{G}{2}(1+r)+\left\{\frac{G}{2}(1+r)\right\}^2+\left\{\frac{G}{2}(1+r)\right\}^3+\cdots$$
$$=\frac{2}{2-G(1+r)} \qquad (10\text{-}32)$$

と書ける（Santiago と Caballero, 1995）．ここで，r は交配される雄と雌の選抜に対する優越度の間の相関係数である．この相関係数 r はランダム交配下では $r=0$ であるが，特殊な交配では $r<0$ とすることができる．このとき，式(10-32)からわかるように，Q を小さくでき（すなわち選抜の累積効果を小さくでき），集団の有効な大きさを拡大できる．

相補交配（compensatory mating）は，$r<0$ となるように調整された交配である．最も基本的な相補交配では，多くの子どもを寄与した家系から選ばれた雄は，少ない子どもを寄与した家系から選ばれた雌と（あるいはその逆に）交配する．雌雄の数が異なる場合への対応を含めたいくつかの変法は，Caballero ら（1996）および Nomura（1999 b）を参照されたい．

表 10-3 は，BLUP 選抜の下でランダム交配と相補交配を行った場合の集団の有効な大きさと 5 世代目および 10 世代目の累積改良量を比較したコンピュータシミュレーションの結果（Nomura, 1999 b）を示したものである．相補交配によっ

表 10-3　BLUP 選抜の下でランダム交配および相補交配を行った場合の集団の有効な大きさ（N_e）と 5 世代目および 10 世代目までの累積改良量（R_5 および R_{10}）

遺伝率	選抜率	交配	N_e	R_5	R_{10}
0.1	1/4	ランダム交配	5.76	0.69	1.14
		相補交配	7.93	0.66	1.12
	1/8	ランダム交配	3.91	0.86	1.32
		相補交配	4.67	0.85	1.34
0.4	1/4	ランダム交配	7.92	2.16	3.74
		相補交配	9.62	2.17	3.86
	1/8	ランダム交配	5.24	2.63	4.45
		相補交配	6.45	2.68	4.66

（Nomura，1999 b）

て，遺伝的改良量を大きく損ねることなく，集団の有効な大きさを拡大できることができることがわかる．

b．高めに設定した遺伝率の利用

前節で見たように，血縁個体の情報を利用した指数選抜では，選抜対象となる形質の遺伝率が低いときには家系の記録に大きな重みが置かれるため，選抜される個体が特定の家系に集中する傾向が生じ，集団の有効な大きさが縮小される．BLUP選抜では，このような縮小がさらに顕著になる（表10-1参照）．

このような場合に集団の有効な大きさを大きくする有効な方法の一つは，BLUP法での評価に際して，遺伝率を高めに設定することである（Grundyら，1994）．図10-6は，Grundyら（1994）が行ったシミュレーション実験の結果である．この実験では，遺伝率の真値を0.1に設定し，BLUP法の評価では意図的に偏った遺伝率（$\hat{h}^2$）が用いられている．図から，遺伝率を真値よりも高めに設定し

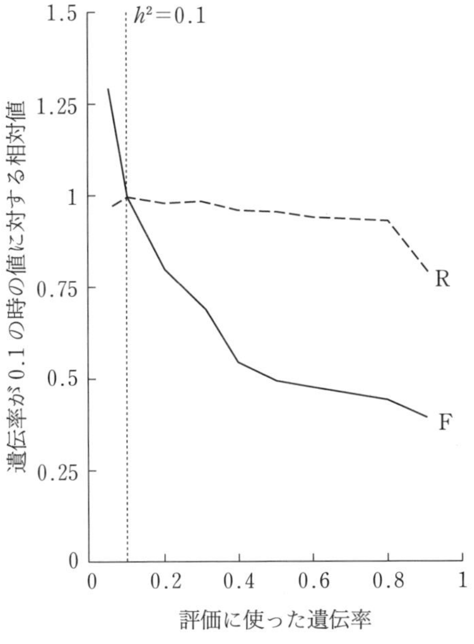

図10-6　遺伝率0.1の形質に対して，意図的に偏った遺伝率を使ってBLUP選抜を行ったときの遺伝的改良量（R）と近交係数（F）（Grundyら，1994を改変）

ても，得られる遺伝的改良量は大きくは低下しないのに対して，近交係数はかなり低く抑えられることがわかる．

c．メンデル指数

遺伝率が低い形質に対して BLUP 選抜を行うとき，集団の有効な大きさを大きくするためのもう一つの方法は，推定育種価の家系内偏差に大きい重みを付けた指数（メンデル指数：Mendelian index）を用いることである（Verrier ら，1993；Grundy ら，1998）．個体の推定育種価を EBV_i，その両親の推定育種価を EBV_s および EBV_d として，選抜指数

$$I=w\left(\frac{EBV_s+EBV_d}{2}\right)+\left(EBV_i-\frac{EBV_s+EBV_d}{2}\right)$$

を考える．$w=1$ とした選抜が通常の BLUP 選抜である．メンデル指数を利用して集団の有効な大きさを大きくするには，$w<1$ として，第 2 項（メンデル分離の育種価への寄与）に対して大きな重みが置かれるようにする．この方法は，選抜に対する優越度の分散 C^2 を小さくするように働く．

10.4　大家畜における BLUP 選抜

これまでの節では，1 雄あたりに交配される雌の数（種雄の供用頻度）は，N_f/N_m に固定されているものとしてきた．これは，交配が厳密に管理されている中小家畜の閉鎖群育種では適切な仮定である．しかし，一般の繁殖農家を含む大家畜の育種では，能力の高いと判断された種雄に供用が集中し，種雄の供用頻度の間に大きな差異が生じる．とくに，BLUP 法による育種価の推定値が公表されるようになると，このような差異は一層大きくなると考えられる．このような供用頻度の差異の増大は，式（10-9）の家系サイズの分散 V_k を大きくし，集団の有効な大きさを縮小する．本節では，大家畜の育種における BLUP 法の利用が集団の有効な大きさに与える影響を，黒毛和種におけるケーススタディーの結果を通じて考察する．

表 10-4 は，集団の近交係数を血統情報から推定し，式（10-5）を用いて 1960 年，1980 年および 2000 年の黒毛和種集団の有効な大きさを推定した結果（野村，

表 10-4　1980 年および 2000 年の黒毛和種集団の有効な大きさと諸外国の家畜集団の有効な大きさ

品　種	集団の有効な大きさ	年間登録頭数
黒毛和種 (1960 年)	1,724	
黒毛和種 (1980 年)	125	
黒毛和種 (2000 年)	24	約 60,000 頭
ヘレフォード種 (米国)	79	
ホルスタイン種 (米国)	122	約 300,000 頭
ブラウンスイス種	109	約 10,000 頭
ハフリンガー種	96	200-300 頭
バーバリアンダラフト馬	79	
トロッター馬 (ドイツ)	122	

1988；Nomura ら，2006) を，諸外国の家畜品種の有効な大きさの推定値 (Wright, 1977；Pirchner, 1983) と比較したものである．この表から，諸外国の家畜品種の有効な大きさは，品種の見かけの大きさに関わらず，100 前後の値を持つことがわかる．これらと比較して，黒毛和種集団の 1960 年当時の有効な大きさ (N_e=1,724) は例外的に大きい．これは，府県単位に育種が行われていたため，当時の品種が遺伝的に分化したいくつかの分集団を含んでいたこと (野村･佐々木, 1988) を反映した結果と考えられる．黒毛和種集団の有効な大きさは，その後縮小される傾向を示し，1980 年には諸外国の品種の有効な大きさに近いレベル (N_e=125) になった．ところが，黒毛和種集団の有効な大きさの縮小はその後も継続し，2000 年には N_e=23.6 にまで低下している．この値は，諸外国の品種の有効な大きさの 1/5 から 1/4 である．

図 10-7 には，1980 年から 2000 年の間の黒毛和種における新規登録牛の父親として現れた種雄牛の数および種雄牛あたりの後代数の分散を示した．これらは，それぞれ式 (10-11) と (10-9)，すなわち

$$N_e=\frac{4N_mN_f}{N_m+N_f}\approx 4N_m$$

および

$$N_e=\frac{4N-2}{2+V_k}$$

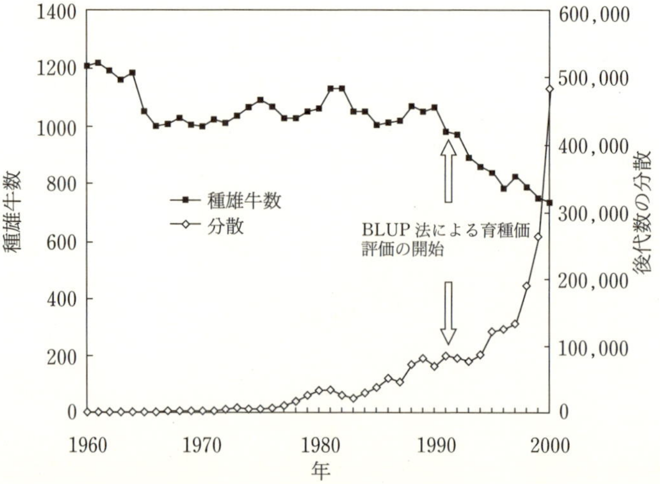

図 10-7　黒毛和種集団における種雄牛数と種雄牛当たりの後代数の分散の年次変化（Nomura ら，2006 を改変）

の中の N_m と V_k に対応する．供用された種雄牛数の減少と種雄牛あたりの後代数の分散の増加は，いずれも集団の有効な大きさを縮小する方向に働くが，変化の相対的な大きさから見て，後者が集団の有効な大きさの縮小の主因となったものと考えられる．とくに，BLUP 法による育種価評価が開始（1991 年）されて以降，特定の種雄牛への供用の集中が生じて，後代数の分散が急激に増大していることに注目されたい．

ヘレフォード種，ホルスタイン種などは世界各国で飼養されているウシの品種である．したがって，表 10-4 に示した米国のこれらの品種には，それらを包括する上位集団があり，容易に他集団から育種素材を導入することが可能である．これに対して，黒毛和種では集団の最上位のレベルで有効な大きさの縮小が生じていることになる．集団の有効な大きさを拡大し，遺伝的多様性を品種内に維持することが，黒毛和種の今後の育種において急務の課題と言えよう．

応　用　編

第 11 章 応用事例

BLUP 法は 1949 年ヘンダーソンによって発見されたが，当時家畜育種の分野でも遺伝的能力の推定にそれほど高度な方法を必要としなかったことと，BLUP 法による計算ができるだけのコンピュータの性能がなかったことなどから，あまり利用されることはなかった．

ところが，家畜人工授精技術と同期比較法による育種価評価技術の普及により，欧米を中心に 1960 年代から 1970 年代にかけて，乳牛の改良が急速に進んだ．その結果，同期比較法が成り立つために必要な前提条件，すなわち遺伝的趨勢が緩いかあるいは無いという条件が満たされなくなった．そこで，遺伝的趨勢に依存しない育種価推定法が希求されるようになった．一方，1970 年代になってコンピュータの性能が急速に向上し，BLUP 法による計算が容易になってきた．

そこで，1970 年代から 1980 年代にかけて欧米を中心に乳牛の育種価推定に BLUP 法が使われるようになった．その集団の遺伝的改良への効果が実証されると共に，BLUP 法は種々の家畜の，さらに世界各国における家畜の育種価推定に利用されるようになっていった．近年，家畜における育種価推定だけでなく，魚類，林木，作物などの育種にも BLUP 法の利用が拡がりを見せている．さらに，遺伝的能力の評価だけでなく，一般的な変量効果の推定に利用する取り組みが医学分野，さらには社会科学の分野でも行われるようになりつつある．

この章では，始めに遺伝育種分野で BLUP 法がどのように利用されてきたか，次いでそれが医学や社会科学の分野にどのように利用されようとしているかなどについて，実例を挙げながら解説した．

11.1　乳牛の泌乳能力評価への応用

11.1.1　乳牛能力評価の歴史

ウシに限らず各種の家畜・家禽や愛玩動物は，古来から体型や毛色などの形質に基づく育種改良が行われてきた．この方法は品種の固定と維持をはかる上で効果があったが，泌乳能力の向上という面では見劣りするものであった．

20世紀になって科学的な思考方法が普及するにつれて，乳牛の育種改良においても能力を正確に測定し，その結果にもとづいて選抜改良することが提唱されるようになってきた．また，ウシの人工授精技術の発達によって，種雄牛の数が激減し，それらの種雄牛の育種改良に果たす役割が飛躍的に大きくなったことで，種雄牛の能力をいかに正確に評価するかに研究の主眼が注がれるようになった．

最初に試験場等で飼養管理条件をそろえて雌牛の泌乳能力を正確に測定する検定技術が確立され，それらの検定成績から父牛の遺伝的な能力を推定する後代検定という概念が普及していった．この時点では，娘牛の複数の形質の検定成績をデータとした単純な選抜指数式を用いて種雄牛を選抜するのが一般的であったが，アメリカ合衆国などの酪農先進国では，国内で使用する種雄牛全部を1ヶ所で検定できるだけの施設を作ることはできず，場所間の環境条件の差異によって評価が偏るという問題点があった．また，単純な選抜指数式では年次をまたがる比較ができないため，凍結精液として保存されている古い種雄牛と新しい種雄牛を比較することができなかった．

コンピュータ技術の発達に伴って複雑な計算が短時間でできるようになったことから，これらの試験場等や協力牧場の検定データをもとに，最小二乗分散分析法などを用いて年次や場所の効果を補正して，種雄牛の遺伝的能力を評価する同期比較法（Robertson と Rendel，1954）や同群比較法（Henderson ら，1954）といった手法がアメリカ合衆国などの酪農先進国で普及していった．この過程で，より正確な評価には検定場所を限って環境要因のばらつきを少なくするよりも，より多くの娘牛の検定成績を用いた方が有利であるという意見が大勢になり，試験場等でのステーション方式の検定システムから，検定員が各牧場に出向いて各牧場で泌乳能力を検定する現場後代検定（フィールド）方式に移行していった．

しかし，これらの手法は複雑な計算手順が必要であり，評価値が選抜の影響を受けること，種雄牛間の血縁関係，形質間の遺伝相関，交配相手の雌牛の能力などを考慮していないなどの問題点があった．同群比較法の開発者でもあるコーネル大学のヘンダーソンは，それ以前に一般化最小二乗法と選抜指数を組合せた混合モデル方程式を開発していた (Henderson, 1949：1950)．この BLUP 法は当時のコンピュータの能力では広範なデータに適用するのが困難で，研究用に少し使用されただけであった．しかし，コンピュータの性能向上とともに BLUP 法は学会で注目されるようになり，多数のモデルが開発され，今では乳牛における遺伝的能力評価はほとんどすべて BLUP 法を用いて実施されている．

わが国では奈良時代に朝廷において牛乳や乳製品を食した記録があるものの一般には全く定着せず，明治維新前後にようやく牛乳，乳製品の文化が紹介された．それに伴ってさまざまな品種の乳牛がわが国に導入されたが，北海道などを中心に導入されたホルスタインフリーシアン種がわが国の主要な乳用品種として今日に至っている．

第二次世界大戦後のアメリカ合衆国を中心とする乳牛改良手法の発達に刺激されて，わが国でも 1963 年から 5 年間，「乳用種雄牛性能調査事業」が実施された．この事業は現場後代検定を目指したものであったが，当時は 1 農家あたりの飼養頭数が少なく農家間の技術水準のばらつきも大きかったため，わが国ではステーション (検定場) 方式の検定から行うことになった．1964 年から国の施設を利用した「種畜牧場の乳用種雄牛後代検定事業」が，1966 年からは道県の施設を利用した「優良乳用種雄牛選抜事業」が発足した．

1974 年からは農家レベルでのデータ収集を目指した「乳用牛群改良推進事業」(いわゆる牛群検定事業) がスタートし，現場後代検定成績の収集と農家へのフィードバックが行われるようになったが，種雄牛評価はステーション方式のままであった．

その後，輸入自由化圧力の高まりによって 1983 年には輸入精液の使用が認められるようになり，わが国の乳牛育種のシステムも大きな見直しが必要となった．そこで，種雄牛評価の技術的検討会などの議論を踏まえて，1989 年 5 月から母方祖父モデルの BLUP 法を用いた乳用種雄牛評価成績が公表され，わが国の乳牛育種もステーション方式から現場後代検定方式に移行した．

さらに，国の種畜牧場が家畜改良センターに改組されたのを契機として，1992

年秋の評価から泌乳形質の評価モデルをアニマルモデル（本書では個体モデルと呼ぶ．4.1.1項参照）のBLUP法に変更した．また，わが国は2003年8月の評価からインターブルの国際種雄牛評価に参加し，精液輸入牛の国際種雄牛評価値を参考情報として公開している．

11.1.2　わが国における能力評価

現在，わが国では泌乳形質については単形質・複数記録アニマルモデル（本書ではMPPAモデルと呼ぶ．4.1.2項参照）のBLUP法を用いたホルスタイン種およびジャージー種（泌乳形質と体細胞スコアのみ）の能力評価を実施している．評価形質としては，乳量，乳脂量，無脂固形分量，乳タンパク質量，乳脂率（%），無脂固形分率（%），乳タンパク質率（%）の6形質で，10年間の牛群検定記録のうち父牛が明らかで初産分娩月齢が18〜25か月である検定牛の初産から5産までの公式検定記録を対象としている．また，検定日数が305日以上の場合には305日までの記録を採用し，240〜304日に乳期終了となったものは実記録を，305日未満の乳期途中の記録は拡張係数により305日に拡張した記録を採用している．

モデルには牛群・年次・産次・搾乳回数の母数効果，地域（北海道か都府県か）・分娩月・分娩年の母数効果，分娩月齢の母数効果，個体の育種価（変量効果），永続的環境効果（変量効果），残差（変量効果）を含めている．血統は記録が採用された検定牛から2世代祖先の個体まで遡り，血統の不明な個体は性別・生年・原産国による遺伝的グループとしている．なお，BLUP法の計算の前に，泌乳形質値に対して牛群内分散による補正を行っている．また，乳成分率は乳量と乳成分量の推定育種価から間接的に計算している．

体型形質（得点形質，線形形質）については，単形質・単一記録アニマルモデルのBLUP法で評価している．また，体細胞スコアについては単形質・複数検定日記録アニマルモデル（フィックスト回帰　テストデイモデル）で，気質・搾乳性については閾値単形質・単一記録母方祖父モデル（4.2.2項参照），分娩難易度については単形質・閾値単一記録・母性効果対応父親モデル（4.2.1項参照）での評価を実施している．

評価値の遺伝的ベースは5年ごとに更新する逐次選択型としており，泌乳形質と体型の得点形質については推定育種価と信頼幅を，種雄牛については泌乳形質と体型形質について標準化育種価を表示している．また，雌牛については永続的環境効果を加えた推定生産能力（最確生産能力に相当する）もあわせて算出している．その他に，日本ホルスタイン登録協会が開発した泌乳形質とともに体型の改良をはかるための総合指数（NTP）や経済的な有利度を示す乳代効果や生産効果といった指数も算出されている．さらに雌牛の泌乳形質については，評価対象を拡大するために立会検定回数が少ない若い検定牛や初産検定成績がない検定牛を採用データに含めて再計算を行っている．

2004 年 8 月の評価で採用したデータ数は乳量，乳脂量，無脂固形分量で 555 万件，乳タンパク質量で 478 万件，体型形質で 28〜57 万件，体細胞スコアで 1,552 万件であり，混合モデル方程式の大きさは乳量で 526 万，体型形質で約 1,150 万，体細胞スコアで 607 万となっている．

11.1.3　各国での乳牛能力評価

ほとんどの酪農先進国では乳牛能力評価に個体モデルの BLUP 法を採用している．表 11-1 に 2005 年 8 月現在における各国での BLUP 法のためのモデルを示した．泌乳形質では単形質の MPPA モデルで評価している国が多いが，オランダやドイツなどの先進的な国ではテストデイのランダム回帰モデル（Liu ら，2001，4.1.3 項参照）にすでに移行している．体型形質では複数形質の MPPA モデルを

表 11-1　各国ホルスタイン種における BLUP 法のためのモデル

国名	泌乳形質		体型形質		体細胞スコア	
アメリカ合衆国	単形質	MPPA	複数形質[a]	MPPA	単形質	MPPA
オランダ	単形質	RRML	複数形質[a]	MPPA	単形質	RRML
カナダ	複数形質	RRML	単形質	MPPA	複数形質	RRML
イギリス	単形質	MPPA	複数形質	AM	単形質	MPPA
フランス	単形質	MPPA	複数形質	MPPA	単形質	MPPA
ドイツ	単形質	RRML	複数形質	AM	単形質	RRML
スウェーデン	単形質	MPPA	単形質	AM	複数形質	MPPA
日本	単形質	MPPA	単形質	AM	単形質	FRSL

AM：アニマル（個体）モデル
MPPA：複数記録に基づく MPPA モデル
RRML：テストデイのランダム回帰モデル
FRSL：単一産次の記録に基づくテストデイの個体モデル
a：一部の形質では単形質複数記録モデルである

採用している国が多いが，アメリカのように形質によっては単形質のMPPAモデルを利用している国もある．体細胞スコアでは4か国がテストデイモデルを採用している．

11.1.4 国際種雄牛評価

精液等の輸入解禁に伴って，わが国でも輸入精液が広く利用されるようになったが，これらの種雄牛は日本国内での調整交配を行っておらず，わが国で算出された評価値に偏りがあり，国内の後代検定事業参加牛と直接比較できなかった．そこで，先に述べたようにわが国は2003年8月の評価からインターブルの国際種雄牛評価に参加し，精液輸入牛の国際種雄牛評価値を参考情報として公開している．

インターブルにおける国際種雄牛評価は，参加各国の種雄牛評価結果と国ごとの遺伝相関，種雄牛間の血縁情報を利用した多形質父親モデルのBLUP法によるMACE法 (Multiple-trait Across Country Evaluation) (Schaeffer, 1994) によって実施されている．インターブルでは各参加国の評価のものさしに基づく国際種雄牛評価値を算出し，各参加国へ送付している．したがって，わが国で公表されている国際種雄牛評価値はわが国の評価のものさしに基づく日本向けの評価値のみである．

MACE法は雌牛の検定成績を直接利用するものではないので，各国での検定娘牛の配置などの後代検定の仕組みに大きく依存している．インターブルは，いずれかの国でファーストクロップ娘牛がランダムに配置されている種雄牛の評価を行うことになっているが，実際の娘牛配置方法は国によりまちまちであり，偏りのある交配が見受けられる場合もあり，その場合には国際種雄牛評価値も偏って推定されることがある．

また，海外で検定された種雄牛の評価は，わが国の飼養環境条件下での検定成績に基づいているわけではない．そのために，わが国の飼養環境下での評価成績という面では国内産種雄牛に比べて海外産種雄牛の評価値については推定精度が若干劣るものと考えられる．

なお，国産種雄牛と海外種雄牛の2005年8月の国際種雄牛評価値を比較すると，国別平均値で2000年生まれの国産種雄牛はアメリカ合衆国産などを押さえて1位となり，わが国の後代検定事業が確実に成果をあげていることを物語っている．また，形質別でもトップ5に，総合指数で2頭，乳量で3頭，乳脂量で4頭，乳タンパク質量でも4頭ランクインしている．

11.1.5 乳牛能力評価における今後の課題

科学的な乳牛の遺伝的能力評価が普及し始めてほぼ半世紀が経過した．その間にBLUP法を中心とする評価技術は飛躍的に向上し，今や個体モデルのBLUP法を用いた評価が一般的になっている．しかしながら，種畜に関する国間や産地間，企業間の競争が激化し，より早い段階でのより正確な評価が求められるようになっている．

すでにオランダやカナダなどの先進的な国では，乳期途中の記録を持つウシの評価がより正確になることから，泌乳形質の能力評価においてテストデイのランダム回帰モデルに移行している．おそらく，泌乳形質についてはかなりの国がテストデイモデルによる評価に移行するのではないかと予想される．

また，体型や体細胞数などの泌乳形質以外の評価も各国で公表されるようになっているが，搾乳性や気質，長命性，生涯生産性などの形質については，まだまだ評価値の正確度が不足している部分があり，その形質値の測定方法やデータ収集方法を含めた評価手法の検討が引き続き必要であろう．さらにMACE法にもとづく国際評価がインターブルで実施されているが，各国での検定娘牛の配置などの後代検定の仕組みに大きく依存しており，国際的な評価手法のさらなる向上が必要であろう．

近年，分子生物学の進展により，ウシのDNAマーカーや遺伝子地図が開発され，各国で泌乳形質などについてのQTL解析が盛んに実施されている．現在は，形質に関連する遺伝子座の位置をラフに推定している程度であるが，解析が進めばMABLUP法などによるマーカーアシスト選抜も可能となってくると予想される（8章参照）．その時までに，現行の乳牛能力評価の枠組みの中で，どのように遺伝子マーカー情報を扱うかを検討しておく必要があろう．

11.2　肉牛育種への応用

肉牛とは肉を生産することを目的に改良されてきたウシのことである．野生のウシ原牛から家畜化されたヨーロッパ家畜牛とよばれる種（*Bos taurus*）の中に多くの肉牛品種が作出されている．それらはアバディーンアンガス種，ヘレフォード種，ショートホーン種に代表される英国種とシャロレイ種，リムーザン種，キアニナ種，メナジュー種などに代表されるヨーロッパ大陸種とに大別される．我が国には，それらいずれとも異なる黒毛和種，熊本系褐毛和種，高知系褐毛和種，日本短角種などが飼育されていて，和牛（Wagyu）と総称される．和牛はかっては耕作や荷役に利用されていたが，現在，肉専用種として飼育・改良されている．

11.2.1　肉牛に求められる形質

ウシによる牛肉生産では，まず雌牛が子牛を生み，それを離乳まで育てた後，その子牛に高エネルギー飼料を与えて肥育する．肥育終了後，肥育牛は食肉市場に出荷され，そこで屠殺され，枝肉となって販売される．この間に，雌牛，子牛などが発現する多くの形質が牛肉生産と関わるので，肉牛に要求される形質は表11-2に示すように複雑多岐にわたる．繁殖能力は一般に遺伝率が低く，選抜による改良が難しいとされ，その改良には交雑による雑種強勢が利用される傾向にある．一方，繁殖雌牛に求められるもう一つの重要な能力に哺育能力（nursing ability）がある．これは子牛に授乳し，子牛を離乳時まで育てる能力で，その中心となる形質は泌乳量である．離乳前の子牛の発育記録が肉用種雌牛の哺育能力の指標として優れている．

牛肉生産を直接的に担うのは肥育牛であり，その発育能力の良悪が生産効率に

表11-2　肉牛に要求される能力並びにそれらに関与する形質

能力区分	形　質
繁殖能力	初産分娩月齢，受胎率，分娩間隔，分娩の難易度，長命性，双胎率
哺育能力	泌乳量，母性行動，子牛の離乳時体重
飼料利用能力	飼料要求率，粗飼料摂取率，放牧適性
発育能力	生時体重，離乳時体重，肥育終了時体重， １日当たり増体量（ＤＧ），成熟体重
屠肉性	枝肉重量，ロース芯断面積，脂肪交雑，皮下脂肪厚，可食肉量

重要な関わりを持っている．この発育能力は一定日齢での体重，一定期間における体重の平均変化量すなわち一日当たり増体量（DG）あるいは発育パターンとして測定される．中でも，離乳時体重は母牛の哺育能力と子牛自身の発育能力とが複合された形質であるので，牛肉生産全体からみた生産効率を考える上では最も重要な形質であるとして，米国，オーストラリアなどでは重視されている．

飼料利用能力には，飼料の利用効率を把えようとする飼料要求率，すなわち1 kg 増体するのに要する飼料の量，飼料として濃厚飼料と粗飼料とが別々に給与された時にいずれをより好んで摂取するかの尺度としての粗飼料摂取率，放牧飼育に対する適応性すなわち放牧適性などが含まれる．飼料要求率については，個体ごとの毎日の飼料摂取量を測定するのに多大の労力や施設を要するために，これ自身が選抜の対象とされることは少ない．むしろ，飼料要求率と DG との間の遺伝相関が高いことを利用して，DG に対する選抜をもって，これにかえることが多い．

肥育を終了した肥育牛は屠殺され，枝肉となる．この枝肉を量および質の面から測定あるいは評価した形質によって表される能力のことを屠肉性という．屠肉性の中で可食肉量およびその肉の好ましさが重要である．枝肉の可食肉量の推定値として米国ではカッタビリティ（cutability）が用いられている．わが国では枝肉中に占める部分肉の割合の推定値として歩留基準値が採用されている．一方，肉の好ましさは国や地域により異なり，わが国では脂肪交雑の適度に入った牛肉が好まれるのに対して，欧米では柔らかく，フレーバーのよい赤肉が好ましいとされてきた．しかし，近年米国やカナダでも適度に脂肪交雑の入った牛肉に関心が高まっている．

11.2.2 遺伝的能力の評価

肉牛としての遺伝的改良を進めていくためには前述の肉牛に求められる形質についての観測値を得て，それら観測値から個々の個体の遺伝的能力を評価する必要がある．その評価値に基づいて，望ましい個体を保留し，後代を生産させるのに対して，望ましくない個体が淘汰される．この時，遺伝的能力の評価が正確であることが遺伝的改良の成果に大きく影響する．そこで，近年遺伝的能力の評価法について種々の工夫が行われている．ここではわが国の産肉性に関する評価お

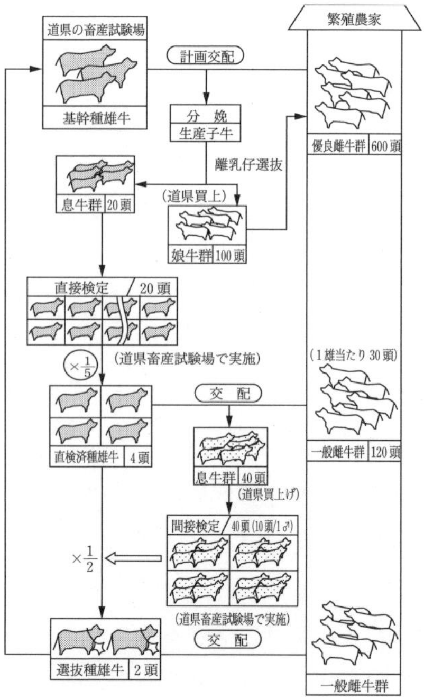

図 11-1　種雄牛選抜のための産肉能力検定

よび米国における発育性と哺育能力に関する評価について紹介する．

a．和牛における産肉性の評価

検定場方式での能力評価　和牛では昭和 43 年より種雄牛産肉能力検定が全国規模で実施されるようになった．その概略は図 11-1 のとおりである．この検定法には個体自身の能力を測定する直接検定と，後代牛の能力から親の能力を評価しようとする間接検定（後代検定）とがある．前者では発育能力および飼料利用能力についての，また後者では屠肉性についての検定が行われている．

黒毛和種で現在実施されている直接検定では，生後 6～7ヶ月齢，体重 210～320 kg の種雄牛候補の雄子牛を各道府県の畜産試験場等に搬入し，20 日間の予備飼育後 112 日間検定用飼料を自由摂取させる．ただし，濃厚飼料は朝夕各 1 時間の時間制限飽食給与としている．牛舎は単房式となっている．一方，間接検定では，検定牛の後代で月齢 7～8ヶ月，血液型調査済みの去勢子牛 8 頭以上を検定場に集め，20 日間の予備飼育後，364 日間検定用飼料で群飼育する．検定期間中濃厚飼料および粗飼料を自由摂取させる．検定終了時に全検定息牛を屠殺し，屠肉性形質について調査する（これらは当時のもので，最近若干の変更が加えられている）．

わが国では直接検定の場合も間接検定の場合も，すべての検定牛を一定の施設に集め，標準的な飼養管理条件（飼料，管理，期間など）のもとに検定を行う検定場方式をとっている．これは環境条件を同じにすることによって，表現型値の差が遺伝的能力すなわち育種価の差に近づくようにする検定である．検定開始後 23 年が経過した平成 2 年に，全国で検定を受けた黒毛和種種雄牛候補の頭数は 1 年間に直接検定で 440 頭，間接検定で 92 頭となり，数の上では定着しているかに見えた．しかし，これらの検定・選抜が県を単位として行われたために，県ごとでは検定頭数が十分でなかったこと，検定場方式の検定には多額の経費，施設，労力などが必要であり，さらなる検定頭数の増加は容易でなかったことなどから，必ずしも改良の成果が得られているとは言えなかった．

フィールド方式での後代検定すなわち現場後代検定　世界的にみると，個々の農家で飼育されているウシの記録を一定のレコーディングシステムにしたがって収集し，それらの記録に対して統計的手法を適用することによって，環境の影響を取り除いて遺伝的能力すなわち育種価を予測するフィールド方式が一般的である．とくに後代検定についてはそうである．

そこで，わが国でもフィールド方式の後代検定が実施されるようになった．中央ならびに地方の卸売食肉市場に全国各地の肥育農家で肥育された肥育牛が出荷されてくる．これら肥育農家から食肉市場に出荷された肥育牛のフィールド記録を用いて，それらの父である種雄牛や母である繁殖雌牛の育種価を推定しようとする検定を現場後代検定（field progeny test）という．

この現場後代検定の考え方を模式図で示したのが図 11-2 である．繁殖農家で生産された子牛が肥育素牛として子牛市場に出荷された後，肥育農家に買い取られていく．肥育農家で肥育された肥育牛は食肉市場に出荷される．この時，肥育牛は飼養頭数が多く 1 ヶ所で集中飼養される大規模肥育団地あるいは単一農協，小規模肥育農家群を包含した複数の農協などを経由して出荷されてくる．また，飼育形態でみても子牛生産から肥育までを一貫飼育する地帯と，肥育専門地域とがあり，一口に生産現場すなわちフィールドといっても状況はさまざまである．このように食肉市場に出荷された肥育牛は種々の肥育農家で肥育されたものである

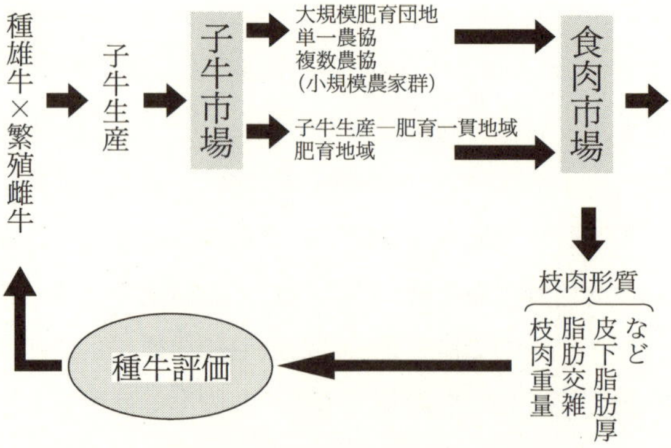

図 11-2 現場後代検定の模式図

ので，給与された飼料も，肥育期間も，さらに出荷時日齢も違っている．また，これらの肥育素牛が繁殖経営農家で生産される時，交配に用いる種雄牛に対して何らかの選抜が働いている．さらに和牛の場合，種雄牛間にはもちろん雌牛間あるいは種雄牛と雌牛間の血縁関係が比較的高い．そこで，これらの点を勘案して，偏りのない，より正確度の高い遺伝的能力の推定法として BLUP 法が用いられる．

フィールドデータには食肉市場，出荷年度，肥育農家など種々の環境要因が影響している．そこで，これら環境要因の影響を取り除いて正確な遺伝的能力の推定すなわち種牛評価を行うためにはまず，適切な線形関数を選択しなければならない．

種牛評価のための線形関数を選択するにあたっては，収集されたデータ項目の面から取り上げられる要因は何か，それらの要因はクラス分類される要因か連続分布する要因か，前者の場合交叉型か巣ごもり型かなどについてデータ構造を解析することにより検討し，これに実際的な各要因のもつ意味をも加味して，種々の要因を最大限に取り込んだ線形関数を設定する．肉牛における枝肉形質の場合についてみると，式(11-1)のような線形関数が考えられる．ここで，μ，M_i，N_j，F_k，p_1，p_2，b_1 および b_2 を母数効果，a_{ijkl} および e_{ijkl} を変量効果とみなす．

$$y_{ijkl}=\mu+M_i+N_j+F_k+p_1(P_{ijkl}-\bar{P})+p_2(P_{ijkl}-\bar{P})^2+b_1(A_{ijkl}-\bar{A}) + b_2(A_{ijkl}-\bar{A})^2+a_{ijkl}+e_{ijkl} \qquad (11\text{-}1)$$

ただし，y_{ijkl}：各肥育牛の産肉性形質の観測値
μ：全平均
M_i：i 番目の食肉市場の効果
N_j：j 番目の出荷年度の効果
F_k：k 番目の肥育農家の効果
p_1 および p_2：肥育期間へのそれぞれ 1 次および 2 次偏回帰係数
P_{ijkl}：各肥育牛の肥育期間
$\bar{P}$：肥育期間の算術平均
b_1 および b_2：終了時日齢へのそれぞれ 1 次および 2 次偏回帰係数
A_{ijkl}：各肥育牛の終了時日齢
$\bar{A}$：終了時日齢の算術平均
a_{ijkl}：i 番目の食肉市場に j 番目の年度に出荷された k 番目の肥育農家の l 番目の個体の育種価
e_{ijkl}：残差

この線形関数について，それぞれの要因の産肉性形質に対する影響が統計的に有意であるかどうかをGLMTESTプログラム（Moriyaら，1998）などを用いて検定する．その結果，有意でない要因は順次モデルから外していく．また，各要因の有意性だけでなく，残差分散の大きさからモデルの適合性についても比較検討を行い，それぞれのデータ，それぞれの形質に最も適合した線形関数を設定する（伊藤と佐々木，1985；佐々木と佐々江，1988；佐々木と守屋，1994；三宅ら，1995）．設定された線形関数に基づく混合モデル方程式の解から育種価の最良線形不偏予測値（BLUP）を得る．線形関数（11-1）は個体モデル（4.1.1項参照）で示されているので肥育牛の育種価だけが取り上げられているが，混合モデル方程式に分子血縁係数行列を取り込むことによって，肥育牛の父母をはじめ血縁個体の育種価が推定される．

肥育農家毎に肥育牛の飼養条件がバラバラであり，しかも肥育素牛生産のための交配の際に選抜が働き，多くの集団で遺伝的趨勢が認められる．このような肥育牛の記録に基づき種牛の育種価推定を行うにはBLUP法が最も優れていることが理論的には示されている（Henderson，1973；1984；佐々木，1982）．しかし，わが国のような規模の小さい農家から出荷され，取扱い頭数の少ない食肉市場で収集された記録の場合にもBLUP法が有効であるかどうかを確かめておく必要があった．そこで，同法による育種価の推定値に基づく期待値とそれらの交配によ

り実際に生まれた後代における実現値とを比較してみた．その結果は，BLUP 法による予測育種価から計算される選抜群の期待値に対して，それらの後代牛の実現値は $y=x$ の直線上に分布し，いずれの回帰係数も 1 との間に有意な差が認められなかった ($P>0.05$)．これらの結果から，わが国のような小規模条件下にもBLUP 法による育種価の推定値が有効であることが実証された (Sasaki，1992)．その後，BLUP 法による育種価推定が広く普及していったが，その場合に用いる分散は REML 法により推定されている (Graser ら，1987；Ashida と Iwaisaki，1999)．

b．発育性と哺育能力の評価

雌牛の能力として重要な哺育能力に関する育種価の推定には，母性効果の影響を受けている離乳時体重などの離乳前の子牛の発育記録が用いられる．子牛の発育記録には子牛自身のもつ発育能力すなわち直接効果，母牛の哺育能力の表れである母性効果およびそれ以外の一時的環境効果が含まれている．

米国では，離乳時体重記録を用いて発育能力と哺育能力に関する育種価を推定するのに，母性効果モデルの BLUP 法 (4.3 節参照) が用いられている．母性効果を含む線形関数としては一般に式 (4-30) により示される縮約化モデルが適用される．その際，母数効果として取り上げられる重要な因子には，同期グループ (contemporary group)，母牛の年齢，子牛の日齢およびそれらの間の交互作用などがある．偏りのない育種価推定を行う上で，同期グループの組み立て方が重要である．これは，よく似た管理条件のもとで育てられた個体をまとめたグループで，牛群，管理方式，放牧地のタイプ，性，出生年，季節などが組み合わされる．

11.2.3 遺伝的改良の成果

褐毛和種でも，黒毛和種でも，また黒毛和種では多くの県で，現場後代検定とBLUP 法によるフィールド方式での育種価推定が昭和 50 年代後半から平成にかけて開始された．フィールド方式が採用され始めてから早い県では 20 年が経過しようとしている．そのような大分県における黒毛和種および熊本県における褐毛和種について，枝肉形質に関する遺伝的趨勢が推定された (Sasaki ら，2006)．その結果は図 11-3 に示すように，大分県の黒毛和種集団における脂肪交雑についてみると，検定場方式の産肉能力検定が始まるまでは全く変化はなく，その後少し

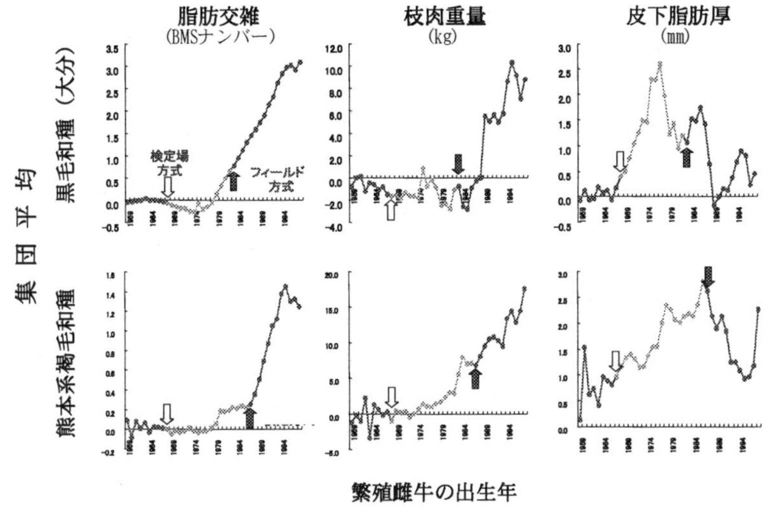

図 11-3　大分県黒毛和種および熊本系褐毛和種における枝肉形質に関する遺伝的趨勢（Sasaki ら，2006 より改変）

上昇傾向を示し，フィールド方式が始まってからは急速に改良が進んでいることがわかった．熊本県の褐毛和種でも同様の結果になっていた．また，枝肉重量についても，皮下脂肪厚についても，同じようにフィールド方式開始後急速に改良が進んでいた．

そこで，出生年に基づき産肉能力検定開始以前，検定場方式の産肉能力検定期およびフィールド方式も採用した時期に分けて，年当たりの遺伝的改良量を算出してみると図 11-4 のようになった．大分県黒毛和種では，フィールド方式開始後年当たりの遺伝的改良量は枝肉重量で 0.98 kg，脂肪交雑で 0.18 BMS ナンバーとなっていて，それ以前とは有意な差となっていた ($p<0.05$)．皮下脂肪厚についてはフィールド方式採用後に始めて低くする方向に改良がすすんでいることがわかった．熊本系褐毛和種についても同様であった．

これらのことは，屠肉性の改良に対しても，フィールド方式の後代検定と BLUP 法が有効であることを実証している (Sasaki ら，2006)．これまでの肉牛の改良は主として道府県単位で行われてきたが，今後全国規模での種牛評価が必要になると考えられる．小谷ら (2004) はこの点について検討をすすめ，産肉性に関する BLUP 法による広域評価が可能であることを示した．そこで，広域評価の場

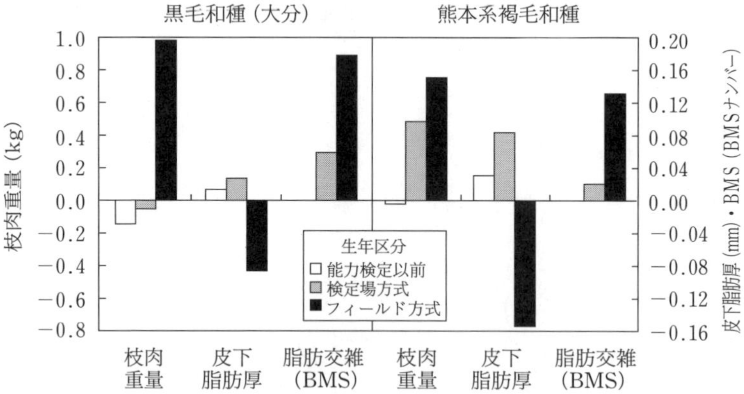

図 11-4　大分県黒毛和種および熊本系褐毛和種における枝肉形質に関する年当たりの遺伝的改良量の生年区分別推定値（Sasaki ら，2006 より改変）

合に問題となる副次級の不均一分散を考慮した BLUP 法について検討がすすめられている（Nakaoka ら，2004）.

11.3　豚系統造成への応用

わが国におけるブタの育種は，開放型育種と閉鎖群育種に大別することができる．前者はおもに民間企業や一般のブリーダーが行っている方法であり，後者は（独）家畜改良センター，都道県などの公的機関や全農などによって行われてきたわが国独自の方法である．閉鎖群育種は遺伝的能力が高く斉一性のある集団を作成するため，系統造成という手法に基づいてすすめられてきた．

1960 年以降，それまで中ヨークシャー種やバークシャー種主体の純粋種利用が，雑種利用という生産形態に変わった．現在では，繁殖性がよく発育のよいランドレース種と大ヨークシャー種の間の F_1 を雌系に，またデュロック種を留雄系（terminal sire）として用い，三元雑種を肥育素豚として利用する方法が広く用いられている．雑種生産のためには，中核育種集団における純粋種の改良が不可欠である．しかし，品種内においても遺伝的変異は大きく，そのため交雑種の能力にもばらつきが生じる．そこで，能力と斉一性がともに高い雑種生産のため，品種よりも遺伝的斉一性の高い「系統」の造成が考案された．

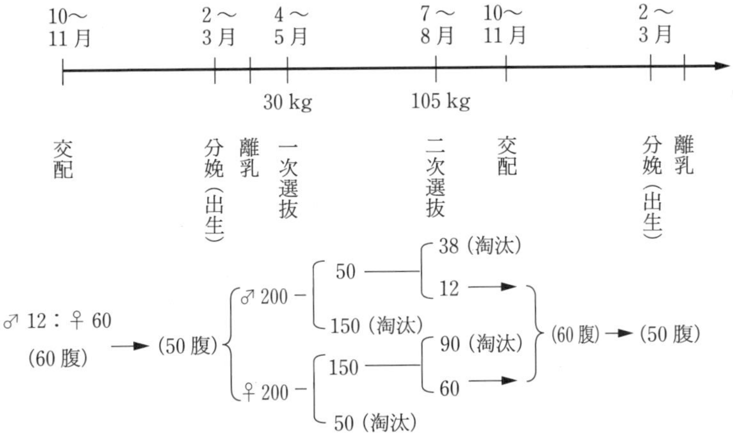

図 11-5　系統造成におけるスタンダードプランの一例

系統造成 (strain development) は，まず能力の優れた種豚を広く国内外から集め，基礎集団を作成する．つぎに，飼育飼料や衛生管理などをできる限り均一にした飼育環境下で，個々のブタの生産能力を測定し，これを選抜の指標として用いる．年 1 世代のサイクルで交配，分娩，離乳，選抜が繰り返される (図 11-5)．したがって，本選抜 (2 次選抜) は年 1 回同じ季節に行われるため，気温等による環境の影響は年次間の変動を除けばほぼ一定となる．選抜されたブタは次世代の種豚として利用され，これを一般に 5～8 世代繰り返す．この間，他の群からの種豚の導入を避け，集団の遺伝的能力を高めるとともに，遺伝的な斉一性を確保することにより，系統を作出する．

系統造成では，出生後約 2 ヶ月で 1 次選抜，約 5 ヶ月で 2 次選抜が行われる．1 次選抜は雌親の産子数，子豚の乳頭数，体型などの発育性が考慮される．1 次選抜では急激な近交度の上昇を回避するため，一般に同腹内で選抜が行われる．2 次選抜では育種の対象となる形質の選抜が行われる．系統造成が始められた当初，育種対象形質は農家の生産性や市場価値を考慮し，1 日平均増体重，背脂肪厚 (ウシではそれぞれ 1 日当たり増体量，皮下脂肪厚がこれらの形質名として慣例化して一般に使われている)，ロース芯面積等が広く用いられた．また 1990 年代以降は，①種豚の能力評価に BLUP 法が用いられるようになり，遺伝率の低い形質に対しても育種改良が可能になってきたこと，②それまでの系統造成は雌系中心であったが，留雄系品種であるデュロック種の系統造成も各地で行われるようになってきたこと，③他の系統と差別化した特色のある系統を造成しようとする試みが高まってきたことなどから，育種対象形質が多様化する傾向にある．

11.3.1　選抜指数法による選抜

一般に，公立機関による育種目標は，種豚農家や肉豚農家の利益のみならず，流通過程や消費者の立場をも考慮する必要があり，一意に定めることは難しい．したがって，育種対象となる形質に対し，汎用性のある経済価値をあてはめることによって総合的な評価を行うことは困難である．そこで，場所ごとに基礎集団における各形質の平均からの希望改良量を設定し，これを育種目標としてきた．そのため，種豚の能力評価には育種対象となる形質の希望改良量を達成するための選抜指数法 (Yamada ら，1975) が用いられた．

選抜指数法は，1990 年代前半まで系統造成の中で広く用いられてきた種畜評価法である．まず，1 次選抜において先に述べたような形質の同腹内選抜やハロセンテスト陽性豚の独立淘汰水準法による選抜を行う．その後の育成期間において選抜形質の記録を測定し，2 次選抜において選抜指数法による選抜がなされる．ロース芯面積等の枝肉形質は，選抜候補豚のきょうだい豚を育成することにより，きょうだい検定成績を選抜指数式に組み込む方法が用いられた．

たとえば，農水省，岩手県および宮崎県によって 1979 年から 1988 年まで実施された大ヨークシャー種による選抜試験では，つぎのような選抜指数式 (11-2) が用いられた．

$$I=0.0642DG-3.4692BF-5.2039BF^*+1.2293EM \qquad (11\text{-}2)$$

ここで，DG は体重 30 kg から 90 kg に到達するまでの 1 日平均増体重，BF は選抜候補豚における背脂肪厚の 10 部位平均，BF^* は調査豚の背脂肪厚の加重平均で，[2×(カタ)+(セ)+(コシ)]/4 より求めた．また，EM は調査豚の 5・6 胸椎部位のロース芯面積である．この指数値により選抜すると，DG が 100 g 改良された場合，BF は 0.11 cm，BF^* は 0.15 cm 薄く，EM は 1.20 cm^2 大きくなると予測された．

11.3.2 BLUP 法による選抜

系統造成は雄1頭に交配される雌が5頭前後と少ないため，雄のみならず雌の能力も無視できない．また，同世代の腹から種豚候補が選ばれ，それらが斉一な環境下で育成されることや，比較的遺伝率の高い形質が選抜の対象となっていたことから，系統造成においてBLUP法が取り入れられるようになったのは乳牛などの大家畜よりも遅い．しかし，選抜候補豚のきょうだいや祖先の記録を利用することにより，系統造成規模の集団においても選抜の正確度が高まること（佐藤，1990）や世代の効果や性の効果を母数効果とすることで，より正確な育種価推定が可能になることから，1990年代以降，ブタの系統造成においてもBLUP法が広く普及するようになった．

系統造成において，BLUP法を最初に取り入れて作出された系統の一つは，東京都畜産試験場（当時）によるトウキョウX（銘柄名：TOKYO-X）である．トウキョウXはバークシャー種，デュロック種，北京黒豚の3品種の交雑種を基礎集団として，1日平均増体重，背脂肪厚，ロース芯面積，筋肉内脂肪割合の4形質に希望改良量を設定し，この達成を育種目標として5世代にわたり選抜された合成系統である．毎世代雄10頭，雌30頭が種豚として選抜され，各腹から雄1頭，雌2頭が次世代の種豚候補として育成されるとともに，雌1頭，去勢雄1頭が肉質調査のためにきょうだい検定された．育種価の推定には，以下の線形関数（11-3）が示す複数形質モデルのBLUP法（4.4節参照）が用いられた．

$$\boldsymbol{y}_i = \boldsymbol{X}_i\boldsymbol{\beta}_i + \boldsymbol{Z}_i\boldsymbol{a}_i + \boldsymbol{e}_i \qquad (11\text{-}3)$$

ただし，$\boldsymbol{y}_i$：i 番目の形質の観測値のベクトル

$\boldsymbol{\beta}_i$：i 番目の形質の母数効果のベクトルで，性および世代の効果を含み

$\boldsymbol{a}_i$：i 番目の形質の育種価（変量効果）のベクトル

$\boldsymbol{X}_i$：$\boldsymbol{y}_i$ と $\boldsymbol{\beta}_i$ の関係を表す計画行列

$\boldsymbol{Z}_i$：$\boldsymbol{y}_i$ と $\boldsymbol{a}_i$ の関係を表す計画行列

$\boldsymbol{e}_i$：i 番目の形質の残差ベクトル

ここで $E\begin{pmatrix}\boldsymbol{a}\\\boldsymbol{e}\end{pmatrix}=\begin{bmatrix}\boldsymbol{0}\\\boldsymbol{0}\end{bmatrix}$，$Var\begin{pmatrix}\boldsymbol{a}\\\boldsymbol{e}\end{pmatrix}=\begin{bmatrix}\boldsymbol{G} & \boldsymbol{0}\\ & \boldsymbol{R}\end{bmatrix}$ を仮定する．

$\boldsymbol{G}$ は相加的遺伝分散共分散行列，$\boldsymbol{R}$ は環境分散共分散行列である．

選抜基準としては，推定した育種価と経済価値との積和から求めた総合育種価の推定値を用いた．その際，経済価値には，個体ベースの選抜指数によって相対

希望改良量から各形質における推定育種価の重み付け値を逆算したものを用いた．

系統造成は斉一化された環境条件下で実施されるため，BLUP 法を利用することの意義は，表現型値への環境効果の影響を補正することや複雑な血統情報や血縁個体の記録を考慮することにより種豚能力評価の正確度を高めることにある．ブタの産子数は重要な経済形質の一つであるが，産子数の遺伝率は一般に 0.1 前後と低く，また分娩後の雌のみが記録を持つ形質であるため，系統造成に使われる規模の集団において産子数を改良することは困難であるとされてきた．しかし，BLUP 法による血縁情報の利用は，遺伝率の低い形質の改良に特に有効である．そこで，愛知県農業総合試験場畜産研究所では初めて産子数を選抜形質に取り入れた系統造成を行った．すなわち，雌系品種であるランドレース種を基礎集団として，BLUP 法による産子数に関する推定育種価を用いて 5 世代にわたり選抜を実施した．また，1 日平均増体重と背脂肪厚を独立淘汰水準法により淘汰し，産肉性を改良することによって作出された系統がアイリス L 2 である．BLUP 法によって産子数のような遺伝率の低い形質を選抜する場合，近交度の急激な上昇が懸念される．そこでアイリス L 2 の造成では，従来行われてきた系統造成よりも雄の数を増やすことによって，繁殖集団の有効な大きさを大きくし（世代あたり平均雄 16 頭，雌 44 頭），近交度の急激な上昇を回避した．

1995 年には，複数形質の BLUP 法および制限付き BLUP 法のためのソフトウエア MBLUP 3 プログラムが開発され，ブタの系統造成関係場所において広く使われるようになった．この頃から，ブタの系統造成における能力評価は選抜指数法から BLUP 法に置き換わっていった．2002 年には，発育形質である 1 日平均増体重および背脂肪厚と繁殖形質である産子数を同時に 7 世代にわたり選抜したヒゴサカエ 302（熊本県農業研究センター畜産研究所）が系統豚として認定された．ヒゴサカエ 302 は，あらかじめ食肉市場で収集された肥育豚の記録データから経済価値を算出し，それを複数形質モデルの BLUP 法による予測育種価に乗じて求めた総合育種価の推定値によって選抜した初めての系統豚であり，また発育形質と繁殖形質を同時に選抜した最初の系統豚でもある．

系統造成では経済的な理由で対照群を持つことはできないが，BLUP 法により遺伝的趨勢を推定し，選抜による改良効果を数値によって確認することができるようになったことも，BLUP 法を導入した成果である．たとえば，図 11-6 は熊本

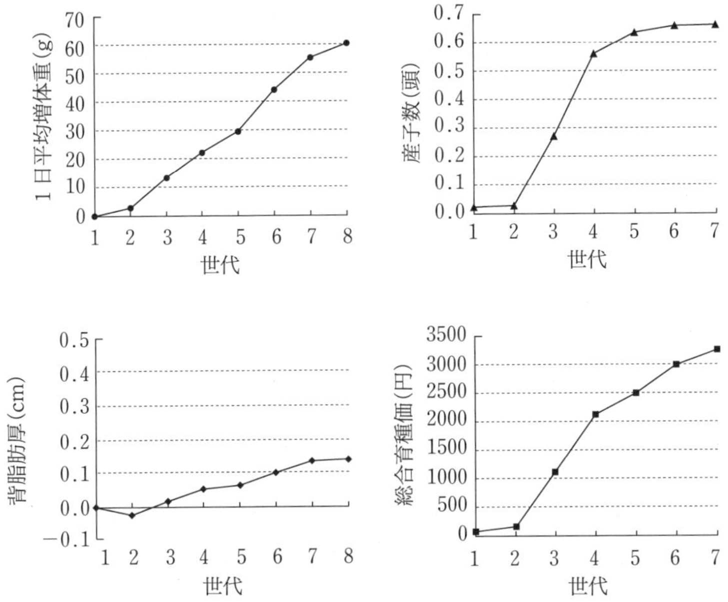

図 11-6　熊本県で造成された系統豚ヒゴサカエ 302 における選抜形質と総合育種価の遺伝的趨勢

県で造成された系統豚ヒゴサカエ 302 における選抜形質と総合育種価の遺伝的趨勢を示している．なお，総合育種価は，1日平均増体重，背脂肪厚および産子数の経済価値をそれぞれ，28 円/g，−279 円/mm および 2,636 円/頭として算出している．

11.3.3　制限付き BLUP 法による選抜

複数形質の BLUP 法では，形質ごとに種畜の育種価が推定される．この推定育種価をブリーダーが利用する場合には，経済的な視点から改良したい形質をブリーダー自身が考慮することによって選抜に用いればよい．しかし，先にも述べたようにブタの系統造成では，育種の対象となる形質に汎用性のある相対的な経済価値を設定することが難しい．したがって，系統造成では育種対象となる形質の希望改良量をあらかじめ設定し，その達成を育種目標としている．形質の希望改良量を達成するためには，制限付き BLUP 法 (Quaas と Henderson，1976，9.2.2 項参照) が有効である．先に述べたように，1995 年に制限付き BLUP を算出するソフトが開発されたため，改良目標の達成を目的とした場所では，制限付きBLUP法による種豚評価が行われるようになった．

相対希望改良量を達成するための制限付きBLUP法では，個体の観測値が1形質でも欠測している場合，その個体における他の観測値は利用されない．たとえば，1日平均増体重や背脂肪厚のように選抜候補豚の測定値がすべて得られる場合には，制限付きBLUP法は最も優れた方法である．しかし，肉質等の屠体形質における選抜に選抜候補豚のきょうだいの情報を用いる場合や産子数のように雄が記録を持たない形質の選抜では，選抜候補豚の記録に欠測値の生じることがある．このとき制限付きBLUP法では，欠測値のある選抜候補豚の記録は理論上すべて無駄になってしまう．ところが，系統造成では雄1頭あたりに交配される雌の数，一腹から種豚候補として育成される雄および雌の数，肉質等の調査に用いられる雄および雌の数は一定と考えることができる．そこで簡便的な方法として，数世代の家系情報による選抜指数（家系選抜指数）を用いて相対希望改良量から各形質の重み付け値を逆算し，この逆算値とBLUPから総合育種価を算出する方法が考案された（佐藤，2003）．この総合育種価は，従来の経済価値を用いた総合育種価とは厳密には異なる．しかし，これを選抜の指標とすることにより，選抜候補豚に記録の欠測が生じるような場合でも，相対希望改良量の達成が可能である．

これまで述べてきたように，ブタの系統造成では育種目標となる形質の相対希望改良量を設定した選抜が主流である．そのため最近の系統造成では，選抜候補豚の記録がすべて得られるような形質を選抜する場合と選抜候補豚に欠測記録が生じるような形質を選抜する場合とで，異なる能力評価法が用いられている．すなわち，前者における種豚能力評価には制限付きBLUP法が，また後者には家系選抜指数を用いて相対希望改良量から各形質の重み付け値を逆算し，総合育種価を算出する方法が用いられている．

11.3.4　系統造成における種豚評価の方向

ブタの系統造成では相対希望改良量を達成するための選抜が主流である．しかし，相対希望改良量から各形質の重み付け値を逆算する方法はあくまでも簡便法である．そのため，より優れた方法が研究されている．その一つが，多形質のBLUP法と線形計画法の組合せにより相対希望改良量を達成する方法（Díazら，

1999；Ieiri ら，2004）である．一方，集団の一部の個体に対して制限を付加する制限付き BLUP 法（Satoh, 2004，9.2.2 項参照）も，実用化に向けて研究が進められている．

ブタの系統造成では環境が斉一化されているため，母数効果として取り上げられる要因は，世代（年次）や性などに限られている．一方，哺育期間における一腹あたりの育成頭数が異なる場合はもちろんのこと，里子などによって哺育開始頭数をそろえた場合でも，繁殖形質や発育形質に対して，雌親の影響（同腹効果）の大きいことが知られている．同腹効果は哺育開始頭数を共変量とすることである程度補正できる．しかし，相加的母性遺伝効果や同腹共通環境効果の影響が考えられる場合には，これらの効果を変量効果として線形関数に含めることが望ましい（Satoh ら，2002）．このとき，雌親の哺育能力を積極的に選抜したい場合には，母性遺伝効果の推定値を選抜基準の一つとして考慮する必要がある．

表 11-3　BLUP 法によって系統造成された系統認定豚[1)]

場所名[2)]	品種[3)]	選抜形質[4)]					選抜法[5)]	開始年	系統名
東京都畜産試験場	合成	DG	BF	EM	IMF		BLUP 法	1990	トウキョウ X
愛知県畜産研究所	ランドレース種	LS					BLUP 法	1990	アイリス L 2
鹿児島県畜産試験場	バークシャー種	DG	BF	EM	SG		BLUP 法	1992	サツマ 2001
岩手県畜産試験場	ランドレース種	DG	BF	EM			制限付き BLUP 法	1993	イワテハヤチネ L2
全農飼料畜産中央研究所	大ヨークシャー種	DG	BF	EM			BLUP 法	1994	ゼンノーW 02
千葉県畜産センター	大ヨークシャー種	LS					BLUP 法	1994	ボウソウ W
宮城県畜産試験場	デュロック種	DG	BF	EM	IMF		BLUP 法	1994	シモフリレッド
神奈川県畜産研究所	ランドレース種	BF	LS	LW3			BLUP 法	1995	ユメカナエル
福島県畜産試験場	ランドレース種	DG	BF	EM			制限付き BLUP 法	1995	フクシマ L 2
家畜改良センター宮崎牧場	デュロック種	DG	BF	EM			制限付き BLUP 法	1995	ユメサクラ
茨城県養豚試験場	大ヨークシャー種	DG	BF	EM			BLUP 法	1996	ローズ W-2
熊本県畜産研究所	ランドレース種	DG	BF	LS			BLUP 法	1996	ヒゴサカエ 302
宮崎県畜産試験場	大ヨークシャー種	DG	BF	EM			制限付き BLUP 法	1996	ニューハマユウ W
新潟県畜産試験場	ランドレース種	DG	BF	EM			BLUP 法	1997	ニホンカイ L2
愛知県畜産研究所	大ヨークシャー種	DG	BF	EM	LS	LWW	制限付き BLUP 法	1997	アイリス W
山形県養豚試験場	ランドレース種	DG	BF	EM	LS		BLUP 法	1998	ガッサン L
千葉県畜産センター	ランドレース種	LS					BLUP 法	1998	ボウソウ L 3

[1)] 世代途中で選抜指数法から BLUP 法に変更したものを含む
[2)] 系統造成開始時
[3)] 合成＝北京黒豚，バークシャー，デュロックの交雑種
[4)] BLUP 法による選抜形質で，独立淘汰水準法等による選抜形質を含まない
DG＝１日平均増体重，BF＝背脂肪厚，EM＝ロース芯面積，IMF＝筋肉内脂肪割合，
LS＝産子数，SG＝枝肉比重，LW 3＝３週齢一腹体重，LWW＝離乳時一腹体重

1990年代当初，演算コストが問題とされた複数形質モデルのBLUP法の計算も，アルゴリズムやコンピューターの発達により，パソコンレベルで十分に対応できるようになった．そのため現在では，系統造成を行っているすべての場所において，種豚評価には複数形質モデルのBLUP法や制限付きBLUP法が用いられている（表11-3）．今後は1日平均増体重や背脂肪厚など，従来選抜形質として取り上げられてきた形質はもちろんのこと，肉質，抗病性，肢蹄の強健性など，これまで豚の系統造成の中で選抜形質として取り上げられてこなかった形質に対しても，BLUP法による評価が行われるようになるであろう．

11.4　競走馬の能力評価

日本の競馬には，日本中央競馬会（JRA）が開催する中央競馬と，地方競馬全国協会（NAR）が関係し，県や市町村などの地方自治体が主催する地方競馬が存在する．中央競馬ではサラブレッド系種のみが出走できる競馬を開催しているが，地方競馬ではサラブレッド系種とアラブ系種が出走できる競馬を行っている．

競馬における競走の記録は，中央競馬および地方競馬ともに，全競馬の開催情報（開催場所，開催年月日，出走頭数，芝馬場とダート馬場の区別，競走距離，馬場状態など）と出走したウマごとの競走成績（騎乗騎手，走行タイム，着順，着差など）が公表されている．これらの記録は，各競馬主催者団体における公式記録であるので，能力評価に用いる材料としては信頼性の高い記録となる．

サラブレッド種が競走馬として競馬に出走するには，サラブレッド種として血統登録が必要となるため，個体鑑別や親子判定などによる厳密な血統登録管理がなされている．サラブレッド種の血統登録は国際的に統一され，国際血統書委員会が承認する血統書統括機関が存在している．日本においては（財）日本軽種馬登録協会が登録審査業務を行うと共に，血統データの管理や血統書の発行も行っている．このように国際的に統一された血統書が完備されているため，日本の血統書に記載がない場合においても各国の血統書を調査することにより血統を遡ることができ，ほとんどのサラブレッド種が英国のサラブレッド血統書（General Stud Book）まで遡ることができる．このことは，BLUP法による育種価推定に取り込む血統情報の精度が高いことを示しており，Okiら（1995 a）は2世代の血統情報を取り込むことで推定値が安定することを報告している.

11.4.1　遺伝的能力の評価方法

競走馬の走能力評価の指標としては，走行タイム，収得賞金，パフォーマンスレイト，タイムフォームレイトなどがある．日本においては，中央競馬および地方競馬に出走したすべての競走馬の走行タイム記録が保存されていることから，走行タイムを用いた個体モデルの BLUP 法による評価値が報告されている．

サラブレッド種の走行タイムに関する育種価の推定には，MPPA モデルの BLUP 法（4.1.2 項参照）を用い，その線形関数は式(11-4)のとおりである．

$$\boldsymbol{Y} = \boldsymbol{X\beta} + \boldsymbol{Za} + \boldsymbol{Zp} + \boldsymbol{e} \tag{11-4}$$

ただし，$\boldsymbol{Y}$：サラブレッド種の走行タイムのベクトル
$\boldsymbol{\beta}$：未知である母数効果のベクトルで，レース，性，年齢，騎手および負担重量が含まれる
$\boldsymbol{X}$：個々の記録が母数効果 $\boldsymbol{\beta}$ のどのクラスに属するかを示す既知の計画行列
$\boldsymbol{a}$：個体のもつ育種価のベクトル
$\boldsymbol{Z}$：個々の記録がどの個体に属するかを示す既知の計画行列
$\boldsymbol{p}$：永続的環境効果のベクトル
$\boldsymbol{e}$：一時的環境効果のベクトル

開催場所，開催年月日ならびにレース番号を同一グループとするレースを母数効果として取り込むことにより（Oki ら, 1994），馬場状態などのレースに影響すると考えられる要因をモデルに取り込まなくても，精度の高い推定値が得られる．走行タイムへの騎手の影響については，Oki ら（1995 b）が明らかにしている．負担重量は，騎手の体重を含めた重さをウマが負担して競走しなければならない重量であり，JRA の規定では，(1) ウマの年齢によるもの，(2)「ハンデキャップ」により定めるもの，(3) ウマの年齢，性，収得賞金の額，勝利度数その他の競馬番組で定める条件により算出するもの，となっており出走レースごとにウマへの負担重量は変わる．

11.4.2 遺伝的パラメータの推定

a．芝とダート間の遺伝相関

中央競馬で競走に使用される馬場には，芝馬場（芝）とダート馬場（ダート）があるため，競走馬は一般的に芝とダートの両方の競走に出走する．しかし，芝とダートはその構造が異なるため（日本中央競馬会，1976），競走のための環境が異なり，ウマの遺伝的走能力に影響していると考えられた．このことから，芝とダートにおける競走能力の遺伝的差異をみるために，多形質モデルの REML 法で芝とダート間の遺伝相関係数を推定した．その結果，遺伝相関は，1,200 m で 0.69，1,400 m で 0.49，1,600 m で 0.55，1,800 m で 0.31 を示し，距離が長くなればなるほどその値は低くなる傾向にあった．その平均は 0.51 であり，芝とダートでの遺伝的走能力は異なり，走行タイムによる育種価予測には芝とダートを区別する必要があることが明らかになった（Oki ら，1997）．

b．遺伝率

2 世代の血統を考慮した個体モデルの REML 法で推定した芝とダートにおける遺伝率を競走距離別に表 11-4 に示した．遺伝率は，芝とダートとも競走距離が短いほど高くなり，競走距離 1,000 m の場合芝で 0.25，ダートで 0.19 であった（Oki ら，1995 a）．これらの遺伝率から走行タイムを指標とした競走能力の遺伝的評価が可能であることがわかった．

表 11-4　芝およびダートにおける競走距離別の遺伝率推定値

馬　場	競走距離 (m)					
	1000	1200	1400	1600	1800	2000
芝	0.254	0.160	0.096	0.121	0.087	0.081
ダート	0.191	0.217	0.121	0.086	0.165	-

(Oki ら，1995 a)

c．競走距離間の遺伝相関

2004 年度の中央競馬における競走距離は，芝では 1,000 m から 3,600 m の範囲のレースがあり，1,200 m から 2,000 m までのレースが 88％を占めていた．また，ダートでは 1,000 m から 2,400 m のレースがあり，98％が 1,000 m から 1,800 m までのレースであった．

競走距離の違いがサラブレッド種の競走能力に影響するかについては，Oki ら (1997) が，同じ馬が色々な距離に出走したデータを用いて多形質モデルの REML 法で推定した遺伝相関を報告している．表 11-5 に芝およびダートにおける競走距離間の遺伝相関を示したが，芝では 1.0 から 0.68 を示しその平均は 0.85 となり，1,200 m から 2,000 m の間では遺伝的に競走能力の差はないことが明らかになった．すなわち，1,200 m での走能力を 2,000 m でも発揮できると考えられる．同様にダートでは，0.53 から 0.98 を示しその平均は 0.86 となり，芝同様 1,200 m から 1,800 m の間では，ダートにおいても遺伝的に競走能力の差はないことが明らかになった．

表 11-5　馬場別における各競走距離間の遺伝相関係数推定値

競走距離 (m)	1000	1200	1400	1600	1800	2000
1200	0.94		0.88	0.85	0.76	0.76
1400	0.87	0.98		0.89	0.68	0.69
1600	0.88	0.99	0.71		1.00	0.97
1800	0.53	0.85	0.91	1.00		1.00

(Oki ら，1997)

対角の右上半分は芝，左下半分はダートでの結果を示す

11.4.3　遺伝的改良

まずはじめに，1,600 m レースに出走した全競走馬の走行タイムの出生年ごとの平均値を図 11-7 に示す．平均値は芝・ダートともに上下動を繰り返しながら，芝では 1995 年に最も速い平均タイムを，1977 年に最も遅い平均タイムを示し，その差は 1.8 秒であった．ダートでは 1988 年に最も速い平均タイムを，1975 年に最も遅い平均タイムを示し，その差は 2.4 秒であった．これは遺伝的な変化だけでなく，競馬場の馬場などの環境の変化（たとえば馬場改修，ダートの砂厚の変化など）によって走行タイムが変化したと推察される．

そこで，サラブレッド種の走行タイムに関する遺伝的趨勢を，1975 年から 2000 年までの競走成績を用いて，BLUP 法により推定した結果は図 11-8 のとおりである (Oki と Sasaki, 1996)．芝とダートとも右下がり（タイムが速くなる）を示し，改良が順調に進んでいることが明らかになった．また，1990 年頃から下降の角度が強くなっている傾向も見られている．これはこの時期の日本経済が旺盛で優秀

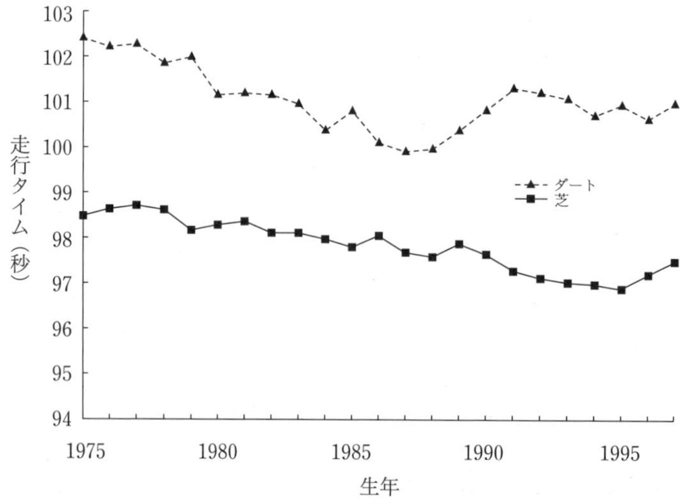

図 11-7　1600 m レースにおける芝とダートの出生年毎平均走行タイムの変化
（Oki と Sasaki，1996 より改変）

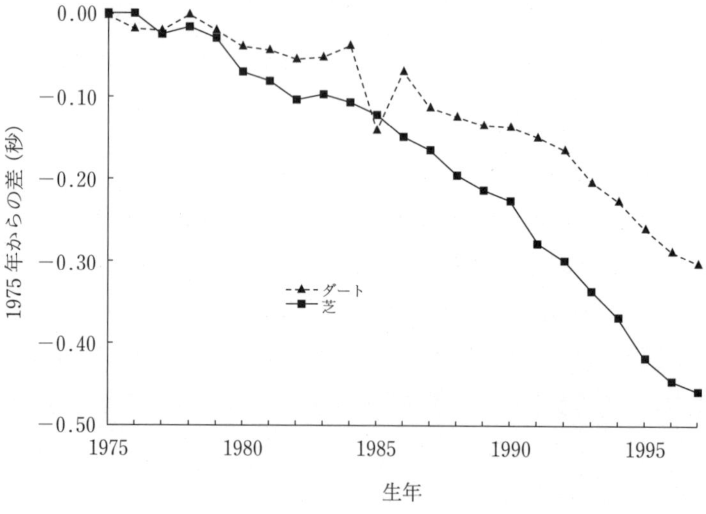

図 11-8　1600 m レースにおける芝とダートの走行タイムに関する遺伝的趨勢
（Oki と Sasaki，1996 より改変）

な種雄馬や繁殖雌馬を諸外国から導入することができた結果と推察される．また，図 11-7 に示した平均走行タイムでは，ダートの方が最速タイムと最低タイムの差が 2.4 秒と芝の差 1.8 秒に比べて大きかったが，図 11-8 に示したこの期間における平均予測育種価による遺伝的改良量は，芝において 0.46 秒，ダートにおいて 0.30 秒であり，芝の方が大きかった．このタイム差を着差で置き換えると芝で 3 馬身，ダートで 1.5 馬身の差を示している．このように，芝とダートにおいて遺伝的改良量の差が生じた原因として，日本の競馬が芝重視の競馬であったため，芝において成績の良い馬を重点的に繁殖に供用してきたため芝の改良速度がダートよりも速くなったと推察される．

11.4.4 評価値の応用

走行タイムを用いた BLUP 法による評価法を現場に応用することにより，サラブレッド種の改良速度を高めると期待される．しかし，BLUP 法はサラブレッド種においては新しい評価方法であり，育種価による評価は個人の資産を評価することになることや，評価値の精度が高いために経済的影響による競馬サークルへの影響が大きく，評価値を実際の現場に応用するには時間がかかると予想される．また，育種改良の方向が走行タイムを速くするだけでよいのかという問題もあり，今後走行タイムだけでなく競走能力にプラスに働く他の因子の検討を行い，それに加えマイナスに働く因子を含めた総合的な指標による評価を検討する必要がある．

11.5 魚類育種への応用

魚類育種の対象は小型から大型の種，淡水から海水までさまざまである．卵の数が多く，多産である種が多いことや一尾あたりの単価が低いこともあり，育種研究は個体よりも集団レベルでの改良を意識したものが多い．しかし近年，個体標識技術の発展と家畜育種の手法導入で，家系情報を考慮した BLUP 法の適用のための研究が始まっている．

11.5.1 個体識別の方法

血統情報と個体情報を記録するには，できるだけ若い発育段階で個体を識別する必要がある．しかし育種の対象となる養殖魚類は，孵化稚魚は数 mm の大きさで，標識が可能になる数ヶ月までは個体識別は不可能である．体長数 cm（体重数

g）までは，家系毎に別の水槽で飼育し，できるだけ早く個体標識（individual identification marker）をする必要がある．費用，労力，飼育施設の規模によりさまざまな組合せが工夫されている．

育種研究で使用されている飼育魚の標識法を便宜的に分けると，体表装着標識票法（細いリボンやヴィニール管を体表に打ち込む），ひれ切除法（背びれ等に切り込みをする），冷凍焼き印法（体表への印），色素注入法（イラストマー蛍光色素等の表皮への注射），電子標識票（PIT，生物学的適合性ガラスに封じ込まれた記憶素子を筋肉等に埋め込み，発信される周波数を読取器で解読）および遺伝的多型法（組織の一部の生検でDNA分析）などがある．ひれ切除法や冷凍焼き印法は比較的若齢の小型個体でもできるが，識別可能な組合せの数に限度がある．色素注入法，PITや外部付着法は組合せ数を多くできるが，ある程度大きい個体でないと使用できない．PITは最小のものは大きさ2.1×11.0 mmで体長55 mmの魚に装着できるという．

具体例で説明すると，ニジマスでは（CrandellとGall，1993 a；1993 b；1993 c），生後98日まで家系毎に飼育し，その後ひれ切除法で家系を識別，2個の水槽にまとめ，159日後に各家系8尾にPITを打ち込み個体を識別し一つの大型水槽にまとめて約2年まで飼育したという．テラピアの例（Ruttenら，2005）では，家系を別々の水槽で飼育し，体重約5 gの時点で体表装着標識票法で個体識別し3水槽へまとめ，後に標識脱落が見られたのでPITに切り替えて326日まで飼育した．ギンザケの研究（Martinetzら，1999）でも約8ヶ月齢で体色が銀色に変化する（スモルト化）までは家系別に飼育してから，PITで個体識別を施し，まとめて2年まで飼育したという．このように，標識法は飼育環境の影響を遺伝の影響といかに区別するかの問題に関わっている．

11.5.2 遺伝的能力の評価

魚類育種の中で遺伝的能力評価に取り入れられているBLUP法を紹介する．反復記録のあるMPPAモデル（4.1.2項参照）が多く用いられており，データの構造や線形関数は種や記録の得られた状況によってさまざまである．

カリフォルニア大学のゴールのグループは，ニジマスの卵数，卵径あるいは体重の遺伝率の推定に個体モデルを適用した（Gallら，1993；CrandellとGall，1993 a；1993 b；1993 c）．ここではいろいろな発育段階における体重の遺伝分散の推定例を紹介する．27対の雌雄から全きょうだい家系を育成し，740日（約2年）まで飼育を続け，10回体重を測定した．性や成熟（特に早熟）が体重に影響するので，成熟の程度と性別（雌，早熟の雄およびそれ以外の雄の3クラス）を記録した．2組の家系は異なる水温区（ブロック）で飼育し，水温の記録も解析に入れた．遺伝的パラメーターの推定には，相加的遺伝子効果と母性効果を含んだ線形関数（11-5）を適用し，REML法により，DFREMLプログラムを使用して解析した（Graserら，1987；Meyer，1988；Henderson，1988）．性を母数効果とし，相加的遺伝子効果，母性効果および環境偏差を変量効果とした．

$$\boldsymbol{y} = \boldsymbol{Xb} + \boldsymbol{Z}_a\boldsymbol{a} + \boldsymbol{Z}_m\boldsymbol{m} + \boldsymbol{e} \tag{11-5}$$

ただし，$\boldsymbol{y}$：個々の個体の体重記録のベクトル

$\boldsymbol{b}$：性（3クラス）とブロック（4クラス）の効果のベクトル

$\boldsymbol{a}$：相加的遺伝子効果のベクトル

$\boldsymbol{m}$：母性効果のベクトル

$\boldsymbol{e}$：環境偏差のベクトルであり

$\boldsymbol{X}$，$\boldsymbol{Z}_a$ および $\boldsymbol{Z}_m$：それぞれ母数効果，相加的遺伝子効果および母性効果に関係する計画行列で

$Var(\boldsymbol{y}) = \boldsymbol{Z}_a\boldsymbol{A}\boldsymbol{Z}_a'\sigma_a^2 + \boldsymbol{Z}_m\boldsymbol{A}\boldsymbol{Z}_m'\sigma_m^2 + (\boldsymbol{Z}_m\boldsymbol{A}\boldsymbol{Z}_a' + \boldsymbol{Z}_a\boldsymbol{A}\boldsymbol{Z}_m')\sigma_{am}^2 + \boldsymbol{I}\sigma_e^2$

$\boldsymbol{A}$ は分子血縁係数行列，$\boldsymbol{I}$ は単位行列，σ_a^2，σ_m^2，σ_{am}^2 および σ_e^2 はそれぞれ相加的遺伝分散，母性効果分散，仔魚の発育と母性効果との遺伝共分散および環境分散である．

その結果，体重の遺伝率は日齢で異なり，0.21～0.53で若齢時ほど大きく加齢とともに小さくなった．母性効果は表現型分散との比で表すと0.02～0.03と低かった．測定日間の遺伝相関も推定され（0.19～0.95），日齢が近い体重ほど高かった．

チリのギンザケ選抜育種事業は，1992年（系統名：E）と1993年（同：O）に開始され，収穫時体重の大きいものがBLUP法による予測育種価（EBV）で，採卵日の早いものが表現型値で選抜されている．Martinetzら（1999）はこれらの系統（E, O）の1代目と2代目の130日齢幼魚体重に与える各種要因の分散成分の推定をいろいろな個体モデルを適用して行った．記録は，系統，祖父母（ただし1代

目は不明)，両親および子 (全きょうだい) の 130 日齢体重と血統情報で，測定個体数は計 12,728 尾 (E 系統) と 11,122 尾 (O 系統) であった．両系統は別の記録セットとして解析された．個体モデルを構築するにあたり，母数効果として採卵年と雌採卵日 (早い程成長が良い可能性) の二つを，変量効果には相加的遺伝子効果を設定した基本型 (モデル A) に，変量効果としてその他の種々の要因を加えた計六つの線形関数モデルを設定し，解析結果の尤度でどのモデルがよいかを試した．すなわちモデル A ($y_i = a_i + e_i$) は，基本的なモデルで，変量効果として個体の効果と残差効果のみを考え，遺伝子の直接効果 (a_i) と残差効果 (e_i) が観測値 (y_i) を説明するとした．以下一連の他のモデルは，この基準となる基本モデルにいろいろな変量効果を加えたものである．モデル AF ($y_{ij} = f_i + a_{ij} + e_{ij}$) は，遺伝子の直接効果に関係しないような全きょうだい効果 (f_i) を考慮し，それは共通の環境効果，母性効果，非相加的効果を含む．モデル AM1 ($y_i = a_i + m_i + e_i$) は，母性遺伝効果 (m_i) を考慮する．モデル AM2 ($y_{ij} = a_{ij} + m_{ij} + e_{ij}$) は，AM1 に，遺伝子の直接効果と母性遺伝効果の共分散を考慮した．モデル AMF1 ($y_{ij} = f_i + a_{ij} + m_{ij} + e_{ij}$) は，遺伝子の直接効果と母性遺伝効果と全きょうだい効果を含む．モデル AMF2 ($y_{ij} = f_i + a_{ij} + m_{ij} + e_{ij}$) は，AMF1 に構造は同じであるが，変量効果の分散に遺伝子の直接効果と母性遺伝効果の共分散を考慮した．遺伝子の直接効果，母性遺伝効果および全きょうだいの効果およびそれらの共分散の推定は，行列の計算式により間接的に推定された．行列表記の線形関数は，たとえば最も複雑なモデル AMF2 のみについて示すと式 (11-6) のとおりである．

$$\boldsymbol{Y} = \boldsymbol{X}\boldsymbol{b} + \boldsymbol{Z}_a\boldsymbol{a} + \boldsymbol{Z}_m\boldsymbol{m} + \boldsymbol{W}\boldsymbol{f} + \boldsymbol{e} \tag{11-6}$$

ただし，$\boldsymbol{Y}$：個々の個体の 130 日齢体重のベクトル

$\boldsymbol{b}$：母数効果のベクトル

$\boldsymbol{a}$：未知の相加的遺伝子効果のベクトル

$\boldsymbol{m}$：未知の母性遺伝効果のベクトル

$\boldsymbol{f}$：未知の全きょうだい効果のベクトル

$\boldsymbol{e}$：環境偏差のベクトル

$\boldsymbol{X}$，$\boldsymbol{Z}_a$，$\boldsymbol{Z}_m$ および $\boldsymbol{W}$：それぞれ $\boldsymbol{b}$，$\boldsymbol{a}$，$\boldsymbol{m}$ および $\boldsymbol{f}$ に関係する計画行列

ここで，

$$Var\begin{pmatrix} \boldsymbol{a} \\ \boldsymbol{m} \\ \boldsymbol{f} \\ \boldsymbol{e} \end{pmatrix} = \begin{bmatrix} \boldsymbol{A}\sigma_a^2 & \boldsymbol{A}\sigma_{am} & \boldsymbol{0} & \boldsymbol{0} \\ & \boldsymbol{A}\sigma_m^2 & \boldsymbol{0} & \boldsymbol{0} \\ & & \boldsymbol{I}\sigma_f^2 & \boldsymbol{0} \\ & & & \boldsymbol{I}\sigma_e^2 \end{bmatrix}$$

ただし，$\boldsymbol{I}$ は単位行列，$\boldsymbol{A}$ は分子血縁係数行列，σ_a^2，σ_m^2，σ_f^2，$\sigma_{am}^{\ 2}$および σ_e^2 はそれぞれ添字の効果の分散である．

解析結果によれば，最も簡単なモデル A では相加的遺伝分散の推定値が大きめに偏り，他のモデルは大差のない結果であったが，個体と全きょうだいを変量効果とするモデル AF が最も有効であった．モデル AMF2 でもすべての分散を生じる要因をよく区別できず，その説明としては，共通の環境効果と非相加的効果が，母性遺伝効果より重要であるためとした．E, O 両系統は同じ母集団から出発して選抜されてきたが，遺伝的パラメーターには大きな差があった．

カナダで行われている大西洋サケの育種事業で，Quinton ら (2005) は個体モデルを適用して遺伝的パラメーターを推定した．体重，肉色度，アスタキサンチン，カンタキサンチン，脂肪および水分含量はすべて低い (0.1〜0.2) 遺伝率を示し，体重とカロチノイド色素，肉色度および脂肪との間に正の遺伝相関が認められた．この結果は体重の直接選抜は肉色や色素にとって間接的に良好な反応が得られるが，脂肪では好ましくない増加をもたらす結果となった．適当に重み付けをした選抜指数を作り収穫時体重と肉色を増す一方，脂肪を減らすような選抜を行っていく必要があるという．

つぎに米国でテラピアの 3 代にわたる 93 日齢体重の二つの反復選抜系統を統計的に解析し，選抜の指標として育種価を利用することの有効性が検討された (Gall と Bakar，2002)．共通の母集団から 2 選抜群と 1 対照群を作成した (血統情報記録は計 4,042 尾；体重記録は計 3,852 尾をそれぞれ使用した)．個体評価の線形関数には，世代 (G_i)，水槽 (T_j)，系統 (L_k) および性 (S_l) を母数効果として，相加的遺伝子効果 (a_{jkm}) および環境偏差 (e_{ijklm}) を変量効果とした次式 (11-7) を仮定した (y_{ijklm}：体重，μ：全平均)．

$$y_{ijklm} = \mu + G_i + T_j + L_k + S_l + a_{jkm} + e_{ijklm} \tag{11-7}$$

結果として，体重の遺伝率は 0.20 程度であったが，母性効果 (0.02) と全きょう

だい効果 (0.09) は小さかった (表現型分散との比).

オランダではテラピアで個体モデルを用いて，出荷時の体重，切り身重量，切り身生産性などの遺伝的パラメーターが推定された (Rutten ら，2005). 4 系統由来 73 組の全きょうだいの子 7,300 尾から開始し，100〜326 日齢の体重 (5 回測定) の育種価を推定した．母数効果は性，水槽 (実験中最大 4 個)，切り身加工日，魚の日齢とし，変量効果は相加的遺伝子効果と家系効果とした．家系の変量効果は，非相加的効果，共通環境効果，母性遺伝効果を含む．推定された遺伝率と遺伝相関や体重のみを考慮した選抜指数を利用することで，切り身重量の改良を図れることがわかったという．また，体重が切り身重量の選抜に重要であると結論した．

11.5.3 遺伝的改良への効果

ここでは，BLUP 法を用いた遺伝的趨勢の推定例，シミュレーションによる BLUP 法の利点や問題点の解明，あるいは BLUP 法の採用で起きやすい近交退化への問題の研究例などを紹介する．

先に述べたテラピアの研究 (Gall と Bakar，2002) で個体モデルの BLUP 法による選抜反応の解析が行われた．その結果，表現型値は世代間で変動したが，予

表 11-6 テラピアを用いた 98 日齢体重の選抜実験における親の選抜方法の違いとその平均育種価 (選抜方法別に上位 15 位までの雄および 45 位までの雌の平均で示す)

選抜系統	世代	平均育種価 推定育種価 (EBV) による選抜	平均育種価 表現型値 (P) による選抜	EBV/P 比
BW 1	0	3.57	2.85	1.25
	1	3.97	3.52	1.12
	2	2.79	2.29	1.22
	平均			1.19
BW 2	0	4.73	3.44	1.38
	1	5.02	3.85	1.30
	2	2.96	2.55	1.16
	平均			1.27

(Gall と Bakar, 2002 より)

平均育種価の計算は各選抜系統の平均からの偏差として計算し，次世代の親となるべき個体の値とした

測育種価から計算された遺伝的改良量は，3世代における改良量の40%に相当した．BLUP法で選抜を行うことによって，単純な個体選抜で期待されるより20〜30%高い選抜反応の増加が見込まれるので，BLUP法を選抜育種に適用することの優れた点が明確に示されたとしている（表11-6）．ただし，3代の選抜終了後，近交係数が有意に増大した．それぞれの選抜系統で平均近交係数が7.0%と8.9%，対照群で2.7%であった．一般に，近い血縁個体間の交配を避けることで，近交度の初期の増加は遅らせると考えられているが，長期の近交度の蓄積には効果は薄いとし，15〜20世代毎の修正なしで進めるような長期の選抜計画では，世代あたり25雄親と100雌親ぐらいの相対的に大きな集団を妥当な最小目標とするべきであると考察している．ちなみに，この選抜実験では雌15〜39個体，雄14〜21個体を使用した．

フィンランドでは，BLUP法を用いたニジマス育種計画が，成長，成熟，骨異常，近交係数，分子血縁係数などの観点から評価された（Kauseら，2005）．解析したのは3世代（1989〜2000年）にわたる二つの血統情報のわかった選抜集団で，計

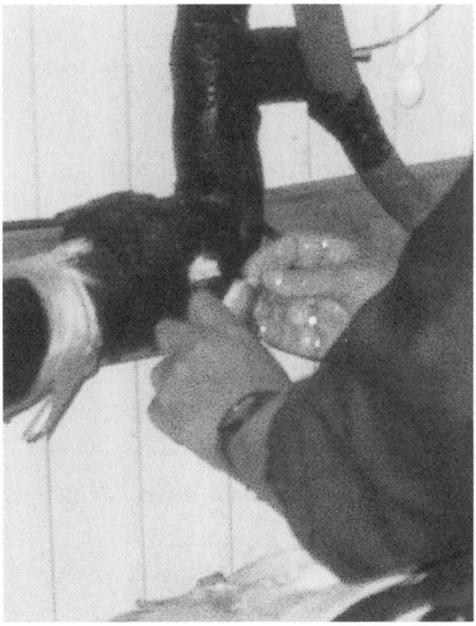

図11-9　ノルウェーにおける大西洋サケ稚魚の冷凍焼き印標識作業（筆者撮影）

117,000尾の体重（1世代4回測定），成熟（雌雄別の成熟魚の比率，雄は2回測定），骨異常の記録がある．産業的には繁殖を淡水で行い，海水で肥育されているが，試験では各家系は二つにわけ海水と淡水で肥育した．選抜は測定した複数形質の選抜指数（体重のEBVを含む）によった．個体モデルでは，生まれた年（生年），生年と性別の間の交互作用，生年と肥育場との間の交互作用および生年と性と肥育場のとの間の三つの交互作用を母数効果とし，個体の相加的遺伝子効果および生年と水槽との間の交互作用を変量効果とした．その結果，淡水でも海水でも成長の世代あたり7％の遺伝的改良量が達成されていた．できるだけ近交回避をしてきたので，分子血縁係数の平均増加率は世代あたり0.7％で予想された程度よりは低かった．早熟魚は成長が悪く，選抜で除外した系統ではその頻度が減ったが，他の集団では増加した．成熟形質の選抜に伴い骨異常（変形）の頻度も増えた．

近交度の問題について，Gallardoら（2004 a）は先に述べたチリのギンザケ育種事業系統（Martinetzら，1999）の4世代目における平均近交係数を推定し，雌の再生産形質と子の生存率への近交弱勢の影響を調べた．解析結果は選抜過程で選抜母集団の56～76％の子が繁殖に貢献していない結果となった．近交度はE系統で大きく，O系統で小さかったが，これは，前者の創始者効果が小さかった結果であるという．有意な近交弱勢は，E系統の生殖腺指数で近交係数の10％上昇当たり−5.3％，O系統の産卵時の体長で−1.56％であった．産卵時の体重，生殖腺重量，緑色卵数，相対的抱卵数あるいは発眼卵の生残率など他の形質には近交の影響はみられなかった．ついで，近交の影響を避ける方法としてBLUP法による選抜を奇数年と偶数年の2回行い，3種類の交配方式を試した（Gallardoら，2004 b）．それらは，(1) 育種価に基づく補償的（元の集団での負荷を償うような）交配（C方式），(2) 修正した補償的交配（C1方式），(3) 育種価の家系平均に基づき，選抜群の共通の祖先を最小にするような交配（MC方式），(4) 対照群としてきょうだい同志の交配だけは避ける無作為交配（R方式）である．O系統では，MC方式（平均近交係数$F=2.0\%$）で，R方式（$F=3.9\%$）と比較して近交度の増加を50％減らし，C方式（$F=3.7\%$）と比較して同様に46％減らすことができた．E系統では，MC方式がC1方式と比較して14％近交度の増大を減少させた．MC方式は近交度の変動も減らした（O系統で59％，E系統で39％）．このように，MC方式は近交度の増大と変動を減らし，近交弱勢が現れるのを抑えたので，より時間がかかるがこの方式を毎世代の交配に取り入れるよう勧めている.

ノルウェーのSonessonら(2005)は,典型的な大西洋サケの切断型選抜育種計画を想定したシミュレーションで,EBVを利用する方法(BTS法)と単に表現型値を使う方法(PTS法)の効果の比較を行った.特に,規模(選抜候補個体数と選抜雄雌数),水槽数および遺伝率を変えた場合の間で,遺伝的改良量と平均近交係数の両面から理論的に比較した.選抜候補3,200または6,400個体から,雌雄親を同じ数だけそれぞれ5,20,50,100,200尾を各世代選び,魚類の育種で問題となる水槽数は100あるいは200として,遺伝率が0.1,0.4,0.7の形質を想定した.結果は,遺伝率が低・中位の形質のみの計画ではBTS法は受け入れ難いほど高い近交度をもたらすので,PTS法の方が近交を低く抑え,高い遺伝的改良量が得られる.選抜候補が同じ数なら,近交度を同程度に低くするには,BTS法の方がより多くの家系と水槽数を(または小さい家系サイズを)必要とする.しかしPTS法は選抜候補で測定した形質にしか適用できないので,多くの形質の包括的な目標を持つ育種では価値が低い.

11.6 植物・林木の育種への応用

11.6.1 植物育種への応用

植物育種の対象となる植物種には,自殖を行うものや栄養繁殖によって増殖するものなど,さまざまな繁殖様式を持つものが含まれる.このような繁殖様式のちがいは,植物育種における多様な育種方法と深い関りを持っている.たとえば,イネやコムギなどの自殖性作物では自家受粉によって,またジャガイモやリンゴなどの栄養繁殖性作物は塊茎や接木などの方法で遺伝的に同質な材料を増殖できる.このため,純系選抜法や栄養系選抜法などの特有の育種方式が考案されてきた.一方,トウモロコシやライムギなどの他殖性作物でも,受粉様式の制御のしかたに応じて,いくつかの育種方式が考えられている(詳細は,鵜飼・藤巻,1984参照).

ここでは,BLUP法の利用が最も進んでいる他殖性作物の育種を中心に,植物育種におけるBLUP法の利用とその可能性について解説する.

a．他殖性作物

他殖性作物の育種では，トウモロコシの一代雑種作出においてBLUP法が実用化されている．トウモロコシは，現在，イネやコムギにつぐ世界の主要農産物である．かつては，家畜の育種と同様の集団改良によって多くの品種が造成されてきたが，現在では，品種あるいは系統間の交雑による一代雑種（ハイブリッド・コーン）作出による育種が主流である．

一代雑種作出においてBLUP法は，組合せ能力（combining ability）の推定に利用される．組合せ能力には，一般組合せ能力（general combining ability）と特定組合せ能力（specific combining ability）の2種がある．系統Aをいくつかの系統と交雑して得られたF_1の平均値を他のすべての交雑から得られたF_1の平均値からの偏差として表したものを，系統Aの一般組合せ能力という．一方，系統Aを特定の系統Bと交雑して得られたF_1に固有に現れる能力を特定組合せ能力という（FalconerとMackay，1996）．

トウモロコシの一代雑種作出においては，組合せ能力の高い系統対を見つけ出すことが重要である．しかし，親系統の間で総当りに交雑を行うと，可能な組合せの数が膨大になってしまう．そこで，いくつかの組合せについてのみ一代雑種の能力検定を行い，その結果を利用して，未知の組合せの一代雑種の能力をBLUP法によって予測しようとする発想がある．以下に，その概要を示す．

遺伝的類縁関係のない二つの近交系群XとYがあるものとしよう．各近交系群内の系統間の遺伝的類縁関係は，家系の情報を用いて，共祖係数（coancestry：分子血縁係数の2分の1）として表されているものとする．家系の情報が利用できないときでも，RFLPなどの遺伝マーカーの情報から，系統間の共祖係数を推定する方法が開発されている（Bernardo，1993）．

近交系群Xから抽出された系統xと近交系群Yから抽出された系統yの一代雑種の能力を$(x \cdot y)$で表すことにする．特定組合せ能力へのエピスタシス効果の関与を無視すると，異なる二つの一代雑種の能力間の共分散は

$$Cov[(x \cdot y), (x' \cdot y')] = f_{xx'} V_{A(X/Y)} + f_{yy'} V_{A(Y/X)} + f_{xx'} f_{yy'} V_{D(XY)} \qquad (11\text{-}8)$$

と書ける．ここで，$f_{xx'}$は系統xとx'の共祖係数（$f_{yy'}$についても同様），$V_{A(X/Y)}$は系統群Xの系統を系統群Yと交雑したときの一般組合せ能力の分散（$V_{A(Y/X)}$に

ついても同様)，$V_{D(XY)}$ は特定組合せ能力の分散である．

いま，近交系群Xから n_X 系統，近交系群Yから n_Y 系統が抽出され，それらの間で n 組の一代雑種を作り，能力を検定するものとしよう．能力の検定は t 回の試験に分けて行われ，p 個の観測値が得られたものとする．もし，各試験において n 組の一代雑種がすべて検定されるなら $p=nt$ である．検定成績につぎのような線形関数を当てはめる．

$$\boldsymbol{y}=\boldsymbol{X\beta}+\boldsymbol{Z}_1\boldsymbol{a}_X+\boldsymbol{Z}_2\boldsymbol{a}_Y+\boldsymbol{Zd}+\boldsymbol{e} \tag{11-9}$$

ただし，$\boldsymbol{y}_{(p\times1)}$：観測値のベクトル

$\boldsymbol{\beta}_{(t\times1)}$：試験の効果のベクトル

$\boldsymbol{a}_{X\cdot(n_X\times1)}$：近交系群Xから選ばれた系統の一般組合せ能力のベクトル

$\boldsymbol{a}_{Y\cdot(n_Y\times1)}$：近交系群Yから選ばれた系統の一般組合せ能力のベクトル

$\boldsymbol{d}_{(n\times1)}$：特定組合せ能力のベクトル

$\boldsymbol{e}$：誤差のベクトル

$\boldsymbol{X}$，$\boldsymbol{Z}_1$，$\boldsymbol{Z}_2$ および $\boldsymbol{Z}$：それぞれ $\boldsymbol{\beta}$，$\boldsymbol{a}_X$，$\boldsymbol{a}_Y$ および $\boldsymbol{d}$ に関する計画行列である．なお，ベクトル $\boldsymbol{a}_X$，$\boldsymbol{a}_Y$ および $\boldsymbol{d}$ の期待値および分散共分散は，

$$E(\boldsymbol{a}_X)=\boldsymbol{0},\ E(\boldsymbol{a}_Y)=\boldsymbol{0},\ E(\boldsymbol{d})=\boldsymbol{0},$$

$$Var\begin{pmatrix}\boldsymbol{a}_X\\ \boldsymbol{a}_Y\\ \boldsymbol{d}\end{pmatrix}=\begin{bmatrix}\boldsymbol{A}_1V_{A(X/Y)} & \boldsymbol{0} & \boldsymbol{0}\\ & \boldsymbol{A}_2V_{A(Y/X)} & \boldsymbol{0}\\ & & \boldsymbol{D}V_{D(XY)}\end{bmatrix}$$

である．ここで，$\boldsymbol{A}_1$ は対角要素に1，非対角要素に系統群Xにおける対応する系統間の共祖係数 $f_{xx'}$ を持つ行列 $(n_X\times n_X)$，$\boldsymbol{A}_2$ は対角要素に1，非対角要素に系統群Yにおける対応する系統間の共祖係数 $f_{yy'}$ を持つ行列 $(n_Y\times n_Y)$，$\boldsymbol{D}$ は対角要素に1，非対角要素に共祖係数の積 $f_{xx'}f_{yy'}$ を持つ行列 $(n\times n)$ である．

ベクトル $\boldsymbol{\beta}$，$\boldsymbol{a}_X$，$\boldsymbol{a}_Y$ および $\boldsymbol{d}$ の推定値は，混合モデル方程式

$$\begin{bmatrix}\hat{\boldsymbol{\beta}}\\ \hat{\boldsymbol{a}}_X\\ \hat{\boldsymbol{a}}_Y\\ \hat{\boldsymbol{d}}\end{bmatrix}=\begin{bmatrix}\boldsymbol{X'X} & \boldsymbol{X'Z}_1 & \boldsymbol{X'Z}_2 & \boldsymbol{X'Z}\\ \boldsymbol{Z}_1'\boldsymbol{X} & \boldsymbol{Z}_1'\boldsymbol{Z}_1+\boldsymbol{A}_1^{-1}\Phi_1 & \boldsymbol{X}_1'\boldsymbol{Z}_2 & \boldsymbol{Z}_1'\boldsymbol{Z}\\ \boldsymbol{Z}_2'\boldsymbol{X} & \boldsymbol{Z}_2'\boldsymbol{Z}_1 & \boldsymbol{Z}_2'\boldsymbol{Z}_2+\boldsymbol{A}_2^{-1}\Phi_2 & \boldsymbol{Z}_2'\boldsymbol{Z}\\ \boldsymbol{Z'X} & \boldsymbol{Z'Z}_1 & \boldsymbol{Z'Z}_2 & \boldsymbol{Z'Z}+\boldsymbol{D}^{-1}\Phi_3\end{bmatrix}^{-1}\begin{bmatrix}\boldsymbol{X'y}\\ \boldsymbol{Z}_1'\boldsymbol{y}\\ \boldsymbol{Z}_2'\boldsymbol{y}\\ \boldsymbol{Z'y}\end{bmatrix} \tag{11-10}$$

の解として得られる．ここで，V_E を環境分散とすると，$\Phi_1=V_{A(X/Y)}/V_E$，$\Phi_2=V_{A(Y/X)}/V_E$ および $\Phi_3=V_{D(XY)}/V_E$ である．分散 $V_{A(X/Y)}$，$V_{A(Y/X)}$，$V_{D(XY)}$ および V_E が未知の場合には，式(11-10)を用いて，REML法により各分散の推定を行うことができる(Bernardo，1994)．

表 11-7　交雑組合せ検定の成績

試験	一代雑種	収量
1	X 1 × Y 1	10
1	X 1 × Y 2	15
1	X 1 × Y 3	12
1	X 2 × Y 3	20
2	X 1 × Y 1	15
2	X 2 × Y 2	20

たとえば，近交系群 X から 2 系統（X1 および X2：$n_X=2$），近交系群 Y から 3 系統（Y1，Y2 および Y3：$n_Y=3$）が選ばれ，5 個の一代雑種が作られた．収量の検定は 2 回の試験にわたって行われ（$t=2$），得られた結果は表 11-7 のとおりであった．

この場合，式 (11-9) は

$$\begin{bmatrix}10\\15\\12\\20\\15\\20\end{bmatrix}=\begin{bmatrix}1&0\\1&0\\1&0\\1&0\\0&1\\0&1\end{bmatrix}\begin{bmatrix}\beta_1\\\beta_2\end{bmatrix}+\begin{bmatrix}1&0\\1&0\\1&0\\0&1\\1&0\\0&1\end{bmatrix}\begin{bmatrix}a_{X1}\\a_{X2}\end{bmatrix}+\begin{bmatrix}1&0&0\\0&1&0\\0&0&1\\0&0&1\\1&0&0\\0&1&0\end{bmatrix}\begin{bmatrix}a_{Y1}\\a_{Y2}\\a_{Y3}\end{bmatrix}+\begin{bmatrix}1&0&0&0&0\\0&1&0&0&0\\0&0&1&0&0\\0&0&0&1&0\\1&0&0&0&0\\0&0&0&0&1\end{bmatrix}\begin{bmatrix}d_1\\d_2\\d_3\\d_4\\d_5\end{bmatrix}+\begin{bmatrix}e_1\\e_2\\e_3\\e_4\\e_5\\e_6\end{bmatrix}$$

となる．また，X1 と X2 の間の共祖係数 f_{X1X2} が 0.60，Y1，Y2 および Y3 の相互間の共祖係数が，$f_{Y1Y2}=0.65$，$f_{Y1Y3}=0.55$ および $f_{Y2Y3}=0.40$ であったとすれば

$$\boldsymbol{A}_1=\begin{bmatrix}1.0&0.60\\&1.0\end{bmatrix},\ \boldsymbol{A}_2=\begin{bmatrix}1.0&0.65&0.55\\&1.0&0.40\\&&1.0\end{bmatrix},$$

$$\boldsymbol{D}=\begin{bmatrix}1.0&0.65&0.55&0.33&0.39\\&1.0&0.40&0.24&0.60\\&&1.0&0.60&0.24\\&&&1.0&0.40\\&&&&1.0\end{bmatrix}$$

である．$V_{A(X/Y)}$，$V_{A(Y/X)}$，$V_{D(XY)}$ および V_E の推定値として，Bernardo (1994) が

得た値，

$$V_{A(X/Y)}=0.5409,\quad V_{A(Y/X)}=0.1783,\quad V_{D(XY)}=0.0757,\quad V_E=0.5537$$

を仮定すると，式 (11-10) 中の分散比は

$$\Phi_1=V_{A(X/Y)}/V_E=0.9769,\quad \Phi_2=V_{A(Y/X)}/V_E=0.3220,\quad \Phi_3=V_{D(XY)}/V_E$$

となる．したがって，混合モデル方程式 (11-10) は，つぎのとおりとなる．

$$\begin{bmatrix}\hat{\beta}_1\\ \hat{\beta}_2\\ \hat{a}_{X1}\\ \hat{a}_{X2}\\ \hat{a}_{Y1}\\ \hat{a}_{Y2}\\ \hat{a}_{Y3}\\ \hat{d}_1\\ \hat{d}_2\\ \hat{d}_3\\ \hat{d}_4\\ \hat{d}_5\end{bmatrix}=\begin{bmatrix}4 & 0 & 3 & 1 & 1 & 1 & 2 & 1 & 1 & 1 & 1 & 0\\ & 2 & 1 & 1 & 1 & 1 & 0 & 1 & 0 & 0 & 0 & 1\\ & & 5.5266 & -0.9158 & 2 & 1 & 1 & 2 & 1 & 1 & 0 & 0\\ & & & 3.5264 & 0 & 1 & 1 & 0 & 0 & 0 & 1 & 1\\ & & & & 2.6745 & -0.3453 & -0.2329 & 2 & 0 & 0 & 0 & 0\\ & & & & & 2.5601 & -0.0341 & 0 & 1 & 0 & 0 & 1\\ & & & & & & 2.4637 & 0 & 0 & 1 & 1 & 0\\ & & & & & & & 2.2864 & -0.1466 & -0.0989 & 0.0000 & 0.0000\\ & & & & & & & & 1.3293 & -0.0511 & 0.0610 & -0.1526\\ & & & & & & & & & 1.2884 & -0.1526 & 0.0610\\ & & & & & & & & & & 1.2543 & -0.1017\\ & & & & & & & & & & & 1.2543\end{bmatrix}^{-1}\begin{bmatrix}57\\ 35\\ 52\\ 40\\ 25\\ 35\\ 32\\ 25\\ 15\\ 12\\ 20\\ 20\end{bmatrix}$$

この方程式を解くことにより，

$$[\hat{\beta}_1\quad \hat{\beta}_2]'=[15.0555\quad 18.9997]$$

$$[\hat{a}_{X1}\quad \hat{a}_{X1}]'=[-0.3473\quad 0.3473]$$

$$[\hat{a}_{Y1}\quad \hat{a}_{Y2}\quad \hat{a}_{Y3}]'=[-0.7659\quad 0.1090\quad 0.2751]$$

$$[\hat{d}_1\quad \hat{d}_2\quad \hat{d}_3\quad \hat{d}_4\quad \hat{d}_5]'=[-3.1053\quad -0.3521\quad -2.2184\quad 3.2550\quad 0.7628]$$

を得る．たとえば，X1 と Y2 の交雑による一代雑種に期待される収量を集団平均からの偏差で表すと，その推定値は

$$\hat{a}_{X1}+\hat{a}_{Y2}+\hat{d}_2=-0.3473+0.1090+(-0.3521)=-0.5904$$

となる．第 1 項および第 2 項はそれぞれ X1 と X2 の一般組合せ能力の推定値，第 3 項は X1 と Y2 の交雑に現れる特定組合せ能力の推定値である．

つぎに，交雑が行われず能力が未知の m 個の一代雑種に関する能力を，能力が既知の n 個の一代雑種から予測する問題について考えてみよう．まず，既知の一代雑種の能力を試験の効果（$\boldsymbol{\beta}$）について補正し，

$$\hat{\boldsymbol{y}}_P = (\boldsymbol{Z}'\boldsymbol{Z})^{-1}\boldsymbol{Z}'(\boldsymbol{y} - \boldsymbol{X}\boldsymbol{\beta})$$

を得る．これを用いて，未知の一代雑種の能力が

$$\hat{\boldsymbol{y}}_M = \boldsymbol{C}\boldsymbol{V}^{-1}\hat{\boldsymbol{y}}_P \tag{11-11}$$

として予測できる．ここで，

$\hat{\boldsymbol{y}}_{M\cdot(m\times1)}$：未知の一代雑種の能力の予測値のベクトル

$\boldsymbol{C}_{(m\times n)}$：能力が未知の一代雑種と能力が既知の一代雑種の間の遺伝分散共分散行列

$\boldsymbol{V}_{(n\times n)}$：能力が既知の一代雑種間の表現型分散共分散行列

である．行列 $\boldsymbol{C}$ の各要素および行列 $\boldsymbol{V}$ の非対角要素は，式(11-8)から得られる．また，行列 $\boldsymbol{V}$ の対角要素は

$v_{ii} = V_{A(X/Y)} + V_{A(Y/X)} + V_{D(XY)} + V_E/$（能力が既知の i 番目の一代雑種に関する観測値数）

である．

式(11-11)から予測された能力と実際に観測された能力の間の相関係数として，0.654から0.800の値が得られている（Bernardo，1994）．このことは，BLUP法による一代雑種の能力の予測が現場において有効に利用できることを示唆している．

他殖性作物の育種には，この他にもいくつかの方式があるが，その一つに集団改良法と呼ばれる方式がある．集団改良法は，優良個体の選抜とそれらの種子による集団の再構成を繰り返して，集団の遺伝的構成を段階的に改良するものである．この育種方式は，家畜育種における通常の方式とほぼ同じであり，受粉の制御によって家系の情報が利用できるなら，個体モデルのBLUP法を直接に利用できるものと考えられる．たとえば図11-10は，ガーベラ（*Gerbera hybrida*）におけ

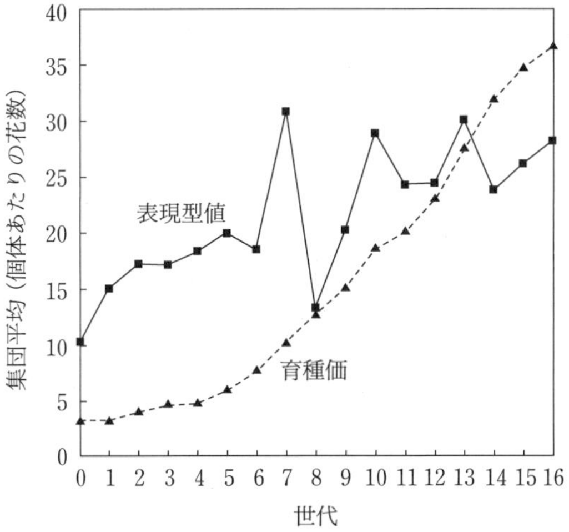

図 11-10　ガーベラの花数に関する選抜実験の結果
（Huang ら，1995 より）

る選抜実験の結果に，個体モデルの BLUP 法を適用して遺伝的趨勢を推定したものである（Huang ら，1995）．表現型値の平均値で見ると世代ごとの環境効果の変動により遺伝的改良量が大きく変動しているように見えるが，BLUP 法による推定育種価の平均値で見ると遺伝的改良が着実に進んでいることがわかる．この選抜実験では第 0 世代は複数の品種から成り，第 1 世代は品種間の交雑によって構成された．この間に選抜は行われなかったにもかかわらず，表現型値の平均値で見ると集団平均に上昇が認められる．BLUP 法による推定育種価の平均値には，この間にほとんど変化が認められなかったことから，表現型値の上昇には非相加的遺伝子効果が関与しているものと考えられる．Huang ら（1995）は，ヘテロシス効果が第 1 世代の表現型値の上昇に関与したとしている．この研究は，他殖性作物の集団改良において個体モデルの BLUP 法が利用可能であることに加えて，BLUP 法により遺伝的趨勢を正確に推定することの重要性を示している．

b．自殖性作物

自殖性作物における従来の育種方式は，自殖による系統の固定化（ホモ化）の促進と選抜を繰り返すことで，優れた形質を持つ系統を造成して新品種とするやりかたである．しかし，雄性不稔遺伝子を利用して，自殖性作物に他家受粉を促したり，人工的に雑種種子を効率よく生産できるようになってきた．イネやコムギなどでの自殖性作物でも，雄性不稔をたくみに利用して，一代雑種を作り，ヘテロシスを利用する育種が大きな注目を集めおり（鵜飼・藤巻，1984），中国などではイネの育種の常法となっている．今後，自殖性作物の育種にもBLUP法が有効に利用される可能性はあると考えられる．

11.6.2 林木育種への応用

林木の改良は，選抜対象集団からの優良樹の選抜，選抜された優良樹のクローンで構成される採種園あるいは採樹園から得られた種苗の事業造林への利用によって行われる（大庭・勝田，1991）．選抜は1サイクルで終わるのではなく，選抜された優良樹の後代などで選抜対象集団を構成し，再び優良樹の選抜が行われる．優良樹の選抜に際して，当該樹の表現型値に加えて血縁個体の情報を利用した指数選抜の有効性は示されてきたが（Cotterill，1986；Borralho ら，1992），比較的最近までBLUP法は利用されてこなかった．その背景には，候補樹の生産が風媒による放任（開放）受粉（open pollination）にまかされるために父木が特定できない場合が多いこと，生育年数が長く，多数の世代にわたるデータを利用することが少ないことなどが挙げられる（Kerr ら，2002）．

しかし，近年の林木育種ではBLUP法の利用が注目されている（Borralho，1995）．その理由として，長年の育種事業で蓄積された複数の世代のデータを有効に利用する必要が生じてきたこと，それらのデータには選抜の影響を受けたものが含まれること，多くの選抜計画が重複した世代を持つ構造に変化しつつあること，育種事業による成果（遺伝的趨勢）の評価に関心がもたれるようになってきたことなどがあげられる（Kerr ら，2002）．現在，BLUP法が実際に利用されている例として，オーストラリアの南部林木育種協会（South Tree Breeding Association，STBA）によるマツおよびユーカリの育種事業がある．この育種事業では，ニューイングランド大学の動物遺伝育種センターの協力の下に，個体モデル（林木育種では“animal model”ではなく“individual tree model”という）のBLUP法による推定育種価に基づく優良樹の選抜が行われている（Kerr ら，2002）．

育種の対象となる林木種は，一般に他殖率が高く近交退化（近交弱勢）を示すものが多い（大庭・勝田，1991）．このため，BLUP法による選抜が近交度を高め，近交退化を顕在化させることが懸念されている（Borralho，1995：本書第10章も参照). 近交係数の上昇を抑えるために, 本書第10章で示したような方法の併用が林木育種においても検討されている (Jarvis ら, 1995).

11.7　医学分野への応用

医学研究の一つの大きな目的は，疾患に対する治療効果の大きさを評価することである. 新薬開発の過程では，実際の患者を対象とした無作為化臨床試験 (randomized clinical trial ; RCT) と呼ばれる実験研究を通して新薬の治療効果が評価される. また, 倫理的な理由 (健康に有害な影響があると考えている要因を対象者に無作為に割り付けるわけにはいかない) から，調べたい要因の割り付けを行わない疫学研究 (epidemiological study) では，一般の地域住民を対象とした観察研究を通して疾患の発生頻度，発生原因の探索が行われる. そのような場合，個人個人で病気になりやすさに差があったり，治療の効き方が異なったりといった個人差，あるいは多施設, 多地域で研究を行った場合には施設 (地域) ごとに結果が異なるといった施設 (地域) 差が問題となる. しかし，この個人差や施設差は排除しなければならない，あるいは排除できる誤差ではなく，評価の際に適切に考慮しなければならない要因であるため，医学研究にはどうしても統計的な考え方が必要となる. 近年，このような個人差や施設差を変量効果としてモデルに積極的に取り込んだ混合モデルの当てはめが医学研究においても広まりつつある (Fitzmaurice ら，2004 ; Verbeke と Molenberghs, 2000). 本節では，そのような医学における実際の事例をいくつか紹介する.

11.7.1　2次性副甲状腺機能亢進症に対する活性型ビタミンDの投与

透析期腎不全患者の合併症の一つである2次性副甲状腺機能亢進症とは，副甲状腺ホルモン (parathyroid hormone ; PTH) が過剰に産生・分泌される結果，骨折，骨痛，関節痛といった直接的な症状や，その他痒みやイライラ感などの間接的な症状を呈する全身疾患である. 腎臓はビタミンDの活性化を行うほぼ唯一の臓器であるため，腎臓がダメージを受けていると，活性型のビタミンDが欠乏する. そのため，活性型ビタミンDの投与に関する無作為化比較臨床試験が実施された (Koshikawa ら，2002). 試験デザインは一日あたりの活性型ビタミンDの投

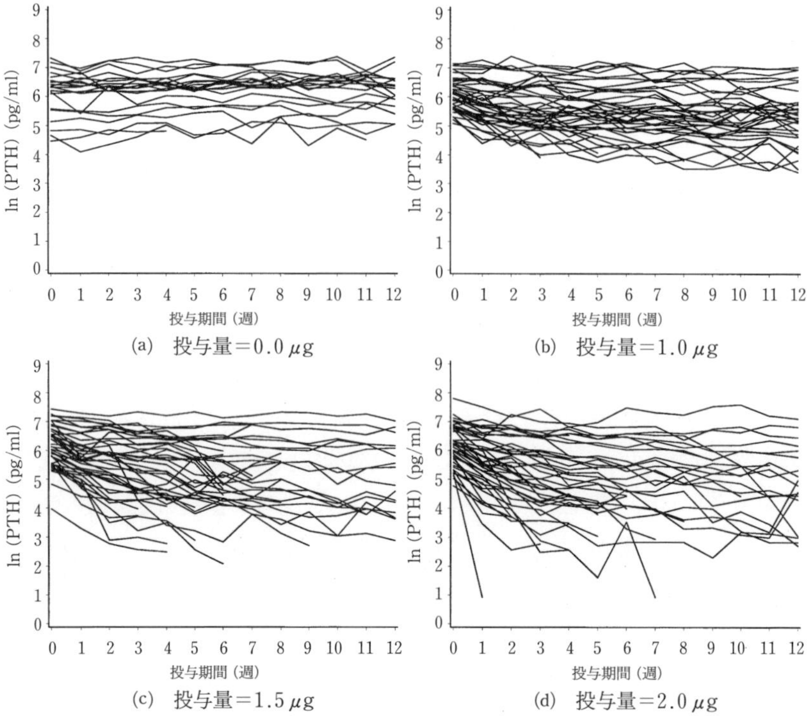

図 11-11　個人ごとの ln (PTH) の経時変化プロファイル

与量が，0，1，1.5，2.0 (μg/day) の 4 群比較であり，その用量反応性に興味がある．

図 11-11 に各投与量群における PTH (pg/ml) の個人ごとの経時変化プロファイルを示す．対象者数は 156 名 (それぞれ投与量順に 21，43，45，47 名)，薬剤投与期間は 12 週間であり，結果変数は ln (PTH) である．図 11-11 から明らかなように，同じ治療群においても，投与開始時の PTH 測定値のみならず，その後の経時変化パターンに関しても大きな個人差が認められる．

このデータに対し，切片 (ベースライン) と傾き (変化率) に関する個人差を変量効果とみなしたつぎのような混合モデルの線形関数のあてはめを考える．

$$y_{ijk} = \beta_{0i} + \beta_{1i} time + b_{0j} + b_{1j} time + \varepsilon_{ijk} \qquad (11\text{-}12)$$

ただし，y_{ijk}：i 番目の治療群（投与量 0，1.0，1.5，2.0 の順に，$i=0,1,2,3$）の j 番目の対象者の時点 k（$k=0,\cdots,12$）での ln（PTH）の値

β_{0i} と β_{1i}：それぞれ治療群 i における切片と傾きを表す母数効果パラメータ

b_{0j} と b_{1j}：それぞれ対象者 j の切片と傾きに関する個人差を表す変量効果パラメータ

time：投与期間

ε_{ijk}：正規分布 $N(0,\sigma^2)$ に従う測定誤差

ここで，b_{0j} と b_{1j} は ε_{ijk} と独立に，2 変量正規分布に従うとする．

$$\begin{pmatrix} b_{0j} \\ b_{1j} \end{pmatrix} \overset{i.i.d.}{\sim} N\left[\begin{pmatrix} 0 \\ 0 \end{pmatrix}, \begin{pmatrix} \theta_{00} & \theta_{01} \\ \theta_{01} & \theta_{11} \end{pmatrix}\right] \quad \varepsilon_{ijk} \overset{i.i.d.}{\sim} N(0,\sigma^2)$$

式 (11-12) をあてはめて，ランダム回帰モデル（4.1.3 項参照）の BLUP 法により PTH 投与の効果を推定した．その際，分散および共分散の推定は，制限付き最尤推定法（REML 法）により行った．これらの計算は統計解析パッケージ SAS (Version9.1) の MIXED プロシジャを用いて行った．表 11-8 に結果を示す．切片に関する母数効果については，治療群の無作為割り付けを行っていることから，その推定値の大きさは 4 群いずれにおいてもほぼ同じである．一方，傾きに関する母数効果については，対照群（投与量=0）では変化率が不変であるのに対し，投与量が増加するにつれ減少率が大きくなっていることがわかる．表中の「対比」

表 11-8　ビタミン D 投与に関する臨床試験データへの混合モデルの線形関数のあてはめの結果

パラメータ		推定値	標準誤差	P 値
母数効果	切片 (0)	6.112	0.165	0.0001
	切片 (1)	5.907	0.103	0.0001
	切片 (2)	5.915	0.119	0.0001
	切片 (3)	5.814	0.128	0.0001
	傾き (0)	0.0003	0.0040	0.983
	傾き (1)	−0.0706	0.0094	0.0001
	傾き (2)	−0.1757	0.0188	0.0001
	傾き (3)	−0.2298	0.0248	0.0001
	対比 1	−0.4770	0.0346	0.0001
	対比 2	−0.1592	0.0266	0.0001
変量効果の分散	切片	0.6122		
	共分散	0.0498		
	傾き	0.0117		
残差分散		0.0877		

と書かれたところは，傾きに関する母数効果の推定値から計算される以下のような対比ベクトルであり，それぞれ「対照群と実薬3群の平均の比較」，「実薬群間での線形的な用量反応関係」を検討している．

対比1（対比係数−3，1，1，1）：$-3\beta_{10}+\beta_{11}+\beta_{12}+\beta_{13}$

対比2（対比係数0，−1，0，1）：$-\beta_{11}+\beta_{13}$

明らかに，対照群と比べて実薬群はPTHを減少させる効果があり，実薬群間では投与量の増加に伴いPTHの減少率が線形的に増加することがわかる．また，変量効果の分散パラメータの推定値から，切片と傾きに関する変量効果には正の相関（相関係数＝0.59）が認められる．

式(11-12)において，切片と傾きに関する変量効果を仮定しない母数効果のみの単純な線形回帰モデルをあてはめた結果を比較のために表11-9に示す．傾きに関する母数効果の推定値，特に実薬群における減少率の大きさが表11-8に比べてかなり小さくなっており，実薬群間での線形的な用量反応性も認められていない．このことから，個人内の測定値間の相関，言い換えればベースラインと変化率に関する個人差を変量効果としてモデル化することの利点が理解できる．

医学研究，特にこのビタミンD投与試験データのような臨床試験では，薬剤の平均的な治療効果に関する群間比較を目的とするため，母数効果の推定に最も関

表11-9　変量効果を仮定しない単純な母数効果モデルのあてはめの結果

パラメータ		推定値	標準誤差	P値
母数効果	切片（0）	6.099	0.119	0.0001
	切片（1）	5.863	0.084	0.0001
	切片（2）	5.702	0.085	0.0001
	切片（3）	5.577	0.084	0.0001
	傾き（0）	0.0112	0.0173	0.517
	傾き（1）	−0.0494	0.0122	0.0001
	傾き（2）	−0.0694	0.0141	0.0001
	傾き（3）	−0.0770	0.0142	0.0001
	対比1	−0.2294	0.0570	0.0001
	対比2	−0.0276	0.0187	0.14
残差分散		1.0680		

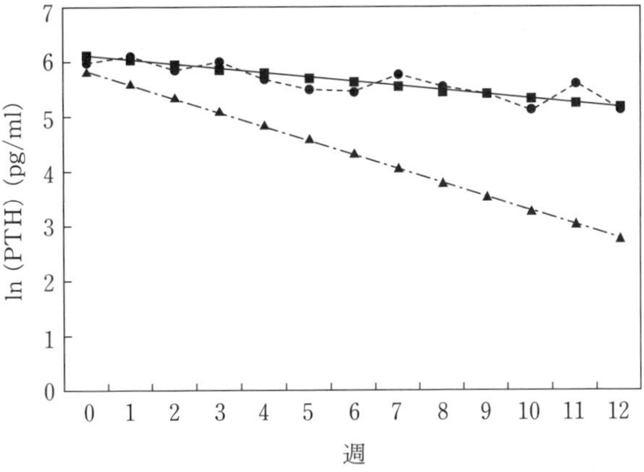

図 11-12　ある対象者の ln (PTH) の経時変化プロファイル

●：観測値 (y_{ijk})，■：BLUP 推定値 ($\hat{\beta}_{0i}+\hat{\beta}_{1i}time+\hat{b}_{0j}+\hat{b}_{1j}time$)，
▲：集団平均 ($\hat{\beta}_{0i}+\hat{\beta}_{1i}time$)

心がある．しかし，ある薬剤が日常診療で使用される場合には，患者ごとのプロファイル，あるいは予後にも関心がある．そのような場面では，集団平均としての治療効果だけでなく，変量効果の推定値も考慮した検討が有効である．たとえば，式 (11-12) のモデルのあてはめを行い，BLUP 推定値を利用した個人ごとの PTH 変化プロファイルに関する予測式 ($\hat{y}_{ijk}=\hat{\beta}_{0i}+\hat{\beta}_{1i}time+\hat{b}_{0j}+\hat{b}_{1j}time$) を検討すればよい．図 11-12 に，ある対象者のそのような経時変化プロファイルを示す．

なお，このビタミン D に関する臨床試験データには，図 11-11 からもわかるように，試験途中で脱落 (drop-out) する対象者が存在し，そのような脱落例が治療効果に与える影響を検討しておく必要がある．この問題に関心のある読者は，Toyoda ら (2001)，松山 (2004) を参照してほしい．

11.7.2　胃癌術後の免疫化学療法に関する多施設臨床試験

癌のような疾患に対して治療効果を比較する無作為化臨床試験においては，いくつかの施設が共同で臨床試験を管理・運営していく多施設試験が行われる．多施設臨床試験を行う最大の理由は，短期間の患者蓄積のためと施設選択に関する結論の一般化可能性検討のためである (ICH harmonized tripartite guideline, 1998)．臨床試験，特に標準治療の構築と普及を目指す第 III 相臨床試験計画の目標は，精確性 (clarity)，比較可能性 (comparability)，一般化可能性 (generalizability) の三つにまとめることができる．精確性の要求とは，ランダム誤差を小さくし，研究の精度を向上させることである．比較可能性の要求とはバイアスを減らすことに対応し，研究の妥当性を向上させることである．我が国の多施設臨床試験は，施設当たりの患者数が極端に少なく，参加施設数は非常に多いという特徴をもち，バイアスの点で問題があるとしばしば指摘を受ける．しかしながら，治療法の無作為化が施設内で適切に行われていれば，すなわち治療群間の比較可能性が保証されている限り，患者選択に関するバイアスは発生せず，治療群間の比較の統計的推測は妥当である．問題はバイアスを含み得る対象集団，施設から得られた結論の一般化可能性である．

通常の臨床研究においては，研究成果を適用する標的集団と実際に研究が行われる対象集団の間には数のうえでも質のうえでも大きな隔たりが生じる可能性が存在する．したがって，厳密にいえば，臨床試験から得られる結論の適用範囲は当該の対象集団のみであり，この結論が標的集団まで外挿できるかどうかが一般化可能性の議論である．疫学研究のようにすべての対象を調べきれない「ある地域の住民」といった明確な母集団が実在する場合や施設の患者全体から無作為にある患者を選ぶような場合には有限の母集団の存在は明らかである．しかしながら，ほとんどすべての臨床研究ではそのような母集団が最初から存在するわけではなく，無作為抽出は現実味をもたない．臨床試験においては，試験参加のための適格条件で記述されるような (将来の患者も含む) 仮想的な母集団 (たとえば，ステージがいくつの何々がん患者) を議論する必要があり，解析対象集団から母集団を操作的に (しばしば後知恵的に) 想定するのが普通である．したがって，「得られた結論はある条件を満たす患者集団には一般にあてはまることではないだろうか」という議論がなされ，それに対して，「施設間差に代表されるような母集団規定要因として明示的に表現できない隠れた要因の存在がありうる」という反論がなされ，結論の解釈 (証拠の強さ) に幅が生じることになる．

多施設臨床試験における一般化可能性の検討は，統計的には，治療と施設との交互作用の評価に相当する．施設によって結果が異なり，不安定な結果となる場合には，多施設試験全体としての結果の信憑性に疑問がもたれることになる．一方，観察された治療効果の差が施設間で一様であれば，すなわち治療効果に関する施設間差が小さければ，得られた結論の施設選択に関する一般化可能性は高いと推察される．

多施設臨床試験における参加施設の数が，たとえば 10 施設以下というような少数であれば，施設を母数効果と考えたモデルを採用するのが自然である．一方，参加施設数が非常に多い場合は，施設を変量効果とみなした混合モデルの方が解析方法として適切である．胃癌治癒切除後の免疫化学療法の有効性を検討した多施設臨床試験（Nakazato ら，1994）について考える．この研究は，胃癌術後に標準的な補助化学療法を行う群と標準治療に加えて免疫療法も行う群の 2 群間比較であり，評価項目（エンドポイント）は死亡までの生存時間である．ここでは，施設内の患者数が 2 人以上の 36 施設を解析対象とした．

治療群間に生じた病理学的ステージのアンバランスを調整した以下のような比例ハザード混合効果モデルのあてはめを考える．

$$\lambda_{ij}(t|x_{ijk}, b_{i0}, b_{i1}) = \lambda_0(t)\exp\left(\sum_{k=1}^{p} x_{ijk}\beta_k, b_{i0}, b_{i1}x_{ij1}\right) \tag{11-13}$$

ただし，$\lambda_{ij}(t|\cdot)$：治療を含む共変量，施設間差パラメータを与えたもとでの i 番目の施設の j 番目の患者に対するハザード関数

$\lambda_0(t)$：ベースラインハザード関数

β_k：共変量 x_{ijk} に対する母数効果パラメータ（治療群と病理学的ステージを表すダミー変数）で，x_{ij1} が治療群を表す指示変数

b_{i0} と b_{i1} ：それぞれベースラインハザード，および平均的な治療効果 β_1 からの i 番目の施設のズレを表す施設間差（変量効果）パラメータであり，2 変量正規分布に従うと仮定する．$\begin{pmatrix} b_{i0} \\ b_{i1} \end{pmatrix} \overset{i.i.d.}{\sim} N\left[\begin{pmatrix} 0 \\ 0 \end{pmatrix}, \begin{pmatrix} \theta_{00} & \theta_{01} \\ \theta_{01} & \theta_{11} \end{pmatrix}\right]$

式 (11-13) のような非線型混合モデルのパラメータ推定は，式 (11-12) の線形モデルの場合とは異なり，尤度関数を明示的に表現することができないために，近似尤度関数に基づくいくつかの方法が提案されている（Yamaguchi ら，2002）．ここでは，近似尤度法に代わるアプローチとして，解析的な解が存在しない積分計算を含む複雑な尤度関数をモンテカルロ積分によって評価するアプローチであるマルコフ連鎖モンテカルロ法（MCMC 法）に基づく Gibbs sampling (GS) を用いてパラメータ推定を行った（Matsuyama ら，1998）．GS は複雑な統計モデル，特にベイズモデルに対するシミュレーションに基づくアプローチとして注目を受け

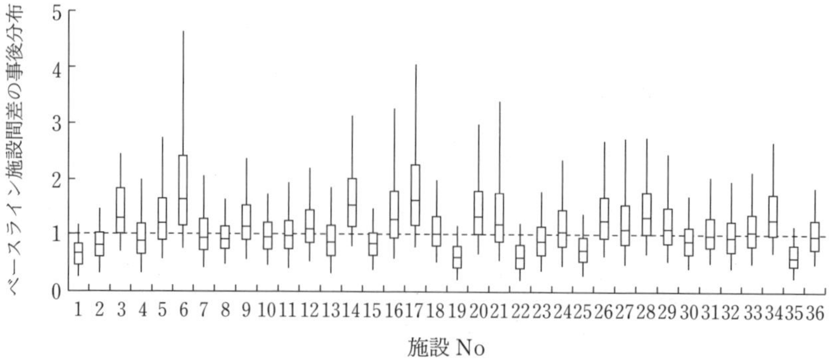

図 11-13　ベースラインリスク ($\exp(b_{0i})$) に関する施設間差

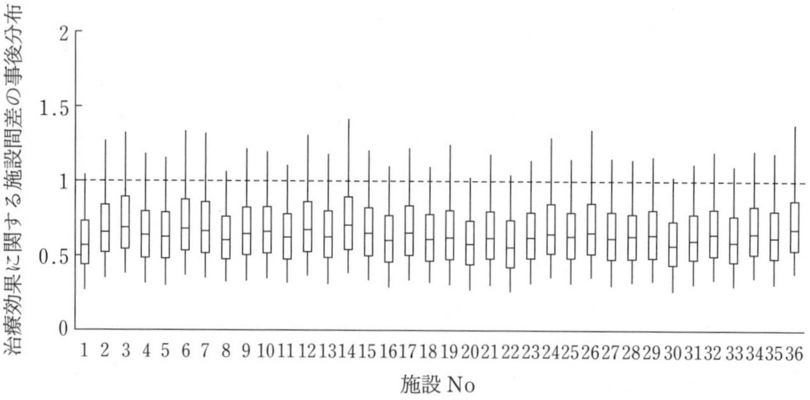

図 11-14　治療効果 ($\exp(\beta_1 + b_{1i})$) に関する施設間差

ている computer-intensive method で，近年多くの医学研究にその応用が試みられている (Gelman ら，2003；Gilks ら，1993)．GS による周辺事後分布の要約は，3 種類の初期値に対してそれぞれ 5,000 回のサンプリングを行い，系列相関を減らすために後半 2,500 個，合計 7,500 (2,500×3) 個のサンプルに基づいて行った (5.4.6 項参照)．

図 11-13 に施設毎のベースラインリスク ($\exp(b_{0i})$) に関する結果 (7,500 個の事後サンプルに対する箱ヒゲ図：真中の横棒が 50%点，箱が 25%点，75%点，ヒゲが 2.5%点，97.5%点) を示す．事前平均の 1 よりもベースラインリスクが高い (何らかの理由でその施設がもともともっている死亡リスクが大きい) 施設や，逆に，ベース

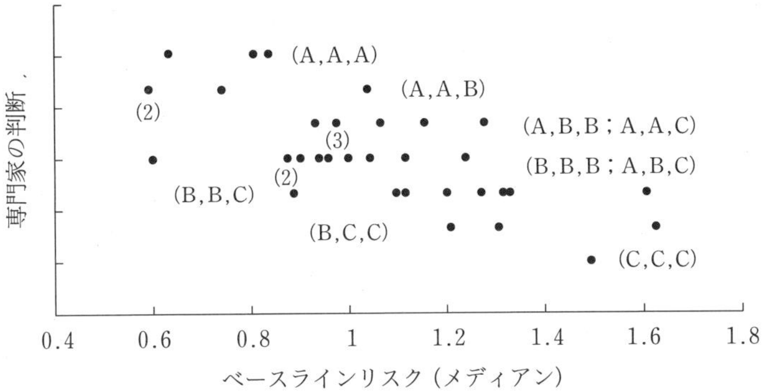

図 11-15　ベースラインリスクの推定値と専門家の判断との相関

図中の（A, A, B）は 2 名が A，1 名が B と判断したことを表し，（　）内の数字は施設数を表す

ラインリスクが事前平均よりも低い施設もいくつか存在しており，ベースラインリスクに関しては質的な施設間差が存在することがわかる．

図 11-14 に施設毎の治療効果（$\exp(\beta_1 + b_{1i})$）に関する同様の結果を示す．縦軸は各施設のハザード比である．多少のバラツキは存在するが，施設間で治療効果の大きさはほぼ一様で，いずれの施設の結果もハザード比が 1 より小さい方向を向いていることがわかる．つまり，ベースラインリスクに関しては質的な施設間差が観察されたものの，治療効果に関しては施設間で大きな違いがないことが確認されたといえる．したがって，このデータの場合，治療効果に関する施設間差は小さく，今回観察された治療効果に関する結論の一般化可能性は高いと推察される．

病理学的ステージの影響を調整した後でも，図 11-13 に示したようにベースラインリスクに関して施設間で大きなバラツキが観察された原因を探るため，この臨床試験に参加した 3 人の専門家に今回の解析対象である 36 施設に対する医師個人の主観的な評価（A (good)，B (fair)，C (poor) の 3 段階）を図 11-13 の解析結果を知らせずに依頼した（Sakamoto ら，1999）．その専門家の意見と施設毎のベースラインリスクの推定結果（図 11-13 の各施設ごとのベースライン変量効果のメディアン）との相関を検討した結果を図 11-15 に示す．ベースラインリスクの推定結果が小さい，つまり何らかの理由でベースラインでの死亡リスクが小さい施設ほど，A と評価される割合が高く，一方，ベースラインリスクの推定結果が大きい施設ほど，C と評価される傾向が存在することがわかる．施設間差をモデル化するために用いた今回の方法論の結果が，参加施設を熟知している専門家の主観的な印象と一致していたことを示唆している．

11.7.3 地域別の口腔癌発生率の推定

一般の地域住民における健康問題を検討する疫学研究では，地域ごとに疾患の発生率を推定することがある．表 11-10 は，スコットランドにおける 1975 年から 1980 年までの 6 年間での口腔癌発生数を 56 地域ごとに集計した結果である (Clayton と Kaldor，1987)．表中の標準化発生比 (standardized morbidity ratio：SMR) とは，各地域住民の年齢構成の違いを調整した疾患発生数の大きさを表す指標で，観察発生数の期待発生数に対する比 (%) で計算される (Rothman と Greenland, 1998)．なお，期待発生数は各地域の年齢構成がある標準人口集団と同じだった場合に観察される発生数である．56 地域の SMR の推定値の平均は 152.6 であり，その範囲は 0 から 652.2 である．

表 11-10 からわかるように，一般に疫学研究でよく用いられる単純な SMR 推定値の問題点は，極端に大きな，あるいは小さな値を示す地域が存在することで

表 11-10　各地域における口腔癌発生数と標準化発生比 (SMR)

地域 No	観察数	SMR	地域 No	観察数	SMR	地域 No	観察数	SMR	地域 No	観察数	SMR
1	9	652.2	15	17	216.8	29	16	111.3	43	2	46.3
2	39	450.3	16	9	197.8	30	11	107.8	44	6	41.0
3	11	361.8	17	2	186.9	31	5	105.3	45	19	37.5
4	9	355.7	18	7	167.5	32	3	104.2	46	3	36.6
5	15	352.1	19	9	162.7	33	7	99.6	47	2	35.8
6	8	333.3	20	7	157.7	34	8	93.8	48	3	32.1
7	26	320.6	21	16	153.0	35	11	89.3	49	28	31.6
8	7	304.3	22	31	136.7	36	9	89.1	50	6	30.6
9	6	303.0	23	11	125.4	37	11	86.8	51	1	29.1
10	20	301.7	24	7	124.6	38	8	85.6	52	1	27.6
11	13	295.5	25	19	122.8	39	6	83.3	53	1	17.4
12	5	279.3	26	15	120.1	40	4	75.9	54	1	14.2
13	3	277.8	27	7	115.9	41	10	53.3	55	0	0.0
14	8	241.7	28	10	111.6	42	8	50.7	56	0	0.0

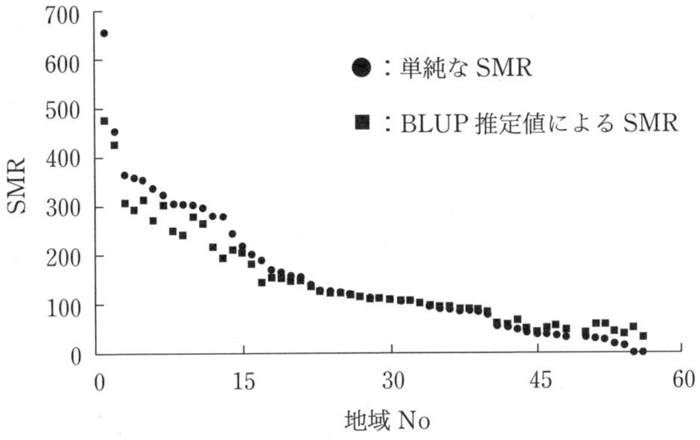

図 11-16　地域ごとの SMR 推定値

ある．発生率は人口の少ない地域ではわずかな発生数の増減の影響が大きく反映され，不安定な指標となるからである．実際，表 11-10 においても，観察発生数がゼロであれば，当然 SMR の値はゼロであり，一番目の地域のように観察発生数が 9 と少ないにもかかわらず，652.2 といった非常に大きな SMR の値を示している．

口腔癌のようなまれな疾患に関しては，地域集積性が存在することが一般に知られており，地域差を考慮した SMR の推定が適していると考えられる．以下に示すような地域ごとの発生数に関する変量効果を仮定したポアソン混合効果モデルのあてはめを考える．

$$\log O_i = \log E_i + \beta + b_i \tag{11-14}$$

ただし，O_i と E_i：i 番目の地域（$i=1, \cdots, 56$）におけるそれぞれ観察発生数と期待発生数

O_i：平均が $\mathrm{SMR}_i \times E_i$ のポアソン変量

b_i：変量効果パラメータであり，正規分布 $N(0, \sigma^2)$ に従うと仮定 $b_i \overset{i.i.d.}{\sim} N(0, \sigma^2)$

このモデル (11-14) のもとでは，地域ごとの SMR_i の BLUP 推定値は $\exp(\beta + b_i)$ で求まる．式 (11-14) の当てはめは，統計解析パッケージ SAS (Version9.1) の NLMIXED プロシジャを用いて，近似尤度関数の計算には適応的ガウス求積法 (Pinheiro と Bates, 1995) により行った．図 11-16 に結果を示す．四角で示した式

表 11-11　典型的な地域での単純な SMR 推定値と BLUP 推定値

地域 No	観察数	単純な SMR	BLUP 推定値
1	9	652.2	474.1
2	39	450.3	424.1
15	17	216.8	203.3
37	11	86.8	89.2
47	2	35.8	55.4
51	1	29.1	58.4
56	0	0.0	34.1

(11-14) からの SMR 推定値 (BLUP 推定値) は, 単純な地域ごとの SMR の値と全体平均の重み付き平均であり, 単純な SMR の値のばらつきが小さい (観察発生数が多い) 地域の結果は, その地域の値からあまり変化せず, バラツキが大きい (観察発生数が少ない) 地域の結果は, 全体平均に近づくという縮小推定量 (Shrinkage estimator) が得られている. そのような典型的な地域の結果を表 11-11 に示した.

11.8　社会科学分野への応用

これまで社会科学の分野で, 混合モデルや BLUP 法を用いた研究の事例は少ない. しかし, これらの手法が適用できるデータが得られれば, BLUP 法はさまざまな社会科学の問題の解決に有用な手法になり得ると考えられる.

そこで, 本稿では身近な例として, 大学における学生の成績を対象に混合モデルの利用と BLUP 法による出身高校のランク付け, および入試における選択科目についての科目間補正への BLUP 法の利用を試みることにする.

11.8.1　大学での成績による出身高校のランク付け

どの大学でも, 学生が学力を付けてくれることが非常に重要な教育目的の一つである. それならば, どのような学生が大学でまじめに勉強し, よい成績を上げるのであろうか. もし, 事前にそのような学生の属性を知ることができれば, 入試などでその属性を持つ学生の選抜割合を増やすなどの工夫が可能となる. 本研究では, とある大学の入試課と教務課の協力を得て, 入試データと大学での成績のデータを組合せ，大学において成績のよい学生の属性を探ることを試みた．

a．データの内訳

この大学では，以前からアメリカでよく採用されているGPA (grade point average) を用いて学生の成績を評価している．このGPAは，各教科の評価点（100点満点）を90点から100点までを4，80点から89点までを3，70点から79点までを2，60点から69点までを1，60点未満を0として換算し，それぞれの教科の単位数で加重平均した指標である．なお，当然，すべての学生が同一の教科と教員を選んでいるわけではなく，中には要領よく点数のあまい教科や教員を選択的に受講していることも考えられるが，ここでは教科や教員による点数の差は考慮しないものとする．

b．分析方法

GPAに対する要因として，本研究では性，入試区分（一般，高校推薦，一般推薦，課外活動），出身高校，高校時代の評点を取り上げた．このような要因の中で，出身高校は集団からのサンプルと考えられるので変量効果，高校時代の評点は連続変量なので共変量，その他の性と入試区分は母数効果として，母数効果と共変量については1回生時のGPAと3回生までのGPAにどの程度関与しているかを分散分析によって定量的に調べ，最良線形不偏推定値（BLUE）を算出した．なお，ここではBLUE値の推定について，性別では女子に，入試区分では一般推薦入試に制約を付加して分析を行った．また，各出身高校に関しては変量効果であるとみなされるのでBLUP値を推定し，分散成分の推定も行った．

c．結果の概要

表11-12は，1回生と3回生までのGPAに関する母数効果と共変量の分散分析結果を示したものである．この表から，いずれのGPAについても性は有意に影響していることがわかる．また，入試区分に関しては，1回生の時点では入試区分の効果は有意であったが，3回生までの成績を評価すると入試区分の差はなくなっていた．性の差をBLUE値で見ると，男子は女子よりも1回生のGPAについて0.342，3回生までのGPAについて0.459低く，この大学においては女子の方が男子よりも成績の良いことがわかる．また，入試区分については，1回生の段階では課外活動入試で入学してきた学生がかなり成績は悪いことが示された．この分析で興味深い結果として，日本では高校もまた進学高とそうでない高校と

表 11-12　母数効果に関する分散分析の結果と最良線形不偏推定値 (BLUE)

変動因	平均平方		クラス	BLUE	
	1回生	3回生まで		1回生	3回生まで
性	4.33**	2.84**	男子	−0.342	−0.459
			女子	0.0	0.0
入試区分	2.24*	0.28	一般入試	0.169	0.280
			高校推薦	0.170	0.240
			一般推薦	0.0	0.0
			課外活動	−0.462	−0.275
高校時代の評点	26.18**	13.04**		0.048	0.050

*：5％水準で有意，**：1％水準で有意

では学力に大きな開きがあり，同じ高校時代の評点であっても，進学高での評点とそうでない高校での評点は，学力において比較すると大きな差があると考えられる．それにもかかわらず，高校時代の評点と大学における GPA に正の強い関係（1回生の GPA と 3 回生までの GPA でそれぞれ 0.048 と 0.050）があったと言うことは，どのような高校であっても，その高校で成績の良かった学生は，大学でもよい成績を残すことを意味している．この結果から，大学での成績は，学力そのもののみならず，まじめさ，勤勉さによって大きく影響されているのではないかと考えられる．

出身高校別の 1 回生における GPA と 3 回生までの GPA の BLUP 値を比較したものが図 11-17 である．この図から，1 回生の GPA と 3 回生までの GPA とでは正の関係は認められるものの，一方の GPA が高く（あるいは低く），他方の GPA が低い（あるいは高い）高校がいくつか見られた．このことから，出身高校によって学生に多少異なりがあり，入学時には成績が良いがその後に成績を落とす学生が多く来る高校もあれば，逆の高校もあることが示唆された．出身高校と誤差に関する分散成分を求めると，1 回生の GPA についてはそれぞれ 0.0194 と 0.2328，3 回生までの GPA についてはそれぞれ 0.0112 と 0.2015 で，出身高校の分散が占める割合は 1 回生の GPA で 7.7%，3 回生までの GPA で 5.3%であった．

本分析によって得られた結果は，大学における入試戦略に利用することができる．たとえば，本分析結果を見ると，大学時代の成績は男子よりも女子の方が成

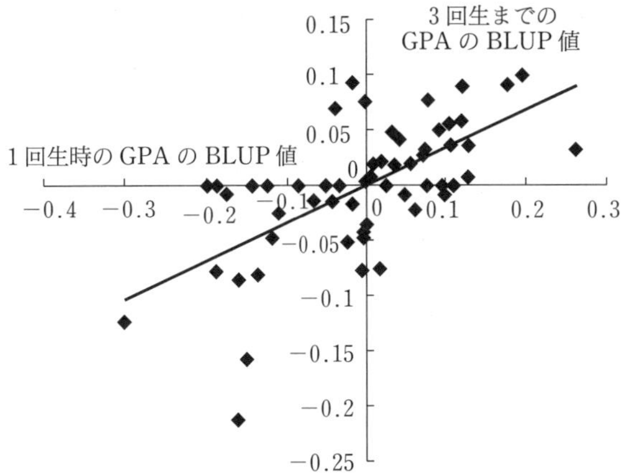

図 11-17　出身高校別の 1 回生時の GPA の BLUP 値と
3 回生までの GPA の BLUP 値の関係

績の良いことが明らかになった．また，出身高校に関しても BLUP 値が入学時から卒業まで一貫して高い高校に，より多くの推薦枠を与えることが良いと推察できる．さらに，入学試験だけでなく，高校時代の評点もまた，学生の選抜基準として有用であることが示された．

このように，本書で紹介している混合モデルと BLUP 法は，教育問題やその他の社会科学の問題に対しても適用可能である．

11.8.2　入試における選択科目の科目間補正

各種の試験では被験者の能力をテストにより評価して成績判定が行われる．これらの試験でしばしば問題となるのが，科目を選択させた場合の科目間調整である．たとえば大学などの入試科目の理科として，物理，化学，生物，および地学から 2 科目を選択して解答させた際に，科目間の難易度に差が生じてしまうことがある．このような場合，科目選択の仕方で受験生に有利不利が生じ，受験生の能力を適切に比較することが難しくなる．この時，科目間の難易度を適切に調整して受験生の真の理科能力を推定することが重要である．

a．入試における理科の成績

いま，表 11-13 のように，20 名の受験生の理科に関する試験の得点が得られているとする．各受験生は理科 4 科目から 2 科目を選択し，その合計得点で入試成

表 11-13　20 名の受験生の理科に関する 2 科目合計得点に基づく成績

順位	合計得点	物理	化学	生物	地学
1	161	77	84		
2	153		82	71	
3	150		87		63
4	149	74	75		
5	147	79		68	
6	146			77	69
7	145	84		61	
8	143	78			65
9	135	62	73		
10	134		75	59	
11	133		75		58
12	131		73	58	
13	130		69	61	
14	129	78			51
15	127		77		50
16	125			64	61
17	124	60	64		
18	123	67		56	
19	121	72			49
20	118		65	53	
受験生数		10	12	10	8
平均値	136.2	73.1	74.9	62.8	58.3
標準偏差	12.2	7.8	7.0	7.3	7.5

績の順位付けがなされたとする．理科 4 科目の平均点を互いに比較すると，物理や化学の平均点は生物や地学の平均点と比べて 10 点以上高くなっており，物理や化学を選択した受験生は生物や地学を選択した受験生よりも成績判定の上で有利となっているかもしれない．

b．モデルの選択

そこで，これらの科目間差を補正するために，科目の効果を母数効果，受験生の理科能力を変量効果として取り上げた式 (11-15) の混合モデルに基づく BLUP 法により，受験生の理科能力の推定を行ってみる．

$$Y_{ij}=\mu+K_i+a_j+e_{ij} \tag{11-15}$$

ただし，Y_{ij}：科目 i に関する受験生 j の得点
μ：全体の平均値
K_i：科目 i の母数効果
a_j：受験生 j の理科能力の変量効果
e_{ij}：環境偏差

ある受験生のある科目についての得点には，その科目の平均値に加えて，その受験生の理科能力が関与していると仮定する．これは，4 章で解説した個体モデル (4.1.1 項参照) であり，これを行列表記すると式 (11-16) のように表される．

$$\boldsymbol{y}=\boldsymbol{X\beta}+\boldsymbol{Za}+\boldsymbol{e} \tag{11-16}$$

ただし，$\boldsymbol{y}$：個々の受験生の得点ベクトル
$\boldsymbol{\beta}$：母数効果のベクトル (すなわち，μ，K_i が含まれる)
$\boldsymbol{X}$：個々の得点が母数効果 $\boldsymbol{\beta}$ のどのクラスに属するかを示す既知の計画行列
$\boldsymbol{a}$：受験生の理科能力の変量効果のベクトル
$\boldsymbol{Z}$：個々の得点が $\boldsymbol{a}$ のどの受験生に属するかを示す既知の計画行列
$\boldsymbol{e}$：環境偏差のベクトル

混合モデル方程式は 4 章での分子血縁係数行列 $\boldsymbol{A}$ を単位行列 $\boldsymbol{I}$ に置き換えたものとなり式 (11-17) のごとくなる．なお，σ_a^2 および σ_e^2 はそれぞれ理科能力分散および環境分散である．

$$\begin{bmatrix} \boldsymbol{X'X} & \boldsymbol{X'Z} \\ \boldsymbol{Z'X} & \boldsymbol{Z'Z}+\boldsymbol{I}\sigma_e^2/\sigma_a^2 \end{bmatrix}\begin{bmatrix} \boldsymbol{\beta}^{\circ} \\ \hat{\boldsymbol{a}} \end{bmatrix}=\begin{bmatrix} \boldsymbol{X'y} \\ \boldsymbol{Z'y} \end{bmatrix} \tag{11-17}$$

c．科目間補正値と理科能力の推定

この混合モデル方程式を解くための SAS プログラムは図 11-18 である．ここで，id は受験生，kamoku は科目，value はある受験生のある 1 科目の得点を示

```
proc mixed;
  class id kamoku;
  model value = kamoku/s;
  random id/s;
run;
```

図 11-18　SAS プログラム例 1 (分散成分を同時推定する場合)

す．BLUP 法では混合モデル方程式で用いられる分散成分は既知であることが前提であるが，このプログラムの場合には分散成分はデータから同時推定される．なお，分散成分に既知の値を用いて混合モデル方程式を解く場合の SAS プログラムは図 11-19 である．いま，科目平均によるばらつきを除いた試験得点の表現型分散 σ_Y^2 の値は 55.0 であり，$\sigma_Y^2=\sigma_a^2+\sigma_e^2$ の関係がある．表現型分散に占める受験生の理科能力分散の割合が 50％であると仮定した場合，$\sigma_a^2=\sigma_e^2=27.5$ となる．SAS プログラムで，これらの分散値を既知として混合モデル方程式を解くためには図 11-19 のように parms ステートメントを用いる．いま，モデル内には二つの分散成分（σ_a^2 および σ_e^2；それぞれ分散番号 1 と 2 が当てはめられる）があり，(　) 内にそれぞれの値を並べて順に記述する．さらに hold オプションで分散番号を指定し，noiter オプションで反復推定を行わないようにすることでこれらの分散値を固定できる．

```
proc mixed;
  class id kamoku;
  model value = kamoku/s;
  random id/s;
  parms (27.5) (27.5)/hold=1,2 noiter;
run;
```

図 11-19　SAS プログラム例 2（既知の分散成分を用いる場合）

分散成分を同時推定した場合，および受験生の理科能力分散の表現型分散に占める割合が 20％，50％，80％であると仮定した場合での，各受験生の理科能力の BLUP 値を表 11-14 に示す．2 科目合計得点で 6 位の受験生は，平均値の低かった生物と地学を選択したために，両方の科目における最高得点を記録したにもかかわらず，この順位にとどまっていたが，BLUP 値では 1 位に判定された．一方で，平均値の高かった物理と化学を選択して，2 科目合計得点では 1 位であった受験生は理科能力としての BLUP 値では 5～6 位に判定された．なお，分散成分を同時推定した場合での理科能力分散割合の推定値は 75％であったが，さまざまな分散成分割合を仮定した場合でも概ね同様の判定となっている．

表 11-14　受験生の理科能力に関する BLUP の推定値および 2 科目合計得点に基づく順位との比較

2 科目合計得点に基づく順位	分散成分の同時推定[a]		理科能力分散の表現型分散に占める割合					
			20%		50%		80%	
	順位	BLUP	順位	BLUP	順位	BLUP	順位	BLUP
1	6	4.4	5	2.0	5	3.7	6	4.5
2	3	6.1	3	2.5	3	4.8	3	6.3
3	2	7.8	2	2.9	2	5.9	2	8.1
4	11	−0.7	10	0.0	10	−0.3	11	−0.8
5	5	4.6	6	1.8	6	3.6	5	4.8
6	1	12.3	1	4.3	1	9.2	1	12.8
7	7	3.8	7	1.5	7	3.0	7	3.9
8	4	5.9	4	2.0	4	4.4	4	6.1
9	18	−6.7	18	−2.3	18	−5.0	18	−7.0
10	12	−2.1	12	−0.7	12	−1.5	13	−2.2
11	9	0.5	9	0.0	9	0.2	9	0.5
12	14	−3.4	14	−1.2	14	−2.5	14	−3.5
13	16	−3.8	15	−1.3	15	−2.8	16	−3.9
14	10	−0.1	11	−0.3	11	−0.3	10	−0.1
15	13	−2.1	13	−1.0	13	−1.8	12	−2.1
16	8	3.2	8	0.8	8	2.2	8	3.4
17	20	−11.5	20	−4.1	20	−8.6	20	−11.9
18	17	−5.7	17	−2.2	17	−4.4	17	−5.9
19	15	−3.6	16	−1.6	16	−3.0	15	−3.7
20	19	−8.9	19	−3.3	19	−6.8	19	−9.3

a：推定された理科能力分散の表現型分散に占める割合は 75%である

このように，BLUP 法を用いることで各科目の難易度を補正しながら各受験生の能力を推定することができ，受験生の能力に基づいた成績判定を行うことが可能となる．この科目間調整の方法は入試に限らずさまざまな成績判定に応用できる．成績判定をどのような考え方に基づいて行うかは，試験を行う各機関の判断に任される事柄である．BLUP 法を用いた本方法は，成績判定のための有効なアプローチの一つを提供できると考えられる．

変量効果の推定では行列演算が頻繁に用いられているが，これらの行列演算を例題等で確認するための手軽なツールとして，Microsoft Excel に用意されている行列演算関係の関数の使用方法を簡単に説明する．

a．転置行列の作成

転置行列とは元の行列の行と列を入れ替えたものである．

例）

$$\boldsymbol{X}=\begin{bmatrix}1 & 0\\0 & 1\\1 & 0\\0 & 1\\0 & 1\end{bmatrix} \text{の転置行列 } \boldsymbol{X}'=\begin{bmatrix}1 & 0 & 1 & 0 & 0\\0 & 1 & 0 & 1 & 1\end{bmatrix} \text{の作成方法を示す．}$$

方法

1．転置行列の対象となる元の行列（$\boldsymbol{X}$）の要素を A1：B5 のセルに入力する．

2．転置行列を格納するセルの左上隅（この場合 C1）をマウスで指定する（図 A-1）．

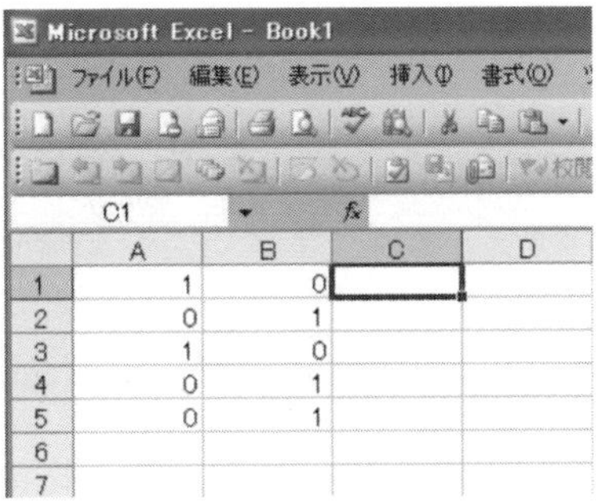

図 A-1　行列 $\boldsymbol{X}$ の入力と $\boldsymbol{X}'$ の範囲の指定

3．この状態で，「挿入」→「関数」→「TRANSPOSE」を選択し，OK ボタンを押す（関数の挿入ダイアログボックスの関数名のリストに「TRANSPOSE」が表示されていなければ，「関数の分類」で「検索／行列」を指定する）．

4．転置対象行列（$\boldsymbol{X}$）の範囲を指定するためのダイアログ（図 A-2）が表示される．

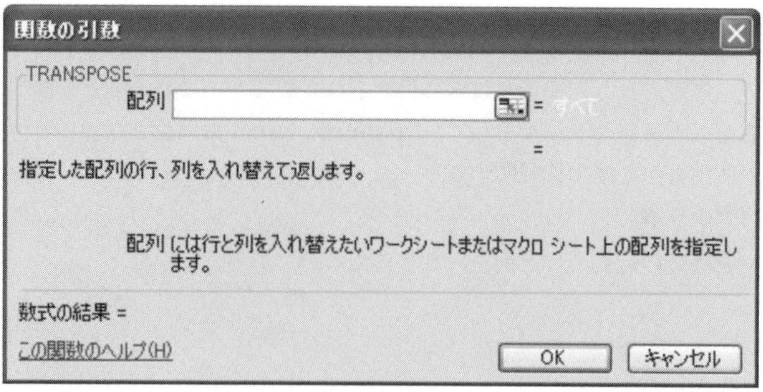

図 A-2　転置対象行列の範囲指定のためのダイアログ

5．「配列」と書かれているテキストボックス内に行列 $\boldsymbol{X}$ の範囲を入力する（直接 A1：B5 と入力するか，テキストボックスの右側のアイコンをクリックして，マウスを用いて範囲指定する）．OK ボタンを押す．

6．転置行列の左上隅（C1）のセルをクリックし，「F 2」キー（ファンクションキー）を押す．つぎに「Ctrl」キーと「Shift」キーを同時に押しながら「Enter」キーを押すと，C1：G2 に行列 $\boldsymbol{X}$ の転置の結果が入る（図 A-3）．

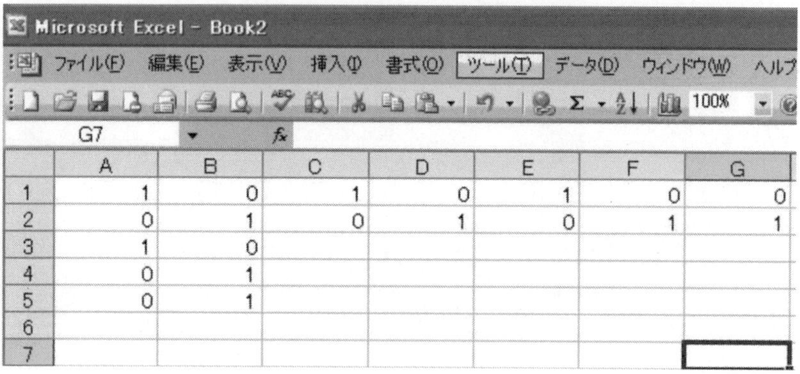

図 A-3　転置行列の展開

注）Excel ではセルを列要素：行要素の順で指定する．そのため，行列の要素の一般的な指定方法である行要素：列要素の順とは異なっている．たとえば 3 行 2 列の要素は，行列要素の一般的な指定では (3,2) となるが Excel では B3 と指定すること

になる (列要素は A から始まるアルファベットの順で表す). 同様に 5 行 2 列の行列の範囲を Excel で指定するには, 左上隅 (行列要素 (1,1)) と, 右下隅 (行列要素 (5,2)) のセルをコロン (：) で連結して A1：B5 のように指定する.

b. 行列の積の計算

例)

2 つの行列, $\boldsymbol{X}=\begin{bmatrix}1 & 0\\ 0 & 1\\ 1 & 0\\ 0 & 1\\ 0 & 1\end{bmatrix}$ と $\boldsymbol{X}'=\begin{bmatrix}1 & 0 & 1 & 0 & 0\\ 0 & 1 & 0 & 1 & 1\end{bmatrix}$ との積

$\boldsymbol{X}'\boldsymbol{X}=\begin{bmatrix}1 & 0 & 1 & 0 & 0\\ 0 & 1 & 0 & 1 & 1\end{bmatrix}\begin{bmatrix}1 & 0\\ 0 & 1\\ 1 & 0\\ 0 & 1\\ 0 & 1\end{bmatrix}=\begin{bmatrix}2 & 0\\ 0 & 3\end{bmatrix}$ の計算方法を示す

行列 $\boldsymbol{X}$ (A1：B5) と行列 $\boldsymbol{X}'$(C1：G2) を用いて $\boldsymbol{X}'\boldsymbol{X}$ の計算結果を H1：I2 に格納する方法を示す.

1. 転置行列の作成の場合と同様に, $\boldsymbol{X}'\boldsymbol{X}$ の結果を格納する領域 (H1：I2) を指定する.
2. この状態で,「挿入」→「関数」→「MMULT」を選択し, OK ボタンを押す (「関数の分類」で「数学／三角」を指定する).
3. 行列 $\boldsymbol{X}'$と行列 $\boldsymbol{X}$ の範囲を指定するためのダイアログ (図 A-4) が表示される.

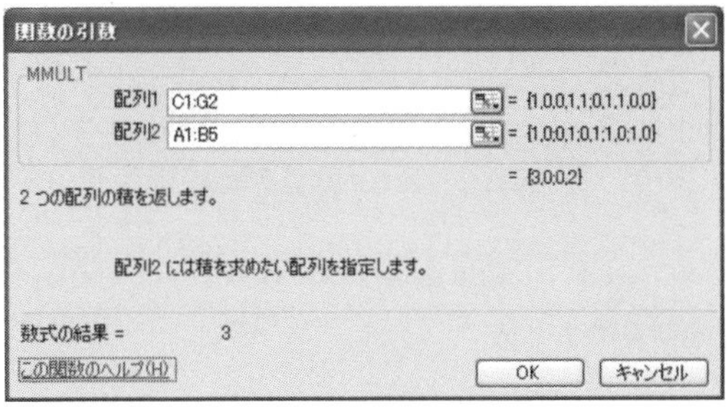

図 A-4　$\boldsymbol{X}'$ および $\boldsymbol{X}$ の範囲指定のためのダイアログ

4. 行列 $\boldsymbol{X}'$, 行列 $\boldsymbol{X}$ の範囲指定の方法および行列積の結果 ($\boldsymbol{X}'\boldsymbol{X}$) の表示方法は転置行列の場合と同様である.

c．逆行列の計算

例）

$$行列\ \boldsymbol{A}=\begin{bmatrix}4 & 5\\ 2 & 3\end{bmatrix}\ の逆行列\ \boldsymbol{A}^{-1}=\begin{bmatrix}1.5 & -2.50\\ -1 & 2\end{bmatrix}\ の計算方法を示す．$$

逆行列の計算には関数 MINVERSE（範囲）を利用する．方法は転置行列の場合と同じである（すなわち，関数 TRANSEPOSE の代わりに MINVERSE を用いることになる）．ただ，転置行列の例で示したようにマウスやダイアログボックスを利用する方法の他，当該セルに直接関数を入力する方法があるので，逆行列についてはこの方法を示す．

1．転置行列の場合と同様に A1：B2 の範囲に上記の行列 $\boldsymbol{A}$ の値を入力する．
2．C1 のセルに「＝MINVERSE (A1：B2)」を入力する．
3．逆行列を格納するセルの範囲をマウスで指定する．
4．C1 のセルをクリックし，「F2」キー（ファンクションキー）を押す．つぎに「Ctrl」キーと「Shift」キーを同時に押しながら「Enter」キーを押す．

図 A-5 に，元の行列および逆行列の計算結果を示す．

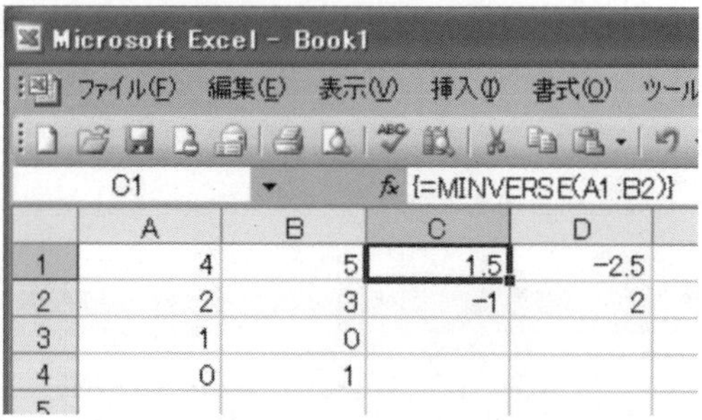

図 A-5　逆行列の計算結果

ここでは，確認のために $\boldsymbol{A}\boldsymbol{A}^{-1}$ の結果を A3：B4 に表示している．

d．Excel による行列演算のまとめ

Excel で行列演算（行列の転置，行列の積，行列の和，逆行列など）を行う場合の基本的な手順は上述したとおりである．すなわち，手順としては

1．演算結果を格納するセル範囲を指定する．
2．指定したセル範囲の左上隅に当該関数を挿入する．

3．当該関数に対応した引数の範囲（行列の転置，逆行列では一つ，行列の積，行列の和では二つの行列の範囲を指定することになる）を指定する．
4．結果を格納する範囲のセルをマウスで指定する．
5．「F 2」キーを押す．つぎに「Ctrl」キーと「Shift」キーを同時に押しながら「Enter」キーを押すことで，演算結果の全範囲を表示する．

付録B　分子血縁係数行列を計算するためのプログラム (amatrix.c)

```
#include<stdio.h>
#define NANIM 9  //配列のサイズを個体数+1に設定
int main()
{
  int i,j ;
  double amat[NANIM][NANIM] ;  //分子血縁係数行列
  double atmp ;
  int sid[NANIM]={0,0,0,1,0,3,3,5,0} ;  //個体の父IDの配列
  int did[NANIM]={0,0,0,2,2,4,0,6,6} ;  //個体の母IDの配列
  for(i=1;i<NANIM;i++)
  {
    if((sid[i]>0)&&(did[i]>0))
      amat[i][i]=1.0+0.5*amat[sid[i]][did[i]] ;  //両親既知の場合の対角要素の計算
    else
      amat[i][i]=1.0 ;  //両親のいずれかが未知なら対角要素は常に1
    for(j=1;j<=i-1;j++)
    {
      atmp=0.0 ;      //非対角要素の初期化
      if(sid[i]>0)
     atmp+=0.5*amat[j][sid[i]] ;  //個体iの父が既知の場合の処理
      if(did[i]>0)
     atmp+=0.5*amat[j][did[i]] ;  //個体iの母が既知の場合の処理
     amat[j][i]=atmp ;  //非対角要素への値の代入
     amat[i][j]=atmp ;  //対称行列なので，aij=aji とする
      }
    }
  for(i=1;i<NANIM;i++)
  {
    for(j=1;j<NANIM;j++)
      printf(" % 7.3lf¥t",amat[i][j]) ;
    printf("¥n") ;
  }
 return 0 ;
}
```

付録C　分子血縁係数行列の逆行列を直接計算するプログラム (ainvorg.c)：非内交配集団用

```
#include<stdio.h>
#define NANIM 9      //配列のサイズを個体数+1に設定
int main()
{
    int i,j ;
    int si,di,ti ;
    double ainv[NANIM][NANIM] ;  //分子血縁係数行列の逆行列を格納する配列宣言
    double atmp ;
    int sid[NANIM]={0,0,0,1,0,3,3,5,0} ;  //個体の父IDの配列
    int did[NANIM]={0,0,0,2,2,4,0,6,6} ;  //個体の母IDの配列

for(i=1;i<NANIM;i++)
    for(j=1;j<NANIM;j++)
      ainv[i][j]=0.0 ;                  //逆行列要素の初期化

for(i=1;i<NANIM;i++)                  //祖先個体から順に処理を開始
{
/*------------------------------------------------------------
    両親既知，片親既知，両親未知の判定を行うために，
    常にsi<=diとなるように以下の8行で前処理を行う.
    この処理によりsi>0であれば両親既知，si=0<diであれば
    片親既知，di<1であれば両親未知の判定ができる.
 ------------------------------------------------------------*/
si=sid[i] ;
di=did[i] ;
if(si>di)
{
    ti=si ;
    si=di ;
    di=ti ;
}
if(si>0)
{                                   //両親既知の場合
    atmp=2.0 ;
    ainv[i][i]+=atmp ;
    ainv[i][si]+=-atmp/2.0 ;
    ainv[si][i]+=-atmp/2.0 ;
    ainv[i][di]+=-atmp/2.0 ;
    ainv[di][i]+=-atmp/2.0 ;
    ainv[si][si]+=atmp/4.0 ;
```

```
        ainv[si][di]+=atmp/4.0 ;
        ainv[di][si]+=atmp/4.0 ;
        ainv[di][di]+=atmp/4.0 ;
    }
    else
    {
        if(di>0)
        {                                    //片親既知の場合
            atmp=4.0/3.0 ;
            ainv[i][i]+=atmp ;
            ainv[i][di]+=-atmp/2.0 ;
            ainv[di][i]+=-atmp/2.0 ;
            ainv[di][di]+=atmp/4.0 ;
        }
        else
        {                                    //両親未知の場合
            atmp=1.0 ;
            ainv[i][i]+=atmp ;
        }
    }
    }

    for(i=1;i<NANIM;i++)
    {                                        //結果の出力
        for(j=1;j<NANIM;j++)
        {
            printf("%7.4lf¥t",ainv[i][j]) ;
        }
        printf("¥n") ;
    }
return 0 ;
}
```

付録D　クオースのアルゴリズムによる分子血縁係数行列の逆行列を直接計算するプログラム (ainvinbred.c)：内交配集団にも適応可能

```
#include<stdio.h>
#include<math.h>
#define MAXN 9            //個体数+1の配列要素を確保

int main()
{
    double lmat[MAXN][MAXN] ; //L行列の宣言
    double ainv[MAXN][MAXN] ; //分子血縁係数行列の逆行列の宣言
    double alfa[MAXN] ;              //αi を格納する配列の宣言
    double sl,dl,atmp ;
    int i,j ;
    int si,di,ti ;
    int sm,dm ;

   int sid[MAXN]={0,0,0,1,0,3,3,5,0} ;  //個体の父IDの配列
   int did[MAXN]={0,0,0,2,2,4,0,6,6} ;  //個体の母IDの配列

for(i=1;i<MAXN;i++)
{                         //逆行列とL行列の初期化
    for(j=1;j<MAXN;j++)
   {
       ainv[i][j]=0.0 ;
       lmat[i][j]=0.0 ;
   }
}

for(i=1;i<MAXN;i++)
{
   /*-----------------------------------------------------
     L行列の対角要素とαi の計算
   ------------------------------------------------------*/
    si=sid[i] ;
    di=did[i] ;
    sl=0.0 ;
    dl=0.0 ;
    for(sm=1;sm<=si;sm++)
       sl+=lmat[si][sm]*lmat[si][sm] ;
    for(dm=1;dm<=di;dm++)
      dl+=lmat[di][dm]*lmat[di][dm] ;
   lmat[i][i]=sqrt(1.0-0.25*(sl+dl)) ;
```

```
  alfa[i]=1.0/(1.0-0.25*(sl+dl)) ;
  /*--------------------------------------------------
    L行列の非対角要素の計算
  ----------------------------------------------------*/
  for(j=i+1;j<MAXN;j++)
  {
  if(sid[j]>0)
      lmat[j][i]=0.5*lmat[sid[j]][i] ;
   if(did[j]>0)
      lmat[j][i]+=0.5*lmat[did[j]][i] ;
     }
  }

for(i=1;i<MAXN;i++)
{                                    //L行列の出力
    for(j=1;j<MAXN;j++)
    printf("%7.3lf",lmat[i][j]) ;
    printf("¥n") ;
}
  /*--------------------------------------------------
    分子血縁係数行列の逆行列の計算
  ----------------------------------------------------*/

for(i=1;i<MAXN;i++)
{
    si=sid[i] ;
    di=did[i] ;
    atmp=alfa[i] ;                //αi の値を設定
    if(si>di)
   {
       ti=si ;
       si=di ;
       di=ti ;
   }

if(si>0)
{                                 //両親既知の場合の逆行列要素の計算
    ainv[i][i]+=atmp ;
    ainv[i][si]+=-atmp/2.0 ;
    ainv[si][i]+=-atmp/2.0 ;
    ainv[i][di]+=-atmp/2.0 ;
    ainv[di][i]+=-atmp/2.0 ;
    ainv[si][si]+=atmp/4.0 ;
    ainv[si][di]+=atmp/4.0 ;
```

```
        ainv[di][si]+=atmp/4.0 ;
        ainv[di][di]+=atmp/4.0 ;
    }
    else
    {
    if(di>0)
    {                                         //片親既知の場合の逆行列要素の計算
        ainv[i][i]+=atmp ;
        ainv[i][di]+=-atmp/2.0 ;
        ainv[di][i]+=-atmp/2.0 ;
        ainv[di][di]+=atmp/4.0 ;
    }
    else
        ainv[i][i]+=atmp ;                    //両親未知の場合の逆行列要素の計算
    }
}
printf("¥n") ;                                //逆行列の出力
for(i=1;i<MAXN;i++)
{
    for(j=1;j<MAXN;j++)
        printf("%7.4lf",ainv[i][j]) ;
        printf("¥n") ;
      }
    return 0 ;
    }
```

付録E　BLUP法による種畜評価のためのプログラム（Blup.java）Java言語を使用

このプログラムでは，パラメータの入力（ReadParam()），血統情報の入力（ReadPedigree()），正規方程式の作成（MakeMME()），$\mathbf{A}^{-1}\lambda$ の追加（AddLamda()）および混合モデル方程式の解（Solver()）をそれぞれメソッドとして用意している．以下，それぞれのメソッドについて説明する．

(1)　パラメータの入力（ReadParam()）

以下のようなパラメータファイルを用意する．

パラメータファイル（param. txt）

パラメータファイル	パラメータファイルの構造
2.0	1行目：λ の値
8	2行目：評価個体数
2	3行目：母数効果の数
3	4行目以降：各母数効果のクラス数
2	

ReadParam()では，このテキストファイルの内容を順番に読み込み，混合モデル方程式の行列のサイズや母数効果の数およびそれぞれのクラス数などの情報を取得する．

(2)　血統情報の入力（ReadPedigree()）

以下のような血統ファイルからデータを読み込む．

血統ファイル（ketto. txt）

```
1,0,0
2,0,0
3,1,2
4,0,2
5,3,4
6,3,0
7,5,6
8,0,6
```

血統ファイルに現れる個体IDは，雄雌でも重複が無くかつ世代の古い個体ほど小さな値を持つ1から始まる通番でコード化されたものとする.

ReadPedigree()では,これらのデータを読み込み,クオースのアルゴリズムを用いて直接分子血縁係数行列の逆行列を作成する.

(3) 正規方程式の作成(MakeMME())

ReadParam()で取得した情報から混合モデル方程式の左辺係数行列および右辺のベクトルの配列変数の確保とその初期化,配列変数 Noff の設定などの処理を行う.つぎに,以下に示すデータファイルから順にデータを読み込み正規方程式の左辺の係数行列および右辺のベクトルを作成する.このとき,2番目以降の母数効果の最後のクラスのデータは配列変数に格納しない.

データファイル(blupdata. txt)

```
4,1,2,4.5
5,2,1,2.9
6,3,2,3.9
7,1,1,3.5
8,2,1,5.0
```

各行の要素はカンマ区切り
母数効果1,…,個体ID,yの順

(4) $A^{-1}\lambda$ の追加(AddLamda())

(3)で作成した配列変数の中の $Z'Z$ に相当する要素に $A^{-1}\lambda$ の要素を加える.ここで λ の値は ReadParam()で取得しており,A^{-1} は ReadPedigree()で生成している.

(5) 混合モデル方程式の解(Solver())

(4)で生成した混合モデル方程式を部分軸選択ガウスの消去法で直接解く.

プログラム(Blup. java)のソースコード

```
import java.io.* ;
import java.lang.* ;
import java.lang.Math ;
import java.text.* ;

public class Blup
{
  static double lamda ;              //λの値
  static int Nanim ;                 //評価個体数
  static int Ndim=0 ;                //混合モデル方程式の次元数
  static int NofFixed ;              //母数効果の数
```

```
static int [] LevelF=null ;          //各母数効果のクラス数
static int [] Sire=null ;             //評価個体の父IDの配列
static int [] Dam=null ;             //評価個体の母IDの配列
static double [][] ainv=null ;      //分子血縁係数行列の逆行列
static double [][] mme=null ;       //混合モデル方程式の係数行列
static double [] xty=null ;          //混合モデル方程式の右辺のベクトル
static double [] b=null ;              //BLUEおよびBLUPの解のベクトル
static int [] Noff=null ;             //オフセット位置の配列
static DecimalFormat exForm=new DecimalFormat(" ####0.0000 ") ;
static DecimalFormat exForm2=new DecimalFormat("########.##########") ;
        //出力書式：exForm＝ディスプレイ用，exForm2＝ファイル出力用

public static void main(String [] args)
{                                          //メインプログラム
  BufferedWriter logw=null ;
  try
  {
    logw=new BufferedWriter(new FileWriter("result.csv")) ;//結果を出力するため
    のファイルの指定

    ReadParam() ;                     //パラメタの読み込み

    /*--------------------------------------------------------
     パラメタの内容の表示
    --------------------------------------------------------*/
    System.out.println("λの値      ="+exForm.format(lamda)) ;
    System.out.println("評価個体数＝"+Nanim) ;
    System.out.println("*** 取り上げた母数効果 ***") ;
    logw.write("λの値      ="+exForm.format(lamda)) ;
    logw.newLine() ;
    logw.write("評価個体数＝"+Nanim) ;
    logw.newLine() ;
    logw.write("*** 取り上げた母数効果 ***") ;
    logw.newLine() ;
    for(int i=0;i<NofFixed;i++)
    {
      System.out.println((i+1)+"番目の母数効果のクラス数＝"+LevelF[i]) ;
      logw.write((i+1)+"番目の母数効果のクラス数＝"+LevelF[i]) ;
      logw.newLine() ;

    }
    System.out.println() ;
    logw.newLine() ;
   //--------------------------------------------------
```

```
ReadPedigree() ;          //血統情報の入力と分子血縁係数行列の逆行列の計算
Ndim+=Nanim ;                  //混合モデル方程式の次元数の決定
mme=new double [Ndim][Ndim] ; //混合モデル方程式の係数行列の確保
xty=new double [Ndim] ;        //混合モデル方程式の右辺のベクトルの確保

MakeMME() ;                    //混合モデル方程式の作成
AddLamda() ;                   //λA⁻¹ の要素の追加

/*---------------------------------------------------
 混合モデル方程式の内容の表示
---------------------------------------------------*/
System.out.println("***** 混合モデル方程式 *****") ;
logw.write("***** 混合モデル方程式 *****") ;
logw.newLine() ;
for(int ii=0;ii<Ndim;ii++)
{
  for(int jj=0;jj<Ndim;jj++)
  {
    System.out.print(exForm.format(mme[ii][jj])) ;
    logw.write(exForm2.format(mme[ii][jj])+",") ;
  }
  System.out.println(" |  "+exForm.format(xty[ii])) ;
  logw.write(exForm2.format(xty[ii])) ;
  logw.newLine() ;
 }

  Solver() ;                      混合モデル方程式の解を求める処理

/*-------------------------------------------------------
 混合モデル方程式の解の表示
-------------------------------------------------------*/
System.out.println("") ;
System.out.println("***** 混合モデル方程式の解 *****") ;
logw.write("***** 混合モデル方程式の解 *****") ;
logw.newLine() ;
for(int i=0;i<Ndim;i++)
{
 System.out.println(exForm.format(b[i])) ;
 logw.write(exForm2.format(b[i])) ;
 logw.newLine() ;
}
//--------------------------------------------------------
```

```
    logw.close() ;
  }
  catch (IOException e)
  {
    System.err.println(e) ;
  }
}                                        //メインプログラムはここまで

public static void ReadParam()
{
    /*------------------------------------------------------------
       パラメタファイル(param.txt)からパラメタを読み込むメソッド
    ------------------------------------------------------------*/
   try
   {
     BufferedReader br=new BufferedReader(new FileReader("param.txt")) ;
     String line ;
     line=br.readLine() ;
     lamda=Double.parseDouble(line) ;             //λの取得
     line=br.readLine() ;
     Nanim=Integer.parseInt(line) ;             //評価個体数の取得
     line=br.readLine() ;
     NofFixed=Integer.parseInt(line) ;               //母数効果の数の取得
     LevelF=new int [NofFixed] ;
     for(int i=0;i<NofFixed;i++)
     {
      line=br.readLine() ;
      LevelF[i]=Integer.parseInt(line) ;
      Ndim+=LevelF[i] ;
     }
     Ndim=Ndim-(NofFixed-1) ;  //1次従属の関係を除いた次元数の決定

     br.close() ;
   }
   catch (IOException e)
   {
     System.err.println(e) ;
   }
}

public static void ReadPedigree()
{
  /*----------------------------------------------------------------------
   血統情報(ketto.txt)から分子血縁係数行列の逆行列を計算するメソッド
```

```
---------------------------------------------------------------------------------*/
String [] ida=null ;
int aid=1 ;
double [] [] lmat=new double [Nanim+1][Nanim+1] ;  //L行列の確保
double [] alfa=new double [Nanim+1] ;          //対角要素α
double sl,dl,atmp ;
int i,j ;
int si,di,ti ;
int sm,dm ;
double [] b=null ;

ainv=new double [Nanim+1][Nanim+1] ;        //逆行列配列の確保

Sire=new int [Nanim+1] ;               //評価個体の父ＩＤ配列の確保
Dam=new int [Nanim+1] ;                //評価個体の母ＩＤ配列の確保

try
 {
  BufferedReader pedr=new BufferedReader(new FileReader("ketto.txt")) ;
  String line ;
  while((line=pedr.readLine())!=null)
  {                                    //個体ＩＤ,父ＩＤ,母ＩＤの取得
    ida=line.split(",") ;
    Sire[aid]=Integer.parseInt(ida[1]) ;
    Dam[aid]=Integer.parseInt(ida[2]) ;
    aid++ ;
  }
  pedr.close() ;
}
catch (IOException e)
{
   System.err.println(e) ;
}

for(i=1;i<=Nanim;i++)
{                                      //行列要素の初期化
  for(j=1;j<=Nanim;j++)
  {
    ainv[i][j]=0.0 ;
    lmat[i][j]=0.0 ;
   }
}

for(i=1;i<=Nanim;i++)
```

```
{                                        //L行列の作成
  si=Sire[i] ;
  di=Dam[i] ;
  sl=0.0 ;
  dl=0.0 ;
  for(sm=1;sm<=si;sm++)
    sl+=lmat[si][sm]*lmat[si][sm] ;
  for(dm=1;dm<=di;dm++)
    dl+=lmat[di][dm]*lmat[di][dm] ;
  lmat[i][i]=Math.sqrt(1.0-0.25*(sl+dl)) ;
  alfa[i]=1.0/(1.0-0.25*(sl+dl)) ;

  for(j=i+1;j<=Nanim;j++)
  {
    if(Sire[j]>0)
      lmat[j][i]=0.5*lmat[Sire[j]][i] ;
    if(Dam[j]>0)
      lmat[j][i]+=0.5*lmat[Dam[j]][i] ;
  }
 }

for(i=1;i<=Nanim;i++)
{                                        //分子血縁係数行列の逆行列の計算
   si=Sire[i] ;
   di=Dam[i] ;
   atmp=alfa[i] ;
   if(si>di)
   {
    ti=si ;
    si=di ;
    di=ti ;
   }
   if(si>0)
   {
    ainv[i][i]+=atmp ;
    ainv[i][si]+=-atmp/2.0 ;
    ainv[si][i]+=-atmp/2.0 ;
    ainv[i][di]+=-atmp/2.0 ;
    ainv[di][i]+=-atmp/2.0 ;
    ainv[si][si]+=atmp/4.0 ;
    ainv[si][di]+=atmp/4.0 ;
    ainv[di][si]+=atmp/4.0 ;
    ainv[di][di]+=atmp/4.0 ;
   }
```

```
    else
    {
     if(di>0)
     {
       ainv[i][i]+=atmp ;
       ainv[i][di]+=-atmp/2.0 ;
       ainv[di][i]+=-atmp/2.0 ;
       ainv[di][di]+=atmp/4.0 ;
     }
     else
       ainv[i][i]+=atmp ;
     }
 }

 System.out.println("***** 分子血縁係数行列の逆行列の出力 *****") ;
 for(i=1;i<=Nanim;i++)
 {
     for(j=1;j<=Nanim;j++)
     {
          System.out.print(exForm.format(ainv[i][j])) ;
        }
        System.out.println() ;
     }
 }

public static void MakeMME()
{
/*------------------------------------------------------------------
 データ(blupdata.txt)から混合モデル方程式を作成するメソッド
 ------------------------------------------------------------------*/
 int idc ;
 double y ;
 Noff=new int [NofFixed+1] ;       //オフセット位置の配列
 int [] FCode=new int [NofFixed] ;     //それぞれの母数効果のクラスコード
 int [] ipos=new int [NofFixed+1] ;     //混合モデル方程式の要素位置
 int i,j ;

 Noff[0]=-1 ;     //最初の母数効果のオフセット位置
 Noff[1]=Noff[0]+LevelF[0] ;  //次の要素のオフセット位置

 for(i=1;i<NofFixed;i++)
   Noff[i+1]=Noff[i]+LevelF[i]-1 ;     //2番目以降の母数効果のオフセット位置

 for(i=0;i<Ndim;i++)
```

```
{                //配列の初期化処理
  xty[i]=0.0 ;
  for(j=0;j<Ndim;j++)
  {
    mme[i][j]=0.0 ;
  }
}

try
{
  BufferedReader dtr=new BufferedReader(new FileReader("blupdata.txt")) ;
  String line ;
  String [] tmpdt=null ;

  while((line=dtr.readLine())!=null)
  {
    tmpdt=line.split(",") ;
    for(i=0;i<NofFixed;i++)
      FCode[i]=Integer.parseInt(tmpdt[i]) ;         //各母数効果のクラスIDの取得
    idc=Integer.parseInt(tmpdt[NofFixed]) ;         //個体IDの取得
    y=Double.parseDouble(tmpdt[NofFixed+1]) ;       //従属変数の値の取得

    for(i=0;i<NofFixed;i++)
    {
      if((FCode[i]<LevelF[i]) || (i==0))
        ipos[i]=FCode[i]+Noff[i] ;                  //要素位置の決定
      else
        ipos[i]=-1 ;                                //1次従属の要素の指定
    }
  ipos[NofFixed]=idc+Noff[NofFixed] ;               //評価個体の要素位置の指定
  for(i=0;i<=NofFixed;i++)
  {
    if(ipos[i]>-1)
    {
      mme[ipos[i]][ipos[i]]+=1 ;                    //対角要素の加算
      xty[ipos[i]]+=y ;
      for(j=i+1;j<=NofFixed;j++)
      {
        if(ipos[j]>-1)
        {                                           //非対角要素の加算
          mme[ipos[i]][ipos[j]]+=1 ;
          mme[ipos[j]][ipos[i]]+=1 ;
        }
      }
```

```
            }
          }
        }
        dtr.close() ;
      }
      catch (IOException e)
      {
        System.err.println(e) ;
      }
    }

public static void AddLamda()
{
  /*-----------------------------------------------------------
     混合モデル方程式の要素にA^-1λを加えるメソッド
  -------------------------------------------------------------*/
  int i,j ;
  int noffset= Noff[NofFixed] ;     //個体要素の位置の指定

  for(i=1;i<=Nanim;i++)
  {
    for(j=1;j<=Nanim;j++)
      mme[i+noffset][j+noffset]+=lamda*ainv[i][j] ;
  }
}

public static void Solver()
{
  /*------------------------------------------
    部分軸選択Gauss法による連立方程式の解
  --------------------------------------------*/
  int ir=0 ;
  int i,j,k ;
  int ip ;
  double amax ;
  double ak ;
  double tmp ;
  double alfa ;
  double s ;

  b=new double[Ndim] ;

  for(k=0;k<Ndim;k++)
  {                                        //前進消去過程
```

```
amax=Math.abs(mme[k][k]) ;
ip=k ;
for(i=k+1;i<Ndim;i++)
{
  ak=Math.abs(mme[i][k]) ;
  if(ak>amax)
  {
    amax=ak ;
    ip=i ;
  }
  }
  if(amax>0)
  {
    if(ip!=k)
    {
      for(j=k;j<Ndim;j++)
      {
        tmp=mme[k][j] ;
        mme[k][j]=mme[ip][j] ;
        mme[ip][j]=tmp ;
      }
      tmp=xty[k] ;
      xty[k]=xty[ip] ;
      xty[ip]=tmp ;
    }
    for(i=k+1;i<Ndim;i++)
    {
      alfa=-1.0*mme[i][k]/mme[k][k] ;
      for(j=k+1;j<Ndim;j++)
      {
        mme[i][j]+=alfa*mme[k][j] ;
      }
      xty[i]+=alfa*xty[k] ;
    }
  }
  else
    ir+=1 ;
}
if(ir==0)
{                                        //後退代入過程
  for(k=Ndim-1;k>=0;k--)
  {
    s=0 ;
    for(j=k+1;j<Ndim;j++)
```

```
        {
          s+=mme[k][j]*b[j] ;
        }
        b[k]=(xty[k]-s)/mme[k][k] ;
        }
      }
    }
  }
```

MTDFREMLプログラムは分子血縁係数行列の逆行列要素等を計算するためのmtdfnrm，データから混合モデル方程式を作成するmtdfprep，REML法による分散成分の推定およびBLUP値，BLUE値を計算するmtdfrunの三つの実行形式プログラムから構成されている．MTDFREMLプログラムを実行するためのデータセットとして，血統情報（個体，父，母および必要であれば遺伝的グループ）を記録したものと，分析用のデータセットを用意する．血統情報のデータセットでの個体，父，母のIDは世代の古いものほど小さな値を与えなければならない．必ずしも通番化しておく必要はないが，個体のIDは父，母のコードより大きな値でなければならない．また，個体，父，母のIDはいずれも一意なものでなければならない．個体，父，母のIDは1行ごとにホワイトスペース（半角空白，タブ等）で区切ったテキストファイルとして用意する．図F-1に実際に使用している血統情報のデータセットの一部を示した．

93505	298	36811
93506	298	21891
93507	297	36746
93508	1906	37036
93509	4063	35493
93510	298	35505

図F-1　血統情報のデータセット（一部抜粋）

分析用のデータセットは，整数項目を前半に，実数項目を後半に配置し，項目間をホワイトスペース（半角空白，タブ等）で区切る．図F-2に分析用データセットの例を示す．

93510	298	35505	1130	2701	1988	3	442708	729.	1023.	8.
93509	4063	35493	3775	2702	1988	3	442512	735.	1017.	9.
93508	1906	37036	5174	2701	1988	3	443907	642.	996.	9.
93507	297	36746	3553	2701	1988	3	442104	658.	940.	5.
93506	298	21891	6398	2701	1988	3	442100	710.	990.	3.
93505	298	36811	5418	2702	1988	1	442501	771.	1067.	4.

図F-2　分析用データセット（一部抜粋）

例として取り上げた分析用データセットは個体ID，父ID，母ID，母牛日齢，枝肉市場コード，と畜年度，性別，肥育農家コード（ここまでは整数項目），肥育日数，肥育終了時日齢，BMSナンバー（ここまで実数項目）から構成されている．

mtdfnrm，mtdfprep，mtdfrunはいずれもプログラム実行時に入力プロンプトが表示され，プログラムの実行に必要なパラメータを逐次キーボードより入力する方法がとられているが，あらかじめ入力すべきパラメータをテキストファイルで作成しておき，プログラム実行時にファイルからパラメータを与える方法を用いる方が便利である．それぞれのパラメータの与え方についての詳細はMTDFREMLプログラムに添付されているマニュアルに書かれているが，ここでは遺伝的グループを考慮せず，個体のBLUP値と母数効果のBLUE値のみを求める単形質REMLの場合についてパラメータファイルの例を示す．

• mtdfnrm 用パラメータファイル

図F-1に示した血統情報データセットの構造を参照して作成すると

0	→個体モデルなら0，母方祖父モデルなら1
99999999	→血統IDの最大値
0	→血統IDの最小値
mtreml.sq	→血統情報データセット名
1	→結果の表示フラグ（通常1）
3	→血統情報データセットに含まれる項目数
1	→個体IDの項目位置
2	→父IDの項目位置
3	→母IDの項目位置
0	→遺伝的グループの数（遺伝的グループを考慮しない場合は0）

• mtdfprep用パラメータファイル

図F-2に示した分析用データセットの構造を参照して作成すると

mtreml.data	→分析用データセット名
Example	→コメント（最大6行まで自由に記述できる）
*	→コメントの終端記号
8	→整数項目の数
3	→実数項目の数
1	→分析対象形質数（単形質の場合は1）

```
BMS            →分析対象形質名
3              →実数項目の中での分析対象形質の位置
0.0            →欠測値の指定
2              →共変量の数
肥育期間        →1番目の共変量の名前
1              →実数項目の中でのこの共変量の位置
2              →共変量の次数
肥育終了時日齢  →2番目の共変量についても同様に指定する
2
2
4              →母数効果の数
枝肉市場        →1番目の母数効果の名前
5              →整数項目の中でのこの母数効果の位置
1              →結果の表示フラグ（通常1）
と畜年度        →2番目以降の母数効果についても同じパターンで指定する
6
1
性別
7
1
肥育農家
8
1
1              →整数項目の中での個体コードの位置
105873         →分子血縁係数行列の逆行列に含まれる個体数
0              →母性効果を考慮しない場合は0
0              →共通環境の効果を考慮しない場合は0
1              →結果の表示フラグ（通常1）
```

mtdfrun 用パラメータファイル

mtdfrun は REML による分散成分の推定と混合モデル方程式の解（BLUP 値および BLUE 値）を求める処理で，パラメータファイルの構成が異なる．どちらの処理を行うかは Run オプションで選択する（Run オプションが 1 なら REML による分散成分の推定，4 なら混合モデル方程式の解（BLUP 値および BLUE 値）を求める処理となる）．

a）REML による分散成分の推定用パラメータファイル

```
Variance estimation      →コメント（最大6行まで自由に記述できる）
*                        →コメントの終端記号
0                        →計算フラグ（通常0とする）
1                        →Runオプション（REMLの場合1）
0                        →計算時の制約設定フラグ（通常0とする）
0                        →MMEのreordering（通常0とする）
1   2.992017271245       →相加的遺伝分散の初期値
0 0.0                    →単形質ならこのように0　0.0とする
1                        →出力フラグ（通常1とする）
0                        →計算時の制約設定フラグ（通常0とする）
1   2.1011180018330      →残差分散の初期値
0 0.0                    →単形質ならこのように0　0.0とする
1                        →出力フラグ（通常0とする）
0                        →計算時の制約設定フラグ（通常0とする）
1                        →出力フラグ（通常1とする）
1                        →出力フラグ（通常1とする）
1                        →出力フラグ（通常1とする）
1.0e-4                   →収束条件
1000                     →反復回数の最大値
```

REML 法を用いた分散・共分散成分の推定（mtdfrun のオプション 1）では，反復解法を用いて計算を行う．その際の収束条件として上記のように 1.0×10^{-4} 程度の緩い収束条件で一旦収束解を求め，さらに得られた収束解を初期値として 1.0×10^{-8} 程度の収束条件で再度計算する方がよい．なお，それぞれの収束条件での収束解は mtdfrun を 1 回実行するごとに MTDF4（テキストファイル）に出力される．このファイルに出力された収束解を初期値として再度 mtdfrun を実行し，収束解が変化しなくなった状態で指定した収束条件での収束解としている．結局，最低でも 2 回は mtdfrun を実行する必要がある．Linux，Unix の処理系であればシェルスクリプト，Windows の処理系であればバッチジョブなどを用意しておくと，これら一連の計算を収束するまで繰り返すことが可能である．

以下に Windows の処理系（コマンドプロンプト）で実行可能なバッチジョブの例を示す．

```
rem MTDFRUNの実行用バッチジョブ
```

```
@echo off
set /A tcount=1
:loop
echo %tcount% 回目のMTDFRUNの実行
mtdfrun.exe<MTDF5>runlist.txt
fc MTDF4 MTDF5 | find "相違点は検出されませんでした" >null
if errorlevel 1 (goto inccnt) else (goto endjob)
rem 再度MTDFRUNを実行
:inccnt
  set /A tcount=tcount+1
  copy MTDF4 MTDF5 > null
  goto loop
rem MTDFRUNの終了
:endjob
  echo %tcount% 回目で収束し，MTDFRUNは終了しました
pause
exit
```

この例では，パラメータファイルとして MTDF5 を用意している．一回の mtdfrun の実行が終了した時点で，出力される MTDF4 ファイルとパラメータファイル MTDF5 を fc コマンドを利用して比較し，収束解の一致をチェックするようにしている．

b）BLUP，BLUE 推定用パラメータファイル

```
MME   Solution            →コメント（最大6行まで自由に記述できる）
*                         →コメントの終端記号
0                         →計算フラグ（通常0とする）
4                         →Runオプション（BLUP, BLUEを求める場合4）
0                         →計算時の制約設定フラグ（通常0とする）
1                         →MMEのreordering（通常1とする）
1    2.992017271245       →相加的遺伝分散の推定値
0 0.0                     →単形質ならこのように0  0.0とする
1                         →出力フラグ（通常1とする）
0                         →計算時の制約設定フラグ（通常0とする）
1    2.1011180018330      →残差分散の推定値
0 0.0                     →単形質ならこのように0  0.0とする
```

1　　　　　　　　　　　→出力フラグ（通常0とする）
0　　　　　　　　　　　→計算時の制約設定フラグ（通常0とする）
1
1
0
0
0
1
（上記8項目：これらの項目については，このような設定でよい）
497　　　　　　　　　　→MMEでの個体の先頭要素位置
106369　　　　　　　　 →MMEでの個体の最後の要素位置
1
1
0
（上記3項目：これらの項目についてはこのような設定でよい）

BLUP, BLUE の推定（mtdfrun のオプション 4）は mtdfrun のオプション 1 で求めた分散・共分散成分の推定値を用いて MME の解を求める処理となる．これは 1 回実行するだけでよい．

なお，mtdfnrm の計算結果は MTDF56 に，mtdfprep の計算結果は MTDF66 にそれぞれ出力される．mtdfrun の計算結果は，MTDF76 に計算ログとして出力される他，MTDF77 に BLUE 値の推定結果，MTDF78, MTDF72 に BLUP 値の推定結果が出力される．これらはいずれもテキスト形式のファイルである．

参考文献

Abdel-Azim, G. and Freeman, A.E. (2001) A rapid method for computing the inverse of the gametic covariance matrix between relatives for a marked Quantitative Trait Locus. *Genet. Sel. Evol.,* 33 : 153–173.

Akaike, H. (1973) Information theory and an extension of the maximum likelihood principle. In : *Proc. 2nd Int. Symp. Information Theory* (Petroc, B. N. and Csaki, F., eds.), Akademiai Kiado, Budapest, Hungary.

Akaike, H. (1974) A new look at the statistical model identification. *IEEE Transaction on Automatic Control,* AC-19 : 716–723.

Almasy, L. and Blangero, J. (1998) Multipoint quantitative-trait linkage analysis in general pedigrees. *Amer. J. Hum. Genet.,* 62 : 1198–1211.

Ashida, I. and Iwaisaki, H. (1999) An expression for average information matrix for a mixed linear multi-component of variance model and REML iteration equations. *Anim. Sci. J.,* 70 : 282–289.

Bayes, T. (1763) An essay towards solving a problem in the doctrine of chances. *Phil. Trans.,* 53 : 370–418.

Becker, W.A. (1985) *Manual of Quantitative Genetics.* 4th edn. Academic Enterprise, Washington.

Bernardo, R. (1993) Estimation of coefficient of coancestry using molecular markers in maize. *Theor. Appl. Genet.,* 85 : 1055–1062.

Bernardo, R. (1994) Prediction of maize single-cross performance using RFLPs and information from related hybrids. *Crop Sci.,* 34 : 20–25.

Bink, M.C.A.M., Janss, L.L.G. and Quaas, R.L. (2000) Markov Chain Monte Carlo for mapping a quantitative trait locus in outbred populations. *Genet. Res., Camb.,* 75 : 231– 241.

Blair, H.T. and Pollak, E.J. (1984) Estimation of genetic trend in a selected population with and without the use of a control population. *J.Anim.Sci.,* 58 : 878–886.

Blasco, A. (2001) The Bayesian controversy in animal breeding. *J. Anim. Sci.,* 79 : 2023–2046.

Boldman, K.G. and Van Vleck, L.D. (1991) Derivative-free restricted maximum likelihood estimation in animal models with a sparse matrix solver. *J. Dairy Sci.,* 74 : 4337–4343.

Boldman, K.G., Kriese, L.A., Van Vleck, L.D., Van Tassell, C.P. and Kachman, S.D. (1995) *A Manual for Use of MTDEFREML : A Set of Programs to Obtain Estimates of Variances and Covariances* [*DRAFT*]. USDA, Agricultural Research Service, Washington, D.C..

Borralho, N.M.G. (1995) The impact of individual tree mixed models (BLUP) in tree breeding strategies. In : *Proc. CRC-IUFRO Conf. Eucalypt Plantations : Improving Fibre Yield and Quality,* pp.141–145.

Borralho, N.M.G., Cotterill, P.P. and Kanowski, P.J. (1992) Genetic control of growth of *Eucalyptus globules* in Portugal II. Efficiencies of early selection. *Silvae Genetica,* 41 : 70–77.

Brascamp, E. W. (1984) Selection indices with constraints. *Anim. Breed. Abstr.,* 52 : 645–654.

Bulmer, M.G. (1980) *The Mathematical Theory of Quantitative Genetics*. Clarendon Press, Oxford.

Caballero, A. (1994) Developments in the prediction of effective population size. *Heredity,* 73 : 657-679.

Caballero, A., Santiago, E. and Toro, M.A. (1996) Systems of mating to reduce inbreeding in selected populations. *Anim. Sci.,* 62 : 431-442.

Cantet, R.J.C. and Smith, C. (1991) Reduced animal model for marker assisted selection using best linear unbiased prediction. *Genet. Sel. Evol.,* 23 : 221-233.

Clayton, D. and Kaldor, J. (1987) Empirical Bayes estimates of age-standardized relative risks for use in disease mapping. *Biometrics,* 43 : 671-681.

Colleau, J.-J. (2002) An indirect approach to the extensive calculation of relationship coefficients. *Genet. Sel. Evol.,* 34 : 409-421.

Cotterill, P.P. (1986) Genetic gains from alternative breeding strategies including simple low cost options. *Silvae Genetica,* 35 : 212-223.

Cowles, M.K. and Carlin, B.P. (1996) Markov Chain Monte Carlo convergence diagnostic : a comparative review. *J. Amer. Stat. Assoc.,* 91 : 883-904.

Crandell, P.A. and Gall, G.A.E. (1993a) The effect of sex on heritability estimates of body weight determined from data on individually tagged rainbow trout (*Oncorhynchus mykiss*). *Aquaculture,* 113 : 47- 55.

Crandell, P.A. and Gall, G.A.E. (1993b) The genetics of body weight and its effect on early maturity based on individually tagged rainbow trout (*Oncorhynchus mykiss*). *Aquaculture,* 117 : 77-93.

Crandell, P.A. and Gall, G.A.E. (1993c) The genetics of age and weight at sexual maturity based on individually tagged rainbow trout (*Oncorhynchus mykiss*). *Aquaculture,* 117 : 95-105.

Crow, J.F. and Kimura, M. (1970) *An Introduction to Population Genetic Theory*. Harper and Row, New York.

Cunningham, E.P., Moen, R.A. and Gjedrem, T. (1970) Restriction of selection indexes. *Biometrics,* 26 : 67-74.

Davis, S., Schroeder, M., Goldin, L.R. and Weeks, D. (1996) Nonparametric simulation-based statistics for detecting linkage in general pedigrees. *Amer. J. Hum. Genet.,* 58 : 867-880.

De Boer, I.J.M. and Hoeschele, I. (1993) Genetic evaluation methods for populations with dominance and inbreeding. *Theor. Appl. Genet.,* 86 : 245-258.

Dempster, A.P., Laird, N.M. and Rubin, D. B. (1977) Maximum likelihood from incomplete data via the EM algorithm. *J. R. Stat. Soc.* B., 39 : 1-38.

Díaz, C., Toro, M.A. and Rekaya, R. (1999) Comparison of restricted selection strategies : an application to selection of cashmere goats. *Livest. Prod. Sci.,* 60 : 89-99.

Everett, R.W., Quaas, R.L. and McClintock, A.E. (1979) Daughter's maternal grandsires in sire evaluation. *J. Dairy Sci.,* 62 : 1304-1313.

Falconer, D.S. and Mackay, T.F.C. (1996) *Introduction to Quantitative Genetics.* 4th edn. Longman, Harlow.

Fernando, R.L. (2003) Statistical issues in marker assisted selection. In : *Proc. Beef Improvement Federation 8th Genetic Prediction Workshop : Molecular approaches to*

genetic improvement, pp.101-108, Kansas City, Missouri.
Fernando, R.L. and Grossman, M. (1989) Marker-assisted selection using best linear unbiased prediction. *Genet. Sel. Evol.,* 21 : 467-477.
Fisher, R.A. (1925) *Statistical methods for research workers.* Oliver and Boyd, Edinburgh.
Fitzmaurice, G.M., Laird, N.M. and Ware, J.H. (2004) *Applied Longitudinal Analysis.* Wiley-Interscience, New York.
Gall, G.A.E., Bakar, Y. and Famula, T. (1993) Estimating genetic change from selection. *Aquaculture,* 111 : 75-88.
Gall, G.A.E. and Bakar, Y. (2002) Application of mixed-model techniques to fish breeding improvement : analysis of breeding-value selection to increase 98-day body weight in tilapia. *Aquaculture,* 212 : 93-113.
Gallardo, J.A., Garcia, X., Lhorente, J.P. and Neira, R. (2004a) Inbreeding and inbreeding depression of female reproductive traits in two populations of Coho salmon selected using BLUP predictors of breeding values. *Aquaculture,* 234 : 111-122.
Gallardo, J.A., Lhorente, J.P., Garcia, X. and Neira, R. (2004b) Effect of nonrandom mating schemes to delay the inbreeding accumulation in cultured populations of coho salmon (*Oncorhynchus kisutch*). *Can. J. Fish. Aquatic Sci.,* 61 : 547-553.
Gelman, A., Carlin, J.B. and Rubin, D.B. (2003) *Bayesian Data Analysis.* 2nd edn. Chapman and Hall, London.
Geman, S. and Geman, D. (1984) Stochastic relaxation, Gibbs distributions, and the Bayesian restoration of images. *IEEE Trans. Pattern Anal. Machine Intell.,* 6 : 721-741.
Gianola, D. and Fernando, R.L. (1986) Bayesian methods in animal breeding theory. *J. Anim. Sci.,* 63 : 217-244.
Gilks, W.R., Clayton, D.G., Spiegelhalter, D.J., Best, N.G., McNeil, A.J., Sharples, L.D. and Kirby, A.J. (1993) Modelling complexity : application of Gibbs sampling in medicine. *J. R. Statist. Soc. B.,* 55 : 39-52.
Goddard, M.E. (1992) A mixed model for analyses of data on multiple genetic markers. *Theor. Appl. Genet.,* 83 : 878-886.
Goldgar, D.E. (1990) Multipoint analysis of human quantitative variation. *Amer. J. Hum. Genet.,* 47 : 957-967.
Graser, H.U., Smith, S.P. and Tier, B. (1987) A derivative-free approach for estimating variance components in animal models by restricted maximum likelihood. *J. Anim. Sci.,* 64 : 1362-1370.
Grignola, F.E., Hoeschele, I. and Tier,B. (1996) Mapping quantitative trait loci in outcross populations via residual maximum likelihood. Ⅰ. Methodology. *Genet. Sel. Evol.,* 28 : 479-490.
Groen, A.F. (1988) Derivation economic values in cattle breeding. A model at farm level. *Agric. Syst.,* 27 : 195-213.
Grundy, B., Caballero, A., Santiago, E. and Hill, W.G. (1994) A note on using biased parameter values and non-random mating to reduce rates of inbreeding in selection programmes. *Anim. Prod.,* 59 : 465-468.
Grundy, B., Luo, Z.W., Villanueva, B. and Woolliams, J.A. (1998) The use of Medelian indices to reduce the rate of inbreeding in selection programmes. *J. Anim. Breed.*

Genet., 115 : 39-51.
Guo, S.W. (1995) Proportion of genome shared identical by descent by relatives : concept, computation, and applications. *Amer. J. Hum. Genet.,* 56 : 1468-1476.
Haldane, J.B.S. (1919) The combination of linkage values and the calculation of distances between the loci of linked factors. *J. Genet.,* 8 : 299-309.
Harvey, W.R. (1960) *Least-squares analysis of data with unequal subclass numbers.* ARS20-8. USDA, Beltsville. Maryland.
Harvey, W.R. (1991) Symposium : the legacy of C.R.Henderson personal remembrances and introduction to symposium. *J. Dairy Sci.,* 74 : 4033-4034.
Harville, D.A. (1975) Index selection with proportionality constrains. *Biometrics,* 31 : 223-225.
Hazel, L.N. (1943) The genetic basis for constructing selection indexes. *Genetics,* 28 : 476-490.
Henderson, C.R. (1949) Estimation of changes in herd environment. *J. Dairy Sci.,* 32 : 706 (Abstr.)
Henderson, C.R. (1950) Estimatin of genetic parameters. *Ann. Math. Stat.,* 21 : 309-310.
Henderson, C.R. (1953) Estimation of variance and covariance components. *Biometrics,* 9 : 226-252.
Henderson, C.R. (1963) Selection index and expected genetic advance. In : *Statistical Genetics and Plant Breeding* (Hanson, W.D. and Robinson, H.F., eds.), pp.141-163, NAS-NRC 982, Washington D.C..
Henderson, C.R. (1973) Sire evaluation and genetic trends. In : *Proc. Animal Breeding and Genetics Sym. in Honor of Dr. Jay L. Lush,* pp.10-41, A.S.A.S. and A.D.S.A., Champaign, Illinois.
Henderson, C.R. (1975a) Best linear unbiased estimation and prediction under a selection model. *Biometrics,* 31 : 423-447.
Henderson, C.R. (1975b) Use of all relatives in intraherd prediction of breeding values and producing abilities. *J. Dairy Sci.,* 58 : 1910-1916.
Henderson, C.R. (1976a) A simple method for computing the inverse of a numerator relationship matrix used in prediction of breeding values. *Biometrics,* 32 : 69-83.
Henderson, C.R. (1976b) Inverse of a matrix of relationships due to sires and maternal grandsires in a inbred population. *J. Dairy Sci.,* 59 : 1585-1588.
Henderson, C.R. (1977) Prediction of future records. In : *Proc. Int. Conf. on Quantitative Genetics* (Pollak, E.J., Kempthone, O. and Bailey, T.B., eds.), pp.615-638, Iowa State Univ. Press, Ames, Iowa, USA.
Henderson, C.R. (1984) *Application of Linear Models in Animal Breeding,* Univ. of Guelph, Guelph, Ontario.
Henderson, C.R. (1985) Equivalent linear models to reduce computations. *J.Dairy Sci.,* 68 : 2267-2277.
Henderson, C.R. (1988) Theoretical basis and computational methods for a number of different animal breeding models. In : *Proc. Animal Model Workshop* (Schmidt G.H., ed.)*, Edmondson, Canada.*
Henderson, C. R. Jr (1982) Analysis of covariance in the mixed model : higher-level, nonhomogeneous, and random regressions. *Biometrics*, 38 : 623-640.

Henderson, C.R., Carter, H.W. and Godfrey, J.T. (1954) Use of contemporary herd average in appraising progeny tests of dairy bulls. *J. Anim. Sci.,* 13 : 949.
Henderson, C.R., Kempthorne, O., Searle, S.R. and von Krosigk, C.M. (1959) The estimation of environmental and genetic trends from records subject to culling. *Biometrics,* 15 : 192-218.
Hill, W.G. (1979) A note on effective population size with overlapping generations. *Genetics,* 92 : 317-322.
Hill, W.G. (1985) Effects of population size on response to short and long term selections. *J. Anim. Breed. Genet.,* 102 : 161-173.
Hintz, R.L., Everett, R.W. and Van Vleck, L.D. (1978) Estimation of genetic trends from cow and sire evaluations. *J. Dairy Sci.*, 61 : 607-613.
Hirooka, H., Groen, A. F. and Hillers, J. (1998) Developing breeding objectives for beef cattle production. 2. Biological and economic values of growth and carcass traits in Japan. *Anim. Sci.,* 66 : 623-633.
広岡博之・松本道夫 (1996) 利益に基づく褐毛和種の選抜法の比較. *日畜会報*, 67 : 886-892.
広岡博之・野村哲郎・松本道夫 (1995) 期待後代差に基づく褐毛和種の選抜方法に関する検討, *日畜会報*, 66 : 533-539.
Hirooka, H. and Sasaki, Y. (1998) Derivation of economic weights for carcass traits in Japanese Black cattle from field records. *J. Anim. Breed. Genet.,* 115 : 27-37.
Hoeschele, I. (1993) Elimination of quantitative trait loci equations in an animal model incorporating genetic marker data. *J. Dairy Sci.,* 76 : 1693-1713.
Huang, H., Harding, J., Byrne, T. and Famula, T. (1995) Estimation of long-term genetic improvement for garbera using the best linear unbiased prediction (BLUP) procedure. *Ther. Appl. Genet.,* 91 : 790-794.
ICH harmonized tripartite guideline (1998) International conference on harmonization of technical requirements for registration of pharmaceuticals for human use. *Statistical Principles for Clinical Trials.*
Ieiri, S., Nomura, T., Hirooka, H. and Satoh, M. (2004) A comparison of restricted selection procedures to control genetic gains. *J. Anim. Breed. Genet.,* 121 : 90-100.
池田敏雄 編 (1974) *電子計算機概論－計算機システムと情報処理－第2版*. オーム社, 東京.
Itoh, Y. and Iwaisaki, H. (1990) Restricted best linear unbiased prediction using canonical transformation. *Genet. Sel. Evol.,* 22 : 339-347.
伊藤要二・佐々木義之 (1985) 枝肉市場成績を用いた種雄牛評価に対する母方祖父の影響, *日畜会報*, 56 : 619-623.
Iwaisaki, H. and Saito, S. (2000) A REML procedure for QTL interval mapping and variance components estimation using an EM-type algorithm. *2000年度日本計量生物学会・日本応用統計学会予稿集*, pp.47-52.
James, J.W. (1968) Index selection with restrictions. *Biometrics,* 24 : 1015-1018.
James, J.W. (1972) Optimum selection intensity in breeding programmes. *Anim. Prod.,* 14 : 1-9.
Jarvis, S.F., Borralho, N.M.G. and Potts, B.M. (1995) *Proc. CRC-IUFRO Conf. Eucalypt Plantations : Improving Fibre Yield and Quality,* pp.212-216.
Jensen, E.L. (1980) Bull groups and relationships among sires in best linear unbiased prediction sire evaluation models. *J. Dairy Sci.,* 63 : 2111-2120.

Jensen, J., Mantysaari, E.A., Madsen, P. and Thompson, R. (1996) Residual maximum likelihood estimation of (co) variance components in multivariate mixed linear models using average information. *J. Indian Soc. Ag. Statistics,* 215-236.

Johnson, D.L. and Thompson, R. (1995) Restricted maximum likelihood estimation of variance components for univariate animal models using sparse matrix techniques and average information. *J. Dairy Sci.,* 78 : 449-456.

Johnson, V.E. (1996) Studying convergence of Markov Chain Monte Carlo algorithms using coupled sample paths. *J. Amer. Stat. Assoc.,* 91 : 154-166.

Kass, R.E. and Wasserman, L. (1996) A reference Bayesian test for nested hypotheses and its relationship to the Schwarz Criterion. *J. Amer. Stat. Assoc.,* 90 : 928-934.

Kause, A., Ritola, O., Paananen, T., Wahlroos, H. and Mäntysaari, E.A. (2005) Genetic trends in growth, sexual maturity and skeletal deformations, and rate of inbreeding in a breeding programme for rainbow trout (*Oncorhynchus mykiss*). *Aquaculture,* 247 : 177-187.

Kempthorne, O. and Nordskog, A.W. (1959) Restricted selection indices. *Biometrics,* 15 : 10-19.

Kennedy, B.W. and Moxley, J.E. (1975) Comparison of genetic group and relationship methods for mixed model sire evaluation. *J. Dairy Sci.,* 58 : 1507-1514.

Kerr, R.J., Dutkowski, G.W., Apiolaza, L.A., MacRae, T.A. and Tier, B. (2002) Developing a genetic evaluation system for forest tree improvement — The making of TREE-PLAN. In : *Proc. 7th World Cong. Genet. Appl. Livest. Prod.,* 20 : 581-584.

木村資生 (1960) *集団遺伝学概論*. 培風館，東京.

Kimura, M. and Crow, J.F. (1963) The measurement of effective population number. *Evolution,* 17 : 279-289.

Koshikawa, S., Akizawa, T., Kurokawa, K., Marumo, F., Sakai, O., Arakawa, M., Morii, H., Seino, Y., Ogata, E., Ohashi, Y., Akiba, T., Tsukamoto, Y. and Suzuki, M. (2002) Clinical effect of intravenous calcitriol administration on secondary hyperparathyroidism. A double-blind study among 4 doses. *Nephron,* 90 : 413-423.

Lander, E.S. and Botstein, D. (1989) Mapping Mendelian factors underlying quantitative traits using RFLP linkage maps. *Genetics,* 121 : 185-199.

Latter, B.D.H. (1959) Genetic sampling in a random mating population of constant size and sex ratio. *Aust. J. Biol. Sci.,* 12 : 500-505.

Liu, Z., Reinhardt, F., Bünger, A., Dopp, L. and Reents, R. (2001) Application of a random regression model to genetic evaluations of test day yields and somatic cell scores in dairy cattle. *Interbull Bull.,* 27 : 159-166.

Liu, Y., Jansen, G.B. and Lin, C.Y. (2002) The covariance between relatives conditional on genetic markers. *Genet. Sel. Evol.,* 34 : 657-678.

Lush, J.L. (1945) *Animal Breeding Plans. 3rd edn.* pp.170-179, Iowa State College Press, Ames, Iowa, USA.

Mallard, J. (1972) La theorie et la calcul des index de selection avec restrictions : synthese critique. *Biometrics,* 28 : 713-735.

Martinetz, V., Neira, R. and Gall, G.A.E. (1999) Estimation of genetic parameters from pedigreed populations : lessons from analysis of alvein weight in Coho salmon (*Oncorhynchus kisutch*). *Aquaculture,* 180 : 223-236.

Matsuda, H. and Iwaisaki, H. (1998) A mixed linear model for best linear unbiased prediction of additive and dominance effects using information of markers flanking a cluster of quantitative trait loci. In : *Proc. 8th World Conference on Animal Production,* II : 594-595.

Matsuda, H. and Iwaisaki, H. (2000) Best linear unbiased prediction of QTL-cluster effects using flanking and upstream marker information in outbred populations. *Jpn. J. Biometrics,* 21 : 39-49.

Matsuda, H. and Iwaisaki, H. (2001) A mixed model method to predict QTL-cluster effects using trait and marker information in a multi-group population. *Genes Genet. Syst.,* 76 : 81-88.

Matsuda, H. and Iwaisaki, H. (2002a) A recursive procedure to compute the gametic relationship matrix and its inverse for marked QTL clusters. *Genes Genet. Syst.,* 77 : 123-130.

Matsuda, H. and Iwaisaki, H. (2002b) The genetic variance for multiple linked quantitative trait loci conditional on marker information in a crossed population. *Heredity,* 88 : 2-7.

Matsuda, H. and Iwaisaki, H. (2002c) Prediction of additive genetic effects for the QTL-cluster on the basis of data on surrounding markers in outbred populations. *J. Appl. Genet.,* 43 : 193-207.

松山　裕 (2004) 経時観察研究における欠測データの解析. *計量生物学*, 25 : 89-116.

Matsuyama, Y., Sakamoto, J. and Ohashi, Y. (1998) A Bayesian hierarchical survival model for the institutional effects in a multicenter cancer clinical trial. *Statist. Med.,* 17 : 1893-1908.

松山　裕・山口拓洋 編訳 (2001) *医学統計のための線型混合モデル－SASによるアプローチ－* (*Linear Mixed Models in Practice－A SAS－Oriented Approach* (Verbeke, G. and Malenberghs, G., eds., Springer-Verlag New York, Inc., 1997). (株)サイエンティスト社, 東京.

McLean, R.A., Sanders, W.L. and Stroup, W.W. (1991) A unified approach to mixed linear model. *The American Statistician,* 45 : 54-64.

Meuwissen, T.H.E. and Luo, Z. (1992) Computing inbreeding coefficients in large populations. *Genet. Sel. Evol.,* 24 : 305-313.

Meuwissen, T.H.E. and Goddard, M.E. (1996) The use of marker haplotypes in animal breeding schemes. *Genet. Sel. Evol.,* 28 : 161-176.

Meuwissen, T.H.E. and Goddard, M.E. (1997) Estimation of effects of quantitative trait loci in large complex pedigrees. *Genetics,* 146 : 409-416.

Meuwissen, T.H.E. and Goddard, M.E. (2000) Fine mapping of quantitative trait loci using linkage disequilibria with closely linked marker loci. *Genetics*, 155 : 421-430.

Meuwissen, T.H.E. and Goddard, M.E. (2001) Prediction of identity by descent probabilities from marker-haplotypes. *Genet. Sel. Evol*., 33 : 605-634.

Meyer, K. (1988) *DFREML program to estimate variance components for individual animal models by restricted maximum likelihood* (*REML*) : *User Notes.* Inst. Animal Genetics, Edinburgh University, Scotland.

Meyer, K. (1989) Restricted maximum likelihood to estimate variance components for animal models with several random effects using a derivative-free algorithm. *Genet.*

Sel. Evol., 21 : 317-340.
Misztal, I., Tsuruta, S., Strabel, T., Auvray, B., Druet, T. and Lee, D. (2002) BLUPF90 and related programs (BGF90). In : *Proc. 7th World Congr. Genet. Appl. Livest. Prod.,* Montpellier, France, CD-ROM Communication, 28 : 7.
三宅　武・守屋和幸・佐々木義之 (1995) BLUP 法による屠肉性に関する種雄牛評価のための最適モデルの選択. *日畜会報*, 66 : 259-266.
Moriya, K., Takayanagi, S. and Sasaki, Y. (1998) GLMTEST-Programs for hypothesis test of fixed effects in mixed model. In : *Proc. 6th World Congr. Genet. Appl. Livest. Prod., Armidale.,* Australia, 27 : 469-470.
Morris, A.J. and Pollott, G.E. (1997) Comparison of selection based on phenotypic selection index and best linear unbiased prediction using data from a closed broiler line. *Brit. Poultry Sci.,* 38 : 249-254.
Nakaoka, H., Ibi, T., Sasae, Y. and Sasaki, Y. (2004) Evaluation of degree and amount of heterogeneous variance for carcass weight in Japanese Black cattle. In : *Proc. 29th International Conference on Animal Genetics*, pp. 50, Tokyo, Japan.
Nakazato, H., Koike, A., Saji, S., Ogawa, N. and Sakamoto, J., (1994) Efficacy of immunochemotherapy as adjuvant treatment after curative resection of gastric cancer. Study group of immunochemotherapy with PSK for gastric cancer. *Lancet,* 343 : 1122-1126.
Nicholas, F. (1980) Size of population required for artificial selection. *Genet. Res., Camb*., 35 : 85- 105.
Nicholas, F. (1987) *Veterinary Genetics.* Clarendon Press, Oxford.
日本中央競馬会編 (1976) *競馬百科.* みんと.
野村哲郎 (1988) 血統分析による黒毛和種の集団構造に関する研究. *京都大学学位論文*.
Nomura, T. (1998) Effective population size and inbreeding under selection. In : *Genetic Diversity and Conservation of Animal Genetic Resources* (Oono, K., ed.), pp.5-24, MAFF, National Institute of Agrobiological Resources, Tsukuba.
Nomura, T. (1999a) On the methods for predicting the effective size of populations under selection. *Heredity,* 83 : 485-489.
Nomura, T. (1999b) A mating system to reduce inbreeding in selection programmes : theoretical basis and modification of compensatory mating. *J. Anim. Breed. Genet.,* 116 : 351-361.
Nomura, T. (2005) Developments in prediction theories of the effective size of populations under selection. *Anim. Sci. J.,* 78 : 87-96.
Nomura, T., Honda, T. and Mukai, F. (2006) Monitoring and preservation of genetic diversity in livestock breeds : a case study of the Japanese Black cattle population. *Current Topics in Genetics* (in press).
Nomura, T., Mukai, F. and Yamamoto, A. (1999) Prediction of response and inbreeding under selection based on best linear unbiased prediction in closed broiler lines. *Anim. Sci. J.,* 70 : 273-281.
野村哲郎・佐々木義之 (1988) 多変量解析による黒毛和種集団の遺伝的分化に関する研究. *日畜会報*, 59 : 952-960.
小谷　基・中岡博史・成田　暁・揖斐隆之・佐々江洋太郎・佐々木義之 (2004) 黒毛和種における全国的な種牛評価の可能性および数学モデルに関する研究. *日畜会報*, 75 : 353-361.

Oki, H., Sasaki, Y. and Willham, R.L. (1994) Genetics of racing performance in the Japanese Thoroughbred horse. II. Environmental variation of racing time on turf and dirt tracks and the influence of sex, age, and weight carried on racing time. *J. Anim. Breed. Genet.,* 111 : 128-137.
Oki, H., Sasaki, Y. and Willham, R.L. (1995a) Genetic parameter estimates for racing time by restricted maximum likelihood in the Thoroughbred horse of Japan. *J. Anim. Breed. Genet.,* 112 : 146-150.
Oki, H., Sasaki, Y., Lin, C.Y. and Willham, R.L. (1995b) Influence of jockeys on racing time in Thoroughbred horses. *J. Anim. Breed. Genet.,* 112 : 171-175.
Oki, H., Sasaki, Y. and Willham, R.L. (1997) Estimation of genetic correlations between racing times recorded at different racing distances by restricted maximum likelihood in Thoroughbred racehorses. *J. Anim. Breed. Genet.,* 114 : 185-189.
Oki, H. and Sasaki, Y. (1996) Estimation of genetic trend in racing time of Thoroughbred horses in Japan. *Anim. Sci. Technol.,* 67 : 120-124.
大庭喜八郎・勝田　柾 (1991) *林木育種学：現代の林学*・5. 文永堂出版，東京.
Pagnacco, G. and Jansen, G.B. (2001) Use of marker haplotypes to refine covariances among relatives for breeding value estimation. *J. Anim. Breed. Genet.,* 118 : 69-82.
Patterson, H.D. and Thompson, R. (1971) Recovery of inter-block information when block sizes are unequal. *Biometrika,* 58 : 545-554.
Perez-Enciso, M., Misztal, I. and Elzo, M.A. (1994) FSPAK : an interface for public domain sparse matrix subroutines. In : *Proc. 5th* World Congr.Genet. Appl. Livest. Prod., Guelph, Canada, 22 : 87-88.
Pesek, J. and Baker, R.J. (1969) Desired improvement in relation to selection indices. *Can. J. Plant Sci.,* 49 : 803-804.
Pinheiro, J.C. and Bates, D.M. (1995) Approximations to the log-likelihood function in the nonlinear mixed-effects model. *J. Comput. Graphical. Stat.,* 4 : 12-35.
Pirchner, F. (1983) *Population Genetics and Animal Breeding.* Plenum Press, New York.
Quaas, R.L. (1976) Computing the diagonal elements of a large numerator relationship matrix. *Biometrics,* 32 : 949-953.
Quaas, R.L., Eerett, R.W. and McClintock, A.C. (1979) Maternal grandsire model for dairy sire evaluation. *J. Dairy Sci.,* 62 : 1648-1654.
Quaas, R.L. and Henderson, C.R. (1976) Restricted best linear unbiased prediction of breeding values. *Mimeo.* pp.1-14, *Cornell Univ.,* Ithaca, NY.
Quaas, R.L. and Pollak, E.J. (1980) Mixed model methodology for farm and ranch beef cattle testing programs. *J. Anim. Sci.,* 51 : 1277-1287.
Quinton, C.D., McMillan, I. and Glebe, B.D. (2005) Development of an Atlantic salmon (*Salmo salar*) genetic improvement program : genetic parameters of harvest body weight and carcass quality traits estimated with animal models. *Aquaculture,* 247 : 211-217.
Quinton, M., Smith, C. and Goddard, M.E. (1992) Comparison of selection methods at the same level of inbreeding. *J. Anim. Sci.,* 70 : 1060-1067.
Rao, C.R. (1965) *Linear Statistical Inference and Its Applications.* pp.220-221, John Wiley & Sons, Inc., New York.
Robertson, A. (1960) A theory of limits in artificial selection. *Proc. R. Soc. London* B, 153 :

234-249.
Robertson, A. (1961) Inbreeding in artificial selection programmes. *Genet. Res., Camb.*, 2 : 189- 194.
Robertson, A. (1970) Some optimal problems in artificial selection. *Theor. Pop. Biol.,* 1 : 120-127.
Robertson, A. and Rendel, J.M. (1954) The performance of heifers got by artificial insemination. *J. Agric. Sci., Camb.,* 44 : 184-192.
Robinson, G.K. (1991) That BLUP is a good thing : the esitimation of random effects. *Statist.Sci.,* 6 : 15-51.
Rothman, K.J. and Greenland, S. (1998) *Modern Epidemiology.* 2nd edn. Lippincott-Raven, Philadelphia.
Rotthoff, R.F. and Roy, S.N. (1964) A generalized multivariate analysis of variance model useful especially for growth curve ploblems. *Biometrika,* 51 : 313-326.
Ruane, J. and Colleau, J.-J. (1995) Marker assisted selection for genetic improvement of animal populations when a single QTL is marked. *Genet. Res., Camb.*, 66 : 71-83.
Rutten, M.J., Marc,J., Komen, H. and Bovenhuis, H. (2005) Longitudinal genetic analysis of Nile tilapia (*Oreochromis niloticus* L.) body weight using a random regression model. *Aquaculture,* 246 : 101−113.
Saito, S. and Iwaisaki, H. (1996) A reduced animal model with elimination of quantitative trait loci equations for marker-assisted selection. *Genet. Sel. Evol.,* 28 : 465-477.
Saito, S. and Iwaisaki, H. (1997a) A reduced animal model approach to predicting total additive genetic merit for marker-assisted selection. *Genet. Sel. Evol.,* 29 : 25-34.
Saito, S. and Iwaisaki, H. (1997b) Back-solving in combined-merit models for marker-assisted best linear unbiased prediction of total additive genetic merit. *Genet. Sel. Evol.,* 29 : 611-616.
Saito, S. and Iwaisaki, H. (2000) A procedure for QTL interval mapping and variance component estimation using REML. In : *Proc. 9th* Congr. Asian-Australasian Assoc. Anim. Prod. Soc., C : 260.
Saito, S., Matsuda, H. and Iwaisaki, H. (1998) Best linear unbiased prediction of additive genetic merit using a combined-merit sire and dam model for marker-assisted selection. *Genes Genet. Syst.,* 73 : 65-69.
Sakamoto, J., Matsuyama, Y. and Ohashi, Y. (1999) An analysis of the institutional effects in a multicenter cancer clinical trial- Is it also plausible from the clnicians' point of view-. *Jpn.* J. *Clin. Oncol.,* 29 : 403-405.
Santiago, E. and Caballero, A. (1995) Effective size of populations under selection. *Genetics,* 139 : 1013-1030.
Sargolzaei, M. and Iwaisaki, H. (2005) Gametic covariance matrix between relatives for a chromosomal segment. In : Proc. 16th Conf. Assoc. Advancement of Anim. Breeding and Genetics, pp.409-412, Noosa Lakes, Australia.
Sargolzaei, M., Iwaisaki, H. and Colleau, J.-J. (2005) A fast algorithm for computing inbreeding coefficients in large populations. *J. Anim. Breed. Genet.*, 122 : 325-331.
Sargolzaei, M., Iwaisaki, H. and Colleau, J.-J. (2006) Efficient computation of the inverse of gametic relationship matrix for a marked QTL. *Genet. Sel. Evol.*, 38 : 253-264.
SAS Institute Inc. (1992) SAS/STAT Software : Change and Enhancements, Release 6.07.

SAS Technical Report. SAS Institute Inc., Cary, NC, USA.
佐々木義之（1982）和牛の改良と種牛評価．*日畜会報*，53：585-604．
佐々木義之（1985）肉牛における種牛評価システム － 前処理のためのコンピュータプログラム「PRETRT」．*京都大学大学院農学研究科動物遺伝育種学研究室コンピュータプログラムライブラリ*，No.15．
佐々木義之（1994）*動物の遺伝と育種*．朝倉書店，東京．
Sasaki, Y. (1992) The effectiveness of the best linear unbiased prediction of beef sires using field data collected from small farms. *J.Anim.Sci.,* 70 : 3317-3321.
Sasaki, Y. and Henderson, C.R. (1986) Best linear unbiased prediction with the reduced animal model : an application to evaluation of performance-tested males. *J. Anim. Sci.,* 63 : 1384-1388.
佐々木義之・祝前博明（1980）BLUP 法による増体率および飼料利用性に関する黒毛和種種雄牛の育種価推定．*日畜会報*，51：93-99．
Sasaki, Y., Miyake, T., Gaillard, C., Oguni, T., Matsumoto, M., Ito, M., Kurahara, T., Sasae, Y., Fujinaka, K., Ohtagaki, S. and Dougo, T. (2006) Comparison of genetic gains per year for carcass traits among breeding programs in the Japanese Brown and the Japanese Black cattle. *J. Anim. Sci.,* 84 : 317-323.
佐々木義之・守屋和幸（1994）フィールド記録に基づく肉用種種雄牛評価における肥育農家および枝肉市場情報の必要性．*日畜会報*，65：265-270．
佐々木義之・佐々江洋太郎（1988）フィールド記録を用いた BLUP 法による肉用種種雄牛評価のためのモデルの検討．*日畜会報*，59：23-30．
佐々木義之・山田和人・野村哲郎（1987）BLUP 法による能力検定個体の評価における正確度の向上と計算の効率化．*日畜会報*，58：293-300．
佐藤正寛（1990）BLUP 法に用いるデータ量が閉鎖群における育種価推定の正確度に与える影響．*日畜会報*，61：902-906．
Satoh, M. (1998) A simple method of computing restricted best linear unbiased prediction of breeding values. *Genet. Sel. Evol.,* 30 : 89-101.
佐藤正寛（2003）血縁情報を取り入れた選抜指数を算出するプログラムの開発．*養豚会誌*，40：11-20．
Satoh, M. (2004) A method of computing restricted best linear unbiased prediction of breeding values for some animals in a population. *J. Anim. Sci.,* 82 : 2253-2258.
Satoh, M., Hicks, C., Ishii, K. and Furukawa, T. (2002) Choice of statistical model for estimating genetic parameters and direct and maternal genetic effects in swine. *J. Anim. Breed. Genet.,* 119 : 285-296.
Schaeffer, L.A. (1994) Multiple-country comparison of dairy sires. *J. Dairy Sci.,* 77 : 2671-2678.
Searle, S.R. (1971) *Linear models*. John Wiley & Sons, Inc., New York.
Smith, H.F. (1936) A discriminate function for plant selection. *Ann. Eugenics,* 7 : 240-250.
Smith, S.P. and Graser, H.-U. (1986) Estimating variance components in a class of mixed models by restricted maximum likelihood. *J. Dairy Sci.,* 69 : 1156-1165.
Sonesson, A.K., Gjerde, B. and Meuwissen, T.H.E. (2005) Truncation selection for BLUP-EBV and phenotypic values in fish breeding schemes. *Aquaculture,* 243 : 61-68.
Spiegelhalter, D.J. (2002) Bayesian measures of model complexity and fit. *J. R. Statist. Soc. B,* 53 : 583-639.

Tess, M.W., Bennett, G.L. and Dickerson, G.E. (1983) Simulation of genetic changes in life cycle efficiency of pork production. I. A bio-economic model. *J. Anim. Sci.,* 56 : 336-353.

Thompson, R. (1976) Relationship between the cumulative difference and best linear unbiased predictor methods of evaluating bulls. *Anim.Prod.,* 23 : 15-24.

Toyoda, I., Matsuyama, Y. and Ohashi, Y. (2001) Estimation and comparison of rates of change in repeated-measures studies with planned dropout. *Controll. Clin. Trial.,* 22 : 620-638.

鵜飼保雄・藤巻　宏 (1984) *植物改良の原理（下）：遺伝と育種1*. 培風館, 東京.

van Arendonk, J.A.M., Tier, B. and Kinghorn, B.P. (1994) Use of multiple genetic markers in prediction of breeding values. *Genetics,* 137 : 319-329.

Verbeke, G. and Molenberghs, G. (2000) *Linear Mixed Models for Longitudinal Data.* Springer-Verlag, New York.

Verrier, E., Colleau, J.-J. and Foulley, J.L. (1993) Long-term effects of selection based on the animal model BLUP in s finite population. *Theor. Appl. Genet.,* 87 : 446-454.

Wang, C.S., Rutledge, J.J. and Gianola, D. (1993) Marginal inference about variance components in a mixed linear model using Gibbs sampling. *Genet. Sel. Evol.,* 25 : 41-62.

Wang, T., Fernando, R.L., van der Beek, S., Grossman, M. and van Arendonk, J.A.M. (1995) Covariance between relatives for a marked quantitative trait locus. *Genet. Sel. Evol.,* 27 : 251-274.

Windig, J.J. and Meuwissen, T.H.E. (2004) Rapid haplotype reconstruction in pedigrees with dense marker maps. *J. Anim. Breed. Genet.,* 121 : 26-39.

Wray, N.R. and Hill, W.G. (1989) Asymptotic rates of response from index selection. *Anim. Prod.,* 49 : 217-227.

Wray, N.R. and Thompson, R. (1990) Predictions of rates of inbreeding in selected populations. *Genet. Res., Camb*., 55 : 41-54.

Wray, N.R., Woolliams, J.A. and Thompson, R. (1994) Prediction of rates of inbreeding in populations undergoing index selection. *Theor. Appl. Genet.,* 87 : 878-892.

Wright, S. (1922) Coefficient of inbreeding and relationship. Amer. Nat., 56 : 330-338.

Wright, S. (1923) Mendelian analysis of the pure breeds of livestook. I .The measurement of inbreeding and relationship. *J. Hered.,* 14 : 339-348.

Wright, S. (1931) Evolution in Mendelian populations. *Genetics,* 16 : 97-159.

Wright, S. (1938) Size of population and breeding structure in relation to evolution. *Science,* 87 : 430-431.

Wright, S. (1977) *Evolution and Genetics of Populations.* Vol. 3. The University of Chicago Press, Chicago.

Yamada, Y., Yokouchi, K. amd Nishida, A. (1975) Selection index when genetic gains of individual traits are on primary concern. *Jap. J. Genet.,* 50 : 33-41.

Yamaguchi, T., Ohashi, Y. and Matsuyama, Y. (2002) Proportional hazards models with random effects to examine centre effects in multicentre cancer clinical trials. *Statist. Meth. Med. Res.,* 11 : 221-236.

索　引

著者一覧

佐々木義之（ササキヨシユキ）
京都大学名誉教授
　第１章　第２章　第３章　第４章　第７章（３節１項を除く）　第11章２節

鶴田彰吾（ツルタショウゴ）
米国ジョージア大学研究員
　第５章

守屋和幸（モリヤカズユキ）
京都大学大学院情報学研究科教授
　第６章　付録Ａ～Ｆ

三宅　武（ミヤケタケシ）
京都大学大学院農学研究科助手
　第７章（３節１項をのぞく）　第11章８節２項

祝前博明（イワイサキヒロアキ）
新潟大学教育研究院自然科学系（農学部）教授
　第８章

廣岡（広岡）博之（ヒロオカヒロユキ）
京都大学大学院農学研究科教授
　第７章３節１項　第９章　第11章８節１項

野村哲郎（ノムラテツロウ）
京都産業大学工学部教授
　第10章　第11章６節

和田康彦（ワダヤスヒコ）
佐賀大学農学部教授
　第11章１節

佐藤正寛（サトウマサヒロ）
(独)農業生物資源研究所家畜ゲノム研究ニット上級研究員
　第９章　第11章３節

沖　博憲（オキヒロノリ）
JRA 競走馬総合研究所上席研究役
　第11章４節

和田克彦（ワダカツヒコ）
元(独)水産総合研究センター中央水産研究所部長
　第11章５節

松山　裕（マツヤマユタカ）
東京大学大学院医学系研究科助教授
　第11章７節

編著者紹介

佐々木義之

1942年8月30日生　徳島県出身　農学博士

学歴

1965年　京都大学農学部卒業

1970年　京都大学大学院農学研究科博士課程単位修得修了

職歴

宮崎大学農学部助手（1970-1974）

京都大学農学部助教授（1974-1989）

米国アイオワ州立大学訪問教授（1977-1978）

京都大学農学部教授（1989-1997）

京都大学大学院農学研究科教授（1997-2006）

京都大学名誉教授（2006-　）

主要論文

Sasaki, Y. (1992) The effectiveness of the best linear unbiased prediction of beef sires using field data collected from small farms. *J. Anim. Sci.,* 70 : 3317-3321.

Sasaki, Y., Miyake, T., Gaillard, C., Oguni, T., Matsumoto, M.., Ito, M., Kurahara, T., Sasae, Y., Fujinaka, K., Ohtagaki, S. and Dougo, T. (2006) Comparison of genetic gains per year for carcass traits among breeding programs in the Japanese Brown and the Japanese Black cattle. *J. Anim. Sci.,* 84 : 317-323.

変量効果の推定とBLUP法

2007年2月20日　初版第一刷発行

編著者　佐々木　義之

発行人　本　山　美　彦

発行所　京都大学学術出版会

京都市左京区吉田河原町15-9

京大会館内（〒606-8305）

電話（075）761-6182

FAX（075）761-6190

URL http://www.kyoto-up.or.jp

振替 01000-8-64677

ISBN 978-4-87698-702-3

Printed in Japan

印刷・製本 ㈱クイックス東京

定価はカバーに表示してあります